石油石化职业技能培训教程

# 防腐绝缘工

(下册)

中国石油天然气集团有限公司人事部 编

石油工业出版社

## 内容提要

本书是由中国石油天然气集团有限公司人事部统一组织编写的《石油石化职业技能培训教程》中的一本。本书包括防腐绝缘工应掌握的高级工操作技能及相关知识、技师操作技能及相关知识，并配套了相应等级的理论知识练习题，以便于员工对知识点的理解和掌握。

本书既可用于职业技能鉴定前培训，也可用于员工岗位技术培训和自学提高。

### 图书在版编目(CIP)数据

防腐绝缘工. 下册/中国石油天然气集团有限公司人事部编. —北京：石油工业出版社，2019.12

石油石化职业技能培训教程

ISBN 978-7-5183-3694-4

Ⅰ.①防… Ⅱ.①中… Ⅲ.①石油机械-绝缘防腐-技术培训-教材 Ⅳ.①TE980.5

中国版本图书馆 CIP 数据核字(2019)第 227648 号

---

出版发行：石油工业出版社

（北京市朝阳区安华里2区1号楼　100011）

网　　址：www.petropub.com

编辑部：(010)64243803

图书营销中心：(010)64523633

经　　销：全国新华书店

印　　刷：北京中石油彩色印刷有限责任公司

2019 年 12 月第 1 版　2019 年 12 月第 1 次印刷

787×1092 毫米　开本：1/16　印张：20.5

字数：523 千字

定价：70.00 元

（如发现印装质量问题，我社图书营销中心负责调换）

版权所有，翻印必究

# 《石油石化职业技能培训教程》

# 编委会

**主　任**：黄　革

**副主任**：王子云

**委　员**（按姓氏笔画排序）：

| | | | | |
|---|---|---|---|---|
| 丁哲帅 | 马光田 | 丰学军 | 王正才 | 王勇军 |
| 王　莉 | 王　焯 | 王　谦 | 王德功 | 邓春林 |
| 史兰桥 | 吕德柱 | 朱立明 | 朱耀旭 | 刘子才 |
| 刘文泉 | 刘　伟 | 刘　军 | 刘孝祖 | 刘纯珂 |
| 刘明国 | 刘学忱 | 李忠勤 | 李振兴 | 李　丰 |
| 李　超 | 李　想 | 杨力玲 | 杨明亮 | 杨海青 |
| 吴　芒 | 吴　鸣 | 何　波 | 何　峰 | 何军民 |
| 何耀伟 | 邹吉武 | 宋学昆 | 张　伟 | 张海川 |
| 陈　宁 | 林　彬 | 罗昱恒 | 季　明 | 周宝银 |
| 周　清 | 郑玉江 | 赵宝红 | 胡兰天 | 段毅龙 |
| 贾荣刚 | 夏申勇 | 徐周平 | 徐春江 | 唐高嵩 |
| 常发杰 | 蒋国亮 | 蒋革新 | 傅红村 | 褚金德 |
| 窦国银 | 熊欢斌 | | | |

# 《防腐绝缘工》编审组

主　　编：孙卫松
参编人员：李春志　刘峰庭　张　闯
参审人员：张　娟　李　磊　王剑峰

# 前言

随着企业产业升级、装备技术更新改造步伐不断加快,对从业人员的素质和技能提出了新的更高要求。为适应经济发展方式转变和"四新"技术变化要求,提高石油石化企业员工队伍素质,满足职工鉴定、培训、学习需要,中国石油天然气集团有限公司人事部根据《中华人民共和国职业分类大典(2015年版)》对工种目录的调整情况,修订了石油石化职业技能等级标准。在新标准的指导下,组织对"十五""十一五""十二五"期间编写的职业技能鉴定试题库和职业技能培训教程进行了全面修订,并新开发了炼油、化工专业部分工种的试题库和教程。

教程的开发修订坚持以职业活动为导向,以职业技能提升为核心,以统一规范、充实完善为原则,注重内容的先进性与通用性。教程编写紧扣职业技能等级标准和鉴定要素细目表,采取理实一体化编写模式,基础知识统一编写,操作技能及相关知识按等级编写,内容范围与鉴定试题库基本保持一致。特别需要说明的是,本套教程在相应内容处标注了理论知识鉴定点的代码和名称,同时配套了相应等级的理论知识练习题,以便于员工对知识点的理解和掌握,加强了学习的针对性。此外,为了提高学习效率,检验学习成果,本套教程为员工免费提供学习增值服务,员工通过手机登录注册后即可进行移动练习。本套教程既可用于职业技能鉴定前培训,也可用于员工岗位技术培训和自学提高。

防腐绝缘工教程分上、下两册,上册为基础知识,初级工操作技能及相关知识,中级工操作技能及相关知识;下册为高级工操作技能及相关知识,技师操作技能及相关知识。

本工种教程由大庆油田有限责任公司任主编单位,参与审核的单位有吉林石化分公司、管道分公司等,在此表示衷心感谢。

由于编者水平有限,书中不妥之处在所难免,请广大读者提出宝贵意见。

编者

**2019 年 2 月**

# CONTENTS 目录

## 第一部分　高级工操作技能及相关知识

**模块一　施工准备与表面处理** 3
 项目一　检查抛丸除锈机抛丸器并更换损坏部件 3
 项目二　用抛丸除锈机对钢管进行除锈 4
 项目三　使用机械除锈机除锈 8

**模块二　涂敷** 10
 项目一　静电喷涂机对容器外壁喷涂 10
 项目二　制作环氧煤沥青防腐层 21
 项目三　拆装粉末回收装置中的滤袋 27
 项目四　制作钢管熔结环氧粉末外防腐层 29
 项目五　制作钢管挤压聚乙烯防腐层 40
 项目六　挤压聚乙烯防腐管端磨头 46
 项目七　聚氨酯泡沫层取样 48
 项目八　聚氨酯泡沫混料机混料 50
 项目九　聚乙烯挤出机防腐 53

**模块三　检测与补口、补伤** 55
 项目一　检查钢管环氧煤沥青防腐层的质量 55
 项目二　检查钢管熔结环氧粉末外涂层的质量 57
 项目三　检查钢管挤压聚乙烯 2PE 防腐层的质量 60
 项目四　测量"泡夹管"保温层聚氨酯泡沫塑料的表观密度 62

项目五　钢管环氧煤沥青防腐层补口 ································································· 65
项目六　修补钢管熔结环氧粉末外涂层缺陷 ······················································· 67
项目七　热收缩带补口 ·················································································· 69
项目八　聚氨酯泡沫聚乙烯夹克管补伤 ······························································ 74

# 第二部分　技师操作技能及相关知识

## 模块一　施工准备与表面处理 ·············································································· 79
项目一　防腐作业线速度的调整 ······································································· 79
项目二　钢管内壁喷砂（丸）除锈 ···································································· 80
项目三　用环保型喷砂除锈机对罐体内壁除锈 ····················································· 83

## 模块二　涂敷 ······································································································ 86
项目一　制作储罐液体环氧涂料内防腐层 ··························································· 86
项目二　喷涂钢管内壁液体环氧涂料防腐层 ······················································ 101
项目三　制作钢管三层 PE 外防腐层 ································································ 107
项目四　制作钢管水泥砂浆衬里防腐层 ···························································· 114
项目五　制作钢管熔结环氧粉末内防腐层 ························································· 118
项目六　喷涂钢管双层环氧粉末外涂层 ···························································· 121
项目七　"管中管"法制作钢管聚氨酯泡沫保温层 ················································ 128

## 模块三　检测与补口、补伤 ················································································· 137
项目一　检验钢管液体环氧涂料内防腐层的质量 ················································ 137
项目二　检验管道 3PE 防腐层的质量 ······························································ 141
项目三　钢管双层环氧粉末外涂层生产过程的质量检验 ······································· 143
项目四　用撬剥法检查储罐环氧玻璃钢内衬层的黏结力并补伤 ······························ 146
项目五　钢管三层 PE 防腐层补口及质量检验 ···················································· 151
项目六　钢管三层 PE 防腐层补伤 ··································································· 154
项目七　修补钢管熔结环氧粉末内防腐层 ························································· 155
项目八　判定并修补储罐液体环氧涂料内防腐层 ················································ 158

## 模块四　质量管理与施工组织设计 ······································································· 161
项目一　编写三层 PE 防腐管防腐质量的控制措施 ·············································· 161
项目二　编制液体环氧涂料内防腐管施工方案 ··················································· 167

## 理论知识练习题

高级工理论知识练习题及答案 …………………………………………………… 177

技师理论知识练习题及答案 ……………………………………………………… 233

## 附 录

附录1　职业技能等级标准 ………………………………………………………… 283
附录2　初级工理论知识鉴定要素细目表 ………………………………………… 292
附录3　初级工操作技能鉴定要素细目表 ………………………………………… 298
附录4　中级工理论知识鉴定要素细目表 ………………………………………… 299
附录5　中级工操作技能鉴定要素细目表 ………………………………………… 305
附录6　高级工理论知识鉴定要素细目表 ………………………………………… 306
附录7　高级工操作技能鉴定要素细目表 ………………………………………… 311
附录8　技师理论知识鉴定要素细目表 …………………………………………… 312
附录9　技师操作技能鉴定要素细目表 …………………………………………… 316
附录10　考试内容层次结构表 …………………………………………………… 317
参考文献 ……………………………………………………………………………… 318

# 第一部分

## 高级工操作技能及相关知识

# 模块一 施工准备与表面处理

## 项目一 检查抛丸除锈机抛丸器并更换损坏部件

### 一、相关知识

喷砂除锈机除锈是利用高压空气带出石英砂喷射到构件表面的一种除锈方法,而喷丸除锈机除锈是利用高压空气带出钢丸喷射到构件表面的一种除锈方法。

抛丸除锈机除锈则是利用高速旋转分丸轮产生离心力使钢丸加速运动后抛出击打构件表面的一种除锈方法。

抛丸除锈机系统主要由抛丸器(抛头)、清理室、分离室、风管、料管、提升机、集风器、除尘器、烟囱、风机组成,见图 1-1-1。而抛丸器由定向套、分丸轮、叶轮和叶片等组成,按抛头安装位置可分为上抛头、侧抛头、下抛头。

GBA001 抛丸除锈机的组成

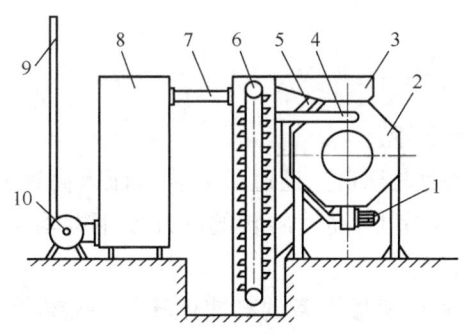

图 1-1-1 抛丸除锈机系统示意图
1—抛头;2—清理室;3—分离室;4—风管;5—料管;6—提升机;7—集风器;8—除尘器;9—烟囱;10—风机

抛丸除锈机是根据管道防腐生产施工的需要,为更好地提高钢管表面的除锈质量而设计制造的钢管外表面除锈设备。目前,抛丸除锈机采用的是双抛头、多抛头方式,它是由一个低碳钢室构成,在钢室内侧的抛丸区安装有耐磨板,耐磨板用一个螺栓固定在钢室上,钢室适用的最大管径为 1.2m。在抛丸箱内安装有两个或多个抛头组件,附属设备配有提升机、布袋除尘器。提升机用来给除锈机供料,安装在除锈机抛丸室底座上。在提升机的顶部安装有原料清理装置和回收装置。除尘器用来清理抛丸过程中产生的粉末物质。

### 二、技能要求

(一)准备工作

1. 设备

抛丸除锈机 1 套。

2. 材料、工具

钢丸若干,厚纸板 1 张,抛丸器叶片、分丸轮和定向套各 1 件,钢板直尺 1 把。

### (二)操作规程

在防腐项目工作量较大时,由于设备的运行率高,导致抛丸除锈机的核心部件抛丸器经常会因故障而停机,造成整个防腐作业线停产,为此应经常检查并更换。

(1)检修时,先打开抛丸器上盖,观察定向套和分丸轮间隙是否均匀。若有偏差需调节,保证叶片安全可靠地高速旋转。

(2)经观察分析发现,被磨料不间断地冲刷严重磨损的部分是靠近旋转叶片组件的位置。对磨损面超过 15% 的叶片进行更换;对损伤间隙超 2mm 的分丸轮和定向套进行更换。

(3)检查抛丸器并更换损坏部件后应启动抛丸除锈机试验除锈效果,同时检查抛射热区的位置和调整定向套窗口的位置。

### (三)注意事项

(1)在拆卸抛丸器过程中,要注意先后顺序,要理清结构,按顺序来拆装。

(2)启动抛丸器时,应注意人身安全,严防钢丸飞溅伤人,操作人员应佩戴好防护用品,应有安全防范措施。

# 项目二　用抛丸除锈机对钢管进行除锈

## 一、相关知识

GBA002 抛丸除锈机的工作原理

### (一)抛丸除锈机的工作原理

抛丸除锈机工作原理是钢丸靠自重通过进丸管道流入高速旋转的分丸轮,在离心力的作用下,经定向轮抛到叶片上,高速旋转的叶片使钢丸增加离心力,加速运动后抛出,形成扇形流速击打在钢管表面。

(1)其工艺过程主要是利用机械设备的高速运转把一定粒度的钢丸靠抛头的离心力抛出,被抛出的钢丸与构件猛烈碰撞打击从而达到去除钢材表面锈蚀的目的。抛丸器中的叶轮在高速旋转过程中产生离心力和抛力,使钢砂、钢丸、钢丝切丸等磨料在离心力作用下对钢材表面猛烈冲击并在摩擦切削力的作用下,使钢材表面铁锈、氧化皮脱落,达到所要求的粗糙度。

(2)钢管实行的是螺旋前进,使钢管能够在除锈室里连续均匀地进行除锈清理。由螺旋传动线输送的钢管螺旋进入抛丸清理室,抛丸器对钢管进行离心式抛丸除锈,使管体表面形成一定的粗糙度,钢管旋转前进,便能均匀清理表面。调节传动线输送速度或抛丸量,就能改变抛丸密度,达到预期除锈的等级。钢丸经循环设备回收进行循环使用,粉尘经通风除尘系统进行除尘净化。

(3)清理室为大容腔板式箱形组焊结构,室体内壁衬有耐磨防护板,清理(除锈)作业在密闭的容腔内进行。抛射后的钢丸又落入清理室内,由纵横螺旋输送器回收送进斗式提升机,提升机将钢丸提升送进分离器,在此分离粉尘和钢丸。

(4)提升机为输送钢丸的必备设备,通过提升机可对设备进行加砂,也可将从分离器排出的弹丸直接回收,将除锈后仍可使用的钢丸进行再循环利用。

(5)分离器的原理是将提升机提升上来的弹丸经两次筛选形成均匀状,通过风选过滤达到灰尘、丸砂分离的目的。弹丸、废料和混合物按其密度不同,分别落入不同的通道,纯净合格弹丸进入料斗,供抛丸器使用。未分离好的混合物流入提升机内重新分离;细粉尘被吸入除尘系统,净化处理后的净气排放到大气中,颗粒状尘埃被捕捉收集。

(6)钢管在除锈前需要进行预热处理,钢管预热采用中频感应加热方式,其主要目的是在冬季或雨天对钢管外壁进行加热除湿。预热温度应控制在 50~70℃ 范围内。

## (二)抛丸、喷砂(丸)除锈工艺

GBA006 抛丸喷砂(丸)除锈工艺

### 1. 抛丸除锈工艺

(1)抛丸除锈机工艺原理是利用机械设备的高速运转把一定粒度的钢丸靠抛头的离心力抛出,高速抛射出的钢丸,密集地打击在金属表面上,除掉金属表面上的所有锈蚀,使之呈现出金属光泽。

(2)用抛丸方法不仅可以除去工件表面的锈迹、氧化皮,而且可强化工件表面,消除残余应力,提高其耐疲劳性能和抗应力腐蚀性能。

(3)管道抛丸除锈的工艺流程是除锈前预热、抛丸除锈、清理表面微尘。

### 2. 喷砂(丸)除锈工艺

(1)喷砂(丸)法除锈机工艺原理是利用压缩空气,把一定粒度的砂子(钢丸)通过喷枪喷在金属表面上,为涂装喷涂、电镀等工艺做好表面准备。

(2)喷砂(丸)除锈机的基本工艺参数有喷嘴直径、磨料流量、空气耗量、气源功率和有效工作压力等五个。喷砂工作压力越大,喷砂效率越高,金属表面越粗糙,一般情况下喷砂清理金属表面时喷嘴压力应为 0.6~0.8MPa。

(3)压入式干喷砂机是以压缩空气为动力,通过压缩空气在压力罐内建立的工作压力,将磨料通过出砂阀压入输砂管并经喷嘴射出,喷射到金属表面;吸入式干喷砂机是以压缩空气为动力,通过气流的高速运动在喷枪内形成的负压,将磨料通过输砂管吸入喷枪并经喷嘴射出,喷射到金属表面。

## (三)喷(抛)射除锈工艺参数的相互关系

GBA003 喷(抛)射除锈工艺参数的基本相互关系

钢管表面除锈质量主要取决于钢管螺旋转动前进速度,钢丸抛距、抛速和抛丸密度。螺旋转动状态是由钢管传动作业线决定的;而抛距、抛速、抛丸密度是抛丸除锈装置特性所决定的。

选择抛丸除锈工艺参数的依据是:抛丸清理的目的;被抛丸工件表面硬度、表面状况;抛丸清理质量要求;表面压痕覆盖率;钢丸直径;钢丸抛出速度;工件相对抛丸移动速度;工件装载量;抛丸时间等。而其中只有抛丸清理目的、被抛丸工件表面硬度、抛丸清理质量要求、工件装载量、抛丸时间等是可变条件。在实际操作中,只有工件装载量和抛丸时间是可设定的,抛距、抛速、喷丸密度是由抛丸装置特性决定的。

喷丸除锈中,钢管表面除锈质量主要取决于钢管螺旋转动前进速度,以及钢丸抛距、喷丸密度和喷丸抛速,钢管螺旋转动速度是由钢管传动作业线决定的。

为了达到理想的除锈效果,应依据钢管外表的硬度、原始锈蚀水平、要求的外表粗糙度及涂层类型等来选择磨料。

喷射密度与除锈等级的关系。设计喷(抛)丸除锈装置,最基本的一个技术要点就是要明确喷射密度 λ 与除锈等级的关系。喷射密度即喷射到单位面积上的磨料的质量,可用下面公式表示:

$$\lambda = Q\eta/(\pi D v)$$

式中　　$\lambda$——喷射密度,kg/m²;

　　　　$Q$——单位时间喷抛丸的总质量,kg/min;

　　　　$\eta$——喷射效率(0.8~0.9);

　　　　$D$——钢管外径,m;

　　　　$v$——钢管直线前进速度,m/min。

有了这些数据,就可以根据钢管直径所要求的除锈等级和除锈速度来选择所需要的单位时间喷抛丸总量;而通常,输送磨料软管直径约为喷嘴直径的3~4倍。

### (四)影响喷砂(丸)除锈效率的因素

> GBA007 影响喷砂(丸)除锈效率的因素

影响喷砂(丸)清理效率的因素包括磨料状况、操作人员熟练程度、喷嘴材质等。

(1)喷砂设备尽量接近工件,以减少管路长度和压力损失,避免过多的管道磨损,也便于施工人员相互联系。

(2)喷砂软管力求顺直,减少压力损失和磨料对软管的集中磨损,对施工中必须弯折的地方,要经常调换方向,使磨损均匀,延长软管的使用寿命。

(3)为了防止漏喷和空放、减少移位次数,提高磨料利用率和工作效率,在施工前要全面进行考虑,合理安排喷射位置,拟定喷射路线。

(4)喷射除锈中,磨料在管道内输送时,其压力损失有磨料颗粒与罐壁摩擦、磨料颗粒间的碰撞和磨料自重等形式。

(5)选择合适的喷嘴是提高喷射清理效率的关键,喷嘴前压力即为有效工作压力,一般应不低于0.6MPa;而确保尽可能提高有效工作压力和有足够压缩空气容量是提高喷丸除锈效率的必要条件。

(6)喷丸使用高压风或压缩空气作动力,而抛丸一般为高速旋转的飞轮将钢丸高速抛射出去。抛丸效率高,但会有死角,而喷丸比较灵活,但动力消耗大。

## 二、技能要求

### (一)准备工作

1. 设备

双抛头抛丸除锈机1套。

2. 材料、工具

钢丸、钢段磨料若干,硅橡胶板2块,$\phi$114mm 钢管若干,锚纹度检查仪1台,三角板1套。

### (二)操作规程

> GBA004 抛丸除锈机操作的要点

1. 开车启动前的准备工作

(1)根据管径,用硅橡胶板轴向密封钢管进清理室的进口和出口空隙,防止钢丸泄漏伤人。

(2) 启动总电源按钮,检查电压表、电流表指示灯和其他按钮指示灯是否闪亮,确定电路畅通。

(3) 打开风机电源开关,启动风机。启动进气电磁开关,观察气路是否畅通,抛丸器进料口进料是否正常。

(4) 打开提升机电源开关,启动提升机。打开提升机最顶端观察窗,看料斗内的钢丸和磨料是否装满,不满需加料。

2. 上管

(1) 钢管进入上管滚道必须安装管接头(或用海绵块将两端封死)。

(2) 启动上管滚道电动机、传动台电动机、下管滚道电动机及液压油泵。

3. 进管除锈

(1) 打开钢管传动开关,钢管支撑轮与钢管呈45°~60°角,钢管螺旋向前传动,将钢管送进抛丸室内。

(2) 启动抛丸除锈机。启动引风机,排除锈尘和烟尘。启动抛丸器Ⅰ,当平稳后,再启动抛丸器Ⅱ。启动斗式提升机,提升钢丸。抛丸器运行均平稳后,启动供丸Ⅰ、供丸Ⅱ。

4. 检查

(1) 查看钢丸流出扇形阀进入抛丸器进口,流量是否稳定,电动机声音是否正常。

(2) 调节钢管送进速度,使钢管经过抛丸清理后,表面除锈质量等级达到标准要求。

5. 下管

钢管端头出清理室后,取下管接头(或海绵封头)。钢管进入下管滚道后,开启下管液压缸,将钢管拨至室内平台。

6. 停车

首先关闭扇形阀,按动电磁阀关闭按钮,停止钢丸供应。依次按动抛丸器Ⅰ、抛丸器Ⅱ按钮,停止抛丸器工作。钢管传动线停机,停止钢管送进。按动提升机停车按钮,使提升机停止提升。按动回收螺旋电动机和送丸螺旋电动机的按钮,停止螺旋给料器运行,关闭风机,停止分离除尘。切断总电源,抛丸机停车。

**(三) 注意事项**

(1) 正确完成设备启动程序和停机程序,防止钢丸在启动和停车过程中有堵塞或溢出现象发生。

(2) 严禁编织物和其他固体混进钢丸内和抛丸设备系统内,以免造成流路阻塞和设备损坏等。

(3) 启动抛丸器时,应注意人身安全,严防钢丸飞溅伤人;工作人员应佩戴好防护用品,应有安全防范措施。

(4) 如果存在起火和爆炸的危险,工作开始之前应做好安全防护工作。如果构件中以前装过易燃物质,应将其清除,使其浓度低于危险浓度。

(5) 暴露在喷射除锈尘埃中的喷嘴操作者应戴上与干净的压缩空气气源相连接的防护面具。

(6) 暴露在喷射除锈尘埃环境中的其他工作人员应戴上过滤式防护面具,应为从事喷射除锈作业人员提供足够的保护,以免遭受飞扬尘埃的危害。

> GBA008 喷砂(丸)除锈操作人员劳动保护的要求

（7）靠近喷射除锈现场的人员应戴护目镜。

（8）抛丸除锈机的所有设备要接地良好，严禁带电、带压更换或维修内部部件。

（9）采用密闭式除锈，应提高空气净化率，以防止粉尘爆炸。

（10）喷砂除锈作业时，操作工应紧握喷枪对准工件，严禁喷枪对向人、设备和设施等。

（11）当出现下列情况时，禁止进行除锈作业：

① 抛丸系统密封破坏；

② 抛丸机转动不平衡或辅助设备带病并检修；

③ 通风除尘装置损坏；

④ 抛丸室有局部被抛丸穿透。

# 项目三　使用机械除锈机除锈

GBA005 喷砂（丸）除锈操作的要求

## 一、相关知识

**喷砂（丸）除锈操作的要求**

喷射除锈为机械除锈，其除锈效率高，具有可满足任意涂层要求等优点，是较为理想的除锈方式。

（1）喷砂除锈适用于场地简陋狭窄、但除锈等级要求高的除锈施工，它是以压缩空气为动力的。

（2）喷砂除锈前应检查喷砂机各部件是否正常，喷枪的喷嘴是否有堵塞、松动等，检查喷枪与砂罐之间的连接线是否有老化、破损的部位。

（3）喷砂除锈时，应抓紧喷枪对准钢材表面，以一定的角度和距离除去钢材表面上分层锈和焊接飞溅物以及松动的氧化皮、疏松的锈和松动的旧涂层。

（4）喷砂除锈中，喷丸器完成装砂、供砂、砂气混合三项工作。

（5）在喷射过程中，根据空气压力、喷嘴直径、结构表面锈蚀状态、处理的质量、效率等及时调整料气比。

（6）喷射处理后，用干燥、洁净、无油污的压缩空气将表面吹扫干净。

## 二、技能要求

### (一)准备工作

1. 设备

钢丝刷机械除锈设备1台。

2. 材料、工具

$\phi$114mm钢管若干，钢丝刷若干，扳手1套。

### (二)操作规程

（1）将待除锈钢管通过上管滚道进入机械除锈室内，管与管之间必须用接头连接。

（2）用扳手调节钢丝刷移动丝杆，使钢丝刷向管外表面移动，使钢丝刷与管体表面充分接触。

(3)传动进管除锈:使用传动电动机传动管子向左旋传动,钢丝刷则右侧方向转动(转速达 600~800r/min),除锈等级达 St3 级,达到钢亮灰色。

(4)除锈后的钢管端头出清理室后,取下管接头。

(5)停止管子传动和钢丝刷转动。

**(三)注意事项**

(1)如果存在起火和爆炸的危险,工作开始之前应做好安全防护工作。如果构件中以前装过易燃物质,应将其清除,使其浓度低于危险浓度。如果要除锈的构件靠近易燃的物质或气体,应使用无火花工具。

(2)在有尘埃危害的地方,操作者应戴上过滤式防护面具。

(3)如除锈作业对眼睛有害,操作者应戴护目镜。

# 模块二　涂敷

## 项目一　静电喷涂机对容器外壁喷涂

### 一、相关知识

#### (一) 金属储罐(容器)除锈处理的方法

[GBB001 储罐除锈处理的方法]

容易氧化和被腐蚀的金属表面一般都存在氧化皮或铁锈,金属制造的储罐或容器表面生成的氧化皮都是由 $FeO$、$Fe_2O_3$、$Fe_3O_4$ 组成。

铁锈结构疏松,在金属表面附着不牢,易随涂层一起脱落,而氧化皮在水作用下,会使涂层起泡、脱落,涂层下的氧化皮还会促使腐蚀继续进行,使涂层很快被破坏。

常用除锈方法见图 1-2-1。

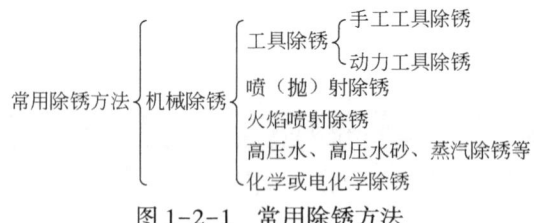

图 1-2-1　常用除锈方法

目前我国大型储油罐大多数采用的防腐除锈方式均为喷砂除锈。储罐或容器喷砂除锈质量直接影响到涂层的结合强度,其主要指标有表面净化和活化程度、表面粗糙度、表面的均匀性等几个方面。喷砂距离是指喷砂嘴端面到基材表面的直线距离,该参数的选择取决于喷砂方式、空气压力大小、板材材质以及工件的具体情况,一般控制在 100~300mm 的范围内。大罐除锈合格后,金属表面应于当日进行防腐喷漆,以防二次生锈。

#### (二) 储罐常用涂装方法和设备

[GBB002 储罐防腐层的涂装方法]

**1. 储罐防腐层常用涂装方法**

涂料的施工方法很多,每种方法都具有其特点和一定的适用范围,正确选用合适的涂装方法对保证防腐层质量非常重要。储罐涂装方法有手工涂刷、机械喷涂和辊涂等。机械喷涂是金属储罐施工中常用的方法,可分为空气喷涂、高压无气喷涂、静电喷涂等。多年来,国内对储罐的防腐一直延续传统的防腐覆盖层施工方法,主要采用手工刷涂、辊涂、普通空气喷涂和高压无气喷涂、静电喷涂等方式。常用涂装方法见表 1-2-1。

表 1-2-1 储罐常用涂装方法

| 涂装方法 | 基本原理 | 主要特点 | 使用范围 | 工具与设备 |
| --- | --- | --- | --- | --- |
| 手工刷涂 | 用不同规格的刷子蘸涂料按一定手法来回刷涂 | 省料,工具简单,操作方便;不受地点环境的限制,适应性强;但费工费时,效率低,劳动强度大,外观欠佳 | 用于储罐、容器等罐壁的涂装,对快干挥发性的涂料不宜采用 | 毛刷分为扁形、圆形和歪脖形三种 |
| 辊涂 | 分手工辊涂和机械辊涂两种。用羊毛或其他多孔性吸附材料制成的滚筒,蘸上涂料进行手工或机械辊涂 | 在高固体分、高黏度下施工;一次即可获得较厚的涂膜 | 适用于大面积,如墙壁、船舶等的涂装。机械辊涂用于罐、塑料薄膜及防腐管作业线上 | 主要设备是滚筒、传动带等,注意控制涂料的黏度和滚动的速度 |
| 空气喷涂 | 利用压缩空气在喷嘴产生的负压将涂料带出,并分散为雾状,均匀涂敷于金属表面 | 施工方便,效率高;涂料损耗大;空气污染严重;要多次喷涂 | 为广泛使用的方法 | 空气压缩机、油水分离器、空气调节器、除尘设备、喷枪及排放设备等。压力控制为0.3~0.5MPa,喷距为25cm |
| 高压无气喷涂 | 利用压缩空气驱动的高压泵使涂料增压到10~15MPa,然后通过一特殊喷嘴喷出。当高压液体涂料离开喷嘴,到达大气时立即膨胀,雾化成极细的颗粒,均匀地喷涂在工件表面上 | 喷涂漆料固体组分高,飞扬到空气中的漆雾少、污染小;施工效率高;漆膜质量好;操作技能要求较高;适于大面积的涂装 | 适用于大面积喷涂,如大型油罐的涂装 | 高压泵、蓄压器、调压阀、过滤阀、高压软管、喷枪等。喷涂压力为0.3~0.6MPa,喷距30cm左右为宜 |
| 静电喷涂 | 使用高频高压,使静电发生器产生直流高压电源,两极分别与喷枪头和地(或待涂工件)连接,形成一高压电场,使喷枪喷出的涂料进一步雾化并带电,通过静电引力作用将涂料沉积在带电荷的工件(如容器)上 | 雾化好;涂料利用率达80%~90%;涂膜质量好;环境污染少,可实现连续性生产 | 各种合成树脂都可用 | 静电喷射器及辅助设备 |

储罐防腐层正式喷涂前试喷时喷涂机主要调整:(1)喷涂压力;(2)喷枪喷嘴;(3)涂料黏度;(4)喷涂与受涂面距离;(5)喷涂涂料应呈扇形均匀分布;(6)湿膜均匀;(7)无流淌;(8)无气泡;(9)无干喷;(10)当涂膜光滑平整均匀且厚度合适时应固定喷涂参数。

> GBB003 无气喷涂设备故障排除措施

2. 高压无气设备

高压无气喷涂是工程中推荐使用的涂料喷涂先进方法。该方法通常应用于无溶剂液体涂料的涂装。

1)使用方法

(1)使用喷涂机施工前,应仔细检查喷涂机,必须完全泄压并良好接地。如果喷涂机内装有高压过滤器,则过滤器滤网的规格必须与所使用的涂料相匹配。涂料中不能存在任何杂质。

(2)使用过程中,要及时发现喷涂机的异常现象。喷涂机的涂料泵中密封圈和钢球是最容易出现磨损的零件,不同的涂料要使用不同材料制成的密封圈。密封圈的常用材料有聚四氟乙烯、皮革和超高分子聚乙烯等。

(3)检查涂料缸中活塞上下运动是否平稳。工作正常的喷涂机应该上下冲程转换平稳,上下运动速度一致。

(4)喷嘴在高压无气喷涂机施工中的作用十分重要,在高性能涂料喷涂施工中,喷嘴的作用更是不可忽视。喷嘴选择或使用不当都会影响喷涂质量和造成材料的浪费。涂料的种类、喷涂压力和喷嘴的规格会直接影响到喷漆工人的工作效率。涂料中的固体成分会对喷嘴造成磨损,有些固体成分的磨损作用还相当严重。涂料的固含量越高、喷涂压力越大,喷嘴的磨损也就越严重。喷嘴在使用过程中,其通径会因磨损而逐渐扩大。使用磨损严重的喷嘴除了会使幅宽缩小外,还会出现流挂和瑕疵。若是发现喷涂幅宽大幅减少,该喷嘴就应该报废。

(5)涂装后,喷枪先用稀释剂或清洗剂循环清洗,再用清洁溶剂清洗一遍。在喷涂机软管接口和喷枪接口,用压缩空气吹尽软管内的剩余溶剂,接着拆洗过滤器及喷枪,最后将喷嘴浸在有机溶剂中,备用。

2)故障处理

高压无气喷涂常见故障及排除方法见表1-2-2。

表1-2-2 高压无气喷涂常见故障及排除方法

| 常见故障 | 故障原因 | 排除方法 |
| --- | --- | --- |
| 涂膜流挂 | 喷嘴口径过大或磨损 | 更换喷嘴 |
| | 喷枪与被涂物过近 | 调整距离 |
| | 压力过高 | 调整压力 |
| 漆雾呈锥形 | 喷枪装配不当 | 重新装配喷枪 |
| | 喷嘴磨损过度 | 更换喷嘴 |
| 漆雾扇面出现条形断开 | 空气通路堵塞,流量不足 | 疏通空气通路,增大流量 |
| | 喷嘴过大或磨损过度 | 更换喷嘴 |
| | 空气压力不足 | 检修空压机,缩短软管长度 |
| | 喷涂机动作不均 | 检修喷涂机 |
| | 进料吸管吸力不足或涂料黏度过大 | 检查进料管、过滤器是否堵塞;降低涂料黏度 |
| 漆雾扇面时宽时窄 | 压力不足,通路堵塞 | 疏通空气通路 |
| | 喷嘴口径过小或堵塞 | 更换喷嘴 |
| | 空气调节器堵塞或漏气 | 清洗和检修空气调节器 |
| | 活塞衬垫磨损 | 更换活塞衬垫 |
| | 软管过长或内径过大 | 缩短软管或更换软管 |
| | 涂料黏度过大 | 稀释涂料 |

续表

| 常见故障 | 故障原因 | 排除方法 |
|---|---|---|
| 泵不启动 | 供气压力太小 | 调整空气压力为 0.5MPa |
| | 高压输送系统堵塞 | 检查过滤器,清除脏物 |
| | 转变弹簧或扇形滑块磨损 | 维修 |
| | 电动机故障 | 维修 |
| 泵可启动,漆量不足 | 输气量不足 | 提高输气量 |
| | 虹吸管堵塞 | 清理虹吸管 |
| | 涂料黏度大 | 稀释涂料 |
| | 高压输液管或过滤器堵塞 | 清理高压输液管或过滤器 |
| 压力波动大,喷枪振动 | 高压输送系统堵塞 | 清理 |
| | 虹吸管堵塞 | 清理 |
| | 漆液管中有空气 | 拆卸排除 |
| | 漆液黏度不均 | 调整黏度 |
| | 泵球阀磨损 | 更换 |
| 喷枪液压迅速下降 | 涂料黏度太大 | 稀释涂料 |
| | 泵球阀堵塞 | 清理 |
| | 虹吸管堵塞 | 清理 |

3. 双组分无气喷涂设备

双组分无气喷涂设备是指双组分涂料在喷涂施工时融合喷涂作业,或是主液料配合固化剂在喷涂施工时按一定的配比混合喷出,达到最佳的涂层效果。它的主要设备是喷涂机。

根据客户所使用双组分涂料的混合比例不同以及混合后固化的时间长短不一,双组分无气喷涂设备分为机械配比型、电子配比型以及枪外混合型、枪内混合型。

快速固化型双组分涂料只能选用枪外混合型或枪内混合型。

喷涂法包括空气喷涂法、无空气喷涂法、热喷涂法、双喷枪喷涂法、静电喷涂法、自动喷涂法等。

> GBB004 双组分无气喷涂设备的特点

4. 空气辅助无气喷涂设备

空气辅助高压无气喷涂是克服了空气喷涂与高压无气喷涂的缺点,并巧妙将二者结合在一起的一种新方法。此方法主要保留无气喷涂的诸多优点,以无气喷涂为主,但是降低高压无气喷涂的涂料压力,减小喷涂射流的前进速度。无气喷涂时喷涂射流的前进速度低,则使射流造成雾化不均匀现象,此时加上少量空气帮助改善雾化效果,故称空气辅助高压无气喷涂。

> GBB005 空气辅助无气喷涂设备的特点

在高压无气喷枪喷头上增加空气孔,将少量低压空气(100kPa 左右)送入喷枪,经空气孔喷出,帮助雾化,使高压涂料的漆雾变得非常的柔软细腻,这样便改善了高压无气喷涂的涂饰质量,又保持了低的涂料损耗。此时涂料压力可降至 5MPa 以下。

特点:(1)涂料损失少,喷涂表面质量好;(2)雾化质量好;(3)可以调节喷束形状。

空气辅助无气喷涂机是以电动机带动齿轮减速箱,经曲轴带动高压柱塞泵,将涂料吸入并等量排出。使用时要选择合适的喷嘴,保证喷出的涂料量,其喷嘴孔径应根据涂料的类型、品种、涂膜厚度、出漆量等因素来选择。

空气辅助无气喷涂设备包括压力调节器、蓄压过滤器和高压软管等部件。

#### 5. 静电喷涂设备

> GBB006 静电喷涂的原理

静电粉末喷涂是粉末涂装中目前发展最快的一种重要施工工艺。在喷枪与工件之间形成一个高压电晕放电电场,当粉末粒子由喷枪口喷出经过放电区时,便捕集了大量的电子,成为带负电的微粒,在静电吸引的作用下,被吸附到带正电荷的工件上去。当粉末附着到一定厚度时,则会发生"同性相斥"的作用,不能再吸附粉末,从而使各部分的粉层厚度均匀,然后经加温烘烤固化后粉层流平成为均匀的膜层。

1)原理

(1)静电喷涂是利用高压静电电场使带负电的涂料微粒沿着电场相反的方向定向运动,并将涂料微粒吸附在工件表面的一种喷涂方法。静电喷涂设备由喷枪、喷杯以及静电喷涂高压电源等组成。

(2)工作时静电喷涂的喷枪或喷盘、喷杯及涂料微粒部分接负极,工件接正极并接地,在高压电源的高电压作用下,喷枪(或喷盘、喷杯)的端部与工件之间就形成一个静电场。涂料微粒所受到的电场力与静电场的电压和涂料微粒的带电量成正比,而与喷枪和工件间的距离成反比,当电压足够高时,喷枪端部附近区域形成空气电离区,空气激烈地离子化和发热,使喷枪端部锐边或极针周围形成一个暗红色的晕圈,在黑暗中能明显看见,这时空气产生强烈的电晕放电。

(3)涂料经喷嘴雾化后喷出,被雾化的涂料微粒通过枪口的极针或喷盘、喷杯的边缘时因接触而带电,当经过电晕放电所产生的气体电离区时,将再一次增加其表面电荷密度。这些带负电荷的涂料微粒在静电场作用下,向带正电荷的工件表面运动,并被沉积在工件表面上形成均匀的涂膜。

(4)粉末静电涂装中,影响喷涂质量因素除了工件表面前处理质量的好坏以外,还有喷涂时间、喷枪的形式、喷粉量、喷涂电压、粉末导电率、粉末粒度、粉末和空气混合物的速度梯度等。静电粉末涂装室是利用电荷间的异性相吸、同性相斥作用,应用在涂料施工的一种方法。

2)设备组成

粉末静电喷涂设备主要包括喷粉室、高压静电发生器、静电喷涂枪、供粉器、粉末回收装置、工件旋转机构等。

> GBB007 静电涂装设备的类型

3)设备分类

(1)旋杯式静电喷枪是借助于其边缘线速度高达 30m/s 以上的旋杯,使涂料在离心力的作用下进行雾化的,漆雾在离心力与静电引力下飞向被涂物。旋杯式静电喷枪也称为离心泵式静电喷涂设备。

(2)旋盘式静电喷枪也称为 Ω 形(欧米格式)静电喷枪,利用高速旋转圆盘(直径200mm 以上,转速 3000~6000r/min)的离心力将涂料甩出雾化,带电后飞向被涂物。

(3)普通自动静电喷枪。

按适用涂料分类还有粉末静电喷枪和液体静电喷枪。

### (三)储罐防腐技术

"储罐"特指立式圆筒形钢制焊接储罐(常压),其作为容器类设备,主要适用于储存大量的常压液体,如原油、成品油、化工原料、水等。

#### 1. 储存介质特性与腐蚀性

(1)原油。原油通常黏度比较大,为便于输送,在低温地区和盛装高黏度原油的原油罐中通常有加热和保温装置。

原油的腐蚀性可从五个指标来评价,即原油酸值、原油中的硫含量、原油中的盐含量、原油中的氮含量和水含量。其中,高含硫原油的腐蚀性很强。

原油中杂质含量较多,在罐底滞留析出水和杂质,析出溶液呈酸性,具有很强的腐蚀性,导致钢材腐蚀严重,主要为溃疡状坑点腐蚀,有可能形成穿孔,所以原油对罐底板上表面的腐蚀性很强。

(2)成品油。成品油主要是指汽油、煤油、柴油、航空煤油和润滑油等,成品油罐多为固定拱顶罐或内浮顶罐。成品油纯度较高,腐蚀较轻,而且不用加热和保温。

(3)中间产品油类。中间产品油类主要是指石脑油、粗汽油、粗柴油、蜡油、渣油、加氢裂化原料等各类中间产品。中间产品油的腐蚀性比成品油高,比原油腐蚀性低。一些中间产品有其特殊性,比如石脑油通常含有较高含量的芳香烃,要求内壁涂料具有较强的耐溶剂性。中间产品罐只存在于炼油企业中。

(4)其他类型产品。包括苯、甲苯、二甲苯、重芳烃、酮、醇、酯等,溶解性较强,一般的有机涂层在长期浸泡下会出现软化、脱落等现象,所以罐内壁多采用热喷涂金属(锌、铝、合金、不锈钢等)防护。

#### 2. 储罐常用防腐方法及防腐材料性能

> GBB008 储罐防腐材料性能要求

1)防腐涂料涂装

防腐涂料涂层的绝缘性能好,具有良好的耐酸碱性、耐硫化物、耐油等特性,可以达到长效保护的效果。储油罐的内壁防腐涂料应满足耐油、耐化学介质、抗腐蚀和导静电要求;针对储油罐的腐蚀环境和使用特点,其外壁防腐涂料以满足耐大气腐蚀、耐大气老化、保持良好外观为主,涂料的选择范围相对较宽。

底漆宜采用环氧类涂料,中间漆可采用厚浆型环氧玻璃鳞片、厚浆型环氧云母类防腐涂料,面漆应采用耐酸碱、耐盐水、耐硫化物、耐油和耐温的防腐蚀涂料。乙烯基酯树脂是一种改性的环氧树脂,在几乎具备环氧树脂所有特性的同时,与环氧树脂相比,大大提高了耐热性、耐腐蚀性、耐溶剂性,尤其是介质条件下的耐热性,而且施工方便;环氧树脂本身是热塑性的,要使环氧树脂制成有用的涂料或物质,就必须使环氧树脂与固化剂进行反应,交联而成为网状结构的大分子,才能显示出各种优良的性能。

2)采用涂料与阴极保护相结合技术

单一的涂层可以对大面积基体金属起到保护作用,但对涂层缺陷处不但不能起到保护作用,还会形成大阴极、小阳极,从而加速涂层破损处的腐蚀。涂层与牺牲阳极联合保护可以有效保护涂层破损处,与单纯的阴极保护相比,联合保护比节省牺牲阳极用量、电流分散效率好,是行之有效的保护办法。同时,还可以利用外加电流阴极保护,使被保护部位的电极电位通过阴极极化达到规定的保护电位范围,从而抑制腐蚀发生。

3）选择添加缓蚀剂

缓蚀技术是减轻石油化工行业中各类油、气、水储罐内腐蚀的有效方法。油罐所用缓蚀剂根据其用途的不同可以分为三类：一是防止油罐底部沉积水腐蚀用的水溶性缓蚀剂；二是防止与油层接触的金属腐蚀的油溶性缓蚀剂；三是防止油罐上部与空气接触金属防腐蚀用气相缓蚀剂。对于因沉积水而造成的腐蚀，可以通过切水方式将罐内游离水尽可能排出，以消除腐蚀诱因。

缓蚀剂的用量在保证对金属材料有足够缓蚀效果的前提下，应尽可能得少。一般存在着某个"临界浓度"，此时缓蚀剂的加入量不大，但缓蚀作用很大。对特定体系选用缓蚀剂种类和最佳用量，必须预先进行评定试验。

**GBB009 储罐涂装缺陷的防治方法**

**3. 喷涂过程中产生的漆膜缺陷及其防治方法**

涂装缺陷有上百种，一般可分为漆膜缺陷和漆膜的破坏状态。涂装过程（含涂装后不久）中产生的漆膜缺陷，一般与被涂物表面的状态、选用的涂料、涂装方法及操作、涂装工艺及设备和涂装环境等因素有关。

（1）起粒。漆膜中的凸起物呈颗粒状分布在整个或局部表面上的现象，由混入涂料中的异物、涂料变质或过度喷涂而引起的称为涂料颗粒。

防治方法：①调漆室、喷漆间内的空气除尘要充分，确保涂装环境洁净；②施喷件表面应清洁；③不使用变质或分散不良的涂料；④注意喷涂顺序，注意喷漆间内的风速，调整油漆黏度。

（2）异物沾污。由于铁粉、水泥粉、干漆雾、树脂或化学品等异物的附着，漆面变粗糙、脏污或带有色素物质的沾污，产生异色斑点等现象，令漆面腐蚀和脱色。

防治方法：①保漆面干燥场所的清洁，消除污染物；②防止漆面与污染介质相接触，选用耐沾污性好的涂料；③选用防霉性强的涂料或在涂料中添加防霉剂。

（3）起泡。涂膜在干燥过程中或在高温、高湿下表面出现许多大小不均圆形且不规则突起现象，称起泡。

防治方法：①使用指定溶剂，黏度应按涂装方法选择，不宜偏高；②施喷件表面应干燥清洁，上面不能残留有水分和溶剂；③添加醇类溶剂或消泡剂；④喷涂面漆后，工件应放置在干燥的环境中。

（4）流挂。喷涂在施喷件垂直面上的涂料向下流动，使漆膜产生不均一的条纹和流痕的现象，根据流痕的形状可分为下沉、流挂、流淌等。

防治方法：①正确选择溶剂，注意溶剂的溶解能力和挥发速度；②提高喷涂操作的熟练程度，喷涂均匀，注意喷枪与喷涂表面的距离和角度，一次不宜喷涂太厚；③严格控制涂料的施工黏度和温度；④调整涂料配方或添加阻流剂。

（5）缩孔、抽缩、鱼眼。受施喷件表面存在的（或混入涂料中的）异物（如蜡、油或硅酮等）的影响，涂料不能均匀附着，产生收缩而露出施喷件表面的现象。

防治方法：①在选用涂料时，要注意涂料对缩孔的敏感性；②应确保压缩空气清洁，无油无水；③确保涂装环境清洁，空气中应无灰尘、油雾和漆雾等漂浮；④严禁用手、脏擦布和脏手套接触被涂物表面，确保被涂物表面的清洁。

（6）凹坑、凹陷、麻点。漆膜表面上产生像火山口那样的凹坑现象。防治方法与缩孔、抽缩、鱼眼相似。

(7)露底。由于漏涂、涂得薄或涂料遮盖力差未盖住底色而产生显露底材的现象称为露底。

防治方法：①选用遮盖力强的涂料，增加涂层厚度，使用前充分搅拌；②适当提高涂料施工黏度或选用高固体分的涂料；③提高喷涂操作熟练程度，谨慎操作；④底涂层的颜色尽可能与面漆的颜色相近。

> GBB010 储罐清洗常用溶剂性能

4. 储罐钢材表面清洗除油及常用溶剂性能

(1)旧罐大修时清洗除油过程。①刮除附着在钢材表面的较厚的油或油脂；②选择适当的溶剂与清洗方法去除遗留在钢材表面上的油脂；③用适当的方法去除钢材表面的灰尘和其他污物。

(2)对于储罐或容器等大型物件，除油时一般普遍使用刷涂、擦涂、喷涂的方法。金属表面清洗剂试用范围见表1-2-3。

表1-2-3　清洗剂及试用范围及注意事项

| 清洗方法 | 适用范围 | 注意事项 |
| --- | --- | --- |
| 溶剂(如工业汽油、溶剂汽油、煤焦油、松节油、过氯乙烯、三氯乙烯等) | 去除油、油脂、可溶污物和可溶涂层 | 若需保留旧涂层，应使用对涂层无损的溶剂，溶剂和抹布应经常更换，最后一遍清洗的溶剂应该是干净的 |
| 真溶剂 | 能完全溶解漆基的单组分或多组分的液体 | 对涂层有损伤 |
| 碱清洗剂(磷酸三钠等) | 去除可皂化的涂层、油、油脂和其他污物 | 清洗后应用水清洗，最好用加压的热水冲洗；冲洗后，钢材表面的pH值不应大于冲洗水的pH值，钢材表面应做钝化处理；若需保留旧涂层，应使用对涂层无损的溶剂 |
| 乳剂 | 去除油、油脂和其他污物 | 清洗后，应将残留物从表面上清理干净 |
| 蒸汽清洗(可和洗涤剂、碱清洗剂一同使用) | 去除油、油脂和其他污物，当压力和温度足够时也可去除涂层 | 清理时旧涂层可被侵蚀或破坏，清洗后应将残留物从表面上清洗干净 |

**(四)钢制储罐外防腐层施工技术**

参照标准为SY/T 0320—2010《钢制储罐外防腐层技术标准》。

1. 总则

该标准适用于储存介质温度不超过60℃、无保温层的地上储罐外防腐层，低于100℃的保温储罐保温层下防腐层，以及洞穴储罐外防腐层的设计、施工及验收。其他钢结构、管线及相应配套设施也可参照使用。

> GBB011 储罐外防腐层材料的要求

2. 防腐层材料

(1)所用涂料应具备产品质量合格证及检测报告等产品质量证明文件，其质量应符合本标准规定，本标准没有规定的应符合国家现行有关标准的规定。

(2)储存介质温度不超过60℃、无保温层的储罐，其外防腐可选用的主要防腐层材料品种包括：丙烯酸聚氨酯涂料、交联氟碳涂料、聚硅氧烷涂料、氯醚涂料、氯化橡胶涂料、高氯化聚乙烯涂料及与之配套的中间漆和底漆(如环氧涂料、环氧富锌涂料、无机富锌涂料等)。

(3)储存介质温度低于100℃的保温储罐保温层下防腐可选用的主要防腐层材料品种

包括:无溶剂环氧涂料和酚醛改性环氧涂料。

(4) 洞穴内储罐外防腐可选用的主要防腐层材料品种包括:正硅酸酯无机富锌涂料、湿固化涂料等。

(5) 涂料底漆、中间漆、面漆、固化剂、稀释剂等应互相匹配,并由同一供方供应。

(6) 底漆、中间漆、面漆颜色应有所区别。

(7) 涂料包装上应标明产品名称、型号、净含量、生产单位、生产批号、生产日期和有效期,并附有出厂合格证及产品说明书。产品说明书内容应包括涂料的技术性能指标、各组分的配合比例、涂料配制后的适用期、施工方式、参考用量、储存条件、储存期及使用温度。

(8) 涂料需要复验时,可对部分性能进行复验,具体复验项目为:容器中状态、细度、固体含量、干燥时间、适用期、附着力、柔韧性、冲击性。

**3. 防腐层结构**

> GBB012 无保温层储罐外防腐层结构

(1) 储存介质温度不超过 60℃、无保温层的地上储罐防腐层。

① 储存介质温度不超过 60℃、无保温层的地上储罐防腐层的等级与结构,应根据不同的大气腐蚀分类和设计寿命要求,可参照表 1-2-4 的规定选择。

② 存储易挥发油品(包括低黏度原油、中间馏分油及轻质产品油)的储罐外壁宜采用耐候性热反射隔热防腐蚀复合涂层;涂层干膜厚度应由涂层配套体系确定,且不宜小于 250μm。

表 1-2-4　无保温层的防腐层结构

| 设计寿命,年 | 防腐层结构 | 大气腐蚀分类 | 防腐层厚度,μm | | | |
|---|---|---|---|---|---|---|
| | | | 底漆 | 中间漆 | 面漆 | 设计总厚度 |
| 2~5 | 氯化橡胶(底+面) | 中等以下腐蚀 | 60 | — | 80 | 140 |
| | | 较强腐蚀 | 80 | — | 80 | 160 |
| | | 强腐蚀 | 80 | — | 120 | 200 |
| | 氯醚(底+面) | 中等以下腐蚀 | 60 | — | 80 | 140 |
| | | 较强腐蚀 | 80 | — | 80 | 160 |
| | | 强腐蚀 | 80 | — | 120 | 200 |
| | 高氯化(底+面) | 中等以下腐蚀 | 60 | — | 80 | 140 |
| | | 较强腐蚀 | 80 | — | 80 | 160 |
| | | 强腐蚀 | 80 | — | 120 | 200 |
| | 环氧+聚氨酯 | 中等以下腐蚀 | 80 | — | 40 | 120 |
| | | 较强腐蚀 | 100 | — | 60 | 160 |
| 5~15 | 环氧+聚氨酯 | 较强以下腐蚀 | 120 | — | 80 | 200 |
| | | 强腐蚀 | 170 | — | 80 | 250 |
| | 环氧锌+环氧+聚氨酯;<br>无机锌+环氧+聚氨酯 | 较强腐蚀 | 60 | 60 | 80 | 200 |
| | 环氧锌+环氧+氟碳;<br>无机锌+环氧+氟碳 | 强腐蚀 | 80 | 90 | 80 | 250 |
| | 环氧锌+环氧+硅氧烷;<br>无机锌+环氧+硅氧烷 | 强腐蚀 | 80 | 90 | 80 | 250 |

(2) 储存介质温度低于100℃、有保温层的储罐和洞穴储罐防腐层。

① 储存介质温度低于100℃、有保温层储罐的防腐层结构可参照表1-2-5的规定选择。

表1-2-5 保温层下的防腐层结构

| 底漆 | | | 面漆 | | | 总厚度 μm |
|---|---|---|---|---|---|---|
| 类型 | 道数 | 涂膜厚度 μm | 类型 | 道数 | 涂膜厚度 μm | |
| 酚醛改性环氧涂料 | 1~2 | 120 | 酚醛改性环氧涂料 | 1~2 | 130 | 250 |
| 无溶剂环氧涂料 | 1 | 100 | 无溶剂环氧涂料 | 1~2 | 200 | 300 |

② 洞穴储罐外防腐的防腐层结构可参照表1-2-6的规定选择。

表1-2-6 洞穴储罐外防腐层结构

| 底漆 | | | 面漆 | | | 总厚度 μm |
|---|---|---|---|---|---|---|
| 类型 | 道数 | 涂膜厚度 μm | 类型 | 道数 | 涂膜厚度 μm | |
| 湿固化环氧涂料 | 1~2 | 300 | — | — | — | 300 |
| 正硅酸酯无机富锌涂料 | 1~2 | 100 | 湿固化环氧涂料 | 2~3 | 200 | 300 |
| 无溶剂环氧涂料 | 1 | 100 | 无溶剂环氧涂料 | 1~2 | 200 | 300 |

(3) 储罐的边缘板可采用弹性防水涂料贴覆无蜡中碱玻璃布或防水胶带的防腐蚀措施。当采用弹性防水涂料贴覆玻璃布时，应符合下列要求：

① 底漆的黏度应为50~60s(涂-4杯)。

② 一次弹性胶泥应在罐壁与罐外边缘板之间填注压紧并形成平整的斜面；二次胶泥厚度不得小于3mm，应使面漆的厚度均匀分布。

③ 底板与罐基础接触部分的空隙应采用弹性防水材料填充。

④ 玻璃布的贴覆接缝处重叠不应小于50mm，且不应有褶痕。

4. 钢制储罐外防腐层施工技术要求

(1) 适用于储存介质温度不超过60℃、无保温层的地上储罐，低于100℃的保温储罐保温层下防腐层，以及洞穴储罐外防腐层的设计、施工及验收。

(2) 钢质储罐外防腐层的施工应按设计文件规定进行，当需要变更设计、材料代用或采用新材料时，应征得设计部门确认。

(3) 基材表面如被酸、碱、盐污染，可用高压水清水冲洗；基材表面如有凹凸不平、焊缝及非圆弧拐角，应先进行处理；如有毛刺、焊渣积尘及疏松的氧化皮，应清除干净；除锈等级应达到Sa2½级或Sa3级，只有在喷射处理无法到达的区域方可采用动力或手工除锈进行处理，除锈等级达到St3级；喷射处理后应采用洁净的压缩空气将表面吹扫干净。

(4)应按涂料供方使用说明书所规定的比例及工艺要求配制涂料并做好记录;涂料施工时如黏度需要调整,可依涂料供方推荐的类型和用量添加稀释剂并做好记录;在防腐作业前,应按涂料供应方说明书要求配制少量涂料在样板上做小样试验,用以测定涂敷工艺的适应性、干膜厚度、干燥时间等参数。

(5)应按涂料供方要求的涂敷工艺进行施工;储罐外防腐层施工中,对于锐角、焊缝等不规则表面,应先处理圆滑,再使用刷子或辊子进行预涂,确保该处的涂层厚度达到设计要求。

(6)施工作业环境要求。环境温度宜为 5~45℃,一般要求基材温度在露点温度以上 3℃,且罐体表面应干燥清洁;在有雨、雾、雪和较大灰尘的条件下,禁止施工;最大相对湿度不应超过 80%,潮气固化和水下固化涂料的施工不受环境湿度的要求。

## 二、技能要求

### (一)准备工作

**1. 设备**

静电涂装室 1 个,旋转式静电喷涂设备 1 套。

**2. 材料、工具**

钢板 1 个,沥青类涂料 1kg,配套稀释剂 0.5kg,抹布若干,调料桶 1 台,搅拌棒 1 根,绝缘棒 1 根。

### (二)操作规程

(1)涂装前先工件悬挂距地面高度不小于 1m、上端与运输链的距离不小于 0.5m 的台架上。

(2)调整喷涂距离,开启排风装。

(3)开启旋杯电动机,旋杯速度调节到 2500r/min;开启静电发生器低压开关,然后开高压开关;工件入喷漆室,打开喷漆泵喷漆。

(4)喷漆操作完成后关掉输漆泵,停止输漆;关闭高压发生器;将输漆管接到稀料桶上,灌入稀料清洗管道;关闭旋杯动力。

(5)涂层表面应光滑、平整、无鼓泡、裂纹等现象,允许有轻度橘皮状花纹。

### (三)注意事项

**1. 使用维护方法**

> GBB015 手提式静电喷涂设备的使用维护方法
>
> GBB016 旋杯式(旋盘式)静电喷枪的使用维护方法

(1)手提式静电喷涂设备一般由静电喷漆室、高频高压静电发生器、手提式静电喷枪、压力供料装置、空气压缩机、油水分离器等组成。静电喷枪一般有摩擦式静电喷枪、匣式静电喷枪及普通静电喷枪等几种。旋杯喷涂和自动空气喷涂方式一样,区别在于旋杯喷涂比空气喷涂雾化更细腻、更省漆、效率更高,最重要其核心的部分是旋杯雾化器和空气马达。

(2)正确安装静电喷涂设备后,经过开机检查没有问题之后方可投入生产。

(3)根据被喷涂工件的大小选用口径不同的枪头,旋杯式静电喷枪生产发生输出图形不正常,应采取更新喷嘴措施。油漆密度大的可加大风压,但风压绝对不能超过电磁场的强度。手提式静电喷涂设备的高压电缆应随喷枪挂于离地 1m 以上处,而不能置于地面。

(4)在进行静电喷涂时,一般旋风式喷枪转速为800r/min,而旋杯式喷枪的转速必须大于1000r/min;工作压力一般为0.3~0.4MPa。旋杯口径最小的是30mm。

(5)应减少手提式静电喷枪涂装深腔及复杂的多形面时因静电屏蔽原因而产生薄涂、漏涂等缺陷。

(6)除必须做每班、每日清理工作外,需要检查空气压缩机、空气干燥器工作是否正常,工件接地电阻是否正常。

2. 静电喷涂设备安全操作

(1)静电喷涂设备操作前应按照设备点检表进行检查,设备接地牢靠,防止在操作中引发触电事故;

(2)操作者必须穿戴防护手套、防静电鞋及防静电工作服;

(3)接通压缩空气源,检查并确认压缩空气干洁度,合格并且无漏气现象;

(4)机器各个环节每次调整后,都必须以点运动检查各运动机构是否协调,确认没有问题后才能转入自动运转;

(5)必须先关断电源、气源,待设备完全停稳后才能进行设备维护和保养。

# 项目二 制作环氧煤沥青防腐层

## 一、相关知识

### (一)环氧煤沥青防腐层标准

> GBC005 环氧煤沥青防腐层标准的适用范围

参照标准为 SY/T 0447—2014《埋地钢质管道环氧煤沥青防腐层技术标准》、GB 50268—2008《给水排水管道工程施工及验收规范》、SH 3022—2011《石油化工设备和管道涂料防腐蚀设计规范》和 HG/T 20679—1990《化工设备、管道外防腐设计规定》等,规定了环氧煤沥青防腐层施工方法和技术要求。

环氧煤沥青在管道外防腐使用时,为了增加涂层厚度和机械强度,在涂层中复合使用了纤维增强材料。采用丙纶无纺布取代含碱、含蜡的玻璃丝布,克服了含碱玻璃布的缺点,得到优良的管道外防腐层。

环氧煤沥青防腐技术标准适用于输送介质温度不超过110℃的埋地钢质管道外壁环氧煤沥青的设计、施工及验收。钢制储罐采用环氧煤沥青防腐层时,可参照执行。

### (二)环氧煤沥青防腐层等级及结构

> GBC001 环氧煤沥青防腐层的类别等级

钢质管道环氧煤沥青防腐层是以环氧煤沥青涂料为主要原材料,属于有固化剂的双组分液体涂料,此种涂料涂敷的防腐层与石油沥青防腐层性质不同,是非热熔型的由固化剂交联固化成型的防腐层,这种防腐层是由配套底漆和面漆涂敷而成。为适应不同腐蚀环境对防腐层的要求,环氧煤沥青防腐层等级分为普通级和加强级;加强级可在层间缠绕纤维增强材料进行增强,纤维增强材料可采用丙纶无纺布或玻璃布。防腐层结构及厚度见表1-2-7。

表 1-2-7  防腐层结构及厚度

| 防腐层等级 | 结构 | | 厚度,μm |
|---|---|---|---|
| | 溶剂型 | 无溶剂型 | |
| 普通级 | 底漆+多层面漆 | 单层或多层 | ≥400 |
| 加强级 | 底漆+多层面漆 | 单层或多层 | ≥600 |
| | 底漆+多层面漆+纤维增强材料+多层面漆 | 多层涂料+纤维增强材料+单层或多层涂料 | ≥700 |

注:环氧煤沥青涂料的底漆和面漆可为"底面合一型"涂料。

环氧煤沥青用于埋地钢质管道外壁防腐蚀时,应根据土壤腐蚀性选用不同等级与结构的覆盖层。在腐蚀环境恶劣或用户要求的情况下,防腐层可适当增加面漆层数。

底漆的作用:(1)牢固地附着在经预处理的钢管表面上,并与其上的面漆有很好的黏结力;(2)有很好的防锈功能。

面漆的作用:(1)长期、稳定地抵御外界的各种腐蚀介质,起绝缘、密封作用;(2)其机械强度和耐环境条件等性能可以满足施工条件的要求。

环氧煤沥青涂料是一种将环氧树脂优良的物理化学性能与煤焦油沥青优良的耐水、抗微生物性能结合起来的一种涂料,它易于施工,能获得厚涂膜,在石油工业中获得了广泛的应用。

> GBC002 环氧煤沥青防腐层材料的组成
> GBC003 环氧煤沥青防腐层材料的要求
> GBC004 环氧煤沥青防腐层材料的验收标准

(三)材料要求

1. 环氧煤沥青涂料

环氧煤沥青涂料是由 A 组分和 B 组分组成的双组分涂料,A 组分、B 组分的配比应由涂料生产商确定,并应配套供货。

(1)环氧煤沥青涂料的技术指标应符合表 1-2-8 的规定。

表 1-2-8  环氧煤沥青涂料技术指标

| 序号 | 项目 | 技术指标 | | | 试验方法 |
|---|---|---|---|---|---|
| | | 无溶剂型 | 溶剂型 | | |
| | | | 底漆 | 面漆 | |
| 1 | 黏度(涂-4 杯,25℃±1℃),s | — | ≥80 | ≥80 | GB/T 1723 |
| 2 | 黏度(23℃±0.2℃),mPa·s | 生产商规定值±10% | — | — | GB/T 9751.1 |
| 3 | 细度,μm | ≤100 | ≤100 | ≤100 | GB/T 1724 |
| 4 | 不挥发物含量,% | — | ≥80 | ≥80 | GB/T 1725 |
| | 固体含量,% | ≥95 | — | — | SY/T 0457 附录 A |
| 5 | 干燥时间(25℃±1℃),h 表干 | ≤2 | ≤2 | ≤3 | GB/T 1728 |
| | 实干 | ≤6 | ≤6 | ≤8 | |

注:(1)黏度,是液体分子间相互摩擦而产生阻碍其相对运动能力的量度,即表示液体流动时所产生的内摩擦的大小。对涂料生产厂而言,黏度是质量控制的重要指标;对施工单位而言,黏度是控制涂敷时漆膜厚度的主要参数。

(2)细度,用来衡量涂料中的防锈颜料或体质颜料的磨碎和分散程度。细度越小,漆膜越平整光滑,但应按用途区别对待,并非是越细越好。

(3)固体含量,是指涂料在一定温度下加热烘干后剩余物质量与试样质量的比值,以百分数表示。剩余物包括环氧树脂、煤沥青和各种填料,是涂料的主要成膜物质。蒸发掉的溶剂只对涂料起稀释作用,以便涂敷施工。固体含量高,表示溶剂少,成膜物多,一次涂敷可以得到较厚的漆膜。

(4)干燥时间,在规定的干燥条件下,表层成膜的时间为表干时间;全部形成固体涂膜的时间为实际干燥时间。影响涂料干燥时间的因素很多,主要有固化剂、固化促进剂和溶剂的选择等。

（2）环氧煤沥青涂层的技术指标应符合表 1-2-9 的规定。

表 1-2-9　防腐层技术指标

| 序号 | 项目 | | 指标 | | 试验方法 |
|---|---|---|---|---|---|
| | | | 无溶剂型 | 溶剂型 | |
| 1 | 黏结强度（拉开法），MPa | | ≥8 | ≥7 | SY/T 6854 附录 A |
| 2 | 热水浸泡后的黏结强度（最高设计温度，且不超过 80℃，28d），MPa | | ≥5 | ≥5 | SY/T 0447 附录 A |
| 3 | 阴极剥离，mm | 1.5V，65℃，48h | ≤8 | ≤10 | SY/T 0315 附录 C |
| | | 1.5V，23℃，28d | ≤10 | ≤12 | |
| 4 | 工频电气强度，MV/m | | ≥20 | ≥20 | GB/T 1408.1 |
| 5 | 体积电阻率，Ω·m | | ≥1×10$^{10}$ | ≥1×10$^{10}$ | GB/T 1410 |
| 6 | 耐化学介质腐蚀 | 10%$H_2SO_4$（23℃±2℃，7d） | 防腐层完整、无起泡、无脱落 | 防腐层完整、无起泡、无脱落 | GB/T 9274 |
| | | 10%NaOH（23℃±2℃，7d） | 防腐层完整、无起泡、无脱落 | 防腐层完整、无起泡、无脱落 | |
| | | 3%NaCl（23℃±2℃，7d） | 防腐层完整、无起泡、无脱落 | 防腐层完整、无起泡、无脱落 | |
| 7 | 耐沸水性（24h） | | 通过 | 通过 | SY/T 0447 附录 B |
| 8 | 耐冲击（23℃±2℃，4.9J） | | 无漏点 | 无漏点 | SY/T 0315 附录 E |
| 9 | 抗弯曲（23℃±2℃，1.5°） | | 无裂纹 | 无裂纹 | SY/T 6854 附录 C |
| 10 | 吸水率（23℃±2℃，24h），% | | ≤0.4 | ≤0.4 | SY/T 0447 附录 C |

注：（1）防腐层厚度应为 400～500μm。
（2）当防腐层为有纤维增强材料的防腐层时，不做第 1 项黏结强度和第 2 项热水浸泡后的黏结强度检验项目。
（3）黏结强度，是指涂料与被涂的物体表面牢固结合的性能，是最重要的性能指标。影响黏结强度的最主要因素是涂料中环氧树脂含量。在各种原材料中，环氧树脂价格最贵，对成本影响最大，检查黏结强度可判断涂料生产时环氧树脂的添加量是否足够。
（4）抗弯曲，是指防腐层经过一定幅度的弯曲后不发生破裂的性能。弯曲直径越小，漆膜的柔韧性越好。涂料的抗弯曲性主要与固化剂的品种、增韧剂的加入量等因素有关。
（5）耐冲击性，是测试漆膜承受高速负荷作用的变形程度，反映漆膜的弹性和对底板的附着力。防腐管在整个施工过程中，表面防腐层会受到意外的撞击、挤压等机械冲击作用，要有一定的耐冲击性，这一点是很重要的。
（6）耐化学介质腐蚀，防腐管埋在地下，长期与水及酸、碱、盐等化学介质接触，应有较好的耐化学介质性质。因此，采用一种强化试验，即使用比实际使用的涂层薄得多的漆膜，浸在浓度比实际大得多的几种典型介质中，可以用不太长的时间判断其长期耐化学介质效果。
（7）阴极剥离，埋地管道经常出现涂层与阴极保护联合使用的情况。
（8）工频电气强度，环氧煤沥青涂料属绝缘性涂料，应对其绝缘性提出要求。
（9）吸水率，环氧煤沥青涂层多用在埋地、水下等环境，要求其吸水率较低。

**2. 纤维增强材料**

采用丙纶无纺布作防腐层加强级时，宜选用 80g/m$^2$±7g/m$^2$ 的材料。不同管径适宜的丙纶无纺布宽度，见表 1-2-10。

表 1-2-10　丙纶无纺布和玻璃布宽度　　　　　　　　　　　　　　　mm

| 管径 | <250 | 250～500 | >500 |
|---|---|---|---|
| 布宽 | 100～250 | 400 | 500 |

采用玻璃布作防腐层加强级时,应采用无捻、平纹、两边封边、带芯轴的玻璃布卷。玻璃布的宽度应符合表1-2-10的规定。

**(四)管道环氧煤沥青防腐层施工**

1. 施工工艺流程及说明

环氧煤沥青防腐层施工工艺流程,见图1-2-2。

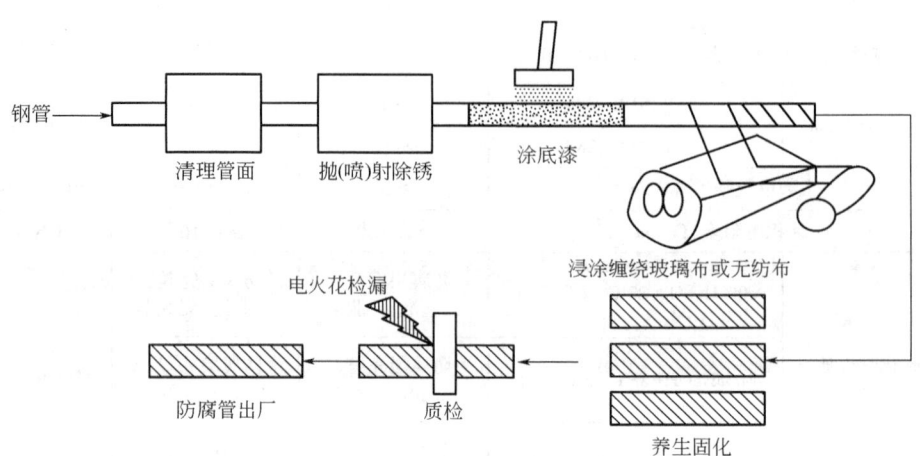

图1-2-2 管道环氧煤沥青外防腐工艺流程

清理钢管外表面油污后进行喷砂或抛丸除锈,达到Sa2½级。然后涂刷环氧底漆、面漆,缠绕浸涂过环氧煤沥青面漆的玻璃布或合成纤维无纺布;或缠绕后涂面漆后吊运到养生场地,养生固化。达到实干后,进行质量检查,检查合格后出厂。

2. 一般规定

> GBC007 环氧煤沥青施工环境的要求

(1)钢管外防腐层的涂敷施工应按工艺评定的结果进行。环氧煤沥青涂料施工宜采用双组分高压无气喷涂的作业方式,也可采用刷涂或辊涂方式。

> GBC008 环氧煤沥青施工技术的一般要求

(2)采用多道涂装时,下道漆应在上道漆表干后、固化前涂敷。手工刷涂溶剂型涂料时,下道漆应在上道漆实干后、固化前涂敷。

(3)存在下列情况之一,且无有效防护措施时,不应进行露天施工。

① 雨天、雪天及风沙天;

② 环境湿度大于85%;

③ 管体表面温度在露点温度3℃以内或低于涂料生产商推荐的温度;

④ 风力超过4级(7.9m/s)。

> GBC006 环氧煤沥青防腐层施工准备工作细则

3. 钢管表面预处理

(1)钢管表面处理前,应清除钢管表面的油污、油脂、泥土等污物,清除钢管表面的焊瘤、毛刺、棱角等缺陷。钢管表面潮湿时,可采用适宜的加热方法驱除潮气,钢管表面温度应不低于露点温度以上3℃。

(2)钢管表面处理应采用喷(抛)射除锈,除锈等级应符合现行国家标准GB/T 8923.1—2011《涂覆涂料前钢材表面处理 表面清洁度的目视评定 第1部分:未涂覆过的钢材表面和全面清除原有涂层后的钢材表面的锈蚀等级和处理等级》中规定的Sa2½级,锚纹深度应达到 40~90μm。

（3）钢管表面经喷（抛）射处理后，应用清洁、干燥、无油的压缩空气将钢管吹扫干净，灰尘等级应符合现行国家标准《涂覆涂料前钢材表面处理　表面清洁度的评定试验　第 3 部分：涂敷涂料前钢材表面的灰尘评定（压敏粘带法）》（GB/T 18570.3—2005）规定的 2 级以上。

（4）表面处理合格后的钢管应在 4h 内进行涂敷施工。表面处理后至喷涂前不应出现浮锈，如出现浮锈或表面污染时，应重新进行表面处理。

4. 涂料配制

（1）涂料 A 和 B 组分在使用前应分别搅拌均匀。

（2）采用手工涂敷时，应按产品使用说明书所规定的比例将 A 和 B 组分进行混合，并搅拌均匀。配好的溶剂型涂料在必要时（如施工时环境气温低或漆料过于稠）可加入少于 5% 的稀释剂。无溶剂型涂料不应添加稀释剂。使用前应静止熟化 15~30min，熟化时间视温度的高低而缩短或延长。超过使用期的漆料严禁使用。

（3）涂料配制过程中的要求。

① 底漆和面漆都含有多种填料，久放可能产生沉淀，使用时应搅拌均匀。不能搅拌均匀的漆料不得使用。

② 不同厂家生产的漆料，其配方、环氧树脂牌号、固化剂种类及黏度都不同，应按厂家说明书规定正确配漆。

③ 在配漆时，配比是否正确事后是无法核查的，实践证明，指定专人配漆是较好的措施。

④ 漆料和固化剂搅拌混合均匀后，不宜立即使用，要求静置一段时间，术语称为"熟化"，目的是使交联反应预进行，然后进行涂刷。未经"熟化"而立即涂刷，防腐层表面易出现缺陷。

⑤ 过量加入稀释剂是造成防腐层针孔多的最主要原因，应该禁止过量加入稀释剂。环氧树脂和固化剂一旦混合便开始交联反应，无法停止，直至胶结成固体。加入固化剂的底漆和面漆均在生产厂家说明书所规定的使用期涂敷，黏结力才有保证。超过使用期的漆料，不允许用稀释剂勉强调稀使用。因此，必须根据当天的用量分批配置，确保在使用期内用完，避免造成浪费。

（4）采用高压无气喷涂时，应按照生产商对涂料的配比要求，设定喷涂机的输送比例，并按要求对涂料进行预热、保温，确保涂料喷涂过程保持良好的雾化效果。

5. 涂漆和缠绕纤维增强材料

（1）采用无纤维增强材料的防腐层结构时，应按照确定的涂敷道数进行涂敷施工，每一道的涂敷应均匀、无漏点、无气泡；采用高压无气喷涂工艺涂敷时，喷枪应匀速行走，涂料应雾化良好。

（2）采用有纤维增强材料的防腐层结构时，应按照如下步骤进行施工。

① 按照（1）条的要求进行底漆涂敷，底漆厚度不应小于 50μm。

② 底漆实干后，宜在焊缝两侧涂抹腻子使其形成平滑过渡面；腻子由配好固化剂的环氧煤沥青涂料加入滑石粉调匀制成，调制时不应加入稀释剂，调好的腻子宜在 4h 内用完。

> GBC009　环氧煤沥青涂料的配制要求
>
> GBC010　环氧煤沥青防腐层涂刷底漆操作要点
>
> GBC011　环氧煤沥青防腐层打腻子操作要点
>
> GBC012　环氧煤沥青防腐层涂刷面漆缠玻璃布操作要点

③腻子表干后、固化前涂敷面漆,随即缠绕纤维增强材料,缠绕纤维增强材料时,应压紧、表面平整、无皱折和鼓包,压边宽度为20~25mm,周向接头搭接长度为100~150mm。缠绕后随即再次涂敷面漆,纤维增强材料所有网眼应浸满涂料。也可采用浸满面漆的纤维增强材料进行缠绕,待防腐层实干后,再次涂刷面漆。

(3)涂敷好的防腐层,宜静置自然固化,并应采取有效措施对未固化的防腐层进行防护。防腐层的固化温度宜保持在10℃以上。当需要加温时,可按照生产商提供的说明书进行固化,无要求时,防腐层加热温度不宜超过80℃,并应缓慢平稳升温。

(4)钢管两端宜各留100~150mm不涂环氧煤沥青涂料;在涂漆之前,可在留端部位涂刷可焊涂料或硅酸锌涂料,干膜厚度宜为15~25μm。

**(五)储存及运输**

> GBC013 环氧煤沥青防腐管的储存运输方法

(1)防腐管应按防腐层等级分类堆放。堆放时应采用宽度不小于150mm的垫木或软质隔离垫将防腐管与地面隔开;防腐管层间也应采用软垫隔离,垫具间距不应大于4m。防腐层应固化后才能叠放,防腐管堆放层数应符合表1-2-11的规定。

表1-2-11 防腐管堆放层数

| 直径 DN,mm | 最大堆放层数 | 直径 DN,mm | 最大堆放层数 | 直径 DN,mm | 最大堆放层数 | 直径 DN,mm | 最大堆放层数 |
| --- | --- | --- | --- | --- | --- | --- | --- |
| <200 | 10 | 300~400 | 6 | 500~600 | 4 | >800 | 2 |
| 200~300 | 7 | 400~500 | 5 | 600~800 | 3 | | |

(2)未固化的防腐管不应装运,防腐管的装卸、运输应符合现行国家标准《长输管道线路工程施工及验收规范》(GB 50369—2014)中的规定。

(3)防腐管不宜受阳光暴晒,露天堆放时间不应超过3个月;需存放3个月以上时,应采用不透明的遮盖物对防腐管加以保护。

## 二、技能要求

**(一)准备工作**

1. 设备

高度800mm钢管支架1套。

2. 材料

环氧煤沥青底漆100g(含固化剂),环氧煤沥青面漆200g(含固化剂),腻子5kg,玻璃布3卷,φ114mm钢管(除锈质量达到Sa2½级,且去潮气无灰尘)2m。

3. 工、用、量具

搅拌棍2根,剪刀1把,卷尺1把,小盆4个,电子秤1台,板刷2把,腻子刀1把。

**(二)操作规程**

(1)按产品使用说明书所规定的比例10∶1,分别将底漆、面漆和其固化剂进行混合,并搅拌均匀;将配制好的两种漆料静止,"熟化"时间按现场要求确定。

(2)除锈清理钢管外表面后,用板刷涂刷底漆。

(3)在钢管焊缝两侧打腻子使其形成平滑过渡面。

(4)腻子表干后、固化前涂刷面漆;随即螺旋缠绕玻璃布,应压紧、表面平整、无皱褶和鼓包；缠绕后随即再次涂刷面漆，玻璃布所有网眼应浸满涂料。

**（三）注意事项**

（1）必须配套同一批次供应的底漆、面漆、固化剂和稀释剂。

（2）涂料运输时应轻装轻卸，包装桶正置，避免日光暴晒。储存时应保持原包装，存放于防火措施合格的仓库内。超过使用期的漆料严禁使用。

（3）刚开桶的底漆和面漆不应加入稀释剂，使用前应将桶摇晃搅拌均匀。

# 项目三　拆装粉末回收装置中的滤袋

## 一、相关知识

GBC023 环氧粉末回收系统的组成

### （一）环氧粉末回收装置的组成

环氧粉末的回收装置源于环保设备中的除尘装置，其基本功用为实现气、固混合流体的二相分离，所不同的是除尘后的固相为废弃物，而回收后的固相却是利用物。

（1）粉末的回收装置是由二级回收组成，一级回收是旋风除尘器，二级回收由布袋除尘器和风道等组成。从分离机理看除尘装置通常只有惯性分离和过滤除尘。

（2）旋风分离器分离后仍有部分粉尘进入大气造成污染，所以通常需在其后安装布袋除尘器，进一步提高粉尘回收率。

（3）环氧粉末回收系统将悬浮在喷涂室内的粉末回收至旋风分离器和布袋吸尘器下部的粉盒内，以待过滤后重复使用。

GBC024 环氧粉末旋风式除尘器的工作原理

### （二）旋风除尘器的工作原理

旋风除尘器（图1-2-3）是利用旋转的含尘气所产生的离心力，将粉末从气流中分离出来的一种干式固体成分分离装置。

当含尘气流由进气管的切线方向进入除尘器时，气流将由直线运动变为圆周运动。旋转气流的绝大部分沿器壁的圆筒体呈螺旋向下，朝锥体运动，这通常称为外旋气流。含尘气在旋转过程中产生离心力，将质量大于气体的尘粒甩向器壁。当尘粒一旦与器壁接触，便失去惯性而靠入口速度的动能和尘粒重力沿壁面下落，进入排灰管。旋转下降的外气流到达锥体时，因圆锥的收缩而向除尘器中心靠拢。根据"旋转矩"不变的原理，其切向速度不断地提高。当气流达到锥体下端某一位置时，即以同样的旋转方向由下反转而上，继续做螺旋运动，即内旋气流。最后净化气经排气管排出器外，一部分未被捕集的尘粉也由此逃逸。

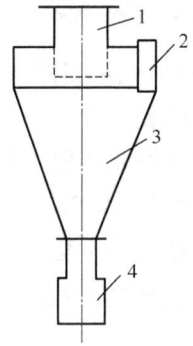

图1-2-3　旋风除尘器示意图
1—净化器出口；2—含尘进口；
3—主体；4—集尘器

当含有粉末涂料的空气进入环氧粉末旋风除尘器后，在离心力重力作用下，较粗的粉末颗粒就会沉积到分离器倒锥体的底部并被回收。

含粉末气体温度很高时旋风式除尘器应设有保温措施，以避免水分在其内凝结而影响除尘效果。

### (三) 布袋除尘器的工作原理

GBC025 环氧粉末布袋式除尘器的工作原理

布袋除尘器(图1-2-4)是依靠编织物或毛毡的滤布作为滤材料而达到分离含尘气体中粉尘的目的。当含粉尘气流通过滤布时产生筛分、惯性、黏附、扩散和静电等作用而被捕集。

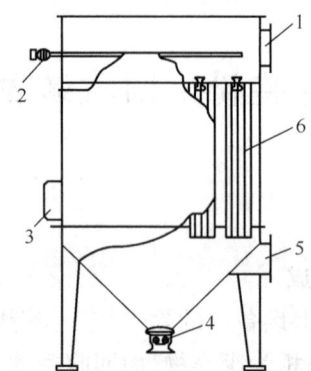

图1-2-4 脉冲布袋除尘器示意图

1—净化气出口;2—电磁阀及吹灰管;3—脉冲控制器;4—排灰装置;5—含尘气进口;6—滤袋

布袋除尘器内部分上、下两室,中间有隔离板。当含尘气进入除尘器下室时,气流透过布袋微孔进入上室,通过出口进入风机排向大气。粉尘被截留在布袋中,依靠震摇装置,使积集在布袋中的粉尘落入集灰斗中。

布袋式除尘器设备的工作机理是含粉尘气体通过过滤材料,捕集粉尘颗粒主要靠惯性碰撞、重力沉降、扩散和筛分的作用。布袋式除尘器适用于捕集细小、干燥、非纤维性的粉尘颗粒。

## 二、技能要求

### (一) 准备工作

1. 设备

粉末回收装置1台,压缩空气吹扫机1台。

2. 材料、工具

活动扳手1套。

### (二) 操作规程

(1) 应定期检查滤袋的状况,必要时予以彻底清理,以保证其正常的透气性能。

(2) 清理时,先拆除震摇装置,然后拆卸滤袋。

(3) 用干净的压缩空气对滤袋进行反复吹扫干净,去除堵塞黏附在布袋表面的粉尘。

(4) 安装滤袋,然后安装震摇装置和箱门。

### (三) 注意事项

(1) 布袋由棉、毛、合成纤维或玻璃纤维等织物组成。清除布袋上的粉末时,不得用硬物敲击,以免损伤布袋内的骨架。

(2) 环氧粉末是一种固体粉状涂料,在一定浓度下,静电作用产生的电火花会引起其着火,因此要注意有良好的通风条件。

(3) 集尘器的布袋或滤芯要经常清理更换,确保灰尘抽取干净。

# 项目四　制作钢管熔结环氧粉末外防腐层

## 一、相关知识

### (一) 钢管单层熔结环氧粉末外涂层标准

参照标准为 SY/T 0315—2013《钢质管道熔结环氧粉末外涂层技术规范》,规定了以熔结环氧粉末涂料作为成膜材料的埋地钢质管道外涂层的技术要求。

该标准适用于钢质管道(包括钢质直管及热煨弯管)单层、双层结构熔结环氧粉末外涂层的设计、施工及检验。

经过涂敷的钢管可用于工作温度为 $-30 \sim 80$℃ 的埋地或水下环境。

关于以熔结环氧粉末为成膜材料的埋地钢质管道外涂层的要求标准,除 SY/T 0315—2013 以外,其他的标准还有 Q/CNPC 38—2002《埋地钢质管道双层熔结环氧粉末外涂层技术规范》、GB/T 18593—2010《熔融结合环氧粉末涂料的防腐蚀涂装》等。

### (二) 单层环氧粉末外涂层结构特性

1. 涂层结构

单层环氧粉末外涂层为一次成膜的结构。单层环氧粉末外涂层的最小厚度应符合表 1-2-12 的规定。

表 1-2-12　单层环氧粉末外涂层厚度

| 序号 | 涂层等级 | 最小厚度,μm |
| --- | --- | --- |
| 1 | 普通级 | 300 |
| 2 | 加强级 | 400 |

2. 涂层特性

(1) 熔结环氧粉末是一种以空气为载体进行输送和分散的固体材料,将其施涂于经预热的钢铁制品表面,经静电喷涂、熔化、流平、固化形成一道均匀的重防腐涂层。

(2) 熔结环氧粉末涂层的优良特性主要表现在与钢管表面黏结力强、耐化学介质侵蚀性能、耐温性能等都比较好,抗腐蚀性、耐阴极剥离性、耐老化性、耐土壤应力等性能也很好。

(3) 熔结环氧粉末防腐层具有良好的抗化学品性、抗溶剂性,能够抵御被传输介质中的酸、碱、盐、有机物等物质的化学腐蚀,并能长期接触含盐地下水、海水、土壤中微生物产生的各种有机酸等腐蚀物质。

### (三) 环氧粉末材料要求

粉末涂料是一种含有 100% 固体分、以粉末状进行涂装并形成涂膜的热固型涂料。它与一般溶剂型涂料和水溶性涂料不同之处是不使用溶剂或水作为分散介质,而是借助空气作为分散介质。

熔结环氧粉末作为粉末涂料的一种,它是由环氧树脂、固化剂、流平剂、颜色填料和添加剂组成。

粉末涂料要满足静电喷涂工艺的要求,应特别注意粉末粒度、电阻率、介电常数、吸湿性和粉末稳定性等技术参数,它们直接影响粉末的带电效率和吸附力,以及涂膜质量。

环氧粉末涂料应由供应商提供每一牌(型)号环氧粉末涂料的产品说明书、质量证明书及具有资质的第三方检验机构出具的环氧粉末涂料及涂层性能检测报告等有关技术资料。环氧粉末涂料交货时应提供出厂检验合格证并应在外包装上清楚地标明生产厂名、产品名称、型号、批号、产地、储存要求及生产日期、有效期等内容。

环氧粉末涂料应密封保存,且在装运、储存过程中保持干燥、清洁,防腐厂应按照环氧粉末涂料生产商推荐的湿度和干燥条件储存环氧粉末涂料。

环氧粉末涂料的各项指标应符合表1-2-13的要求。

表1-2-13 单层环氧粉末涂料的性能指标

| 序号 | 项目 | | 性能指标(单层环氧粉末) | 试验方法 |
| --- | --- | --- | --- | --- |
| 1 | 外观 | | 色泽均匀、无结块 | 目测 |
| 2 | 固化时间(230℃±3℃),min | | ≤2,且符合粉末生产商给定范围 | SY/T 0315 附录A |
| 3 | 胶化时间(230℃±3℃),s | | ≤30,且符合粉末生产商给定范围 | GB/T 6554 |
| 4 | 热特性 | $\Delta H$,J/g | ≥45,且符合粉末生产商给定特性 | SY/T 0315 附录B |
| | | $T_{g2}$,℃ | ≥最高使用温度+40 | |
| 5 | 不挥发物含量,% | | ≥99.4 | GB/T 6554 |
| 6 | 粒度分布,% | | 150μm 筛上粉末≤3.0 | GB/T 6554 |
| | | | 250μm 筛上粉末≤0.2 | |
| 7 | 密度,g/cm³ | | 1.3~1.5,且符合粉末生产商给定值±0.05 | GB/T 4472 |
| 8 | 磁性物含量,% | | ≤0.002 | GB/T 6570 |

注:对于低温固化环氧粉末涂料,试验温度应根据产品特性确定。

GBC018 钢管单层熔结环氧粉末外涂层涂装的施工工艺

### (四)管道单层环氧粉末外涂层的涂敷施工工艺

熔结环氧粉末内外喷涂工艺流程见图1-2-5。

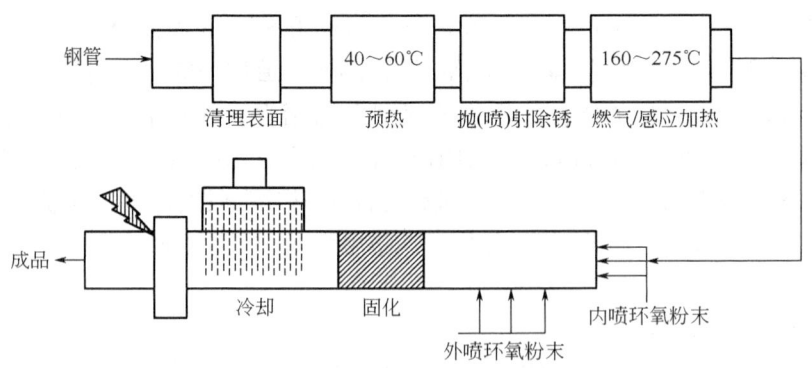

图1-2-5 熔结环氧粉末内外喷涂工艺流程

先清理钢管表面的污染物,将钢管预热到40~60℃,清除表面的水分。钢管进入表面处理工序,进行抛、喷丸除锈,达到 Sa2½ 级。经燃气或工频电加热器将钢管加热到环氧粉末生产厂要求的熔融固化温度,进入喷涂工序。内喷、外喷按需要可分别进行,亦可一次进行。喷涂后经固化养生,时间按原料生产厂要求的条件;固化后水冷,表面干燥后进行质量检验,合格出厂。

其工艺原理是钢管预热到某一温度,使粉末一接触即熔化,余热应该能使涂膜继续流动,进一步流平覆盖整个钢管表面,并在规定时间内固化。

钢管熔结环氧粉末的涂敷方法一般为静电喷涂方式,其他的还有热喷涂法、抽吸法、流化床法和滚涂法等。

> GBC019 喷涂环氧粉末前钢管表面预处理的要求

**(五)熔结环氧粉末外涂层的涂敷施工**

**1. 钢管表面预处理**

(1)钢管外表面涂敷之前,应采用适当的方法将钢管外表面的油、油脂及其他杂质清除干净。

(2)对于海运、临海及高盐分地区的钢管,应测定表面盐分,如果测定值超过 $20mg/m^2$ 时,应用清洁水清洗至合格。

(3)喷(抛)丸处理前,当钢管表面温度低于露点温度以上3℃时,应预热钢管驱除潮气,预热温度为40~60℃。

(4)钢管外表面喷(抛)丸除锈等级应达到 GB/T 8923.1—2011 规定的 Sa2½ 级,表面锚纹深度应在 40~100μm 范围内。

(5)喷(抛)丸处理后,应将钢管内外表面残留的钢丸(砂粒)和外表面微尘清除干净,钢管外表面的灰尘度不应低于 GB/T 18570.3 规定的 2 级质量要求。

(6)对可能影响涂层质量的表面缺陷应进行修理,使表面质量满足涂敷施工的要求。

(7)钢管表面预处理后 4h 内应进行喷涂。出现返锈或表面污染时,应重新进行表面处理。

(8)若另有其他要求,在涂敷前应增加相应的表面预处理措施。

> GBC020 钢管单层环氧粉末外涂敷的要求

**2. 外涂敷要求**

(1)正式生产应通过工艺性试验确定工艺参数,直至涂层的厚度和涂敷温度达到要求,记录此工艺参数,并按此工艺参数制作管段试件,具有检验资质的实验室进行检测并出具检测报告。

(2)涂敷前钢管温度应控制在工艺试验确定的范围之内,符合所用环氧粉末涂料要求的温度范围,但最高不得超过 275℃。

(3)固化时间应符合所用环氧粉末涂料的要求。

(4)涂层最小厚度应符合表 1-2-12 的要求。

(5)钢管两端预留段的长度应符合订货要求,预留段表面不应有涂层。

> GBC021 环氧粉末涂层施工控制要点

**3. 涂敷施工控制要点**

(1)检查环氧粉末保质期和生产前的检查。当储存温度高或超过保质期,环氧树脂的交联反应已部分进行,此后再涂敷到钢材表面就降低了黏结力。因此在使用环氧粉末喷涂前必须检查储存期和储存温度,并要做黏结力试验。

(2)环氧粉末涂料在储存中注意防潮。受潮后会结块,不利于喷涂,而且在熔结时会使涂层产生气泡和针孔。

（3）涂层固化时，钢管应保持平行进入固化炉，严禁斜放。涂层固化时间一般是指从喷涂室到水冷却之间钢管行走所消耗的时间。环氧粉末在熔结过程中，温度和固化时间一定要严格控制，否则会影响涂层质量。

（4）环氧粉末在涂膜固化过程中，由于钢管管壁较薄、室温较低、散热快或粉末涂料本身需要等原因使固化时间较长时，需要进行二次加热保温。

（5）涂膜固化后，钢管温度采用循环水冷却按一定要求急剧下降，提高涂膜附着力、生产率和涂膜韧性延伸性。

（6）若想增加环氧粉末涂层厚度，可增加喷枪数量和增加喷涂时间。

其控制要点可总结为：(1)在使用环氧粉末喷涂前必须检查储存期和储存温度，并要做黏结力试验。(2)环氧粉末涂料在储存中注意防潮。(3)环氧粉末在熔结过程中，温度和固化时间一定要严格控制，否则会影响涂层质量。

GBC026 环氧粉末中频加热系统结构特性

### （六）中频加热系统

1. 中频加热原理

中频在外环氧粉末防腐生产中起到加热的作用。利用交流电对金属工件进行电磁感应，见图1-2-6。图中A为被加热的金属工件，B为负载线圈，若线圈流过电流$I_1$，就会产生相同频率的交变磁通$\Phi$，交变磁通$\Phi$又在工件A中产生感应电势$E_2$，引起电流$I_2$，$I_2$使工件A加热，这种加热方式称为感应加热。

感应加热是靠感应线圈把电能传递给加热的钢管，然后电能在金属内部转变为热能。感应线圈与被加热钢管并不直接接触，能量是通过电磁感应传递的。

钢管加热系统在通入中频交流电后，钢管表面形成同频率的感应电流，将钢管表面迅速加热到所需要的温度。

2. 感应加热装置

在加热过程中使整个工件的内部和表面温度大致相等，称为透热。感应加热用于透热的主要优点是改善工人劳动条件、加热效率高、速度快、减少金属的烧损、便于控制温度、保证加热质量、易于组成自动线生产。图1-2-7是一种透热装置。在这个装置上，当线圈通电后，将冷工件连续地从右端推进，被加热的工件就从左端被推出。对于一定的电源功率和工件，只要控制工件推进速度就可以控制加热温度。

目前应用较多的中频感应加热电源主要由整流电路、滤波器、逆变器及控制保护电路等组成。

感应加热时电源对感应器的效率有很大影响。感应器的总效率由电效率和热效率组成。送入感应器的电功率$P$可分为两部分：第一部分以铜耗的形式消耗在感应器的线圈中，使线圈发热，热量又被冷却水带走，这部分功率是无用的；第二部分功率在工件的直接加热层中转化成热。

3. 中频加热装置操作

（1）应熟读各种中频电源说明书、操作说明、注意事项。

（2）采用中频加热装置对钢管进行加热时，在钢管运动速度一定时，应逐步增加中频加热功率电流，随时检查钢管加热温度。

(3)根据管径的不同,更换不同的中频线圈,将线圈固定在支架上调整线圈的中心与钢管的中心应保持一致,接好连线和冷却水管线。检查中频冷却水槽中水是否充足,水泵是否完好,循环水流道要畅通。

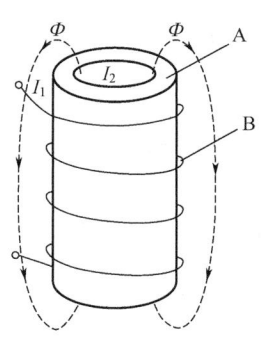

图1-2-6 感应加热原理
A—金属工件;B—负载线圈

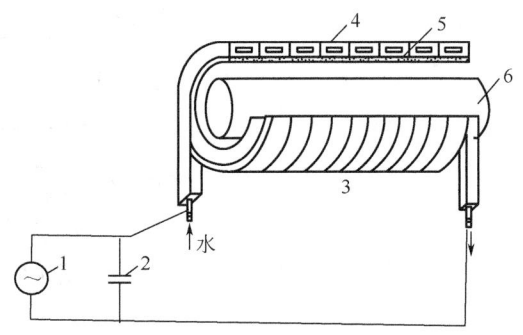

图1-2-7 感应透热装置
1—中频电源;2—中频电容;3—感应带;
4—感应器线圈;5—隔热绝缘层;6—工件

## (七)环氧粉末喷涂系统

### 1. 工作原理

静电喷涂是在喷枪与被涂工件之间形成一高压静电场,一般工件接地为阳极,喷枪口为负高压,当电场强度足够高时,枪口附近的空气即产生电晕放电,当涂料粒子通过枪口带上电荷,成为带电粒子,由压缩空气携带,并在高压静电场的作用下,向极性相反的被涂工件运动,吸附在工件表面。

环氧粉末喷涂系统是外环氧粉末防腐作业线的重要组成部分,它的主要功能是将环氧粉末涂敷在管道表面起到防腐作用。粉末喷涂系统对涂层的外观、厚度、均匀性以及粉末的利用率等指标起着决定性的作用。

粉末静电喷涂中,影响喷涂质量因素除了工件表面前处理质量的好坏以外,还有喷涂时间、喷枪的形式、喷涂电压、喷粉量、粉末导电率、粉末粒度、粉末和空气混合物的速度梯度等。

静电喷涂系统中的关键设备是静电喷粉枪,它直接决定了工件涂层的品质,是决定了工艺的水准高低的关键因素,其主要作用是使粉末带静电和流化粉末。

### 2. 结构、功能

环氧粉末外涂层防腐管喷涂系统是由喷涂室和喷枪、喷涂控制柜、供粉器和供粉泵、粉末回收净化装置(布袋、旋风除尘器)和压风机及压缩空气净化器等组成,见图1-2-8。静电喷涂系统主要是由喷涂室、回收装置、静电发生器、喷枪等组成。

采用静电喷涂可避免钢管因作业线的传动而产生振动等原因带来涂料损失,提高了粉末的利用率,可增加涂层厚度,减少针孔的产生,更适用于管道预制工厂的生产。环氧粉末静电喷涂后,钢管表面松散的粉末在一定温度下即发生交联反应,熔融、流平、固化成膜。根据现场实际情况,按图1-2-9所示方位顺序进行安装。熟悉除尘器的进出口和所需电源、电压、功率,各连接口应安装紧密,防止漏气。

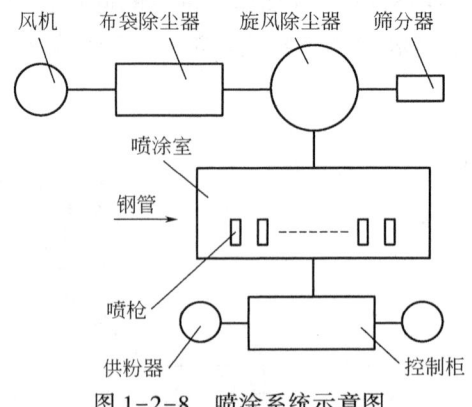

图 1-2-8 喷涂系统示意图

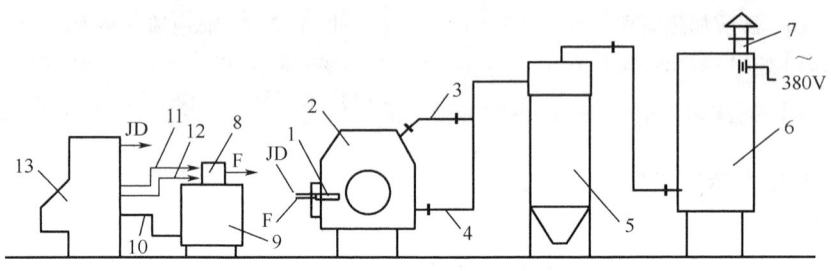

图 1-2-9 环氧粉末喷涂系统示意图

1—喷枪;2—喷涂室;3—上部吸尘管;4—下部吸尘管;5—旋风除尘器;6—布袋除尘器;7—烟道;8—供粉泵;9—供粉器;10—流化输气管;11—供粉输气管;12—气粉混合输气管;13—喷涂控制柜;F—粉+气;JD—静电

1) 喷涂室和喷枪

(1) 安装时,应考虑到粉末外泄的情况,所以必须形成负压。

(2) 由于受钢管加热后的温度影响,粉末易吸附在喷涂室内壁上。因此,喷涂室的设计要求防静电、不易黏附粉尘,可选用聚四氟板作为喷涂室内衬,以减少粉末聚集后滴落到钢管表面,影响覆盖层的美观。

(3) 由于热气是朝上流动的,所以吸尘管应安装在喷涂室上部。

(4) 在喷涂单层和双层环氧粉末时,由于喷粉量较大,靠下部的吸粉管将多余的粉末抽吸走是很难达到的,必须定时清理喷涂室内部,才能保证生产正常进行。

(5) 喷枪是喷涂的关键,在喷枪端部设有一负高压静电电极,该电极与管道之间构成一强电场,当粉末经过该电场时会带上负电荷,在电场力的作用下均匀地吸附在管道上。

2) 旋风除尘器

旋风除尘器为一级回收装置,经一级回收装置回收的粉末,由于粒度较大,仍可重复使用。一般按照10%~20%的比例将新、旧粉末混合使用,粉末利用率方可达到90%以上;布袋除尘器为二级回收装置,回收后的粉末较细,一般不考虑重复使用,但为进一步提高粉末的利用率,也可重复使用。

3) 供粉器和供粉泵

(1) 供粉器由供粉泵、吸粉管和储料桶组成。其核心部分是供粉泵,它将直接影响覆盖层的厚度和均匀程度,从而影响喷涂质量。

(2)系统根据空气动力学原理,利用文丘里吸尘器,将粉末从供粉桶中吸入输粉管内,再由喷枪喷出。利用静电学原理,使由喷枪喷出的粉末在高压静电场中带电后吸附在管道表面。

(3)为防止堵塞气路和影响喷涂质量,由空气压缩机排出的压缩空气,首先应进入压缩空气净化器,过滤掉空气中含有的油、水和其他杂质,然后进入供粉器。

(4)在供粉器内,压缩空气被分为四个支路,即一次风、二次风、三次风和流化风。一次风通过供粉桶上的文丘里吸粉泵将桶内的粉末吸上,送入供粉管;二次风将气粉混合物调至合适浓度;三次风送入喷枪后转化为旋风,使粉末出喷枪后均匀散开;流化风通过供粉桶下部的流化床,使桶内粉末处于"浮动"状态下,以利于粉末的吸入。最后,粉末经喷枪喷涂到管道上。

(5)供粉泵泵芯是易损件,需经常检查更换。

4)喷涂控制柜

喷涂控制柜是用来控制喷涂静电电压、供粉量、流化气压的。

以上几部分均用管道、电缆、输粉管连接。

3. 操作

(1)喷涂前将控制柜、静电发生器、供粉器和喷涂室清擦干净。检查系统中供粉器的装粉量,确保每台供粉器内装粉大于 30kg。喷涂期间,保证供粉器内有足够的粉末。检查各部位运转是否正常,有问题要及时处理。钢管前进到喷涂室进口时,打开并调好静电发生器。粉末静电喷涂操作时输出电压过高时,就会将粉末层击穿,影响涂层质量,因此其电压值控制在 50~60kV 范围内,电流值控制在 20~40μA 范围内,静电场的电场强度与电压和极距有关。钢管前进到喷枪的喷粉范围时,打开喷粉控制开关,开始喷涂。

(2)喷涂期间,注意观察气源压力,保证气源压力为 0.4~0.6MPa,并调节一次风、二次风、三次风压力值,使喷枪出粉均匀。喷涂时,保证涂层厚度、漏点和外观质量。同时,注意观察静电发生器电压和电流值,出现无法立刻排除的故障时,待喷完整根管子时再停机。结束喷涂时应先关闭喷枪,再关闭静电发生器,关闭回收系统,对喷枪进行放电,擦净控制柜、供粉器、静电发生器和喷涂室,关闭控制电源。将旋风除尘器内的粉末倒出、过滤后以便下次使用。

(3)环氧粉末涂料在喷涂过程中,若能严格地按照操作规程使用,其安全性很好,环氧粉末涂料在高浓度或压力下可以被明火或电火花引爆,应控制喷涂室内的粉尘含量,使其低于爆炸极限。

(4)环氧粉末防腐管静电喷涂时,采取减慢传送机构速度、调整喷枪与钢管表面距离措施,可以有效增加钢管静电喷涂的厚度。

4. 布置喷枪之间位置及距钢管的距离

(1)粉末喷枪在喷涂时,其位置的布置见图 1-2-10,应相互交错。每把喷枪喷粉量不宜偏大,才能使多把喷枪合在一起更加均匀地喷涂。钢管运动的螺距要小,转速要快,才能达到预定的喷涂厚度。

> GBC031 环氧粉末外涂层防腐管喷枪位置的合理布置

（2）如图1-2-11所示，喷枪与钢管之间的距离约为150~180mm，与钢管外形相似。环氧粉末外涂层防腐管喷涂时，喷枪要始终与被喷面保持90°，当喷枪离表面呈45°弧状时，约有65%的涂料损失。在调试安装时，应先在一定距离下调节供粉量，试喷一把喷枪，查看一下钢管上的喷涂效果，搭接应在20mm左右。

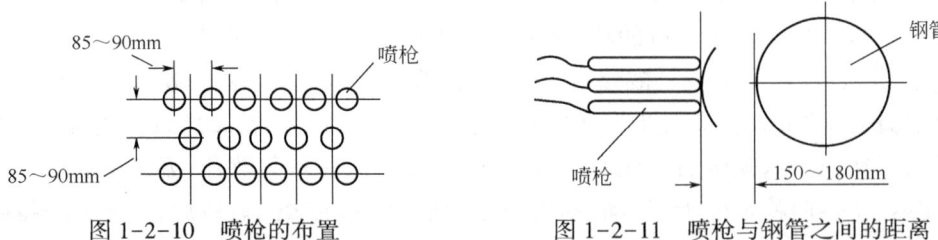

图1-2-10 喷枪的布置　　　　图1-2-11 喷枪与钢管之间的距离

（3）粉末喷枪出粉稳定性和喷枪布置是影响环氧粉末外涂层厚度均匀性的两个因素。应及时调整环氧粉末的出管口径使喷粉量满足需要，通过调整喷枪数目、位置、分布角度达到所需厚度。

（4）喷枪易堵塞产生原因有压缩空气中含油、水成分太多，粉末涂料受潮，易结块，流动性及分散性变差以及加入的回收粉比例太大，回收粉末涂料中有杂质。

### 5. 安装调整环氧粉末防腐管作业线

> GBC032 调整环氧粉末外涂层防腐管作业线的操作要领

1）作业线安装方式

作业线一般有两种安装方式，一种是"⌐"型，另一种是"⊏"型。安装方式应根据现场实际情况选用。场地大可用"⌐"型，场地小可选用"⊏"型。

2）除锈线和涂敷线两条线的中心差异

除锈线中心高一般是采用平直的，而涂敷线要防止冷却水向中频及喷涂室倒流；因此，应考虑从上管端经中频、喷涂室、水冷段到出管端应有一定斜角。

3）环氧粉末喷涂线水冷段的安装方式

环氧粉末喷涂线水冷段与其他作业线有所不同，为了保证快速生产并具有合格的固化百分率。因此，该水冷段一般要有15m长，前10m只冷却传动线轮子，不冷却钢管，这样可保证快速生产后有充分的固化时间和温度，后5m才是给钢管冷却，这就是它与其他作业线冷却段的不同之处。

### （八）常见故障及质量问题解决

> GBC033 环氧粉末外涂层防腐管涂装中故障及质量问题的解决

设备常见故障及排除见表1-2-14。

表1-2-14 设备常见故障及排除

| 常见问题 | 可能原因 | 排除方法 |
| --- | --- | --- |
| 无高压 | 控制器内电路板故障 | 修理或更换 |
| | 电缆线断 | 电缆线两端插头焊接处有断裂或电缆线中某根线断裂，更换或重新焊接 |
| | 喷枪内高压模块损坏 | 检查并更换 |
| | 熔断丝断 | 检查控制器后背的熔断丝管，损坏即更换 |

续表

| 常见问题 | 可能原因 | 排除方法 |
|---|---|---|
| 不出粉 | 熔断丝断 | 检查控制器后背的熔断丝管,损坏即更换 |
| | 电路板损坏 | 电路板损坏,请修理更换 |
| | 粉泵 | 检查粉泵内的文丘里管有无堵塞,检查粉泵后面的粉针孔有无堵塞,清理或更换 |
| | 粉管 | 检查粉管有无堵塞,清理或更换 |
| | 电磁阀 | 检查电磁阀有无堵塞或电磁阀线圈坏,清理更换 |
| 流化不好 | 粉末质量不佳 | 更换粉末或与供应商联系 |
| | 流化床多孔阻流板阻塞 | 更换流化床 |
| | 流化床供应的气压不稳 | 调整供粉压力 |
| | 供粉桶的粉太多或太少 | 粉桶内的粉末处于 1/3~3/4 处 |
| 工件不上粉 | 无高压静电 | 检查高压静电 |
| | 粉末质量不好 | 更换粉末,改变辅助填料 |

常见质量问题及其排除方法见表 1-2-15。

表 1-2-15 常见质量问题及排除

| 常见问题 | 可能原因 | 排除方法 |
|---|---|---|
| 上粉率差 | 工件或喷枪接地不当 | 清洁设备的接地装置和挂具,检查喷枪接地 |
| | 喷枪电压调整不当,电压低或无高压 | 检查枪,清洁枪或更换枪 |
| | 每把枪的出粉量调整不当 | 调整压缩空气,调整每把枪的出粉量 |
| | 输粉管路堵塞 | 疏通供粉管和多孔板 |
| | 气压过大,抵消静电引力 | 降低气压到规定值 |
| | 粉末质量不佳或受潮 | 更换粉末 |
| | 喷枪排列位置错误,使用错误喷嘴 | 调整喷枪排列布置,选择正确的喷嘴 |
| | 钢管传送速度过快 | 调慢钢管传送速度 |
| 遮盖力差 | 涂层厚度太薄 | 提高喷涂厚度 |
| 色差 | 固化时间太长或太短 | 调整固化时间 |
| 橘皮 | 涂层太薄或太厚 | 调整喷枪参数或生产线传动速度 |
| | 中频升温速度太快或太慢 | 检测并调整中频 |
| | 固化温度太低 | 调整中频 |
| | 粉末超过储存期,结团 | 更换粉末 |
| | 粉末雾化不良 | 调整粉末的雾化 |
| 缩孔 | 与其他粉末的粉不相容 | 彻底清理粉末系统 |
| | 工件前处理不充分 | 检查前处理 |
| | 受空气中不相容物污染 | 检查喷粉区域是否有不相容物 |
| | 压缩空气中含油或含水超标 | 检查气源,安装过滤器 |

续表

| 常见问题 | 可能原因 | 排除方法 |
| --- | --- | --- |
| 针孔 | 喷涂厚度太厚 | 降低喷涂厚度 |
| | 底材含水汽 | 预热工件 |
| | 喷涂电压太高 | 降低喷枪电压 |
| | 枪距太近 | 调整枪距 |
| | 粉末受潮 | 更换粉末 |
| 附着力差 | 底材前处理不充分 | 检查前处理设备 |
| | 涂层固化不充分 | 检查中频温度延长固化时间 |
| | 涂层太厚 | 调整喷涂参数降低厚度 |
| 出粉不均 | 粉末流化不好 | 检查流化空气压力 |
| | 粉末受潮 | 更换粉末 |
| | 输粉管过长 | 供粉泵的位置尽量靠近喷涂室，降低输粉管长度 |
| | 压缩空气太潮，压力不稳 | 检查空压机干燥装置，检查压缩空气是否过载 |
| 涂层布均匀 | 喷枪出粉不均 | 更换粉末 |
| | 粉末粒径不合适 | 更换粉末 |
| | 操作工的操作不当 | 提高技能水平 |
| 涂层剥落 | 除锈质量不达标 | 检查抛丸除锈工序，保证除锈质量达标 |
| | 钢管加热温度低于原材料要求温度 | 提高钢管加热温度至原材料要求的温度 |
| | 钢管管内倒灌水 | 管接头黏纸要牢靠，冷却水喷淋时间不要太短 |
| 管端开裂 | 采用外接头造成钢管管端温度太低 | 采用内接头 |
| | 钢管管内倒灌水 | 管接头黏纸要牢靠，冷却水喷淋时间不要太短 |

在静电粉末涂装中涂膜过薄会产生的弊病如下：

(1)当涂膜厚度过薄时，从涂膜的外观来说，涂膜的流平性差，橘纹较重，也容易出现质点(颗粒)，而且有些浅色品种的遮盖力差时，甚至容易出现露底或产生色交差较大的问题。

(2)从涂膜的物理力学性能来说，耐冲击强度、柔韧性、杯突试验和附着力等性能容易达到。

(3)从涂膜耐化学介质性能来说，耐酸、耐碱、耐盐和耐水等性能要差一些。

**(九)成品管的标志、运输和储存**

1. 标志

经质量检验合格的环氧粉末外涂层钢管，宜在管外壁距管端400mm处作出标记，至少标明下列内容：防腐管编号、规格、材质、防腐厂名称、执行标准、弯管的较大及曲率半径、外涂层类型、生产日期等。防腐过程中应保留钢管内壁标志。

2. 储存

(1)涂敷过的防腐管应按钢管规格、涂层类型分开堆放，并应排列整齐、有明显标记。涂层检验不合格的钢管不得与成品管混放。

(2)多层堆放时，直管底部应采用两道以上(弯管底部三道以上)柔性支撑垫起，支撑的最小宽度为200mm，其高度应高于自然地面150mm。各层之间应加柔性支撑垫，避免损伤涂层。

(3) 成品管的堆放层数应符合表1-2-16或表1-2-17的要求。

(4) 由于环氧粉末外涂层抗紫外线照射的性能较差，因此成品管露天堆放时间不宜超过6个月，超过6个月应采用不透明覆盖物遮盖，以免日光暴晒，加快涂层的老化。

表1-2-16 直管成品管堆放层数

| 管径DN,mm | DN<200 | 200≤DN<300 | 300≤DN<400 | 400≤DN<500 | 500≤DN<600 | 600≤DN |
|---|---|---|---|---|---|---|
| 最大堆放层数 | 10 | 7 | 6 | 5 | 4 | 3 |

表1-2-17 弯管成品管堆放层数

| 管径DN,mm | DN<400 | 400≤DN<600 | 600≤DN<800 | 800≤DN |
|---|---|---|---|---|
| 最大堆放层数 | 4 | 3 | 2 | 1 |

3. 装运

(1) 成品管装卸时应使用柔性吊带，轻吊轻运，避免互相撞击而损伤管口及涂层。

(2) 每根成品管都应加装不少于3个隔离垫圈，避免彼此间接触，垫圈的尺寸及位置应以堆放时涂层不受损坏为原则。

(3) 成品管运输时，各成品管管体之间、管口之间、管体与管口之间以及成品管与车厢底部和侧面箱体之间，均应放置柔性隔离垫，同时用捆绑带扎紧，以免涂层在运输时受损。

(4) 成品管应采用适宜的运输车运输，运管车应采用专有支架，单管长度方向捆绑不应少于两道，并加带橡胶的木质垫块、楔块等防滑。

## 二、技能要求

### (一) 准备工作

1. 设备

环氧粉末喷涂设备1套。

2. 材料、工具

$\phi$114mm钢管若干，环氧粉末若干。

### (二) 操作规程

1. 准备工作

开启传动系统、抛丸除锈机、中频加热、端口处理机，喷粉系统的主电源，检查是否正常；开启喷淋系统，中频加热给水系统是否正常；开启空气压缩机，检查压力是否正常。

2. 表面处理

将钢管外表面的油、油脂及任何污物杂质清除干净；预热被防腐钢材表面驱除潮气，钢管外表面抛丸除锈达到Sa2½级，表面锚纹深度应在40~100μm；吹扫清除表面残留的锈粉和灰尘。

3. 涂敷

检查供粉桶内装粉量确保供粉器内粉末量充足；打开并调好静电发生器，使其电压值控制在50~60kV范围内，电流值控制在20~40μA范围内；被防腐钢材放到喷枪的喷粉范围内，打开喷粉控制开关，开始喷涂；喷涂期间，注意观察气源压力，保证气源压力为0.4~

0.6MPa 之间，并调节一次风、二次风、三次风压力值，使喷枪出粉均匀；喷涂结束时，首先关闭喷枪，然后关闭静电发生器，再关闭回收系统，给喷枪放电；关闭控制电源，擦净控制柜、供粉器、静电发生器和喷涂室。

### （三）注意事项

> GBC034 静电粉末涂装中应注意的安全问题

（1）环氧粉末是一种固体粉状涂料，在一定浓度下（最低粉尘爆炸浓度为 $50g/m^3$），静电作用产生的电火花会引起其着火，因此要注意有良好的通风条件。

（2）环氧粉末防腐管正常喷涂时，如果喷枪电极、钢管表面及传动钢链间距不当，就有可能发生放电打火现象。为防止短路引起电火花，在进行静电粉末涂装时，喷枪与被涂物之间至少要保持 10cm 距离。

（3）粉末换色或更换品牌时，应将喷涂室、供粉桶、喷枪清理干净，所有除尘器内部粉末不可混合使用。

（4）位于环氧粉末防腐管涂装作业区的设备导体，包括传输链、喷涂室、管道、回收装置等，必须牢固接地。

（5）在静电粉末涂装中为了防止因静电刺激对受到惊吓的人造成二次灾害和事故，应注意：

① 最好将所用高压静电发生器的高压升压装置内藏在喷枪内部，不使用用高压电缆线的高压静电喷枪。

② 如果使用高压静电发生器和喷枪分离的设备，一定要注意高压电缆的漏电和接线部位的放电问题。

③ 在手工喷涂时，在有负荷的情况下，手不能触摸喷枪端部放电电极。

④ 在粉末喷涂结束后没有负荷时，为了防止高压静电触电，将喷枪端部及时接触接地导体，以便释放残留电荷，且所有设备都要接到。

⑤ 为及时消除人体上的静电荷，人体与地面不能绝缘，不能穿绝缘鞋。

⑥ 从人体健康考虑，使用电压不应超过 90kV；喷枪电流应控制在 0.7mA 以下。

# 项目五　制作钢管挤压聚乙烯防腐层

## 一、相关知识

### （一）钢管挤压聚乙烯防腐层标准

参照标准为 GB/T 23257—2017《埋地钢质管道聚乙烯防腐层》，规定了钢质管道挤压聚乙烯防腐层及辐射交联聚乙烯热收缩带（套）的最低技术要求。

> GBC035 挤压聚乙烯防腐层的结构种类

挤压聚乙烯防腐层可分为最高设计温度不超过 60℃ 的常温型（N）和最高设计温度不超过 80℃ 的高温型（H）两类。

> GBC036 挤压聚乙烯防腐层的特点

### （二）挤压聚乙烯防腐层等级及结构

> GBC037 挤压聚乙烯防腐层等级厚度的要求

挤压聚乙烯防腐层分二层结构和三层结构两种。二层结构的底层为胶黏剂层，外层为聚乙烯层；三层结构的底层通常为环氧粉末涂层，中间层为胶黏剂层，外层为聚乙烯层。DN500mm 以上管道不宜采用二层结构聚乙烯防腐层。

防腐层的最小厚度应符合表 1-2-18 的规定。焊缝部位的防腐层厚度不应小于表中规定值的 80%。应根据管道建设环境和运行条件,选择防腐层等级。

表 1-2-18　防腐层的厚度

| 钢管公称直径 DN,mm | 环氧涂层① μm | 胶黏剂层 μm | 防腐层最小厚度,mm | |
|---|---|---|---|---|
| | | | 普通级(G) | 加强级(S) |
| DN≤100 | ≥120 | ≥170 | 1.8 | 2.5 |
| 100<DN≤250 | | | 2.0 | 2.7 |
| 250<DN<500 | | | 2.2 | 2.9 |
| 500≤DN<800 | ≥150 | | 2.5 | 3.2 |
| 800≤DN≤1200 | | | 3.0 | 3.7 |
| DN>1200 | | | 3.3 | 4.2 |

① 不适用于二层结构聚乙烯防腐层。

三层结构聚乙烯防腐层结合了环氧涂层和挤压聚乙烯层防腐层的优良性质,使得防腐层的整体性能表现更为突出,具有优良的机械强度、化学稳定性、绝缘性、抗植物根茎穿透性、抗水浸透性等来提高其整体性能。

胶黏剂层具有防护、防腐、黏接的作用。目前二层结构聚乙烯防腐层采用共聚物胶黏剂,较好地解决了耐温变性能差的问题。

**(三)材料**

1. 钢管的要求

钢管应符合现行有关钢管标准或订货技术条件的规定,并有出厂合格证。钢管焊缝的余高不应超过 2.5mm,且焊缝应平滑过渡。

涂敷厂应对钢管进行外观检查,表面不得存在气泡裂纹、重皮和夹杂锈蚀等缺陷,应无油污、摔坑、凿痕、分层等明显缺失。外观质量应符合现行有关标准或订货技术条件的规定,不合格的钢管不能涂敷防腐层。

> GBC038 挤压聚乙烯防腐对钢管的要求

2. 防腐层材料

1)一般规定

(1)防腐层各种原材料均应有出厂质量证明书及检验报告、使用说明书、安全数据单表、出厂合格证、生产日期及有效期。环氧粉末涂料供应商还应提供产品的固化特性曲线等资料。

> GBC039 挤压聚乙烯防腐对环氧粉末材料的要求

(2)防腐层的各种原材料均应包装完好,并按厂家说明书的要求存放。

(3)对每种牌(型)号的环氧粉末涂料、胶黏剂以及聚乙烯专用料,在使用前均应由通过国家计量认证的检验机构,按标准规定的相应性能项目进行检测。

2)环氧粉末涂料

挤压聚乙烯防腐层使用的环氧粉末涂料及其涂层的性能应符合表 1-2-19 和表 1-2-20 的规定。涂敷厂对每一生产批(不超过 20t)环氧粉末涂料应按表 1-2-19 和表 1-2-20 的规定进行质量复检。

表 1-2-19　环氧粉末的性能指标

| 项目 | 性能指标 | 试验方法 |
|---|---|---|
| 粒径分布,% | 150μm 筛上粉末≤3.0 | GB/T 6554 |
| | 250μm 筛上粉末≤0.2 | |
| 不挥发物含量(105℃),% | ≥99.4 | GB/T 6554 |
| 密度,g/cm³ | 1.30~1.50 且符合厂家给定值±0.05 | GB/T 4472 |
| 胶化时间,s | ≥12 且符合厂家给定值的±20% | GB/T 6554 |
| 固化时间,min | ≤3 | GB/T 23257 附录 A |
| 热特性 (ΔH),J/g | ≥45 | GB/T 23257 附录 B |
| 热特性 $T_{g2}$,℃ | ≥98 | |

注:环氧粉末涂料胶化时间和固化时间的测试温度为产品说明书指定的涂敷温度。未指定时,常温涂敷粉末试验温度为200℃,低温涂敷粉末试验温度低于200℃。

表 1-2-20　熔结环氧涂层的性能指标

| 序号 | 项目 | 性能指标 | 试验方法 |
|---|---|---|---|
| 1 | 附着力,级 | ≤1 | GB/T 23257 附录 C |
| 2 | 阴极剥离(65℃,48h),mm | ≤5 | GB/T 23257 附录 D |
| 3 | 阴极剥离(65℃,30d),mm | ≤15 | GB/T 23257 附录 D |
| 4 | 抗弯曲(-20℃,2.5°) | 无裂纹 | GB/T 23257 附录 E |

注:实验室喷涂试件的涂层厚度应为 300~400μm。涂敷温度为产品说明书指定的温度。未指定时,常温涂敷粉末涂敷温度为200℃,低温涂敷粉末涂敷温度低于200℃。

> **GBC040 挤压聚乙烯防腐对胶黏剂材料的要求**

3) 胶黏剂

胶黏剂的性能应符合表 1-2-21 的规定。涂敷厂对每一生产批(不超过 30t)胶黏剂均应按照表中的规定进行质量复检。胶黏剂应具有良好的物理机械性能、电绝缘性能和抗蠕变性能。

表 1-2-21　胶黏剂的性能指标

| 项目 | 性能指标 | 试验方法 |
|---|---|---|
| 密度,g/cm³ | 0.920~0.950 | GB/T 4472 |
| 熔体流动速率(190℃,2.16kg),g/10min | ≥0.7 | GB/T 3682 |
| 维卡软化点,℃ | ≥90 | GB/T 1633 |
| 脆化温度,℃ | ≤-50 | GB/T 5470 |
| 含水率,% | ≤0.1 | GB/T 23257 附录 G |
| 氧化诱导期(200℃),min | ≥10 | GB/T 23257 附录 F |
| 拉伸强度,MPa | ≥17 | GB/T 1040.2 |
| 断裂伸长率,% | ≥600 | GB/T 1040.2 |

> **GBC041 挤压聚乙烯防腐对聚乙烯专用材料的要求**

4) 聚乙烯

聚乙烯专用料及其压制片材的性能应符合表 1-2-22 和表 1-2-23 的规定。涂敷厂对每一生产批(不超过 500t)聚乙烯专用料,至少应对表 1-2-22 规定的前 5 项和表 1-2-23 规定的前 4 项性能进行质量复验。

表 1-2-22 聚乙烯专用料的性能指标

| 序号项目 | 性能指标 | 试验方法 |
|---|---|---|
| 密度，g/cm³ | 0.940~0.960 | GB/T 4472 |
| 熔体流动速率(190℃，2.16kg)，g/10min | ≥0.15 | GB/T 3682 |
| 炭黑含量，% | ≥2.0 | GB/T 13021 |
| 含水率，% | ≤0.1 | HG/T 2751 |
| 氧化诱导期(220℃)，min | ≥30 | GB/T 23257 附录 F |
| 耐热老化(100℃，4800h)，% | ≤35 | GB/T 3682 |

表 1-2-23 聚乙烯专用料的压制片材性能指标

| 项目 | | 性能指标 | 试验方法 |
|---|---|---|---|
| 拉伸屈服强度，MPa | | ≥15 | GB/T 1040.2 |
| 拉伸强度，MPa | | ≥22 | GB/T 1040.2 |
| 断裂标称应变，% | | ≥600 | GB/T 1040.2 |
| 维卡软化点，℃ | | ≥110 | GB/T 1633 |
| 脆化温度，℃ | | ≤-65 | GB/T 5470 |
| 电气强度，MV/m | | ≥25 | GB/T 1408.1 |
| 体积电阻率，Ω·m | | ≥1×10$^{13}$ | GB/T 1410 |
| 耐环境应力开裂($F_{50}$)，h | | ≥1000 | GB/T 1842 |
| 压痕硬度，mm | (23℃) | ≤0.2 | GB/T 23257 附录 H |
| | (60℃或80℃) | ≤0.3 | |
| 耐化学介质腐蚀(浸泡 7d)，% | 10%HCl | ≥85 | GB/T 23257 附录 I |
| | 10%NaOH | ≥85 | |
| | 10%NaCl | ≥85 | |
| 耐紫外光老化(336h)b，% | | ≥80 | GB/T 23257 附录 J |

涂敷厂应用所选定的防腐层材料在涂敷生产线上进行工艺评定试验，并对防腐层性能进行检测。当防腐层材料生产厂家或牌(型)号或钢管管径改变或壁厚增大时，应重新进行工艺评定试验。工艺评定试验合格后，涂敷厂应按照工艺评定试验确定的工艺参数进行防腐层涂敷生产。

**(四)施工工艺**

GBC042 挤压聚乙烯防腐的施工工艺

1. 工艺流程

挤压聚乙烯防腐的生产方式有纵向挤出包袱式和侧向缠绕式两种工艺，钢管直径≥500mm时，宜采用侧向缠绕式进行生产。

工艺流程依次为进管、预热、抛丸除锈、除尘、中频加热、涂敷、水冷却、管端打磨、在线检测、出管。

2. 施工工艺流程图

施工工艺流程见图 1-2-12。

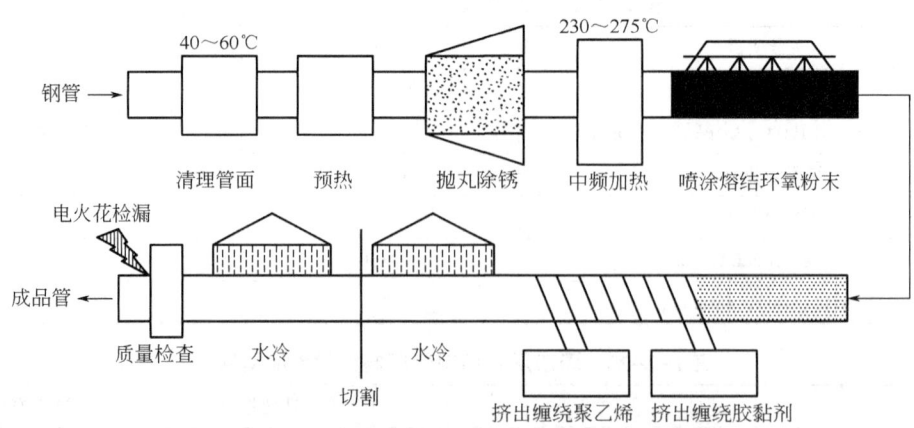

图 1-2-12 挤压聚乙烯防腐层(3PE)生产工艺流程

3. 流程说明

(1) 钢管预热到 40~60℃;

(2) 抛丸除锈达到 Sa2½级,锚纹深度 50~90μm;

(3) 表面除尘;

(4) 中频加热至钢管表面 230~275℃;

(5) 静电喷涂环氧粉末作为底漆;

(6) 接着相继侧向缠绕刚从挤出机挤出的胶黏剂层和聚乙烯层;

(7) 聚乙烯挤出温度 230~260℃;

(8) 立即用压辊将防腐层在熔融状态下压紧;

(9) 最后经水冷下生产线。

## 二、技能要求

### (一) 准备工作

1. 设备

抛丸除锈机 1 台,中频加热装置 2 台,挤出机 2 台,磨头装置 1 套,传动线装置 1 套。

2. 材料、工具

φ114mm 钢管 4 根,聚乙烯若干,胶黏剂若干,钢砂若干,红外线测温仪 1 台。

### (二) 操作规程(防腐层涂敷)

1. 进管

钢管外观检查,如发现重皮、弯曲及椭圆度超标等不合格钢管,予以挑出,转入不合格品区;启动进管滚道进管;将上管平台上的第一根钢管拨至进管滚道上,待第一根管末端离开平台时,立即将第二根钢管拨至进管滚道上;管与管之间加内插式接头,依次操作。

2. 钢管预热

启动中频感应加热器,钢管从中频感应加热器的中间通过。

3. 钢管表面处理

(1) 在防腐层涂敷前,先清除钢管表面的油脂和污垢等附着物,并对钢管预热后进行抛

> GBC043 挤压聚乙烯防腐钢管对表面处理的要求

(喷)射除锈。在进行抛(喷)射除锈和检验过程中,钢管表面温度应保持在不低于露点温度以上3℃。除锈质量应达到 GB/T 8923.1—2011 中规定的 Sa2½ 级要求,锚纹深度达到 50~90μm。钢管表面的焊渣、毛刺等应清除干净。

(2)应将钢管表面附着的灰尘及磨料清扫干净。钢管表面的灰尘度应不低于 GB/T 18570.3—2005 规定的 2 级。

(3)抛(喷)射除锈后的钢管应按 GB/T 18570.9—2005 规定的方法或其他适宜的方法检测钢管表面的盐含量,钢管表面的盐含量不应超过 $20mg/m^2$。

(4)钢管表面处理后应防止钢管表面受潮、生锈或二次污染。表面处理过的钢管应在 4h 内进行涂敷,超过 4h 或当出现返锈或表面污染时,应重新进行表面处理。

> GBC045 挤压聚乙烯防腐钢管加热的要求

4. 中频加热

(1)在开始生产时,先用试验管段在生产线上依次调节预热温度及防腐层各层厚度。各项参数达到要求后,方可开始生产。用中频加热将钢管加热至合适的涂敷温度。

(2)应用无污染的热源对钢管加热至合适的涂敷温度,最高加热温度应不明显影响钢管的力学性能。

(3)在挤压聚乙烯防腐层生产线中,纯净水是经过过滤装置过滤,为中频装置中的晶闸管、电容等设备提供水冷却,用普通水对中频加热线圈进行水冷却。

5. 胶黏剂与聚乙烯层的涂敷

(1)施工工艺控制要点。

① 环氧粉末应均匀涂敷在钢管表面。回收环氧粉末的使用及其添加比例应按表 1-2-19 和表 1-2-20 规定的性能进行检验后确认。

② 胶黏剂涂敷应在环氧粉末胶化过程中进行。

③ 采用侧向缠绕工艺时,应确保搭接部分的聚乙烯及焊缝两侧的聚乙烯完全辊压密实,并防止压伤聚乙烯层表面。

④ 聚乙烯层包覆后应用水冷却至钢管温度不高于 60℃,并确保熔结环氧涂层固化完全。

(2)胶黏剂的涂敷。

① 根据钢管直径调整挤出机的前后位置,应使挤出机扁机头与生产线相互平行。

② 开始生产时,先用试验管段在生产线上分别依次调节挤出机预热温度及胶粘剂防腐层的厚度,各项参数达到要求后方可开始生产。

③ 胶黏剂的涂敷采用侧向缠绕工艺,保证缠绕的胶黏剂片相互应压接上。

④ 挤出机挤出胶黏剂的工艺参数要与胶黏剂原料的流动速度相匹配,否则会出现挤出涂敷困难。

⑤ 挤出机主轴转速控制在 30~40r/min,胶黏剂从模口流出,先进行排料,待模口流出的料均匀一致时,通过胀紧轮将其缠绕在钢管上。

> GBC046 挤压聚乙烯防腐钢管环氧粉末、胶黏剂涂敷的要求

(3)聚乙烯层的涂敷。

① 根据钢管直径调整挤出机的前后位置和高度,应使挤出机扁机头与生产线相互平行。

② 开始生产时,先用试验管段在生产线上分别依次调节挤出机预热温度及聚乙烯防腐

> GBC047 挤压聚乙烯防腐聚乙烯层的涂敷要求

层的厚度,各项参数达到要求后方可开始生产。

③ 聚乙烯层的包覆同样采用侧向缠绕工艺,聚乙烯应完全覆盖胶黏剂,确保搭接部分的聚乙烯与胶黏剂完全辊压密实,并防止压伤聚乙烯层表面。

④ 挤出机主轴转速控制在 3~20r/min,聚乙烯从模口流出后,先进行排料,待模口流出的料均匀一致时,将聚乙烯通过压辊缠绕在钢管上。

⑤ 当聚乙烯包覆生产进入正常时,要对压紧辊不定时地喷涂脱膜剂,保证防腐层的外观质量。

(4) 当钢管行进的速度增加时,胶黏剂、聚乙烯挤出机的挤出量都要相应地加大,同时中频的功率也要加大。

(5) 当水淋冷却不充分时,容易造成二层或三层 PE 防腐层的开裂;当水冷却喷淋不当时容易在聚乙烯表面形成麻点状外观,或有水流的明显痕迹,同样也影响产品的外观质量。

6. 切口

钢管接头处通过 PE 缠绕后,在进入水冷却之前,可用刀在前后管端大约 90mm 处沿圆周方向切割 PE 层,保证圆周方向切割整齐平整,并将 PE 层撕掉。

7. 水淋冷却

根据管径的不同更换不同长度的喷淋水管,调整好水管的位置,使冷却水通过水淋管均匀喷洒在钢管的外表面上。再启动抽水泵,将水槽中的水抽回到冷却水箱中。

8. 检测下管

防腐层冷却固化后,目视逐根检查涂层外观,涂层表面应光滑、平整、无鼓泡、裂纹等现象,色泽应均匀。

**(三)注意事项**

(1) 在生产前,应事先对塑料挤出机进行加热。

(2) 塑料挤出机达到温度要求后,调节塑料挤出机转速,使其缓慢排料。

(3) 严格执行操作规程,严禁违章操作。上接头时,电盘操作手应与上接头人员配合好,避免挤手或其他安全事故发生。

(4) 每天工作前检查设备各部件是否有松动、脱落现象,发现后及时解决。检查液压传动装置是否有漏油现象,及时修补。

(5) 经常检查电力系统各元件工作情况,是否存在接触不良、松动、漏电、失灵等现象,及时处理。

# 项目六  挤压聚乙烯防腐管端磨头

## 一、相关知识

GBC048 挤压聚乙烯防腐管端预留段的要求

管端预留段的要求:

(1) 挤压聚乙烯防腐管防腐层涂敷完成后,应除去管端部位的防腐层。管端预留长度宜为 100~150mm,且聚乙烯层端面应形成不大于 30°的倒角;聚乙烯层端部外可保留不超过 20mm 的环氧粉末涂层。应防止防腐管端部防腐层剥离或翘起。

(2)管端预留长度作为焊口,可通过在裸管上缠绕牛皮纸实现,并且很容易剥离下来。粘贴时在管体圆周均布的六个方向刷浆糊,浆糊应刷薄薄一层,将纸粘牢、粘平。

(3)采用手工电动钢丝刷或端头处理设备将管端的防腐层磨出不大于30°的倒角,主要保证不要发生聚乙烯层翘边。

## 二、技能要求

**(一)准备工作**

1. 设备

钢管支架1套。

2. 材料、工具

3PE防腐管1根,砂纸1张,抹布若干,记录单1张,锉刀1把,钢板尺1把,钢卷尺1把,测量板1件,白色记号笔1支,圈带1个,碳素笔1支。

**(二)操作规程**

1. 手工管端磨头

(1)从管端沿轴向向里测量150mm,分别沿圆周均匀取四点,并沿四点连线。

(2)用测厚仪沿圆周均匀测量三层PE防腐管厚度四点,取平均值$h$。

(3)磨制三层PE管端150mm处,露出环氧粉末涂层面,无漏磨。

(4)按公式$L = \cot 30° \cdot h$计算轴向长度,从第一次磨制末端沿轴向量四点,并沿四点连线。

(5)沿长度$L$径向磨制导角,倒角小于或等于30°。

2. 机械管端磨头

(1)将下管平台上的钢管转入端头处理平台上。

(2)将钢管移动至串管轮上调节钢管至合适位置。调整处理机的挡管轮的位置,挡管轮调整至合适位置,使钢管管端磨头时保证在130mm左右。

(3)升起接管臂,将钢管拨到接管臂上,落下接管臂。根据钢管的大小调节转胎速度及电动机速度。启动端头处理小车电动机,先提升磨口底座至适当高度,然后缓慢地使小车前进对钢管进行端头处理,去除钢管端头100~150mm宽的防腐层。

(4)当端头处理完毕时,先将磨口底座放下使磨口离开钢管,然后将小车完全退回,停止端头处理小车电动机。

(5)对钢管两端防腐层被打磨掉的地方涂刷防腐漆,涂层厚度均匀,无漏道、无流淌,外观平整。

**(三)注意事项**

(1)在打磨预留段聚乙烯层坡口时,要求管端焊缝余高修磨并打平,防止翘边现象。

(2)挤压聚乙烯防腐管端若有翘边,可能是环氧粉末固化程度不够造成的,应从涂敷参数上找原因。

(3)挤压聚乙烯防腐钢管露天堆放时间较长时,应在管端进行遮盖、适当增加聚乙烯层端部环氧粉末的预留长度和管端金属裸露处涂刷可焊防锈漆,防止在储存期间因侵蚀引起翘边。

# 项目七　聚氨酯泡沫层取样

## 一、相关知识

### (一)聚氨酯泡沫塑料分类

GBC049 "泡夹管"聚氨酯泡沫分类

聚氨酯泡沫塑料的主要特征是具有多孔性,因而材料的相对密度小,比强度高。聚氨酯泡沫塑料种类多样,根据所用原料的不同以及配方的变化,可制成软质、半硬质和硬质聚氨酯泡沫塑料等;根据所用多元醇的品种分类又可将其分为聚酯型、聚醚型和蓖麻油型聚氨酯泡沫塑料等;而根据发泡方法分类又有块状、注塑、模塑以及喷涂聚氨酯泡沫塑料等类型。

聚氨酯硬质泡沫是以异氰酸酯和聚醚为主要原料,在发泡剂、催化剂、阻燃剂等多种助剂的作用下,通过专用设备混合,经高压喷涂发泡而成的高分子聚合物。

硬质聚氨酯泡沫是一种很好的绝热材料,它具有重量轻、比强度高、吸水率低、导热系数小等优点。因此,在油田的埋地管道上得到大量应用,为油田的保温工作起了重要作用。这类泡沫塑料具有良好的力学性能、电学性能、声学性能和耐化学性能,而且其密度、强度、硬度等均可以随着原材料配方的不同而改变,再加上其成型施工十分方便,因此在国民经济各个领域获得了越来越广泛的应用,如冷藏运输、建筑绝热、家具制造等方面已被大量使用。

### (二)聚氨酯泡沫原料

GBC050 "泡夹管"聚氨酯泡沫组分性能

"泡夹管"聚氨酯保温材料的主要原料为多异氰酸酯、聚醚多元醇和助剂组成。通常甲组分为多元醇,由聚醚多元醇、催化剂、发泡剂、阻燃剂等多种组分混合而成,俗称白料;乙组分为多异氰酸酯,俗称黑料。

1. 聚醚多元醇

聚醚多元醇是泡沫塑料的主要原料之一,它的质量好坏将直接影响泡沫的性能。聚醚多元醇的质量指标有羟值、酸值、水分等,其中最主要的控制指标是羟值。羟值增加,泡沫倾向于脆化,脆化和黏接性及泡沫强度是相互牵制的。因此,若想获得综合性能好的泡沫塑料,就要采取折中办法,油田上成型用的就是几种聚醚按一定比例配合而成的,"泡夹管"保温层原料组合聚醚是由聚醚多元醇、141B、固化剂有机锡、催化剂三乙醇胺及403等按规定配方配制而成;而泡沫原料酸值越小越好。

一般说来,凡硬质泡沫塑料所采用的多元醇大都是官能团多、羟值高、相对分子质量较低的聚醚多元醇,它和多异氰酸酯反应后,其分子中网状结构多(即交链点多且稠密)。所得泡沫塑料硬度大、压缩强度较高、尺寸稳定性及耐温性也较好。

2. 多异氰酸酯

多异氰酸酯又名PAPI,也是主要原料之一,在配方中作用是:与水反应产生适于发泡的$CO_2$气体,与聚醚中官能团作用使聚醚建立在最终聚合体系统内。

一般在泡沫系统内,总的多异氰酸酯当量对总的活性氢(聚醚树脂及水)之比接近于1。但实际应用中,其指数要稍大于1,因为反应中须顾及羟基、水及胺。PAPI的质量指标有—NCO、酸值、水解氯、黏度等,主要是—NCO含量。

3. 发泡剂

发泡剂是聚氨酯硬质泡沫塑料生产的主要助剂品种之一,能促进泡沫发生,同时形成闭孔联孔结构材料的物质。

4. 催化剂

催化剂催化发泡及凝胶反应,不仅能加速反应速率而且是发泡工艺的重要控制手段。它可加速异氰酸酯、聚醚及水之间的反应,使泡沫起泡和很快熟化,避免泡沫崩塌。如二月桂酸二丁基锡能使泡沫产生细小而均匀的微孔结构,促进迅速胶凝或泡沫的硬化;三乙烯二胺可使混合体迅速引发聚合,这对形成细小而均匀的微孔结构来说是重要的,同时它能延缓泡沫的胶凝和硬化时间,直到发泡几乎完全为止。

5. 乳化剂

乳化剂也称表面活性剂。硬泡中用的表面活性剂为有机硅油,它能降低泡沫的表面张力,有助于气泡的形成和控制,使气泡膜具有弹性,在起泡时能防止泡沫崩塌。

GBC051 常用发泡剂的作用

(三) 常用发泡剂

常用发泡剂主要有化学发泡剂和物理发泡剂两类。化学发泡剂如水等,物理发泡剂为氟里昂、环戊烷等。

1. 水

水在硬泡中的作用:(1)与 PAPI 作用,产生发泡用的 $CO_2$ 气体;(2)与 PAPI 作用,形成键,增强聚合体的强度。

用水作发泡剂时,要多消耗较贵的原料 PAPI,且泡沫性能不易控制,所以在一步法硬泡生产中,不单独用水作发泡剂。

2. 氟里昂

氟里昂为氟碳化合物,它在硬泡中起很重要的作用:(1)作为聚合物膨胀的发泡剂;(2)氟里昂气体充满泡沫微孔中,降低泡沫的导热性。

用氟里昂作发泡剂,不多消耗 PAPI,同时由于气体需要吸收热量,可在一定程度上减缓聚合体反应热的急剧上升,对保证泡沫质量有利。但氟里昂破坏大气臭氧层,已限制使用。氟里昂的品种很多,硬泡中用的 HCFC-141b 对臭氧层的破坏是 CFC-113 的 1/10,因而被指定为全卤代氟氯碳化合物的一种理想的替代物,但还是会对臭氧层有难以恢复的损害,因此全世界都在逐步减少其使用。

3. 环戊烷

环戊烷作为硬质聚氨酯泡沫的新型发泡剂,用于替代对大气臭氧层有破坏作用的氟里昂,现已广泛应用于生产无氟冰箱、冰柜行业以及冷库、管线保温等领域。

## 二、技能要求

(一) 准备工作

1. 设备

泡夹保温成品管 1 根。

2. 材料、工具

五齿锯 1 把,手工锯 1 把,刀具 1 把,白油漆笔 1 支,直角钢板尺 1 把。

## （二）操作规程

本次操作的目的是硬泡取样送检。

（1）首先将取样的"泡夹管"在管架上固定好，沿保温管圆周向方向画出平行的两条圆周线，线间距为80～100mm。

（2）然后用电动五齿锯沿两条圆周线纵向切割聚乙烯层和硬泡层，直至将要接触到管子为止。再用手工锯彻底割透泡沫层，防止对管子损伤。

（3）沿轴向用切割刀具将两条圆周线间的夹克层割透，将割透的夹克皮去掉，在去掉过程中，防止泡沫层受损。

（4）再继续切割将泡沫层割透；沿轴向切割的泡沫层对面（180°）用刀具将泡沫层轴向割透。之后用刀具慢慢撬动泡沫层，防止损伤，共取下两块泡沫层。

（5）最后将被取下的泡沫层的毛边及轻微损伤部位用刀具修理，使其边角呈圆弧状。

## （三）注意事项

（1）切割修理过程中，防止损坏泡沫层。

（2）远离明火，勿与易燃易爆物品接触。

# 项目八　聚氨酯泡沫混料机混料

> GBC052 "泡夹管"聚氨酯泡沫预制方法
>
> GBC053 "泡夹管"聚氨酯泡沫预制工艺参数选用

## 一、相关知识

工业上常用的聚氨酯泡沫塑料制备方法有：挤出发泡、注塑发泡、模塑发泡、压延发泡、粉末发泡以及喷涂发泡等。本项目重点介绍硬质聚氨酯泡沫塑料保温管的聚氨酯泡沫预制方法和预制工艺参数选用。

### （一）"一步法"聚氨酯泡沫预制方法

1. "一步法"工艺方法

钢管外面的聚氨酯保温层和聚乙烯塑料层通过特殊设备在一个工位上完成包覆成型的工艺技术是"一步法"成型法。

"一步法"工艺适用于钢管规格为 $\phi 48 \sim 377$mm。

2. 保温层原料配制

保温层原料配比为：A料（组合聚醚）：B料（异氰酸酯）=1：（1～1.5），组合聚醚配方也有所微调，过量将会造成泡沫太软。生产时，A、B料通过比例泵输送到喷枪内，在喷枪内连续混合后，靠喷枪的压缩空气将混合料喷注到钢管与聚乙烯保护层形成的环状空间内，连续发泡，形成保温层。喷枪空气压力应高于0.5MPa时，不然易引起泡沫在喷枪中回风或泡沫混合不均匀。一般从发泡到固化，时间控制在15～20s之间。这样自动纠偏系统即可在发泡后、固化前对保温层进行纠偏，以确保保温层均匀包覆在钢管周围。

3. 挤出包覆、水冷却

（1）根据钢管直径调整作业线，应使钢管中心、挤出机机头、定径套中心及纠偏环中心应保持在一条水平线上。

（2）钢管在进入送进机前要用接头（不同的管径和壁厚配有不同的接头）连接起来，通过送进机后,接头处要用纸或塑料布(宽度为200~300mm)封好,并用胶带加固,使其形成密闭状态。

(3)保温管端部可采用二次切头,最终留头长度宜为150mm±10mm。

### (二)"管中管"聚氨酯泡沫预制方法

1. "管中管"工艺方法

"管中管"工艺是先生产出聚乙烯外护管,按要求截取所需长度,一般比钢管短300mm。将需防腐保温的钢管套在聚乙烯套管内,中间注入聚氨酯泡沫,使之充分填满钢管与聚乙烯套管之间的空隙,最终使钢管、套管、保温层形成一个牢固的整体,达到防腐保温的效果的工艺技术。

该工艺适用于钢质管道 $\phi426~1020$mm 或玻璃钢包覆硬质聚氨酯泡沫塑料防腐保温管的预制。

2. 套防护层

启动穿管平台滚道电动机,滚道转动,钢管在滚道上匀速前进,穿入聚乙烯管内,并成一定倾斜角度。

3. 安装定位块

为保证泡沫层不偏心,应在钢管与玻璃钢管之间加定位块,根据管径的不同,即管径大于等于 $\phi720$mm,在圆周方向上应均匀放置六个定位块;管径小于 $\phi720$mm,在圆周方向上应均匀放置四个定位块。保温管两端应分别放置定位块,距玻璃钢管端800~1000mm,中间每间隔1m放置一道。定位块应采用与保温层相同的材料或硬木块,定位块不需要取出。

4. 保温层原料配制

(1)按配方要求分别配制甲组料、乙组料,且分别装罐待用。

(2)发小泡试验。根据表观密度、抗压轻度、导热系数、发泡时间及固化时间、工作温度、环境温度等调整配方、确定发泡时间、固化时间等参数,待达到生产要求时方可开启保温管生产线。

(3)根据高压发泡机额定流量和所需泡沫料量,设定注射时间。

(4)生产时,A、B料通过聚氨酯高压发泡机的高压计量泵输送到喷枪内,配比为1∶1~1∶1.5(根据实际情况定),在喷枪内连续混合后,将混合料喷注到钢管与模具形成的环状空间内,连续发泡,形成保温层。

5. 喷注泡沫

(1)将安装好定位块的管吊到发泡平台上,两端用法兰封好,如图1-2-13所示。

(2)启动聚氨酯高压发泡机电源和液压系统,调整高压计量泵转换阀,使甲、乙两组料按照配方所要求的比例送出。根据高压发泡机额定流量和所需泡沫料量,设定注射时间。

(3)将喷枪头插入送料管的端头,打开压缩空气阀门,用压缩空气辅助送料,将从喷枪头喷出的料吹到钢管与塑料管形成的环状空间内;注射结束后,立即移开喷枪,封闭喷枪注射孔;大约等待1min的时间,泡沫料充分固化后,打开端头法兰,将管转运端头处理平台上,进行端头处理。

图 1-2-13 发泡平台

## 二、技能要求

### (一) 准备工作

1. 设备

聚氨酯泡沫混料机装置 1 台。

2. 材料、工具

异氰酸酯若干,组合聚醚若干。

### (二) 操作规程

1. 小包装试验

异氰酸酯:组合聚醚=(1.0~1.1):1.0,测试固化参数、泡沫成型参数、固化时间。

2. 检查气动回路

用压缩空气对气动回路进行吹扫,看是否畅通。若不畅通,需检查气动阀门。

3. 检查供料回路

用压缩空气对供料回路进行吹扫,看是否畅通。若不畅通,需检查气动阀门。

4. 料罐加温

组合聚醚和异氰酸酯料罐的温度应保持 $(25\pm5)$ ℃。

5. 确定混料比例

常温下(25℃)异氰酸酯:组合聚醚=1.1:1.0。

6. 生产准备

打开电源开关,气动和供料开关,随时保障生产。

### (三) 注意事项

(1) 小包装试验检查,使泡沫达到泡孔均匀、不烧焦、具有良好的弹性与强度,外观质量要求无开裂、空洞、条纹、收缩等缺陷。

(2) 若进行配比调整,一定要边调边做小泡试验。小泡试验的发泡时间、固化时间必须满足生产工艺要求。

# 项目九　聚乙烯挤出机防腐

## 一、相关知识

挤出机是塑料成型加工最主要的设备之一,也是管道防腐层生产中的常用设备。挤出机的功能是采用加热、加压和剪切等方式,将固态塑料颗粒转变成均匀一致的熔体,并将熔体送到下一个工艺。

## 二、技能要求

### (一)准备工作

1. 设备

聚乙烯挤出机装置 1 台,定径套 1 套,传动线 1 套。

2. 材料、工具

黄色聚乙烯若干。

### (二)操作规程

1. 涂敷前的准备工作

(1)检查施工现场。

器材、机具、设备摆放合理,场地卫生清洁,无积水;所有原材料、成品、半成品摆放整齐;室外设备、机具要有保护措施,灭火器材完好有效。

(2)检查设备、机具。

① 调整作业线,使挤出机机头中心线与被防腐钢管中心线一致。

② 施工作业前,操作人员及车间钳工、电工负责对施工作业线、设备、机具进行安全巡检,桥吊等特种设备的安全附件、安全装置必须保持灵敏安全可靠,挤出机等电气设备接地及漏电保护装置必须灵敏可靠,均处于完好、安全状态后,试运行;正常后,才能进行施工作业。

(3)用于挤出成型的塑料原材料应达到所需要的干燥要求,并除去结块团粒和机械杂质;严格按技术人员所定助剂配比进行助剂称量配制,并与规定量聚乙烯在高速混合机内混合 5~8min,助剂应全部均匀分布在聚乙烯表面上。

(4)检查设备中水、电、气各系统是否正常,加热系统、温度控制、各种仪表是否工作可靠;检查机头的定径套、口模表面是否平整光滑,有无异物毛刺等,如有立即清理干净。

(5)根据管径不同及保温层设计要求,选用机头及定径套,并检查定径套内冷却水是否畅通。将定径套装在机头上,调整挤出机底座和支撑轮螺杆,保证机头和钢管的间隙和水平度,防止偏心。

(6)挤出机及机头应预先加温,一般机头需加温 2~4h,机筒需 1~2h,加热温度视不同原料而定,一般机头温度控制在 190~230℃,机筒温度由 20~250℃之间逐渐升高。检查挤出机加热温度是否达到工艺要求。

GBC044 聚乙烯挤出机的操作规程

## 2. 聚乙烯涂敷

启动挤出机,进行排气和排废料,当聚乙烯防腐层色泽均匀时,停止排气和排料;当挤出机挤出正常塑化后,通过中央控制台送进钢管,包好管头热塑料使包管成型。在挤出生产过程中,应按工艺要求定期检查各种工艺参数是否正常;开启外冷却水(循环水),对挤塑的成型防腐管进行水冷却,使防护层成型,合理安排外冷却水水管位置,以保证冷却效果,保证防腐层厚度均匀。

## 3. 停车

停止加料,将挤出机内的塑料挤光,露出螺杆时,关闭机筒和机头电源,停止加热;关闭挤出机及辅机电源,使螺杆和辅机停止运转;拆卸机头并清理,对螺杆、机筒进行清理;可用压缩空气从加料口、排气口反复吹出残留粒料和粉料,直至机筒内确实无残存料,关闭总电源及冷水总阀门。

### (三)注意事项

(1)操作人员经过培训,懂挤出机工作原理、操作要求。

(2)熟悉挤出机说明书中有关操作、维修的规定,并严格执行。

(3)挤出机只允许低速启动高速运行,严禁空载转动。

(4)挤出机必须充分排气和排出废料,并防止热料飞溅烫人。

(5)夹克层成型后应及时冷却定型,最好先风冷后喷淋水冷,冷却速度不宜过快;挤塑温度应根据夹克层原料的熔体指数确定,一般挤出温度为$(205\pm10)$℃。

(6)开机前必须先检查机头和各段加热温度,当其中之一不够时,不得启动挤出机。

(7)机头加热片外露电线较多,有时沾水,操作时注意检查电路有无损坏、漏电等情况。

(8)机头定径套装卸应及时停电进行。装卸机头各部件时,应先停电,经检查确认无电后方能进行作业,以免发生触电。

# 模块三　检测与补口、补伤

## 项目一　检查钢管环氧煤沥青防腐层的质量

### 一、相关知识

#### (一)环氧煤沥青防腐层材料的验收

1. 环氧煤沥青涂料

(1)底漆、面漆、固化剂和稀释剂四种配套材料应由同一生产厂供应。

(2)涂料应有包括厂名、生产日期、存放期限等内容完整的商品标志产品使用说明书及质量合格证,否则应拒收。

(3)涂料说明书内容应包括涂料技术指标、各组分的配合比例、漆料配制后的使用期、涂敷使用方法、参考用量、运输及储存过程的注意事项等。

(4)涂料应按"涂料产品的取样"规定的取样数目进行抽查质量,当交货桶数为200桶以上时,每增加50桶,取样数增加1个。

(5)环氧煤沥青涂料储存期应不小于1年。用户应按产品说明书所要求的条件储存,并在储存期内使用。对于超过储存期的涂料应按要求重新检查,防腐层的剪切黏接强度、阴极剥离、工频电气强度和耐沸水性、体积电阻率、吸水率和耐油性等指标符合要求后方可使用。

2. 纤维增强材料

(1)纤维增强材料应有生产厂名、出厂日期、产品说明书及质量合格证,否则应拒收。

(2)采用丙纶无纺布作防腐层加强级时,宜选用 $80g/m^2 \pm 7g/m^2$ 的材料。

(3)采用玻璃布作防腐层加强级时,应采用无捻、平纹、两边封边、带芯轴的玻璃布卷。

#### (二)环氧煤沥青防腐层固化度的检查方法

表干:手指轻触防腐层不黏手或虽发黏,但无漆黏在手指上。

实干:手指用力推防腐层不移动。

固化:手指甲用力刻防腐层不留痕迹。

### 二、技能要求

#### (一)准备工作

1. 设备

高度800mm钢管固定支架1套。

2. 材料

环氧煤沥青防腐层(普通级)钢管1根。

### 3. 工、用、量具

磁性涂层测厚仪 1 台,电火花检漏仪 1 台,划刀 1 把。

### (二)操作规程

环氧煤沥青防腐层检验项目、要求和操作规程包括以下内容。

#### 1. 一般要求

(1)防腐层检验应包括防腐层施工过程检验和防腐层质量检验。

(2)防腐层质量检验应包括外观、厚度、漏点和黏结力检验。外观、厚度、漏点检验应在防腐层实干后进行,黏结力检验应在防腐层固化后进行。

#### 2. 外观检查

> GBD003 环氧煤沥青防腐层外观的检查要求

(1)防腐管应逐根目测检查。

(2)无纤维增强材料的防腐层,表面应平整、光滑。对缺陷处应在固化前补涂环氧煤沥青至符合要求。

(3)有纤维增强材料的防腐层,表面应平整、无空鼓和皱褶,压边和搭边黏结紧密,纤维增强材料应浸满环氧煤沥青涂料。对防腐层的空鼓和皱褶应铲除,并补涂至符合要求。

#### 3. 厚度检查

> GBD004 环氧煤沥青防腐层厚度的检查要求

(1)厚度检查应采用磁性测厚仪抽查,最小厚度应符合标准规定。对焊道部位,防腐层厚度不应小于标准规定值的 70%。本项目按普通级最小干膜厚度要求检查。

(2)防腐管每 20 根为一组,每组抽查 1 根,不足 20 根也抽查 1 根。检查防腐管两端及中间共 3 个截面,每个截面测 3 点、6 点、9 点、12 点位置的厚度,符合标准规定为合格;若不合格,应随机抽查 2 根,仍有一个不合格时,则该组防腐管应判为不合格。

(3)对厚度不合格防腐管,应在涂层未固化前修补至合格。

#### 4. 漏点检查

> GBD005 环氧煤沥青防腐层漏点的检查要求

(1)应采用电火花检漏仪对防腐管逐根进行漏点检查,以无漏点为合格。

(2)检漏电压应按 5V/μm 确定,在连续检测时,检漏电压应每 4h 校正一次。检查时,探头应接触防腐层表面,以约 0.2m/s 的速度移动。本项目按防腐层结构,检漏电压为 2kV。

(3)应对漏点补涂。将漏点周围约 50mm 范围内的防腐层用砂轮或砂纸打毛,然后涂刷环氧煤沥青涂料至符合要求。固化后应再次进行漏点检查。

#### 5. 黏结力检查

> GBD006 环氧煤沥青防腐层黏结力的检测方法

(1)检查无纤维增强材料的防腐层黏结力时,用锋利刀刃垂直划透防腐层,形成边长约 40mm,夹角 45°的 V 形切口,用刀尖从切割线交点挑剥切口内的防腐层。挑起时,很难将防腐层挑起,且挑起处的防腐层呈脆性点状断裂,不出现成片挑起或层间剥离为合格。

(2)检查有纤维增强材料的防腐层黏结力时,用锋利刀刃垂直划透防腐层,形成边长为 100mm,夹角 45°~60°的切口,从切口尖端撕开纤维增强材料,防腐层不应出现层间剥离和成片挑起;继续剥离钢管表面防腐层,很难将防腐层挑起,且挑起处的防腐层呈脆性点状断裂,不出现成片挑起或层间剥离为合格。

(3)防腐管每 20 根为一组,每组抽查 1 根(不足 20 根也抽查 1 根),每根随机抽查 1 点。出现不合格再随机抽查 2 根,仍有不合格时,则该组防腐管应判为不合格。

(4)黏结力不合格的防腐层不应补涂处理,应铲除全部防腐层并按标准规定重涂。

**(三)注意事项**

(1)必须熟练掌握各检测仪器的操作方法、使用安全注意事项并严格执行,否则应停止操作。

(2)检测时应保证光线明亮,必要时应采用照明措施。

(3)厚度检测时,测厚仪测头与管体表面保持垂直,同时下压的压力平稳恒定。

(4)漏点检测时,应首先将地线和电火花检漏仪主机连接好后,再把地线夹夹住被测钢管管壁上,方能开机。检测时,操作人员必须戴上高压绝缘手套,任何人不得接触探头和钢管,以防触电。

# 项目二 检查钢管熔结环氧粉末外涂层的质量

> GBD007 熔结环氧粉末涂层实验室涂敷试件的涂层质量要求

## 一、相关知识

熔结环氧粉末外涂层的质量检查参照 SY/T 0315—2013《钢质管道熔结环氧粉末外涂层技术规范》。

**(一)熔结环氧粉末涂层质量确认**

(1)质量确认应通过制备实验室涂敷试件进行,实验室涂敷试件的制备及检验应符合下列规定。

① 试件基板应为低碳钢,其尺寸应符合相应试验方法的要求。

② 试件表面应进行喷射处理,其除锈质量应达到 GB/T 8923.1—2011 中要求的 Sa2½ 级,锚纹深度应在 40~100μm 范围内。

③ 涂敷的固化温度应按照环氧粉末生产厂的推荐值确定,且不应超过 275℃。

④ 试件上单层环氧粉末涂层的厚度应为 350μm±50μm。

(2)涂敷生产前,应抽取环氧粉末涂料样品制备实验室涂敷试件,由具有检测资质的第三方实验室按标准的试验项目进行环氧粉末涂层性能进行检验,结果应符合要求。

(3)实验室试件的涂层检验项目包括 24h 阴极剥离、抗 3°弯曲、抗 1.5J 冲击和附着力等内容。

(4)实验室涂敷试件的涂层外观应平整、色泽均匀、无气泡、无开裂及缩孔,允许有轻度橘皮状花纹。

(5)生产过程中,每批(批量不超过 30t)粉末涂料应至少取样一次样品制备实验室涂敷试件。

> GBD008 环氧粉末防腐管生产过程中涂装钢管的质量要求

**(二)生产过程中涂装钢管的质量要求**

(1)表面预处理后目视检查。表面预处理之后,应对每根钢管是否有表面损伤和可能引起涂层漏点的表面缺陷进行目视检查。对可能导致涂层漏点的表面缺陷或损伤按规定进行处理。

(2)除锈质量检测。应采用 GB/T 8923.1—2011 规定逐根检测钢管外表面除锈质量,除锈等级应达到 Sa2½ 级。

(3)锚纹深度检测。应采用锚纹深度检测仪、锚纹拓印模或其他适宜的方法检测钢管外表面锚纹深度。直管应至少每 2h 检测 1 次,弯管应至少每 10 根检测 1 次外表面锚纹深度。

(4)灰尘度检测。灰尘度等级不应低于 2 级质量要求。直管应至少每 2h 检测 1 次,弯管应至少每 10 根检测 1 次外表面灰尘度。

(5)盐分检测。必要时对钢管外表面进行盐分测定,测定值不超过 20mg/m² 为合格。

(6)涂敷温度检测。应逐根监测涂敷前钢管外表面的加热温度,且应控制在工艺性试验确定的温度范围内,至少应每小时记录 1 次温度值。

### (三)外涂层型式检验

> GBD010 环氧粉末外涂层型式检验的要求

(1)连续生产时,每种管径、壁厚环氧粉末外涂层直管应每班(最多间隔 12h)截取 1 个长度为 500mm 的管段或同等生产工艺条件下的试验管段按表 1-3-1 中的各项指标进行测试。

(2)连续生产时,每种管径、壁厚环氧粉末外涂层弯管,应在 50 根、100 根、400 根内各抽取 1 个弯管或同等生产工艺条件下的弯管样管,以后每 300 根抽取 1 根,按表 1-3-1 中的各项指标进行检验。

(3)若检验结果不符合表 1-3-1 的要求,则在该不合格检测钢管与前一合格检测钢管之间,追加 2 个试件,重新检验。当 2 个重做的试验均合格时,则该区间内涂敷的涂层为合格;若仍有 1 个不合格,则该区间的所有涂层均视作不合格。

(4)不合格产品应按规定进行重新涂敷。

(5)环氧粉末外涂层型式试验结果不合格时,应立即调整涂敷温度、固化时间、喷涂速度等工艺参数。

表 1-3-1 涂层检验项目及性能指标

| 序号 | 项目 | 性能指标(单层环氧粉末) | 试验方法 |
|---|---|---|---|
| 1 | 热特性 $|\Delta T_g|$,℃ | ≤5 | SY/T 0315 附录 B |
| 2 | 耐阴极剥离(65℃,24h),mm | ≤8 | SY/T 0315 附录 C |
| 3 | 抗弯曲(订货规定的最低试验温度±3℃) | 2.5°,无裂纹 | SY/T 0315 附录 D |
| 4 | 抗冲击,J | 1.5(-30℃),无漏点 | SY/T 0315 附录 E |
| 5 | 断面孔隙率,级 | 1~4 | SY/T 0315 附录 F |
| 6 | 黏结面孔隙率,级 | 1~4 | SY/T 0315 附录 F |
| 7 | 附着力(24h),级 | 1~3 | SY/T 4113 |

## 二、技能要求

### (一)准备工作

1. 设备

高度 800mm 钢管固定支架 1 套。

2. 材料

熔结环氧粉末外涂层(普通级)钢管 1 根。

3. 工、用、量具

磁性涂层测厚仪 1 台,电火花检漏仪 1 台。

(二)操作规程

环氧粉末外涂层防腐管的出厂检验方法及操作规程包括以下内容。

> GBD009 环氧粉末外涂层防腐管的出厂检验要求

1. 涂层外观检测

应逐根进行目视检查。外观要求应平整、色泽均匀、无气泡、无开裂及缩孔,允许有轻度橘皮状花纹。

2. 漏点检测

(1)应采用电火花检漏仪在涂层完全固化且温度低于 100℃ 时,对每根钢管的全部做漏点检测,检测电压按最小厚度乘以 $5V/\mu m$ 计算确定,检漏仪应至少每班校准一次。(2)漏点数量在下述范围内时,可按标准规定进行修补:当钢管外径小于 325mm 时,平均每米管长漏点数不超过 1.0 个;当钢管外径等于或大于 325mm 时,平均每平方米外表面漏点数不超过 0.7 个。经过修补的涂层应对修补处进行漏点检测。当漏点超过上述规定时,或个别漏点的面积大于或等于 $250cm^2$ 时,应按规定进行重涂。

根据本项目被检查防腐层结构等级,其检漏电压为 1.5kV,无漏点为合格。将检漏仪的地线接到钢管上,手持探刷手柄调整校准检漏电压。检查时,探刷应接触防腐层表面,沿管表面均匀速度移动。

3. 厚度检测

(1)单层环氧粉末涂层厚度检测时,应使用涂层测厚仪,在涂敷后的钢管表面温度降到测厚仪允许的温度后进行厚度测量。连续涂敷直管时,每班涂敷的前 5 根钢管应逐根测量,之后每 20 根至少测量 1 根涂层厚度并记录。涂敷弯管时,应逐根测量涂层厚度并记录。(2)测厚时,沿钢管轴向随机取 3 个位置,测量每个位置圆周方向均匀分布的任意 4 点的涂层厚度。(3)对于焊接管,应有 1 个测量点在焊缝上。(4)涂层测厚仪应每班校准 1 次。

本项目单层环氧粉末普通级最小厚度大于 $300\mu m$ 为合格。

(三)注意事项

(1)必须熟练掌握各检测仪器的操作方法、使用安全注意事项并严格执行,否则应停止操作。

(2)厚度检测时,测厚仪测头与管体表面保持垂直,同时下压的压力平稳恒定。涂层测厚仪应每班校准 1 次。

(3)在涂层完全固化且温度低于 100℃ 时进行漏点检测。检测时,应首先将地线和电火花检漏仪主机连接好后,再把地线夹夹住被测钢管管壁上,方能开机。检测时,操作人员必须戴上高压绝缘手套,任何人不得接触探头和钢管,以防触电。检漏仪应至少每班校准 1 次。

# 项目三　检查钢管挤压聚乙烯 2PE 防腐层的质量

## 一、相关知识

2PE 防腐层的质量检查参照 GB/T 23257—2017《埋地钢质管道聚乙烯防腐层》。

**GBD011 聚乙烯防腐管表面处理后的质量检验要求**

### (一) 挤压聚乙烯管表面处理质量检验要求

(1) 抛(喷)射除锈后的钢管应逐根进行表面除锈等级检验,用 GB/T 8923.1—2011 中相应的照片或标准板进行目视比较,表面除锈质量应达到 Sa2½级的要求。

(2) 表面锚纹深度应每班(不超过 12h)至少测量两次,每次测量两根钢管,宜采用粗糙度测量仪或锚纹深度测试纸测量,锚纹深度应达到 $50\sim90\mu m$。

(3) 表面处理前的钢管表面温度应进行监测,钢管表面温度应不低于露点温度以上 3℃。

(4) 钢管表面灰尘度应每班至少检测两次,每次检测 2 根钢管,表面灰尘度应不低于 2 级。

(5) 对每批进厂的钢管在表面处理后应至少抽测 2 根钢管表面的盐分。钢管表面的盐分应不超过 $20mg/m^2$。

(6) 除锈后,应检查钢管表面缺陷,钢管表面缺陷和不规则(重皮、损伤、划伤等)未经修复后不应涂敷。

### (二) 加热温度

涂敷过程中应对钢管加热温度进行连续监测,钢管的加热温度等工艺参数应符合确定的参数。

### (三) 挤压聚乙烯管防腐层质量检验

(1) 防腐层外观、漏点和厚度的检验要求详见本项目中操作规程的内容。

**GBD015 聚乙烯防腐层黏接力检查的要求**

(2) 防腐层的黏结力按 GB/T 23257—2017《埋地钢质管道聚乙烯防腐层》附录 K 的方法通过测定剥离强度进行检验。每班(不超过 12h)至少在两个温度条件下各抽测 1 次,结果应符合表 1-3-2 的规定。

表 1-3-2　防腐层的性能指标

| 项目 | | 性能指标 | | 试验方法 |
| --- | --- | --- | --- | --- |
| | | 二层 | 三层 | |
| 剥离强度 N/cm | (20℃±5℃) | ≥70 | ≥100(内聚破坏) | GB/T 23257 附录 K |
| | (60℃±5℃) | ≥35 | ≥70(内聚破坏) | |
| 阴极剥离(65℃,48h),mm | | ≤15 | ≤5 | GB/T 23257 附录 D |
| 阴极剥离(最高使用温度,30d),mm | | ≤25 | ≤15 | GB/T 23257 附录 D |
| 环氧粉末底层热特性 玻璃化温度变化值 $\vert\Delta T_g\vert$,℃ | | — | ≤5 | GB/T 23257 附录 B |
| 冲击强度,J/mm | | ≥8 | | GB/T 23257 附录 L |
| 抗弯曲(-30℃,2.5°) | | 聚乙烯无开裂 | | GB/T 23257 附录 E |
| 耐热水浸泡(80℃,48h) | | 翘边深度平均≤2mm 且最大≤3mm | | GB/T 23257 附录 M |

(3) 防腐层的整体性能检验。

① 每连续生产的第 10km、20km、30km 的防腐管均应按 GB/T 23257—2017 附录 D 的方法进行一次 48h 的阴极剥离试验,之后每 50km 进行一次阴极剥离试验,结果应符合表 1-3-2 的规定。如不合格,应在前一次检验合格后涂敷的防腐管中加倍取样检验。加倍检验全部合格时,该两次检测区间的防腐管为合格;仍有不合格时,该两次检测区间生产的这批防腐管为不合格。

② 每连续生产 50km 防腐管应截取聚乙烯层样品,按 GB/T 1040.2—2006《塑料 拉伸性能的测定 第 2 部分:模塑和挤塑塑料的试验条件》检验其拉伸强度和断裂标称应变,结果应符合表 1-3-3 的规定。若不合格,应在前一次检验合格后涂敷的防腐管中加倍取样检验。加倍检验全部合格时,该两次检测区间生产的防腐管为合格;仍有不合格时,该两次检测区间生产的这批防腐管为不合格。可再截取一次样品,若仍不合格,则该批防腐管为不合格品。

表 1-3-3　聚乙烯层的性能指标

| 项　目 | | 性能指标 | 试验方法 |
|---|---|---|---|
| 拉伸强度[①] | 轴向,MPa | ≥20 | GB/T 1040.2 |
| | 周向,MPa | ≥20 | |
| | 偏差[②],% | ≤15 | |
| 断裂标称应变[①],% | | ≥600 | GB/T 1040.2 |
| 压痕硬度[①],mm | (23℃) | ≤0.2 | GB/T 23257 附录 H |
| | (60℃或 80℃)[③] | ≤0.3 | |
| 耐环境应力开裂($F_{50}$),h | | ≥1000 | GB/T 1842 |
| 热稳定性[④] \|ΔMFR\|,% | | ≤20 | GB/T 3682 |

① 拉伸速度 50mm/min。
② 偏差为轴向和周向拉伸强度的差值与两者中较低者之比。
③ 常温型,试验条件为 60℃;高温型,试验条件为 80℃。
④ 聚乙烯挤出前后熔体流动速率变化率。

## 二、技能要求

### (一) 准备工作

1. 设备

高度 800mm 钢管固定支架 1 套。

2. 材料

挤压聚乙烯 2PE 防腐层(普通级)(至少有 1 处漏点)钢管 1 根。

3. 工、用、量具

磁性涂层测厚仪 1 台,电火花检漏仪 1 台,记号笔 1 支。

### (二) 操作规程

1. 外观检查

防腐层外观应逐根目测检查。聚乙烯层表面应平滑,无暗泡、无麻点、无皱褶、无裂纹,色泽应均匀。防腐管端应无翘边。记录说明检查结果并判断。

**GBD013 聚乙烯防腐层漏点检查的要领**

**2. 检测漏点**

防腐层的漏点应采用在线电火花检漏仪进行连续检查,检漏电压为25kV,无漏点为合格。若有漏点在漏点处用记号笔圈住。

单管有两个或两个以下漏点时,可按标准规定进行修补;单管有两个以上漏点或单个漏点沿轴向尺寸大于300mm时,该防腐管为不合格。

**GBD014 聚乙烯防腐层厚度检查的要求**

**3. 检测厚度**

连续生产的钢管防腐层厚度至少应检测第1、5、10根,之后每10根至少测1根。宜采用磁性测厚仪或电子测厚仪测量钢管3个截面圆周方向均匀分布的4点的防腐层厚度,同时应检测焊缝处的防腐层厚度,结果应符合标准规定。

本项目结果≥2.0mm为合格。记录检测结果并判断厚度是否合格。

**(三)注意事项**

(1)电火花检漏仪应至少每考核时间超过半天校准一次。确保将检漏仪的地线接到钢管没有涂层的地方上。操作时必须戴上高压绝缘手套,任何人不得接触探刷和被测钢管,以防触电高压电击。检测结束后要将电压回零,再关机。

(2)磁性测厚仪在使用前必须校准。测量前,应清除被侧防腐层表面上的任何附着物质,如尘土、油脂等。探测头的放置方式对测量有影响,在测量时应该与工件保持垂直。

(3)剥离强度试验时,弹簧秤拉力计应以恒定的速度从管子的金属底材剥离防腐层。

## 项目四 测量"泡夹管"保温层聚氨酯泡沫塑料的表观密度

### 一、相关知识

**GBD017 "泡夹管"生产过程质量检验的要求**

**(一)生产过程质量检验**

(1)表面预处理质量检验:钢管应逐根检查,与现行国家标准《涂装前钢材表面锈蚀等级和除锈等级》(GB/T 8923.1—2011)中相应的标准照片进行目视比对,除锈等级达到相关标准及规定的要求,每班次测量两根钢管锚纹深度,采用粗糙度仪或锚纹深度测定仪测定,应达到相应防腐层的规定要求。

(2)防腐层涂敷过程的质量检验应按现行国家有关防腐层的标准规范执行。

(3)防腐层外观应采用目测法逐根检查。防腐层外观质量和厚度应达到相应标准技术要求,并满足设计要求。

(4)保温层外观采用目测逐根检查,保温层应无收缩、发酥、开裂、烧心等缺陷,不应有明显的空洞。

(5)输送介质温度在100℃以下保温层任一截面轴线与钢管轴线间的偏心距及防护层最小厚度以及输送介质温度在100~120℃之间钢管的防护管的外径和壁厚偏差参照本工种中级工相关知识介绍。

(6)输送介质温度在100~120℃之间的保温管老化性能检测应符合表1-3-4的要求。

表 1-3-4 耐温聚氨酯泡沫塑料的老化性能检测指标

| 测试温度,℃ | 最小轴向剪切强度,MPa | 试验方法 |
|---|---|---|
| 23±2 | 0.12 | GB 50538 附录 F |
| 140±2 | 0.08 | |

(7)逐根检查防水帽的施工质量,外观应无烤焦、鼓包、皱褶、翘边,两端搭接处应有少量胶均匀溢出。

(8)保温层内有空洞缺陷时,允许在防护层上打孔,采用二次灌注发泡方式填充,聚乙烯防护层上的工艺开孔可采用电熔焊接法封闭。

**(二)产品出厂质量检验**

采用"一步法"时,每连续生产 5km 产品应抽查 1 根,不足 5km 时也应抽查 1 根;采用"管中管"工艺时,同一原料、同一配方、同一工艺生产的同一规格保温管为 1 批,每 5km 应至少抽检 1 根,不足 5km 时也至少抽查 1 根。检查防护层和保温层性能,若抽查不合格,应加倍检查;仍不合格,则全批为不合格。

> GBD018 "泡夹管"产品出厂质量检验的要求

"一步法"的防护层应测试其密度、拉伸强度、断裂伸长率及维卡软化点四项指标。"管中管"工艺采用的防护管应测试其密度、拉伸强度、断裂伸长率和回缩率四项指标。

保温层应测试其表观密度、吸水率、抗压强度和导热系数四项指标。

当有下列情况之一时,应进行形式检验。

(1)新产品的试制、定型、鉴定或老产品转厂生产时;

(2)正式生产后,如结构、材料、工艺等有较大改变,可能影响产品性能时;

(3)产品停产 1 年,恢复生产时;

(4)出厂检验结果与上次形式检验有较大差异时;

(5)国家质量监督机构提出进行型式检验要求时;

(6)正常生产时,每两年或累计产量达到 300km,应进行周期性形式检验。

**(三)钢制储罐外防腐层质量检验**

1. 一般规定

(1)防腐层施工必须进行过程质量检验和最终质量检验,检验结果必须有记录。

> GBD019 钢制储罐外防腐层质量检查的一般规定

(2)质量检验所用仪器必须经计量部门鉴定合格,应在鉴定有效期内。

2. 涂敷施工过程质量检验

(1)每一道漆涂敷完成后,应在不同部位测定防腐层的湿膜厚度,并及时对涂料黏度、喷涂压力、喷嘴直径、喷涂速度等工艺参数进行调整。

(2)每涂一道漆表干后应进行目测检查,不得有起泡、分离起皮、流挂、漏涂等现象。

(3)最后一道面漆实干后固化前应检查防腐层的厚度,厚度不合格时应增加涂敷遍数直至合格。

3. 防腐层质量检验

(1)钢制储罐外防腐层涂敷完成后,应对防腐层进行外观、厚度、漏点、黏结力检验,检验结果应做好记录。

(2)外观检验应符合下列规定。

① 储罐外表面的涂层应全部目视检查;

② 涂层表面应平整连续、光滑,并且不得有发黏、脱皮、气泡、瘢痕等缺陷存在。

(3)厚度检验应符合下列规定。

① 防腐层厚度检查时,应把储罐外表面划分成3个防腐面积相近的部分,按表1-3-5规定比例进行检验,以 $1m^2$ 为一个检测区域,每个区域至少抽测2个点。检查布点应均匀,每个罐不得少于40个点。焊缝处的抽测点数不得少于总检测点数的30%。

表1-3-5 金属储罐涂层厚度检查比例

| 储罐容积,$m^3$ | <10000 | 10000~50000 | >50000 |
| --- | --- | --- | --- |
| 检验面积的百分率,% | 20 | 10 | 5 |

② 允许有10%的读数低于设计厚度,但每一单独读数不得低于设计厚度值的90%。

③ 储罐外部附件的防腐层厚度应按适当比例进行检查。

(4)漏点检验应符合下列规定。

① 可使用电火花检漏仪或低压检漏仪对储罐外壁全部防腐层进行漏点检查,具体方法按照《管道防腐层检漏试验方法》(SY/T 0063—1999)执行。

② 电火花检漏电压为 $5V/\mu m$。

③ 检查出的漏点应进行修补或复涂。防腐层平均每平方米不超过1个漏点时,可进行修补;防腐层平均每平方米有1个以上漏点时,应进行全面复涂。

(5)黏结力检查应符合下列规定。

① 用锋利刀刃垂直划透防腐层,形成边长约40mm,夹角45°的V形切口。用刀尖从切割线交点挑剥切口内的防腐层,如果挑起处的防腐层呈脆性点状断裂,不出现成片挑起或剥离的情况,则防腐层黏结合格。

② 黏结力检查时,应将储罐外表面划成面积相近的3个部分,在每个部分至少检测1点,若合格则该部分黏结力合格;若有测点不合格,对不合格部分应加倍检查,若仍有1处不合格,则该部分的涂层黏结力判为不合格。

③因黏结力检验损坏的涂层应进行修补。不合格的涂层不允许修补,应进行重涂。

## 二、技能要求

### (一)准备工作

1. 材料

$\phi219mm$"泡夹管"聚氨酯泡沫保温层对半瓦块若干。

2. 工、用、量具

手工锯1把,切刀1把,记号笔1支,游标卡尺1把,钢板尺1把,天平1台。

### (二)操作规程

(1)按本项目相关知识出厂质量检验要求检查外观,记录说明检查结果并判断。

(2)按模块二项目七聚氨酯泡沫层取样泡样制取制取5个长方体泡沫块,边长不小于5cm,每个体积不小于 $100cm^3$。

(3)泡沫试样称量。采用天平上称取每个试样的质量,采用游标卡尺测量每个试样的尺寸。分别记录测量结果。

(4) 计算。

① 按公式:$W=W_1+W_2+W_3+W_4+W_5(\text{g})$ 计算泡沫试样总质量;按公式 $L_1 \cdot L_2 \cdot L_3$ [$L_1$、$L_2$、$L_3$ 为边长(mm)] 计算单个试样体积;按公式 $V=V_1+V_2+V_3+V_4+V_5(\text{mm}^3)$ 得出总体积。

② 计算保温层聚氨酯泡沫表观密度:$\Omega=W/V(\text{g}/\text{mm}^3)$,其中 $W$ 为样重,$V$ 为样体积。

(三) 注意事项

(1) 泡沫试样制取时,长方体应平直,确保测量精度。

(2) 聚氨酯泡沫材料表观密度计算方式是质量除以体积。表观密度的重要性在于它是确定泡沫质量的最简单的参数,它常和其他指标一起被用来表征材料性能。例如,强度和弹性模量随着表观密度的升高而明显增加,但是随着材料密度的增加,即材料传递力的固体部分的比例增加,断裂伸长率的变化会越来越小。

(3) 天平使用时要放置在水平的地方,砝码不能用手拿要用镊子夹取,注意左物右码。称量后要把游码归零,砝码用镊子放回砝码盒。

(4) 游标卡尺测量工件时,卡脚测量面必须与工件的表面平行或垂直,不得歪斜。读数时,视线要垂直于尺面,否则测量值不准确。

# 项目五　钢管环氧煤沥青防腐层补口

## 一、相关知识

参照标准为 SY/T 0447—2014《埋地钢质管道环氧煤沥青防腐层技术标准》。

(一) 补口

(1) 防腐管焊接前应用宽度不小于 450mm 的厚石棉或其他遮盖物遮盖焊口两边的防腐层。

(2) 防腐管补口使用环氧煤沥青涂料和防腐结构应与管体防腐层匹配。

(3) 补口部位的表面预处理和焊接处理应符合标准中关于管体表面预处理的规定。

(4) 补口时应对管端阶梯形接茬处的防腐层表面进行处理,去除油污、泥土等杂物,用砂纸打毛,防腐层涂敷方法应符合标准中关于管体涂敷的规定。补口防腐层与管体防腐层的搭接宽度大于 100mm。

GBE001 环氧煤沥青防腐管现场补口的施工工艺方案

(二) 补伤

(1) 防腐管线补伤使用的材料及防腐层结构,应与管体防腐层相匹配。

(2) 应将已损坏的防腐层清除干净,用砂纸打毛损伤面及附近的防腐层,对破损处已裸露的钢表面,可用动力工具除锈至 St3 级。

(3) 将表面灰尘清扫干净,应按标准中关于管体涂敷的规定进行修补,搭接宽度不应小于 50mm。当防腐层破损面积较大时,应按补口方法处理。

GBE002 环氧煤沥青防腐层补伤施工要求

(三) 补口补伤质量检查

(1) 补口防腐层固化后,应按标准中关于质量检查的规定对每道口进行外观、厚度

GBE003 环氧煤沥青防腐层补口补伤的质量检查要求

及漏点检验,其中厚度应选择周向同一截面的 3 点、6 点、9 点、12 点 4 个位置;补口处的黏结力按标准中规定的方法,每 100 道口应抽查 1 道口。

(2)补伤处防腐层固化后,应按标准中关于质量检查的规定进行质量检验,当防腐层破损处按补口方法处理时,其厚度检验应选择周向同一截面的 3 点、6 点、9 点、12 点 4 个位置;不按补口方法处理时,厚度检验可选取 1 个位置。

## 二、技能要求

### (一)准备工作

1. 设备

高度 800mm 钢管支架 1 套。

2. 材料

$\phi$114mm 环氧煤沥青防腐层(加强级)钢管(中间有焊道环形口)1 根,环氧煤沥青底漆(已加固化剂配制好)100g,环氧煤沥青面漆(已加固化剂配制好)200g,腻子(已经配制好)1kg,玻璃布 1 卷,抹布若干,砂纸 5 张,稀料 1kg。

3. 工、用、量具

剪刀 1 把,料盆 1 个,搅拌棒 2 根,毛刷 2 把,腻子刀 1 把,卷尺 1 把,钢丝刷 1 个,角向磨光机 1 台。

### (二)操作规程

(1)首先采用动力、手动工具对补口处进行除锈清理,质量达到 St3 级;再用钢丝刷、抹布等对焊口管端阶梯形接茬处的防腐层表面去除油污、泥土等杂物并用砂纸把管端防腐层表面打毛;用抹布清除补口处灰尘。

(2)涂刷底漆,底漆干膜厚度不小于 50μm。

(3)在钢管焊缝两侧打腻子使其形成平滑过渡面。

(4)腻子表干后、固化前涂刷面漆;随即螺旋缠绕玻璃布,压边宽度为 20~25mm,周向接头搭接长度为 100~150mm;缠绕后随即再次涂刷面漆,玻璃布所有网眼应浸满涂料。

(5)外观质量应达到。补口防腐层与管体防腐层的搭接宽度大于 100mm;补口防腐层表面应平整、无空鼓和皱褶,压边和搭边黏结紧密,纤维增强材料应浸满环氧煤沥青涂料。

### (三)注意事项

(1)当存在下列情况之一,且无有效防护措施时,不应进行露天补口或补伤施工。

① 雨天、雪天、风沙天;

② 风力达到 5 级以上;

③ 相对湿度大于 85%。

(2)施工人员劳动保护用品穿戴齐全。

(3)施工现场要注意卫生和环境保护,作业完毕要将残存的易燃、易爆有毒物质及其他杂物按规定处理。

# 项目六　修补钢管熔结环氧粉末外涂层缺陷

## 一、相关知识

**(一)采用局部修补的方法修补涂层缺陷的要求**

(1)缺陷部位的所有锈斑、鳞屑、裂纹、污垢和其他杂质及松脱的涂层应清除。

(2)将缺陷部位根据修补材料生产商的要求打磨成粗糙面,打磨及修复搭接宽度不小于10mm。

(3)用干燥的布或刷子将灰尘清除干净。

(4)直径≤25mm的缺陷部位,应用环氧粉末生产厂推荐的双组分无溶剂液体环氧树脂涂料或热熔修补棒进行局部修补;直径>25mm且面积<$2.5×10^4 mm^2$的缺陷部位,应采用环氧粉末生产厂推荐的双组分液体环氧树脂涂料进行局部修补。

(5)修补材料应按照厂家推荐的方法储存和使用。

(6)所修补涂层厚度应满足防腐等级的要求,并以按最小涂层厚度乘以$5V/\mu m$计算检测电压对修补处进行漏点检验。修补情况应予以记录。

> GBE004 环氧粉末涂层修补的施工要求

**(二)重涂**

(1)涂层厚度不合格,漏点数量超过允许修补范围或形式检验不合格的外涂层钢管,应进行重涂。重涂时,可将钢管加热,使涂层软化,将全部涂层清除掉。加热温度不应超过275℃,并满足钢管的加热温度限制。也可采用其他方式清除不合格涂层。

(2)重涂及重涂后质量检验应按标准的要求进行。

> GBE005 环氧粉末涂层的重涂施工要求

**(三)现场补口**

1. 一般规定

(1)熔结环氧粉末外涂层钢管现场补口宜采用与管体相同的环氧粉末涂料进行热喷涂。

(2)熔结环氧粉末外涂层钢管采用环氧粉末静电喷涂方式补口施工时,应符合标准的规定。

(3)采用其他补口方式时,应执行相关的技术规定。

> GBE006 环氧粉末防腐管现场补口的施工工艺方案

2. 表面处理

(1)钢管表面的补口区域在喷涂之前应去除油污和各种杂质。

(2)当钢管表面温度低于露点温度以上3℃以上时,应对补口区域进行预热。

(3)应采用喷射除锈处理方式对补口区域钢管进行表面处理,除锈等级应达到GB/T 8923.1—2011中规定的Sa2½级,锚纹深度应在$40\sim100\mu m$范围内。

(4)抛射除锈后应将补口处残留的钢丸(砂粒)和灰尘清除干净,同时将焊接时飞溅形成的尖点修平,并将管端补口搭接处15mm宽度范围内的涂层打磨成粗糙面。

3. 补口喷涂的工艺参数的确定

(1)在补口施工开始前,应以拟定的喷涂工艺,在试验管段上进行补口试喷,直至涂层质量合格。

(2)对直径273mm及以上管径的补口施工,应以与施工管径同规格的短管作为喷涂试验管段。

(3)对直径219mm及以下管线的补口施工,用直径273mm的短管作为喷涂试验管段,并加工出上述规格的试件,但厚度应与施工管线相同,也可由施工和管线使用部门协商确定试件的制样办法。

4. 补口涂敷施工

(1)环氧粉末涂料静电喷涂补口施工必须在管道水压试验前进行,以免因钢管内存水而无法加热到环氧粉末要求的固化温度。

(2)采用感应式加热器将补口处管体加热到规定温度,加热温度不应超过275℃,并满足钢管加热温度的限制。然后进行喷涂,要求喷涂厚度与管体涂层平均厚度相同,并与管体涂层搭边不小于25mm。

### (四)补口质量检验

(1)环氧粉末涂料静电喷涂补口质量应进行外观、厚度、漏点及附着力检验。

(2)外观应逐道口目测检查,涂层表面应平整光滑。

(3)应采用涂层测厚仪在补口部位上、下、左、右位置共8点(其中至少有2点在焊缝处)进行涂层厚度测量。厚度不得小于管体涂层最小厚度要求为合格。若有局部厚度不符合要求时,可打磨后用环氧粉末厂家规定的涂料进行修补;若厚度不满足要求的面积超过补口表面积的1/3,则应剥除涂层重新按补口工艺进行操作。

(4)应采用电火花检漏仪对每道焊口补口处涂层进行100%检测,检测电压按最小涂层厚度乘以5V/μm计算确定;如有漏点,应标准要求进行修补。

(5)应对每班每天补口施工的第一道口进行附着力检验。喷涂后待管体温度降至环境温度,用刀尖沿钢管轴线方向在涂层上刻划两条相距10mm的平行线,再刻划两条相距10mm并与前两条线相交成30°角的平行线,形成一个平行四边形。要求各条刻线必须划透涂层。然后,把刀尖插入平行四边形各内角的涂层下,施加水平推力。如果涂层成片装剥离,应调整喷涂参数,直至成碎末状剥离为合格。

## 二、技能要求

### (一)准备工作

1. 设备

高度800mm钢管支架1套。

2. 材料

φ114mm熔结环氧粉末外涂层管(外涂层表面有若干处直径为25mm左右的破损)1根,双组分无溶剂液体环氧涂料(配套固化剂)100g,砂纸5张,干抹布若干。

3. 工、用、量具

钢丝刷1把,小盆4个,搅拌棒1根,毛刷1把,电子秤1台。

### (二)操作规程

(1)首先用钢丝刷等工具清理缺陷处的锈斑、鳞屑、裂纹、污垢和其他杂质及松脱的涂层;然后用砂纸打磨缺陷处及缺陷处周边的防腐层,搭接宽度超过缺陷边缘10mm以上;最后用干净的抹布或刷子将修补部位的灰尘清除干净。

(2)按配比10∶1配制双组分液体环氧涂料补伤液,将固化剂慢慢倒入涂料中,并搅拌均匀。

(3)用配制好的补伤液手工均匀涂刷修补处,修补防腐层与原防腐层搭接至少10mm。所修补涂层厚度应满足防腐等级的要求。

**(三)注意事项**

(1)当存在下列情况之一,且无有效防护措施时,不应进行露天补口或补伤施工。

① 雨天、雪天、风沙天;

② 风力达到5级以上;

③ 相对湿度大于85%。

(2)施工人员劳动保护用品穿戴齐全。

(3)施工现场要注意卫生和环境保护,作业完毕要将残存的易燃、易爆有毒物质及其他杂物按规定处理。

## 项目七　热收缩带补口

### 一、相关知识

**(一)聚乙烯防腐管的补伤**

GBE008 聚乙烯防腐管的局部补伤要求

(1)埋地钢质管道聚乙烯防腐层的补伤可采用辐射交联聚乙烯补伤片、热收缩带、聚乙烯粉末、热熔修补棒和黏弹体加外护等方式。

(2)对于小于或等于30mm的损伤,可采用辐射交联聚乙烯补伤片修补。补伤片的性能应达到热收缩带的规定,补伤片对聚乙烯的剥离强度应不低于50N/cm。

(3)修补时,应先除去损伤部位的污物,并将该处的聚乙烯层打毛。然后将损伤部位的聚乙烯层修切圆滑,边缘应形成钝角,在孔内填满与补伤片配套的胶黏剂,然后贴上补伤片。补伤片的大小应保证其边缘距聚乙烯层的孔洞边缘不小于100mm。贴补时应边加热边用辊子滚压或戴耐热手套用手挤压,排出空气,直至补伤片四周胶黏剂均匀溢出。

(4)对于大于30mm的损伤,可按照上条规定贴补伤片,然后在修补处包覆一条热收缩带,包覆宽度应比补伤片的两边至少各大50mm。

(5)对于直径不超过10mm的漏点或损伤深度不超过管体防腐层厚度50%的损伤,在预制厂内可用与管体防腐层配套的聚乙烯粉末或热熔修补棒修补,施工现场宜用热熔修补棒修补。

GBE009 聚乙烯防腐管补伤的质量要求

(6)补伤质量应检验外观、漏点及剥离强度等三项内容。

① 补伤后的外观应逐个检查,表面应平整、无皱折、无气泡、无烧焦碳化等现象;补伤片四周应黏结密封良好。不合格的应重补。

② 每一个补伤处均应用电火花检漏仪进行漏点检查,检漏电压为15kV。若不合格,应

重新修补并检漏,直至合格。

③ 采用补伤片补伤的剥离强度按 GB/T 23257—2017 附录 K 规定的方法进行检验,管体温度为 15~25℃时的剥离强度应不低于 50N/cm。

(7)涂敷厂生产过程的补伤应在白天进行,每天抽测不少于 1 处补伤的黏结力,不合格时,应加倍抽查。加倍抽查仍出现不合格时,当天的补伤全部返工。

(8)现场施工过程的补伤,每 20 个补伤抽查一处剥离强度;不合格时,应加倍抽查。加倍抽查仍出现不合格时,则对应的 20 个补伤应全部返修。

### (二)聚乙烯防腐管补口材料

> GBE010 聚乙烯防腐管现场补口材料要求

(1)热收缩补口带(套)又称热缩补口片或热收缩补口套、热收缩包裹片。热收缩带是为埋地及架空钢质管道焊口的防腐和保温管道的保温补口而设计的,由辐射交联聚烯烃基材和特种密封热熔胶复合而成。

(2)热收缩带(套)是一种常用的补口材料,具有操作时搭接处不滑脱、有较高的机械强度、性能稳定、耐老化、耐化学腐蚀黏接力强等特点,主要用于管道补口和防腐层破损修复。

(3)挤压聚乙烯防腐管的现场补口可采用环氧底漆/辐射交联聚乙烯热收缩带(套)方式或设计选定的其他方式。当采用环氧底漆/辐射交联聚乙烯热收缩带(套)时,应满足 GB/T 23257—2017 要求。无溶剂环氧树脂底漆应由热收缩带(套)厂家配套提供或指定,底漆供应量应满足厚度大于或等于 150μm 的涂敷要求。

(4)辐射交联聚乙烯热收缩带(套)应按管径选用配套的规格,产品的基材边缘应平直,表面应平整、清洁、无气泡、裂口及分解变色。热收缩带(套)产品的厚度应符合表 1-3-6 的规定。热收缩带的周向收缩率应不小于 15%;热收缩套的周向收缩率应不小于 50%。

表 1-3-6 热收缩带(套)的厚度

| 基材类型 | 适用管径,mm | 基材,mm | 胶层,mm |
| --- | --- | --- | --- |
| 普通型 | ≤400 | ≥1.2 | ≥1.0 |
| | >400 | ≥1.5 | |
| 高密度型 | | ≥1.0 | ≥1.5 |

### (三)热收缩补口带性能指标

> GBE011 热收缩补口带性能指标的要求

热收缩带(套)性能应符合表 1-3-7 和表 1-3-8 的规定。

每一牌号的热收缩带(套)及其配套环氧底漆,使用前且每年至少应按表 1-3-6、表 1-3-7 和表 1-3-8 规定的项目进行一次全面检验。使用过程中,每批(不超过 5000 个)到货,应对表 1-3-6、表 1-3-7 中耐环境应力开裂除外的项目和表 1-3-8 的剥离强度等性能进行复检,性能应达到规定的要求。

表 1-3-7 热收缩带(套)的性能指标

| 项目 | | 性能指标 | 试验方法 |
| --- | --- | --- | --- |
| 基材性能① | | | |
| 拉伸强度,MPa | 普通型 | ≥17 | GB/T 1040.2 |
| | 高密度型 | ≥20 | GB/T 1040.2 |
| 断裂标称应变,% | | ≥400 | GB/T 1040.2 |

续表

| 项目 | | 性能指标 | 试验方法 |
|---|---|---|---|
| 维卡软化点($A_{50}$,9.8N),℃ | 普通型 | ≥90 | GB/T 1633 |
| | 高密度型 | ≥100 | |
| 脆化温度,℃ | | ≤-65 | GB/T 5470 |
| 电气强度,MV/m | | ≥25 | GB/T 1408.1 |
| 体积电阻率,Ω·m | | ≥$1×10^{13}$ | GB/T 1410 |
| 耐环境应力开裂(F50),h | | ≥1000 | GB/T 1842 |
| 耐化学介质腐蚀[2]<br>(浸泡7d),% | 10%HCl | ≥85 | B/T 23257 附录 I |
| | 10%NaOH | ≥85 | |
| | 10%NaCl | ≥85 | |
| 耐热老化(150℃,21d) | 拉伸强度,MPa | ≥14 | GB/T 1040.2 |
| | 断裂标称应变,% | ≥300 | GB/T 1040.2 |
| 热冲击(225℃,4h) | | 无裂纹、无流淌、无垂滴 | GB/T 23257 附录 N |
| 胶层性能 | | | |
| 胶软化点(环球法),℃ | | ≥最高运行温度+40℃且不低于90℃ | GB/T 15332 |
| 搭接剪切强度<br>(钢/钢),MPa | 23℃ | ≥1.0 | GB/T 7124[3] |
| | 最高运行温度 | ≥0.07 | |
| 搭接剪切强度<br>(PE/PE),MPa | 23℃ | ≥1.0 | GB/T7124[3] |
| | 最高运行温度 | ≥0.07 | |
| 脆化温度,℃ | | ≤-15 | GB/T 23257 附录 O |
| 底漆性能 | | | |
| 不挥发物含量,% | | ≥95 | GB/T 1725 |
| 剪切强度,MPa | | ≥5.0 | GB/T 7124[4] |
| 阴极剥离[5](65℃,48h),mm | | ≤8 | GB/T 23257 附录 D |
| 阴极剥离[5](23℃,30d),mm | | ≤15 | GB/T 23257 附录 D |

①除热冲击外,基材性能需经过(200±5)℃,5min自由收缩后进行测定,拉伸试验速度为50mm/min。
②耐化学介质腐蚀指标为试验后的拉伸强度和断裂标称应变的保持率。
③拉伸速度为10mm/min。
④拉伸速度为2mm/min。
⑤底漆涂层厚度300~400μm。

**表1-3-8 热收缩带(套)安装系统的性能指标**

| 项目 | | 性能指标 | 试验方法 |
|---|---|---|---|
| 抗冲击强度,J | | ≥15 | GB/T 23257 附录 L |
| 剥离强度(对管体)<br>N/cm | 23℃ | ≥50(内聚破坏) | GB/T 23257 附录 K |
| | 最高运行温度 | ≥3(内聚破坏) | |
| 剥离强度(对搭接部位聚<br>乙烯层),N/cm | 23℃ | ≥50(内聚破坏) | GB/T 23257 附录 K |
| | 最高运行温度 | ≥3(内聚破坏) | |
| 阴极剥离(最高运行温度,30d),mm | | ≤20 | GB/T 23257 附录 D |

| 项目 | 性能指标 | 试验方法 |
| --- | --- | --- |
| 耐热水浸泡(最高运行温度,30d)<br>剥离强度保持率(对底漆钢,对管体涂层),% | ≥75 | GB/T 23257 附录 P,<br>GB/T 23257 附录 K |
| 耐热水浸泡(最高运行温度,120d) | 无鼓包、无剥离,膜下无水 | GB/T 23257 附录 P |
| 耐热老化(最高运行温度+20℃,100d)<br>剥离强度保持率(P100/P70,对底漆钢、对管体涂层),% | ≥75 | GB/T 23257 附录 Q |

**GBE012 聚乙烯防腐管现场补口施工工艺**

**(四)聚乙烯防腐管补口施工**

(1)补口施工可采用人工或机具安装方式。应采用无污染的加热方式对钢管表面补口部位进行加热,大口径管道宜采用机具加热方式。加热不应造成钢管表面污染,不应损坏管体防腐层。

(2)应对焊口进行清理,环向焊缝及其附近的毛刺、焊渣、飞溅物、焊瘤等应清理干净。补口处的污物、油和杂质应清理干净;防腐层端部有翘边、生锈、开裂等缺陷时,应进行清理。

(3)在进行表面喷砂除锈前,应使用无污染的热源将补口部位的钢管预热至露点以上至少5℃的温度。

(4)补口部位的喷砂除锈应采用适宜的磨料,粒度均匀,且应干燥、清洁、无杂质。补口部位的表面除锈等级应达到 GB/T 8923.1—2011 规定的 Sa2½ 级,锚纹深度应达到 40~90μm。除锈后应清除表面灰尘,表面灰尘度等级应不低于 GB/T 18570.3—2005 规定的3 级。

(5)补口部位钢管表面处理与补口施工间隔时间不宜超过 2h,表面返锈时,应重新进行表面处理。

(6)补口搭接部位的聚乙烯层应打磨至表面粗糙,粗糙程度应符合热收缩带(套)使用说明书的要求。

(7)按热收缩带(套)产品说明书的要求控制预热温度。加热后应采用接触式测温仪或经接触式测温仪校准的红外线测温仪测温,应至少分别测量补口部位钢管表面、聚乙烯防腐层表面周向均匀分布 4 个点的温度,结果均应符合产品说明书的要求。用红外测温仪测温时,应根据校准结果对测量的数据进行修正。

(8)应按照产品使用说明书和补口施工工艺规程的要求调配底漆并均匀涂刷,底漆的湿膜厚度应不小于 150μm。

(9)热收缩带加热,宜控制火焰强度,缓慢加热,不应对热收缩带上任意一点长时间烘烤。收缩过程中用指压法检查胶的流动性,手指压痕应自动消失。

(10)收缩后,热收缩带(套)与聚乙烯层搭接宽度应不小于 100mm;采用热收缩带时,应采用固定片固定,周向搭接宽度应不小于 80mm。

**GBE013 聚乙烯防腐管补口的质量要求**

**(五)聚乙烯防腐管补口质量检验**

(1)补口质量应检验外观、漏点及黏结力等三项内容,检测宜在补口安装 24h 后进行。

(2)补口的外观应逐个目测检查,热收缩带(套)表面应平整、无皱折、无气泡、无空鼓、无烧焦炭化等现象;热收缩带(套)周向应有胶黏剂均匀溢出。固定片与热收缩带搭接部位的滑移量不应大于 5mm。

(3) 每一个补口均应用电火花检漏仪进行漏点检查。检漏电压为 15kV。若有漏点,应重新补口并检漏,直至合格。

(4) 补口后热收缩带(套)的剥离强度按 GB/T 23257—2017 附录 K 规定的方法进行检测。检测时的管体温度宜为 15~25℃,对钢管和聚乙烯防腐层的剥离强度都应不小于 50N/cm 并 80% 表面呈内聚破坏,当剥离强度超过 100N/cm 时,可以呈界面破坏,剥离面的底漆应完整附着在钢管表面。每 100 个补口至少抽测一个口,如不合格,应加倍抽测。加倍抽测仍有不合格时,则对应的 100 个补口应全部返修。

## 二、技能要求

### (一)准备工作

**1. 设备**

高度 800mm 钢管支架 1 套,火焰喷枪 1 把,液化气罐 1 瓶。

**2. 材料**

$\phi$114mm 挤压聚乙烯防腐管(中间有焊道环形口,宽度不大于 300mm)1 根,底漆 1 桶,热收缩带 1 卷,砂纸 5 张,抹布若干,稀料 1kg。

**3. 工、用、量具**

料盆 1 个,搅拌棒 1 根,毛刷 2 把,棉手套 1 副,卷尺 1 把,钢板直尺 1 把,钢丝刷 1 个,角向磨光机 1 台,记号笔 1 支,压辊 1 个。

### (二)操作规程

**1. 清理除锈**

(1) 用钢丝刷等工具清理补口处的泥土、油污等污物;

(2) 用机动钢丝刷对补口处除锈,除锈级别应达到 St3 级;

(3) 用砂纸将焊口两侧的防腐层打磨至表面粗糙。

**2. 涂刷底漆**

均匀涂刷底漆,不得有漏涂。

**3. 包覆热收缩带**

(1) 先对补口处预热,将热收缩带定位后,先从中间沿环向均匀加热,再分别向两边均匀加热;

(2) 热收缩带收缩,用压辊挤压补口部位排出空气,端部周向底胶均匀溢出。

### (三)质量要求

(1) 热收缩带与聚乙烯层搭接宽度不应小于 100mm;周向搭接宽度不应小于 80mm。

(2) 补口处外观应无烤焦、无空鼓、无皱纹、无气泡等缺陷。

### (四)注意事项

(1) 大风沙天气不应进行底漆防腐施工,必须采取防风防尘措施,避免干膜未干时沾上沙尘。

(2) 烤收缩带时,速度不能过快,缓慢均匀推进,尽量减少气泡的产生,减少赶气泡操作。

(3) 挤压气泡时必须掌握好力度,不能太大,用力应掌握到不至于挤跑底胶的力度。

(4) 回火:当热收缩带完全收缩后,再将整个热收缩带加热5~8min,使热熔胶充分熔融并从两端溢出,在热收缩带表面尚柔软时,趁热辊压,挤出气泡。加热火焰一定要覆盖热收缩带的边缘,以确保热收缩带收缩完成后,不会发生翘边、卷边现象。

(5) 切忌收缩完成后马上收火,热熔胶随着回火时间的增长、温度的提高而变软、发黏、流动,这时胶面才能与湿润状态的底漆的结合面具有黏接条件。

# 项目八　聚氨酯泡沫聚乙烯夹克管补伤

## 一、相关知识

"泡夹管"补口及补伤处的防腐保温层等级及质量应不低于成品防腐保温管的防腐保温等级及质量。

### (一)"泡夹管"防腐管补口结构形式

GBE014 防腐保温管道补口结构形式

防腐保温层补口结构宜采用图1-3-1的结构形式。当采用其他结构形式补口时,防腐保温等级及质量不应低于成品防腐保温管的防腐保温层指标要求。

"管中管"防腐保温管的现场补口主要有两种形式。一种是现场支模发泡加热收缩套的补口方式,通常适用于较小的管径的"管中管"防腐保温管;另一种是电热熔套、打孔现场发泡、外加热收缩套的补口方式,通常适用于管径最大的"管中管"的防腐保温管。

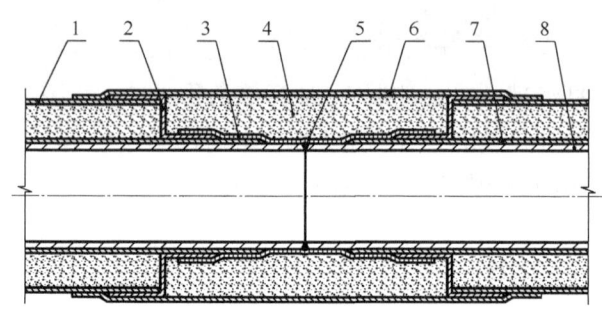

图1-3-1　防腐保温层补口结构图

1—防护层;2—防水帽;3—补口带;4—补口保温层;5—管道焊缝;6—补口防护层;7—防腐层;8—钢管

### (二)"泡夹管"防腐管补伤操作要求

GBE015 聚氨酯泡沫夹克管补伤要求

(1) 当防护层有损伤,且损伤深度大于1/10但小于1/3壁厚时,应采用热熔修补棒修补。

(2) 防护层有破口、漏点或深度大于防护层厚度1/3的划伤等缺陷时,应按下列要求补伤:

① 除去补伤处的泥土、水分、油污等杂物,用木挫将伤处的防护层修平,打毛。

② 补口带剪成需要长度,并大于补口或划伤处100mm。

③ 补伤后,接口周围应有少量胶均匀溢出。

(3) 保温层损伤深度大于10mm时,应将损伤处修整平齐,并应按模具发泡的要求修补好保温层。

"泡夹管"防腐管补口操作要求见本工种教程中级工操作技能与相关知识模块三项目六的内容。

**(三)钢制储罐外防腐层修补、复涂、重涂**

GBE016 钢制储罐外防腐层修补复涂重涂要求

1. 储罐防腐层的修补规定

(1)修补使用的材料和防腐层结构应与原防腐层相同,并做好标记。

(2)修补时应将漏点或损坏的防腐层清理干净,如已露基材,应除锈至 St3。

(3)漏点和破损处附近的防腐层应采用砂轮或砂布打毛后进行修补涂敷,修补层与原防腐层的搭接宽度应不小于 50mm。

(4)修补处防腐层固化后,应按本书第一部分模块三项目四中的有关规定对修补处进行防腐层厚度和漏点检查,应无漏点且厚度应符合设计规定。

2. 储罐防腐层的复涂规定

(1)应将原有防腐层打毛,使防腐层表面粗糙。

(2)按本书第一部分模块二项目一中的有关规定涂敷面漆,直至防腐层达到规定厚度。

(3)复涂应按本书第一部分模块三项目四中的有关规定进行质量检验,若不合格应进行重涂。

3. 储罐防腐层的重涂规定

(1)必须将全部防腐层清除干净。

(2)应按本书第一部分模块二项目一中的有关规定进行防腐层涂敷。

(3)应按本书第一部分模块三项目四中的有关规定进行质量检验,并达到规定的质量要求。

## 二、技能要求

**(一)准备工作**

1. 设备

高度 800mm 钢管支架 1 套,火焰喷枪 1 把,液化气罐 1 瓶。

2. 材料

$\phi$114mm 聚氨酯泡沫聚乙烯夹克防腐保温管(聚乙烯防护层至少有破口、漏点或深度大于防护层厚度 1/3 的划伤等损伤一处)1 根,热收缩补口带 1 卷,砂纸 5 张,抹布若干。

3. 工、用、量具

剪刀 1 把,棉手套 1 副,卷尺 1 把,钢板直尺 1 把,钢丝刷 1 个,木锉 1 把,记号笔 1 支。

**(二)操作规程**

1. 清理打磨

(1)用钢丝刷、抹布等工具清理去除补伤处的泥土、水分、油污等杂物;

(2)用木挫、砂纸等将伤处的防护层修平,打毛至表面粗糙。

2. 裁剪补口带

用剪刀将补口带剪成需要宽度、长度。要求宽度大于补伤缺口或划伤处 100mm,长度沿聚乙烯防护层周向搭接宽度不应小于 80mm。

### 3. 热收缩补口带补伤

（1）用火焰喷枪先对补口带预热，将补口带定位后，先从中间沿环向均匀加热，再分别向两边均匀加热；

（2）用火焰喷枪加热过程中，用手掌挤压补伤部位排出空气，接口周围应有少量胶均匀溢出。

### （三）外观质量要求

补伤处外观应无烤焦、无空鼓、无皱纹、无气泡等缺陷。

### （四）注意事项

（1）补口带贴补时，应边加热边用辊子滚压或戴耐热手套用手挤压，排出空气，直至补口带四周胶黏剂均匀溢出。

（2）采用火焰加热器加热时应注意：

①加热时火焰应来会移动，不应将火焰停留在某处；

②在加热收缩带端部时，要注意保护管道防腐层，不得将聚乙烯层烤变形或出现气泡。

# 第二部分

# 技师操作技能及相关知识

# 模块一　施工准备与表面处理

## 项目一　防腐作业线速度的调整

### 一、相关知识

**(一)防腐作业线工艺参数**

管道防腐作业线生产速度是直接由作业线钢管的传动速度决定的。防腐作业线速度的调整涉及作业线的全部可变参数,而一个参数的变化亦影响到其他参数的改变。

作业线工艺参数直接影响防腐层的质量、防腐材料的消耗和生产速度。当管径、钢管壁厚、防腐层类型或厚度、生产速度等工艺参数中任何一项改变时,都需要重新调整作业线速度。因此,防腐作业线速度调整是一项必不可少的工作。

> JBA001　管道防腐作业线工艺参数的相互关系

**(二)防腐作业线工艺参数的相互关系**

(1)防腐材料挤出量(流量、喷涂量)一定时,传动速度越慢则防腐层越厚,反之越薄。

(2)同样道理,传动速度一定时,防腐材料挤出量(流量、喷涂量)越大则防腐层越厚,反之越薄。

(3)由于防腐层的类型不同,所选择的材料也不同,在调节作业线传动速度时应注意检测防腐层的厚度。例如,3LPE防腐结构中的环氧粉末底层在整体防腐层涂敷完成后无法进行检测,因此必须在调试确定工艺参数或开机时逐层进行检测,确定符合厚度要求的涂敷工艺参数。

(4)钢管涂敷建立在生产线稳定上,其中传动轮钢管螺距、传动轮偏转角度和传动轮转速对涂敷防腐层的质量起着非常重要的作用。

### 二、技能要求

**(一)准备工作**

设备

防腐涂敷作业线1套。

**(二)操作规程**

1. 调整除锈机传动速度

根据管径调整各段传动轮的角度;根据不同管径调整主段控制速度,运行速度为0.5~5m/min,同时调节除锈机的抛丸量,使钢管表面除锈质量达到标准要求。

2. 调整涂敷传动速度

根据管径调整各段传动轮的角度;根据管径调整主段控制速度,运行速度为0.6~2.5m/min;调整涂敷材料挤出量或喷涂量,达到防腐层涂敷厚度要求。如需中频加热,要同时调节中频加热温度,使钢管加热温度达到涂敷质量要求。

**(三)注意事项**

(1)各段传动轮角度应有所不同。

(2)调节速度时,在保证质量的前提下,逐步增加传动速度。

(3)根据防腐层材料的不同,应保证防腐材料在涂敷过程中的搭接宽度。

(4)中心控制台操作人员必须集中精力,反应迅速,及时增速与减速,保证产品质量和作业安全。

# 项目二 钢管内壁喷砂(丸)除锈

JBA002 机械法除锈工艺的概念

## 一、相关知识

### (一)机械法除锈工艺

**1. 机械除锈含义**

机械除锈是一种利用机械动力以冲击和摩擦作用进行除锈的方法,借助于机械力平整表面、清理焊渣、旧漆膜、铁锈或其他金属的废蚀产物,成为一个平整或具有一定粗糙度、干净的表面。钢材表面机械法除锈处理,可采用工具除锈、喷射或抛射除锈及火焰除锈等方法。

喷(抛)射机械除锈也是利用机械动力将磨料以一定的速度击打工件表面,形成一定的粗糙度,从而提高涂装附着力,延长防腐年限。

机械法除锈广泛用于重型机械厂、大型造船厂、汽车制造厂、大型构架厂、管道防腐厂等部门,清除金属表面的氧化皮、金属的锈蚀产物或需要清除的旧漆等。

**2. 机械除锈特点**

(1)适应性较强,机械除锈既可适用于金属、非金属,又可适用于铸件、锻件、焊接件、新制件或返修机;既可处理表面杂物,又可处理表面腐蚀产物;既可处理重的,又可处理轻的,而且除锈比较彻底。

(2)效果比较好,尤其是除锈化学方法难以除锈的污物,如高温烧蚀斑块、油、脂干固后的残留物等,更能显示其优越性。

(3)对工件不会带来二次污染,机械清洗不需酸、碱或有机溶剂。所以,对于带表面缺陷的铸件等工件,不会因酸、碱的渗入不易清除,而造成二次污染、侵蚀。

(4)可有意制造表面粗糙度,增加随后涂、镀膜层的结合力。

**3. 喷(抛)射除锈的几种方法**

(1)敞开式干喷射,用压缩空气通过喷嘴喷射清洁干燥的金属或非金属磨料。

(2)封闭式循环喷射,采用封闭式循环磨料系统,用压缩空气通过喷嘴喷射金属或非金属磨料。

(3)封闭式循环抛射,采用封闭式循环磨料系统,用离心式叶轮抛射金属磨料。

(4)湿喷射,用压缩空气通过喷嘴喷射掺水的非金属磨料,喷射用水中应掺入足量的缓蚀剂,喷射后应采用淡水冲洗,并作防锈处理。

## (二)常用机械除锈方法及除锈处理等级、质量要求

### 1. 工具及火焰除锈

(1)手工工具除锈是用冲击性手动工具除掉钢材表面上分层锈和焊接飞溅物。用钢丝刷、粗砂纸和铲刀或类似的手动工具,刷、磨或刮除掉钢材表面所有松动的氧化皮、疏松的锈和松动的旧涂层。

(2)动力工具除锈是采用动力驱动的旋转式或冲击式除锈工具,如旋转钢丝刷、砂轮等,除去钢材表面上分层锈和焊接飞溅物以及松动的氧化皮、疏松的锈和松动的旧涂层。

在钢材表面上,使用动力工具不能达到的地方,应用手工工具做补充清理。

用工具除锈时不应造成钢材表面损伤,不得将钢材表面磨得过光。

(3)火焰喷射除锈是利用火焰燃烧产生的高温,使油脂等有机物以及碳化物燃烧炭化,并利用氧化皮、铁锈与基体金属的膨胀系数不同,因温度升高而使其开裂、拱起和脱落。火焰除锈前,厚的锈层应铲除。火焰除锈应包括在火焰加热作业后,以动力钢丝刷清理加热后附着在钢材表面的产物。

火焰喷射除锈适于现场除锈,对带污染的锈层效果更好,常与水力除锈结合进行。

对手动和动力工具除锈处理等级及质量要求:(1)St2——彻底的手工和动力工具清理,在不放大的情况下观察时,表面应无可见的油、脂和污物,并且没有附着不牢的氧化皮、铁锈、涂层和外来杂质;(2)St3——非常彻底的手工和动力工具清理,同St2,但表面处理应彻底得多,表面应具有金属底材的光泽。

对于火焰清理的钢材表面,要求在不放大的情况下观察时,表面应无氧化皮、铁锈、涂层和外来杂质。任何残留的痕迹应仅为表面变色(不同颜色的阴影)。

> JBA003 工具及火焰除锈的工艺方法

### 2. 喷射或抛射除锈

喷(抛)射式机械除锈的工艺原理是以带有棱角、质地坚硬的砂(石英砂、金刚砂、河砂、铁砂等)、钢丸、玻璃丸、钢针、钢柱或其他硬质颗粒材料,利用压缩空气或机械离心力为动力将这些硬质颗粒喷、抛射到金属表面,靠冲击力和摩擦力清除金属表面的铁锈、氧化皮、旧漆层、灰土及其污垢等各种污物,使表面获得一定的清洁度和粗糙度。

影响喷射除锈效果的因素有空气压力、磨料种类、尺寸与形状和喷枪的孔径、磨料的投射角度、磨料的投射速度与距离、喷砂管的内径与长度。

所需压缩空气应经稳压和净化处理,压力应根据磨料的不同选定,一般应不小于600kPa;在喷射过程中一般所用压缩空气压力为0.6~0.8MPa,喷射角度30°~90°,喷射距离在300mm左右为宜;通常,有效工作压力=喷砂机压力-喷砂胶管系统压力损失。

表面粗糙度的影响。钢铁表面粗糙度对漆膜的附着力,防腐蚀性能和保护寿命有很大影响。钢铁表面合适的粗糙度有利于漆膜保护性能的提高,粗糙度太小,不利于漆膜的附着力的提高;粗糙度太大,如漆膜用量一定时,则会造成漆膜厚度分布的不均匀,特别是在波峰处的漆膜厚度不足而低于设计要求,引起早期的锈蚀。此外,粗糙度过大,还常在较深的波谷凹坑内截留住气泡,将成为漆膜起泡的根源。涂装前表面粗糙度的控制主要靠调整磨料粒度大小、形状、材料和喷射速度、作用时间等工艺参数,其中以磨料粒度大小对粗糙度影响较大。

高压水、高压水砂、蒸汽除锈的工艺原理,就是利用高压水射流或高温蒸汽射流的冲击或高温物理溶解作用,去除工件表面的锈层、油、脂、旧漆层及其他污染物。

> JBA004 喷射或抛射除锈的工艺方法

真空喷射除锈(环保型除锈)详见本模块项目三。

喷(抛)射式机械除锈处理等级及质量要求:(1)Sa1——轻度的喷射清理,在不放大的情况下观察时,表面应无可见的油、脂和污物,并且没有附着不牢的氧化皮、铁锈、涂层和外来杂质(清扫级);(2)Sa2——彻底的喷射清理,在不放大的情况下观察时,表面应无可见的油、脂和污物,并且几乎没有氧化皮、铁锈、涂层和外来杂质,任何残留污染物应附着牢固(工业级);(3)Sa2½——非常彻底的喷射清理,在不放大的情况下观察时,表面应无可见的油、脂和污物,并且没有氧化皮、铁锈、涂层和外来杂质,任何污染物的残留痕迹应仅呈现为点状或条纹状的轻微色斑(近白级);(4)Sa3——使钢材表观洁净的喷射清理,在不放大的情况下观察时,表面应无可见的油、脂和污物,并且应无氧化皮、铁锈、涂层和外来杂质,该表面应具有均匀的金属色泽(白级)。

**(三)钢管内除锈工艺**

喷丸或喷砂除锈的工艺原理均是以压缩空气为动力,是由喷丸器将高压空气同丸砂混合成混合气流,通过管道送进枪内的喷嘴,再通过喷嘴高速喷射到被除锈的工件表面,并达到一定除锈质量标准。钢管内壁喷丸(砂)除锈中,喷丸(砂)除锈设备包括压缩空气气源、喷丸器或喷砂罐、喷枪和喷枪支架、喷枪小车和随动小车、钢管旋转支架、钢丸回收装置、消烟除尘系统等。

钢管内壁喷丸(砂)除锈工艺过程是钢管在托辊传动台上呈现圆周转动,喷射钢丸的长杆喷枪伸向钢管内部,从钢管一端喷射开始,倒退喷射钢丸。

钢丸(砂)是由喷丸器(喷砂罐)混合高压气流连续喷出。高压气流由高压软管送入喷枪内,通过喷嘴实现喷射,喷射钢丸速度取决于喷嘴前空气压力。

喷射钢丸(砂)流量是由喷嘴截面积和喷嘴前后压力差决定的。

钢丸为重复利用,由专门的回收设备经过丸尘分离器,清除粉尘后再利用。

喷丸(砂)除锈的关键设备是喷丸器(喷砂罐)及相应的配套喷枪。喷丸器(喷砂罐)是存放和供应丸砂的,并是丸砂与高压气流混合的重要设备,控制可实现自动调节。

## 二、技能要求

**(一)准备工作**

1. 设备

内喷砂除锈机 1 套,空气压缩机组 1 套,防腐管道生产线 1 套。

2. 材料、工具

钢丸、石英砂若干,$\phi$114mm 钢管若干。

**(二)操作规程**

(1)钢管就位,将钢管放在传动线上就位。

(2)检查,检查压缩空气源和砂罐,空压机的供气量应大于喷砂机最大耗气量的 1.25 倍;用手盘动钢管支撑轮和喷枪小车行走轮,轮体转动自如;干燥空气和砂料。

(3)喷枪就位,将喷枪穿到管另一端头。

(4)磨料配制,将钢丸与磨料混合,混合比例为 1∶2.5,倒入砂罐口;高度至出砂口至少 200mm。

(5)调节压力,压力调节为 0.6MPa。

(6)喷砂,使钢管原地旋转;同时给喷枪供磨料;以一定速度匀速退枪。

(7)清扫,启动引风系统回收磨料,停止供料,用压缩空气清扫钢管。

**(三)注意事项**

(1)磨料的粒径及配比。为获得较好的均匀清洁度和粗糙度分布,磨料的粒径及配比设计相当重要。合理的配比设计不仅可减缓磨料对管道及喷嘴的磨损,而且磨料的利用率也可大大提高。在操作中应不断抽样检测混合磨料,根据粒径分布情况,向除锈机中掺入新磨料。

(2)除锈速度。钢管的除锈速度取决于磨料的类型和磨料的排量,同时控制好喷枪匀速倒退的速度,满足除锈质量的要求。

(3)作业前,钢管应安装稳固;作业中,机械或工件运行前方不得有人;除锈时,现场应根据工作环境采取相应降尘、防噪声措施。

# 项目三 用环保型喷砂除锈机对罐体内壁除锈

## 一、相关知识

JBA006 环保型喷射除锈的工艺方法

**(一)环保型喷射除锈工艺**

循环回收式喷砂机是环保型喷砂设备,是一种真空喷射除锈器。它是利用压缩空气将丸粒(或砂粒)从一特殊形式的喷嘴,喷射到被处理表面上,利用钢砂本身的硬度、冲击韧性和棱角,将工件表面的各种锈迹除去。同时又利用真空原理收回喷出的丸粒(或砂粒)及产生的锈尘,再经分离器和过滤器将锈尘和丸粒分开,再将清洁的丸粒(砂粒)送回到储丸槽中,丸粒(或砂粒)再从喷嘴喷出,如此循环地进行设备的除锈,其工作原理见图 2-1-1。整

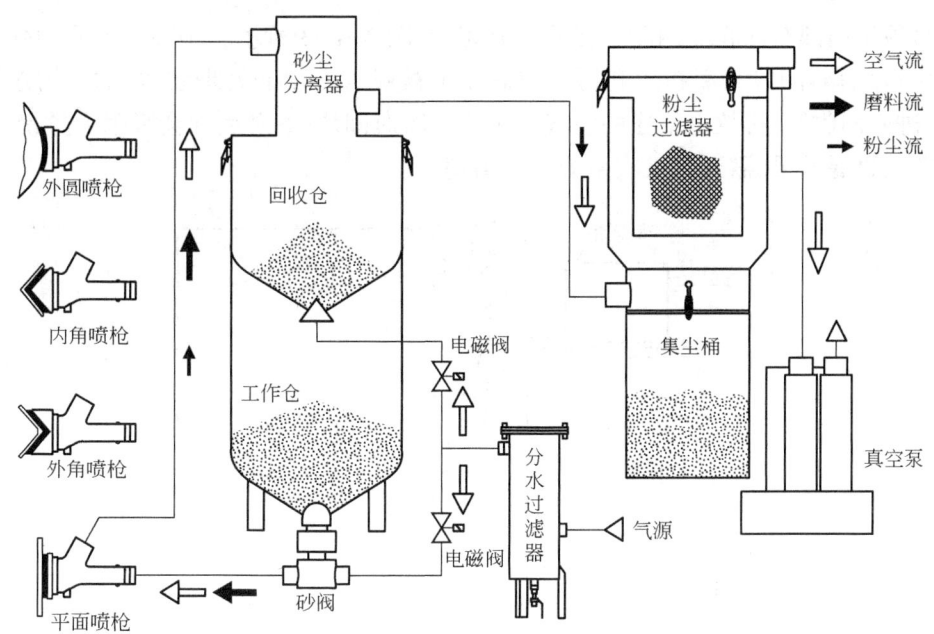

图 2-1-1 循环回收式喷砂机工作原理示意图

个过程是密闭的,劳动卫生条件好,但喷射除锈量太大、太复杂的工件有困难。

**(二)环保型喷砂除锈机**

环保型喷砂除锈机是在开放式喷砂系统的原理上进一步发展出的一种喷砂除锈设备。与开放式喷砂除锈相比,环保型喷砂除锈机增加了一套真空回收装置,利用真空负压原理对钢砂及除锈粉尘进行回收,从而减少了除锈粉尘对外界造成的不良影响。环保型喷砂除锈机可以对钢板、钢管和型钢进行除锈处理,除锈级别最高可达 Sa3 级。

环保型喷砂除锈机采用特殊的喷头设计,如图 2-1-2 所示。在喷砂枪头外加上一个半封闭腔体,在腔体上套上硬毛刷,工作时毛刷紧贴工件表面,负压回收口连接真空泵回抽空气,在腔体内形成负压,喷射出的钢砂在高速撞击工件表面后,在负压的作用下通过回收口回到储砂罐。

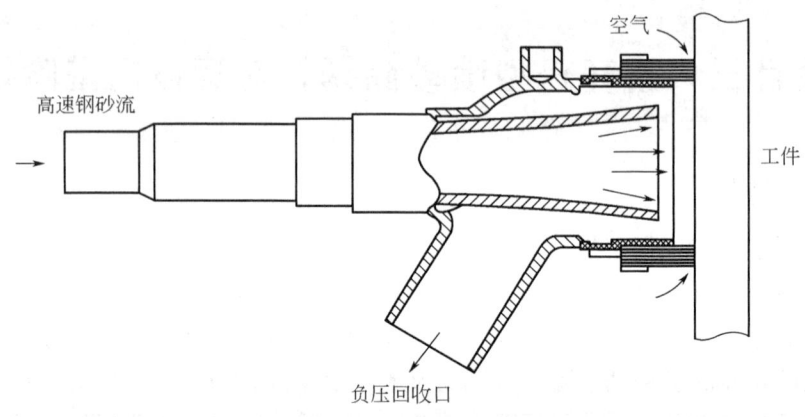

图 2-1-2 负压回收原理示意图

在喷砂机内部对回收的钢砂进行粉尘分离,如图 2-1-3 所示。钢砂由于重力作用落入储砂罐中以供循环利用,而粉尘和污垢在高压下被吸入专用的处理装置,通过滤芯进行过滤,粉尘进入回收箱,排放出干净的空气。工作一段时间后,滤芯表面会吸附大量粉尘,继而影响滤芯的过滤效果,需开启反吹系统进行清理。

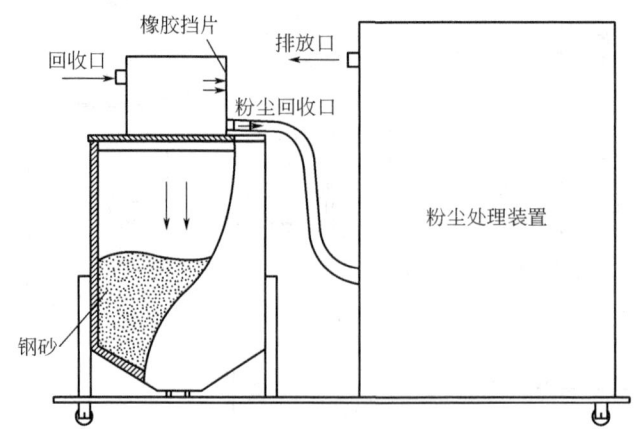

图 2-1-3 钢砂及粉尘回收原理示意图

## 二、技能要求

### (一)准备工作

1. 设备

环保型喷砂除锈机 1 套,轴流风机 2 台,待除锈罐 1 座。

2. 材料、工具

粒度均匀干燥的石英砂若干,毛刷若干。

### (二)操作规程

1. 准备操作

(1)储罐顶部架上一台轴流风机,往外排尘;底部架上一台轴流风机,往罐内送风。

(2)打开压缩空气调节阀,压缩空气压力调节至 0.6~0.7MPa;打开并调整气控砂罐阀门。

(3)将喷砂枪头外加上半封闭腔体,在腔体上套上平面硬毛刷,硬毛刷紧贴罐体内壁表面,打开回收砂罐负压阀门。

2. 循环回收式喷砂除锈作业

按动控制箱上的真空泵启动按钮,一切正常后,按动控制箱上的喷砂启动按钮,开始喷砂作业。严禁喷枪在一个点长时间停留;喷砂顺序应为先上后下,先中间后边缘。

3. 关机及清理操作

(1)关闭阀门,除锈作业完成后,先关闭喷枪阀门,然后关闭砂罐阀门;再关闭气源阀门,关闭回收罐负压阀门。

(2)关闭电源,按动控制箱上的真空泵关闭按钮,最后关闭总电源。

(3)对少量黏附在内壁上的灰尘用毛刷自上而下清理干净。

### (三)注意事项

(1)作业时必须对着需清理物体表面,非作业人员应远离作业现场。

(2)磨料必须经过干燥和筛选分离,颗粒应均匀一致。

(3)喷砂机处于压力状态时,不能随意移动,不准敲击罐体及其他部位。

(4)压缩空气应干燥,并保持足够的流量和稳定的压力。

(5)各种胶管不准在利器上拖动,若沾上油污等污物等应及时擦净。

(6)喷砂机在停机或检修时,应关闭总电源,以保证人身的安全。

(7)当喷嘴口径磨损增大 20% 时,应及时将其报废。

(8)每工作 8h 时,应及时清理滤芯,以保证空气的流通顺畅。

# 模块二 涂 敷

## 项目一 制作储罐液体环氧涂料内防腐层

### 一、相关知识

本部分所讲"储罐"特指立式圆筒形钢制焊接储罐（常压），其作为容器类设备，主要适用于储存大容量的常压液体，如原油、成品油、化工原料、水等。钢制储罐工程是石油、化工重要的基础设施，我国的储油设施多以地上储罐为主，且以金属结构居多。下面讲解钢质储罐常用的防腐与保温技术。

**（一）储罐内防腐的方法**

JBB001 储罐内防腐的方法

1. 防腐涂料涂层

涂层的绝缘性能好，具有良好的耐酸碱性、耐硫化物、耐油等特性，可以达到长效保护的效果。

2. 采用热喷涂技术

针对罐内壁腐蚀较严重的情况，可采用金属火焰喷镀的方法对罐内壁进行喷涂。热喷铝技术在碳钢罐的应用上较为成熟，喷铝涂层在大气中极易产生致密的氧化膜，防止罐被腐蚀。

3. 采用涂料涂层与阴极保护相结合技术

单一的涂层可以对大面积基体金属起到保护作用，但对涂层缺陷处不但不能起到保护作用，还会形成大阴极、小阳极，从而加速涂层破损处的腐蚀。涂层与牺牲阳极联合保护可以有效保护涂层破损处，与单纯的阴极保护相比，联合保护节省牺牲阳极用量、电流分散效率好，是行之有效的保护办法。同时，还可以利用外加电流阴极保护，使被保护部位的电极电位通过阴极极化达到规定的保护电位范围，从而抑制腐蚀发生。

4. 选择添加缓蚀剂

缓蚀技术是减轻石油化工行业中各类油、气、水储罐内腐蚀的有效方法。油罐所用缓蚀剂根据其用途的不同可以分为三类：一是防止油罐底部沉积水腐蚀用的水溶性缓蚀剂；二是防止与油层接触的金属腐蚀的油溶性缓蚀剂；三是防止油罐上部与空气接触金属防腐蚀用气相缓蚀剂。对于因沉积水而造成的腐蚀，可以通过切水方式将罐内游离水尽可能排出，以消除腐蚀诱因。

缓蚀剂的用量在保证对金属材料有足够缓蚀效果的前提下，应尽可能地少。一般存在着某个"临界浓度"，此时缓蚀剂的加入量不大，但缓蚀作用很大。对特定体系选用缓蚀剂种类和最佳用量，必须预先进行评定试验。

5. 耐腐蚀材料内衬里

储罐常用防腐蚀衬里材料有聚氯乙烯塑料衬里、陶瓷、不锈钢衬里和铅衬里、玻璃钢衬里、橡胶衬里、砖板衬里等,具有耐受酸、碱、无机盐及多种有机物的腐蚀优点。目前,在化学、石油等工业部门使用比较多的是橡胶衬里、玻璃钢衬里、不锈钢衬里和搪瓷等。

当罐钢材表面处在较苛刻的环境中,玻璃钢衬里是一种既易于增厚又可增加机械性能的良好覆盖衬里。

对温度、压力较高的场合,可以选用不锈钢作为衬里。

### (二)橡胶衬里

1. 橡胶衬里简介

参照标准为 GB 18241.1—2014《橡胶衬里 第1部分:设备防腐衬里》,该部分适用于贴合在受衬设备上,防止设备受介质腐蚀的橡胶衬里。

橡胶衬里是选用一定厚度的耐蚀橡胶附和在基体表面,从而形成连续、完整的覆盖层以隔离介质和设备,达到防腐蚀的目的,这种加工技术称为橡胶衬里技术。

橡胶衬里按施工后是否需要加热硫化分为两类:加热硫化橡胶衬里;非加热硫化橡胶衬里。非加热硫化橡胶衬里又分预硫化橡胶衬里和自硫化橡胶衬里。

(1)加热硫化橡胶衬里是指将未硫化的橡胶板用黏合剂粘贴在受衬设备上,经过加热方式硫化形成的衬里。

(2)预硫化橡胶衬里是指将预先加热硫化过的橡胶板用黏合剂粘贴在受衬设备上形成的衬里。

(3)自硫化橡胶衬里指将未硫化过的橡胶板用黏合剂粘接在受衬设备上;在自然条件下完成硫化过程形成的衬里。

橡胶衬里用胶板按完成后的硬度分为两类:硬胶;软胶。

橡胶衬里的优点:未硫化胶料可以进行复杂设备的衬里;重量轻,易搬运;工艺简单易于掌握;损坏易修理;具有优良耐蚀性能及物理性能,可延长设备的使用寿命,可简化设备的结构;常压下,大型设备可在现场施工;衬胶层保护的产品纯净无污染;可作为复合衬里的防渗层;成本较低。

橡胶衬里的缺点:耐热性较差,硬橡胶使用的温度范围 0~85℃,软胶料使用范围-20~75℃;抗氧化性差;抗有机溶剂侵蚀能力弱;衬里易破损;与基体的膨胀系数差别较大,易出现脱层,脱落的现象;遇高温分解,要求设备不能焊接;导热性差,不能用来传热;加衬的设备冬季不能在室外放置或低于零下 5℃保管;衬里施工时,有毒易燃,注意安全。

2. 橡胶衬里的材质选择

制备橡胶衬里使用天然橡胶、合成橡胶均可。由于加工特性、回弹性、抗撕裂性、耐热老化性、使用温度等,各种橡胶各有优劣。我国目前用于化工防腐衬里主要用天然橡胶。随着合成橡胶工业的发展,用于化工防腐的合成橡胶品种数量正在迅速增加。

天然橡胶和合成橡胶可通过调节硫黄用量制备成硬质胶、半硬质胶和软质胶。普通的天然橡胶是异戊二烯聚合而成,合成橡胶主要指丁苯橡胶、顺丁橡胶、聚异戊二烯橡胶、氯丁橡胶、乙丙橡胶、丁腈橡胶、丁基橡胶等。

(1)氯丁橡胶。

氯丁橡胶衬里选用耐介质性能优异的氯丁橡胶,胶料中添加耐化学品的填充补强剂,以及能使氯丁橡胶在常温下自然硫化的硫化体系。其特点是耐磨性好,对油、热和机械作用足够稳定,对氧化具有比天然橡胶更高的稳定性,可用于硫酸、磷酸、冰醋酸储罐槽的衬里,并用于制备防止设备受到机械磨损和二氧化硫等气体腐蚀的衬里。

氯丁橡胶衬里的优点是不受硫化专用设备和能源供给条件的限制,适用于衬贴大型钢制容器,施工简单,工程造价低,耐酸碱性能好,耐磨性明显优于通常使用的硬质胶衬里,使用寿命可长达15年之久,具有广阔的应用前景。

(2)丁基橡胶及乙丙橡胶。

丁基橡胶衬里有以下特点:对化学品具有优异的稳定性,耐酸性和耐氧化性大大优于天然橡胶,强度较高,耐磨性、耐臭氧性和耐天候性好,对蒸汽稳定性高,透气率极低,使用温度范围广,在100℃氧化介质中仍是稳定的。丁基橡胶衬里用于保护管道和烟道,防止130~150℃腐蚀性气体对金属的侵蚀,广泛用于磷酸、过磷酸、次氯酸盐的生产设备,以及工艺中接触硫黄和氢氟酸的工厂设备及船用设备的腐蚀。

乙丙橡胶的热稳定性好,在100℃下对稀铬酸、50%硫酸、磷酸、氟硅酸以及任何碱液都呈很高的稳定性,且对腐蚀性矿浆耐磨性很高。乙丙橡胶衬里可用来保护化肥厂的大型设备。

(3)其他橡胶。

腐蚀性介质为石油产品时,要采用丁腈橡胶衬里。丁腈橡胶对油、苯和磨损都稳定,适用于保护浮选筛、泵和管道。也可将丁腈橡胶与聚氯乙烯并用。

橡胶材料性能见表2-2-1。

表2-2-1 各种橡胶材料性能

| 种类 | 硫含量,% | 性 能 |
|---|---|---|
| 软质胶 | 1~3 | 弹性好,能承受较大的变形(可作缓冲层) |
| 半硬质胶 | 30左右 | 化学稳定性高 |
| 硬质胶 | >40 | 耐蚀性好,耐热性好,抗老化抗渗透能力佳,黏接力强 |

橡胶作为可衬里的材料具有以下特性:可塑性、可黏接性、可配合性、可硫化性。国内目前橡胶衬里主要应用天然橡胶衬在钢或铸铁表面,合成橡胶的应用还比较少。橡胶衬里应用场合比较广,既可作为设备衬里,也可作为旋转零件的外衬防腐蚀材料,甚至可用在体积较小的泵、阀、小口径管等。有时还可以作为砖板衬里的不透性底层,来克服较苛刻的工艺条件。

对于有强烈振动的设备和内径过小的管道,不宜采用橡胶衬里。

3. 橡胶衬里的工艺要求

(1)橡胶衬里工艺流程。

胶板下料(充分考虑设备结构,搭接时,留出足够长搭边,开坡口30°~45°,对接时密合平整)→设备表面处理→胶板贴合(通常采用热熔合、热压法、冷胶压辊滚压)→硫化→质量检验。

(2)衬里方式。

将未硫化的生胶料衬贴到设备上去,然后硫化(热硫化);将预硫化的热胶料衬贴到设备上,通过自然硫化得到衬里层;刷涂液体或糊状覆盖层,硫化;气焰喷涂橡胶粉。

(3)硫化方法的选择。

① 热硫化法:加压热硫化;常压热硫化;热水硫化。

② 冷硫化法:未硫化胶板自然硫化(2个月);预硫化胶板自然硫化(1个月);化学硫化法。

原则:优先进硫化釜硫化,然后再考虑常压硫化,最后考虑冷硫化。硫化实际操作中一般都是根据橡胶板的品种和蒸汽压力、硫化时间来完成硫化过程。

(4)橡胶衬里的设计。

橡胶衬里层的选择:硬、半硬、软每层胶板厚度2~3mm之间,复合衬里结构层数在2~3层,总厚度不超过8mm。

复合结构:单层——适合于气体或介质弱;多层[硬(黏接好)—软(缓冲)—硬(耐蚀)结构]——适合于介质强、温度变化大。

(5)橡胶总体上表面无穿透性针孔、对不穿透的针孔每$1m^2$少于3个才可采用。

(6)橡胶衬里设备的要求。

① 具有一定的强度和刚度、平滑整齐;焊接方式为对焊;人孔500~700mm。金属壳体内表面,要求是平整光滑的曲面或平面,凹凸不得超过3mm,同时方便衬里施工及硫化。

② 设备的允许使用温度为硬橡胶板0~85℃,但在真空条件下使用时,最高使用温度为65℃。

**(三)玻璃钢简介**

1. 玻璃钢的定义

JBB005 玻璃钢的定义范围

玻璃钢是玻璃纤维增强塑料的俗称,是以合成树脂为胶黏剂,以玻璃纤维及其制品(布、带、毡等)为增强材料,经过一定成型工艺制成的复合材料。

由于它的密度小、强度高、质地坚固,可以和钢铁相媲美,其比强度(抗拉强度与密度之比)与高级合金钢相仿,甚至更高,因此得名玻璃钢。

从塑料的定义角度来说,它可以称为玻璃纤维增强塑料,又可以按合成树脂类别分为热固性和热塑性两种。用玻璃纤维去增强热固性树脂,称为热固性玻璃钢。用玻璃纤维去增强热塑性树脂,称为热塑性玻璃钢。这里主要介绍热固性玻璃钢及其衬里。

玻璃钢作为一种非金属耐腐蚀材料,在化工防腐蚀工程中已获得广泛应用。它的使用形式通常有以下几个方面:(1)用于耐腐蚀衬里层和隔离层;(2)用于制造整体玻璃钢设备、管道和零部件;(3)用于增强各种脆性材料;(4)用于修补其他防腐蚀衬里层(如橡胶等);(5)用于临时性补漏。

2. 玻璃钢的选用

玻璃钢的种类繁多,性能各具有不同的特点,所以在制造和使用前,应明确选用哪种玻璃钢比较适合。化工防腐蚀工程中的玻璃钢,在选用时按下列原则进行。

(1)根据树脂的耐腐蚀性能和耐热性来选择玻璃钢的类型。因为玻璃钢的耐腐蚀性和耐热性基本取决于合成树脂的种类。

(2)根据制品的几何形状、工艺尺寸和受力情况来决定玻璃钢的结构。

(3)从制品的形状、尺寸和制造数量来选择施工方法。

**3. 玻璃钢施工方法**

玻璃钢的施工方法主要有手糊法、模压法、缠绕法和喷射法四种。按玻璃纤维及其制品浸渍树脂的状态不同,又可分为干法成型和湿法成型,也可按成型过程中所加压力不同,有高低压之分。施工方法一般应根据玻璃钢制品性能的要求、结构形状、所采用的树脂胶液和玻璃钢增强材料等因素来选择。

手糊法和喷射法都属于湿法成型;缠绕法则干湿法都有;模压法则以干法为多。手糊法为低压成型即接触压力成型;模压法属于高压成型,需要施加一定的压力。

(1)手糊法属于湿法成型。基本方法是边铺衬玻璃布(毡),边涂刷胶黏剂(配制好的胶液),直至要求层数(厚度),固化后即成玻璃钢制品。它的特点是工艺简单,操作方便,不受制品的形状和尺寸限制,成本低,但制品的机械强度较低,质量不稳定,劳动强度大,效率低。在防腐工程上主要用于设备内部衬里和外部增强的玻璃钢施工,也常用于大型整体玻璃钢设备的施工。手糊法是目前化工防腐中最常用的一种施工方法。

(2)缠绕法。基本方法是连续的将玻璃纤维纱或玻璃布浸胶液后,用于手工或机械连续缠绕在胎模或内衬上,经固化后即成玻璃钢制品。用干法成型或湿法成型均可。缠绕法的特点是制品的机械强度较高,密度高,质量稳定,可以制得内表面尺寸准确、表面光滑的制品,容易进行机械化施工,效率较高。但需要专用设备,所以施工局限性较大,主要用于制造管道、高压容器和圆筒形设备。

(3)模压法属于高压成型,它的基本方法是将已干燥的浸胶液的玻璃布叠好后放入压模内进行加温加压,经过一定时间后即固化成型(干法成型)。模压法的主要特点是产品质量稳定,尺寸准确,表面光滑,机械强度高,生产效率高,适合于批量生产。大型构件和形状复杂的构件模具制作较困难,所以有一定局限性。该法主要用于制造玻璃钢泵、阀门和一些小零部件、法兰等。

(4)喷射法是一种新的施工方法,它的原理是利用喷枪将树脂和固化剂喷成细颗粒,并与由玻璃纤维切割器喷射出来的短切纤维混合后喷覆在模具表面,再经滚压固化而成。喷射法的主要特点是可以进行半机械化施工,效率较高。缺点是树脂消耗量大,制品机械强度较差,设备复杂,工艺不容易控制,喷枪易堵塞,劳动条件差。该法适用于大型制品的现场施工,但是,目前在防腐施工中较少采用。

上述的四种玻璃钢成型方法,目前为止世界各国仍在不断地完善和发展。从发展总的趋势看,成型工艺向机械化、自动化和连续化发展,并且研制出数控自动喷射机、数控缠绕机等机械设备,发展生产效率高,通用性强,易于推广使用新技术。目前,在防腐蚀工程中,由于手糊法成型的玻璃钢工艺简单、成本低、成型不受制品形状和尺寸的限制,所以广泛应用于整体制件和衬里等。

**(四)钢质储罐玻璃钢衬里**

玻璃钢衬里是玻璃钢在防腐蚀工程中最常用的一种形式。它与其他非金属防腐层相比具有许多优点。例如,它比一般防腐涂料形成的涂层强度高,磨体性好,抗冲击、耐磨和耐腐蚀性能都好,因而使用寿命也长。它比一般橡胶衬里和砖板衬里施工简便,质量轻,适应性强而且成本较低。所以,玻璃钢衬里已成为一项重要的防腐措施,在化工防腐蚀工程中得到越来越广泛的应用,它的主要缺点是抗渗性较差。

在化工防腐蚀工程上使用的玻璃钢,主要考虑其耐腐蚀性能,而玻璃钢的耐腐蚀性能主要取决于所用的合成树脂。在防腐蚀工程中多数都是采用热固性树脂来作胶黏剂制作玻璃钢,一般按合成树脂的种类来划分玻璃钢。目前在化工防腐蚀中用来制造玻璃钢的合成树脂有环氧树脂、酚醛树脂、呋喃树脂、不饱和聚酯树脂和有机硅树脂以及它们的改性树脂等。用这些树脂制成的玻璃钢分别称为环氧玻璃钢、酚醛玻璃钢、呋喃玻璃钢、不饱和聚酯玻璃钢和有机硅玻璃钢。

1. 环氧树脂玻璃钢的材料种类

1) 环氧树脂及其辅助材料

环氧树脂是含有环氧基的高分子聚合物的统称,它的种类繁多,在化工防腐蚀中应用最多的是双酚 A 型环氧树脂,它是由二酚基丙烷(简称双酚 A)和环氧氯丙烷在碱性介质中进行缩聚反应而成,它是一种热塑性线型高分子聚合物。采用不同的原料配比和不同的反应条件,可以制得相对分子质量大小不同的环氧树脂。

2) 固化剂

环氧树脂在一般情况下是不会自行固化成型的。它必须通过固化剂的交联反应才能变成不熔的成型结构固化产物,所以固化剂是环氧树脂不可缺少的一种辅助材料。环氧树脂固化剂种类很多,有胺类固化剂、改制胺类固化剂、咪唑类固化剂和酸酐固化剂等。

3) 稀释剂

主要作用是降低树脂的黏度,以延长使用时间。此外,还有改进润湿的能力,增加填充剂的填充体积和利于放热等作用。环氧树脂的稀释剂有两种类型:一种是能参加固化反应,称为活性稀释剂,如环氧丙烷苯基醚、多缩甘油醚等。这些物质都含有环氧基或其他活性基团,能与固化剂起反应,使固化体系收缩率较小。这种稀释剂用量较少,但价格昂贵,一般很少使用。另一类是不参与固化反应,称为非活性稀释剂,如常用的丙酮、甲苯、乙醇等。它们与树脂混合仅是物理过程,在固化过程中大部分挥发掉,使固化体系的收缩率较大,还有部分残留在固化体系中,使固化后的树脂强度和耐热性受到一定影响。这类稀释剂价格便宜,应用较广,在实际施工中应严格控制其用量,以免影响固化物的性能。

常用的环氧树脂稀释剂有丙酮、乙醇、甲苯、二甲苯和环乙酮等。因为这些溶剂都是易燃品,它们的蒸气在空气中达到一定浓度时会发生爆炸,同时对人体也有不同程度的危害。所以,施工时应注意防火、防爆、防中毒。

4) 增塑剂和增韧剂

这两者没有严格的区分。一般认为增塑剂不参加环氧树脂的反应,它的主要作用是增加环氧树脂的塑性。增韧剂则能与环氧树脂起反应,并成为固化体系的组成部分,对固化后的树脂性能影响较大。

5) 填料(又称填充剂)

通常是以无机非金属填料应用最多。它的主要作用是改善树脂的施工性能和固化物的性能。例如,可降低树脂的流动性和放热作用;降低树脂固化收缩率和热膨胀系数;增加导热性;改善表面硬度等。同时还能减少树脂用量,降低成本。填料的加入量要根据施工的要求合理使用。应以填料颗粒能被树脂全部润湿、方便施工和降低树脂固化后的性能为原则。对填料的一般要求是含水量不大于1%，不应含有能与固化剂起反应的物质。近年来发展一种鳞片状填料，如玻璃鳞片、不锈钢鳞片等，防护效果最好。

下面重点介绍钢质储罐内衬环氧玻璃钢技术。

**2. 参照标准**

参照标准为SY/T 0326—2012《钢质储罐内衬环氧玻璃钢技术标准》。该标准适用于介质温度不高于80℃，储存介质为含水原油、污水、非饮用水的钢质储罐环氧玻璃钢内衬防腐工程的设计、施工及验收。

**3. 环氧玻璃钢内衬层等级及结构、材料** [JBB006 环氧玻璃钢内衬层的结构材料]

环氧玻璃钢内衬层的等级与结构根据钢质储罐储存介质防腐性的强弱、储罐的使用寿命、经济性综合考虑，选用不同等级的内衬层。内衬层等级及结构符合表2-2-2的规定。

表2-2-2 钢质储罐环氧玻璃钢内衬层等级及结构

| 等级 | 结构 | 厚度,mm |
|---|---|---|
| 普通级 | 底胶—中间胶—玻璃布—中间胶—面胶—面胶 | ≥0.5 |
| 加强级 | 底胶—中间胶—玻璃布—中间胶—玻璃布—中间胶—面胶—面胶 | ≥0.7 |
| 特加强级 | 底胶—中间胶—玻璃布—中间胶—玻璃布—中间胶—玻璃布—中间胶—面胶—面胶 | ≥0.9 |

在介质腐蚀严重或储罐需补强时，可适当增加内衬层厚度。

环氧玻璃钢内衬层材料：

(1) 制备环氧玻璃钢内衬层应由环氧树脂、固化剂、稀释剂、玻璃布等材料组成。其中环氧树脂、固化剂和稀释剂应互相匹配。

(2) 环氧树脂的固化剂宜采用聚酰胺。

(3) 稀释剂宜选用树脂供应商推荐的配套产品，并应符合国家现行安全、环保等相关规定。

(4) 玻璃布应选用无碱、无捻、无蜡玻璃布，厚度宜为0.2mm±0.02mm。

环氧玻璃钢材料在储存过程中严禁剧烈碰撞，应防止雨淋、日光暴晒和包装件损坏，不得与酸、碱、盐等腐蚀性物品及易燃品混放。

**4. 环氧玻璃钢内衬层现场适应性试验** [JBB007 环氧玻璃钢内衬现场适应性试验的技术规定]

施工单位应根据设计要求，编制施工工艺方案，并结合方案制定现场适应性试验。

在环氧玻璃钢内衬施工前，应按施工方案，选择与钢质储罐同材质、厚度大于4mm的钢板作为试件进行现场适应性试验，试件面积不小于$1m^2$。

试件固化后应按下列的要求对其外观、厚度、硬度、针孔与黏结力等进行检验，检验结果应做好记录。

(1) 外观检验应色泽均匀，平整光滑，无其他杂物，无起鼓、裂纹、脱层、发白和玻璃纤维外露等现象。

(2) 厚度检查应采用磁性测厚仪，厚度应符合表2-2-2的规定。

(3) 硬度检验应采用巴氏硬度计在玻璃钢试件上测出相应的巴氏硬度,应在 30～60HBa。

(4) 针孔检查应用电火花检漏仪,以无针孔为合格。检漏电压应符合表 2-2-3 的要求。

表 2-2-3　环氧玻璃钢检漏电压

| 防腐层等级 | 普通级 | 加强级 | 特加强级 |
|---|---|---|---|
| 检漏电压,V | 2500 | 3000 | 3500 |

(5) 黏结力剥离强度采用撬剥法进行测试,以拉不开玻璃钢层或拉开后不露出金属基体且玻璃布不与树脂脱层为合格。

如有一项检测结果不符合规定,则应检查材料、配比与施工工艺是否符合设计要求,直到试件所有检测结果均合格后,方可进行环氧玻璃钢内衬施工。

5. 环氧玻璃钢内衬施工

1) 工艺流程

原材料检查→储罐内表面预处理→喷射除锈→清理罐内砂尘→胶料配比(根据设计定)→涂敷底胶→刮腻子→内衬贴布施工→修整缺陷→涂敷面胶→内衬层固化、养护→内衬层检查验收。

> JBB008 环氧玻璃钢内衬施工的工艺过程

2) 表面预处理

喷射除锈前,对罐体表面存在的焊瘤、毛刺、棱角等缺陷必须进行处理。

对钢质储罐内表面进行喷射除锈,除锈质量等级应达到现行国家标准 GB/T 8923.1—2011《涂覆涂料前钢材表面处理表面清洁度的目视评定　第 1 部分:未涂覆过的钢材表面和全面清除原有涂层后的钢材表面的锈蚀等级和处理等级》中规定的 Sa2½ 级,锚纹深度应达到 40～80μm;局部喷射达不到的地方可采用工具除锈,除锈质量达到标准规定的 St3 级;喷射作业时,应按先罐顶、再罐壁、后罐底的顺序进行;储罐内附件表面预处理与内壁相同。

喷射处理完毕,应立即用清洁、干燥、无油的压缩空气将表面吹扫干净,表面灰尘度不应超过国家现行标准《涂覆涂料前钢材表面处理　表面清洁度的评定试验　第 3 部分:涂敷涂料前钢材表面的灰尘评定(压敏粘带法)》(GB/T 18570.3—2005)规定的 3 级。

3) 胶料配制

配制胶料的容器、搅拌器等工具应保持清洁、干燥、无油污。

按现场适应性试验所确定的配比及工艺要求配制胶料。

胶料配制应按下列过程进行:把称取定量环氧树脂(当黏度较大时,间接加热至 40～60℃),按要求加入适量的稀释剂,充分搅拌均匀,待温度降至常温后,加入定量固化剂,并搅拌(边加入边搅拌)均匀。配制好的胶料应熟化后使用,应在 30～40min 内用完。

胶料配制要求:底胶能盖住锚纹深度为宜,中间胶以能浸透玻璃布为宜,面胶以能盖住发白毛刺为宜。

胶料黏度(涂-4 黏度计 25℃±1℃)分别为:底胶 20～40s,中间胶 50～70s,面胶 110～130s。

每次配料,应做好记录。

4）施工工艺要求

（1）遇雨、雪、雾等气候条件时应停止施工。未固化的防腐层应采取保护措施防止浸淋、受潮。

（2）处理合格后至涂敷底胶的间隔时间不宜超过 8h。如果表面在涂敷前出现锈蚀现象，应对锈蚀部位重新进行表面预处理。

（3）金属表面坑蚀严重的部位，应先涂敷底胶，再用腻子填满蚀坑。

（4）表面凹凸，待底胶实干后对凹凸不平处用腻子抹平，焊缝及拐角处用腻子刮成缓坡或做成圆弧形。

（5）应采用与胶料相同的环氧树脂、固化剂与填料配制而成。

（6）待腻子实干后，表面应清理干净，方可进行环氧玻璃钢内衬贴布施工。

① 衬布前，应根据罐体结构、形状及尺寸裁剪布料；平面可用整幅玻璃布一次连续成型；复杂部位应放样编号，然后下料剪布；裁剪好的布料不得折叠，应平铺或卷成布卷放好。

② 衬布时，应先在涂刷过底胶的表面均匀地涂刷一遍中间胶，然后铺贴玻璃布（或者将裁剪好的玻璃布放入配好的胶料容器内浸透）。衬布通常用毛刷刷贴，毛刷应与衬贴的布面尽量保持垂直状体；每次用毛刷蘸少许胶料点击布面，使玻璃布全部浸透胶料，同时赶净残存于布面中的气体。

③ 玻璃布的搭接宽度不应小于 50mm，上下层的搭接缝应相互错开，其距离不得小于 50mm。纵缝玻璃布搭接如图 2-2-1 所示，横向玻璃布搭接如纵向。

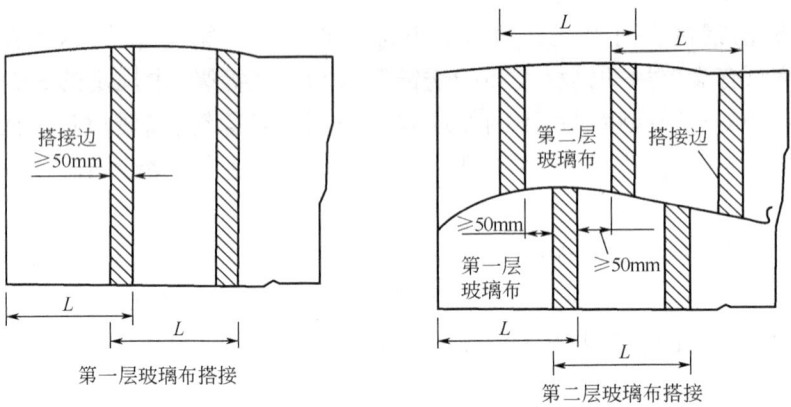

图 2-2-1　纵向玻璃布搭接示意图
L—玻璃布宽度

（7）玻璃钢内衬施工一般采用间断铺贴法和连续铺贴法。

① 间断铺贴法：层与层之间有一定间隔时间的铺贴法；是在第一层玻璃布铺贴完实干后，仔细处理衬层表面的毛刺、气泡及流挂的胶料；再按上述的程序和要求铺贴至所需层数。

② 连续铺贴法：按设计的层数连续成型的铺贴法；连续铺贴法的衬布采取鱼鳞式搭接法，即将一块玻璃布按纬向分成三等分，当铺完第一层布后，第二层布贴在第一层的 2/3（即第一层布留出 1/3），第三层布贴在第二层的 2/3 处（即第二层留出 1/3），如图 2-2-2 所示。

（8）布铺贴完毕实干后，应对其表面进行外观检查，做到平整、无缺陷方可涂刷面胶。

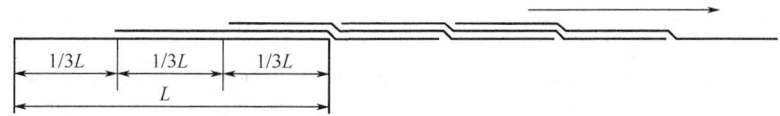

图 2-2-2 鱼鳞式搭接法示意图

(9)面胶。涂刷第一遍面胶实干后,再涂刷第二遍面胶。涂刷面胶应均匀,无漏刷、流挂、气泡等缺陷,表面应平整光滑。

5)固化

环氧玻璃钢内衬施工完成后,可常温或加温固化,常温固化时固化时间不得少于7d;加温固化时,应连续平稳升温至50℃±10℃;在50℃±10℃时保持24h以上,然后自然降温。

6. 玻璃钢内衬施工的技术条件

(1)当低于施工环境温度时,应采取加热保温措施,不得用明火或蒸汽直接加热。

(2)露天施工必须设置施工棚,防止灰砂、雨、露和暴晒。

(3)玻璃布的贴衬顺序,应先立面后平面,先上后下,先里后外,先壁后底。

(4)玻璃钢衬里施工完成后,不得再在储罐本体上动火施焊。无法进行玻璃钢衬里施工的部位,可采用环氧树脂喷涂。

(5)焊缝、储罐边角及表面凹凸不平部位应多蘸胶料或增加涂敷遍数。

(6)设备转角、接管处、法兰平面、人孔及其他受力并受介质冲刷的部位,均应增加1~2层玻璃布,翻边处应剪开贴紧。

(7)间断铺贴玻璃布时,上层的毛刺、气泡及胶料流挂,都会使下层布的铺贴带来新的缺陷,进行认真检查并处理。

> JBB009 玻璃钢内衬施工的技术要求

7. 常见质量问题及其排除方法

玻璃钢内衬层防腐质量排查见表2-2-4。

表2-2-4 玻璃钢内衬层防腐质量排查

| 缺 陷 | 原 因 | 措 施 |
| --- | --- | --- |
| 衬层气泡多 | 树脂胶料黏度太大,混合时搅进气泡不易溢出 | 应适当增加溶剂用量,提高环境温度,主要搅拌方法 |
|  | 增强材料选择不当 | 玻璃布密度过大,宜选用易浸胶的品种 |
|  | 贴玻璃布过程中溶剂未充分挥发 | 应注意各层的挥发时间 |
|  | 贴玻璃布时没有压紧密,气泡未排净 | 应提高工人的技术水平和责任心 |
| 流胶料太多,局部缺胶料 | 树脂胶料黏度太小 | 应减少溶剂用量,适当添加增塑剂 |
|  | 树脂胶料不均 | 应加强搅拌,使之均匀 |
|  | 固化剂用量不足 | 提高树脂胶料配方中固化剂的比例 |
| 固化不完全,衬层发软,温度低,表面发黏 | 树脂胶液配方设计错误,或称量错误,或树脂胶料不均匀 | 更改树脂胶料配方,严格按照树脂胶料配方比例进行配胶,并充分搅拌 |
|  | 固化温度过低 | 进行烘烤,但须注意温度必须均匀,且温升不能过快 |

续表

| 缺 陷 | 原 因 | 措 施 |
|---|---|---|
| 衬层品分层 | 玻璃布受潮、污染或石蜡玻璃布未经脱蜡处理 | 玻璃布应预先进行仔细处理 |
| | 配胶料时称量错误 | 应仔细施工,要有必要的检查与监督 |
| | 玻璃布铺放不紧密,气泡过多 | 应提高施工人员的责任心,严格检查 |
| | 流胶过多,树脂含量不足 | 按上述流胶太多的解决办法处理 |
| | 固化剂选择不当,固化不完全,强度低 | 应调整固化用量 |
| 玻璃钢与基材分离脱层(设计有打底底漆) | 底漆涂料选择不当,固化不好,被玻璃钢胶料的溶剂溶解,导致脱层 | 选择合适的底漆 |
| | 底漆的耐热性低于玻璃钢的耐热性,不能承受固化温度或使用温度 | 可添加适量活性填料来调整热膨胀系数,或添加增韧剂,提高胶料韧性 |
| | 打底涂料的固化对基材有腐蚀作用 | 选择适合的固化剂 |
| | 施工时底层溶剂未挥发尽,造成鼓泡脱层 | 使溶剂挥发完全 |

### (五)不锈钢衬里

不锈钢是一种具有多方面优良性能的合金材料,在石油、化工等各个领域得到广泛的应用,尤其在一些恶劣的腐蚀环境中,显示出它的优异的耐腐蚀性能。

不锈钢已在石油、化工生产中成为不可缺少的耐腐蚀金属材料。在石油、化工领域除了采用不锈钢制造防腐蚀设备外,由于不锈钢价格较高,从经济上考虑和工艺上允许的条件下,在碳钢或低合金钢本体内衬不锈钢或采用不锈钢复合板制造防腐蚀设备,这样由碳钢或低碳钢制作外壳承担机械应力,由不锈钢抵御强腐蚀介质侵蚀作用,收到既降低设备费用又能防腐蚀的效果,成为在石油、化工生产装置制造中常采用的一种方法。

不锈钢衬里主要包括不锈钢板直接内衬到设备内表面和采用不锈钢复合板直接制造设备两种施工工艺。这两种工艺的直观上的区别是前者是先制造设备后再衬里,后者是先将不锈钢衬到钢板上(即复合钢板),再制造设备,各具有优点。

### (六)储罐保温层、保护层施工的方法

储罐是油田地面工程中见的设备,按照结构形式可分为立式储罐和卧式储罐等。储罐保温施工内容主要包括附件安装、保温层施工及保护层施工,当保温储罐处于地下时还有防潮的施工。

**1. 附件安装**

保温附件包括固定件、支撑件及防雨檐。固定件是固定保温层及保护层的构件,包括销钉、钩钉、螺栓、螺母、自锁紧板等。支撑件是指支撑保温层及保护层的构件,包括托架、支撑圈、支撑板等。

**2. 保温层施工**

(1)根据设计和工艺要求,选择相应的保温材料软质(包括岩棉、玻璃棉、硅酸铝)等毡类制品、半硬质(包括各种保温板材)、硬质(包括聚氨酯泡沫、微孔硅酸钙)等绝热制品。

(2)绝热层施工时,同层应错缝,上下层应压缝。

(3)绝热层各层表面均应做严缝处理,拼缝应采用性能相近的矿物棉塞严密,填缝时,应清除缝内杂物。

(4) 施工顺序为从储罐底部第一个支撑件处,依次向上,直到防雨沿处为止。

(5) 不同的保温材料决定选用的保温层施工方法。保温层施工方法有捆扎法、嵌装层铺法、粘贴法、拼砌法、填充法、浇注法、喷涂法等。下面主要介绍捆扎法、嵌装层铺法、粘贴法、喷涂法等几种油田保温施工中常用的方法。

① 捆扎法施工一般选用镀锌铁丝、不锈钢丝、金属带、黏胶带进行捆扎,当保温材料为泡沫玻璃、聚氨酯、酚醛泡沫塑料等脆性材料时不宜采用镀锌铁丝、不锈钢丝捆扎,油田储罐保温中保温层捆扎通常采用镀锌钢带捆扎。捆扎时不允许螺旋式缠绕捆扎。保温层采用双层或多层结构时须对各层表面进行找平和严缝处理,每层进行捆扎。

② 保温材料选用软质或半硬质制品时可采用嵌装层铺法施工,下料后的材料尺寸大于施工部位尺寸 10~20mm,敷设时制品穿挂嵌装于保温销钉上,缝隙处进行挤缝。保温层外敷设一层铁丝网形成一个整体。

③ 采用粘贴法施工保温层,必须选择与保温材料相匹配、固化时间短、黏结力强的黏结剂,黏结剂须满足使用温度的要求,且不能对金属壁产生腐蚀。施工时,在绝热制品的黏结面上均匀满涂 2.5~3.0mm 厚的黏结剂,均匀用力挤压,使绝热制品与保温壁面贴紧、粘牢。随粘随用卡具用橡胶带临时固定,待黏结剂固化后拆除。

④ 喷涂法是喷涂技术在绝热工程领域的应用。采用喷涂法施工可在保温界面上形成一个整体、无接缝的保温层。与传统绝热材料型材相比,克服了接缝多、安装工序复杂、附件安装多、易老化变形、使用可靠性不稳定的弊端,可在任意曲面和复杂结构自由喷涂塑形。喷涂法常使用的绝热材料有聚氨酯泡沫塑料、酚醛泡沫塑料、矿物纤维等。

3. 保护层(防护层)施工

(1) 保护层必须切实起到保护保温层的作用,以阻挡环境和外力对保温材料的影响,延长保温结构的寿命,并使保温结构外形整齐美观。

(2) 保护层材料应具有防水、防湿性、不燃性和自熄性,化学稳定性、强度高、不易开裂,使用年限长等性能。

(3) 储罐保护层的接缝和凸筋应呈棋盘形错列分布。

(4) 储罐保温结构的保护层有非金属保护层和金属保护层两种形式。非金属保护层包括布、毡、箔、卷材类包缠型保护层、玻璃钢及复合材料保护层、抹面及涂膜弹性体涂料涂抹保护层等。金属保护层常采用镀锌钢钣、彩钢板、不锈钢板、铝合金板等。油田地面工程中储罐保温的保护层以镀锌铁皮和彩钢板最为常见。

在油田立式储罐保温的保护层通常采用 0.75mm 厚镀锌铁皮压型板。

卧式储罐保温的保护层通常采用 0.5mm 厚的镀锌铁皮,按照设备的外形尺寸,对外护层进行排版放样,并综合考虑保温层的厚度、搭接尺寸、适当裕量和设备上的障碍,然后下料安装形成整体防水的外保护层。

**(七) 钢制储罐液体环氧涂料内防腐层的技术要求**

1. 参照标准

参照标准为 SY/T 0319—2012《钢质储罐液体涂料内防腐层技术标准》。

本标准适用于储存介质温度不超过 120℃,储存介质为原油、污水、清水的钢质储罐液体涂料内防腐的设计、施工及验收。生活水罐所用涂料应符合国家有关卫生标准的规定。

## 2. 防腐层材料

钢质储罐内防腐涂料可选用无溶剂环氧树脂涂料、溶剂型环氧树脂涂料、环氧玻璃鳞片涂料、水性环氧树脂涂料、漆酚环氧树脂涂料、环氧酚醛涂料、无机富锌涂料,以及性能满足工程应用所要求的其他涂料。

储存介质温度低于80℃时宜采用无溶剂环氧树脂涂料、溶剂型环氧树脂涂料、环氧玻璃鳞片涂料、水性环氧树脂涂料,储存介质温度在80~100℃宜采用环氧酚醛涂料,储存介质温度在100~120℃宜采用漆酚环氧树脂涂料或其他耐高温涂料。

## 3. 防腐层等级及厚度

储罐防腐层的最小干膜厚度,应根据储存介质、工程要求和腐蚀环境等因素按表2-2-5至表2-2-7的规定确定,也可根据介质特性适当增加干膜厚度。

表 2-2-5 原油储罐内壁不同部位防腐层最小干膜厚度

| 涂料品种 | 部位 | 最小干膜厚度,μm | |
|---|---|---|---|
| | | 普通级 | 加强级 |
| 溶剂型环氧树脂涂料,无溶剂环氧树脂涂料,环氧玻璃鳞片涂料,环氧酚醛涂料 | 罐底、罐顶及罐壁油水线以下(浮顶罐浮顶底板外表面除外) | 300 | 400 |
| | 罐壁(油水线以上) | 250 | 350 |
| | 附件 | 300 | 400 |
| 漆酚环氧树脂涂料 | 罐底、罐顶及罐壁油水线以下(浮顶罐浮顶底板外表面除外) | 250 | 300 |
| | 罐壁(油水线以上) | 200 | 250 |
| | 附件 | 250 | 300 |
| 无机富锌涂料 | 浮仓内表面及浮仓内型钢 | 75(最大不超过100) | |
| 水性环氧树脂涂料 | 浮仓内表面及浮仓内型钢 | 150 | |

表 2-2-6 污水罐内壁防腐层最小干膜厚度

| 涂料品种 | 部位 | 最小干膜厚度,μm | |
|---|---|---|---|
| | | 普通级 | 加强级 |
| 溶剂型环氧树脂涂料,无溶剂环氧树脂涂料,环氧玻璃鳞片涂料,环氧酚醛涂料 | 罐底及罐顶 | 300 | 400 |
| | 罐壁及附件 | 250 | 350 |

表 2-2-7 清水罐内壁防腐层最小干膜厚度

| 涂料品种 | 部位 | 最小干膜厚度,μm | |
|---|---|---|---|
| | | 普通级 | 加强级 |
| 溶剂型环氧树脂涂料,无溶剂环氧树脂涂料,环氧玻璃鳞片涂料 | 罐内壁及附件 | 250 | 300 |

## 4. 防腐层施工

1)工艺流程

原材料检查→储罐内表面预处理→喷射除锈→清理罐内砂尘→涂料配比→防腐层施工(涂敷底漆、面漆)→防腐层检查。

2）表面处理

（1）表面预处理。待涂钢质储罐表面应进行预检，重点部位是锐角、焊缝、焊渣飞溅、毛刺等，采用动力或手动工具进行预处理。经预处理的部位用干净棉布劳保手套擦拭时，以不刮手套为合格。

（2）钢板表面的旧防腐层应清除干净。钢板表面如有油污和积垢，应按适当的清洗方法进行清除处理。

（3）钢板表面如被酸、碱、盐污染，可用高压水或热水冲洗。钢板表面可溶性氯化物残留量不得高于 $30mg/m^2$。

（4）按照标准规定的方法对钢板表面进行磨料喷射处理，除锈等级应不低于 GB/T 8923.1—2011 规定的 $Sa2\frac{1}{2}$ 级，在喷射处理无法到达的区域可采用动力或手动工具进行处理，除锈等级应达到 St3 级。

（5）喷射处理后，应采用排刷由上至下依次清扫粉尘，并采用洁净的压缩空气强力吹扫脚手架、焊缝、边缘角落等易沉积灰尘部位。灰尘数量和灰尘尺寸等级应达到标准规定的 3 级或 3 级以下。

（6）表面处理完成后应在罐底、罐壁、罐顶附件等不同部位进行锚纹深度检查，应符合涂料供方的要求。如没有规定，锚纹深度应为 $40\sim80\mu m$。

3）涂料配制与试喷涂

（1）涂料的配制及使用应按涂料供方提供的使用说明书的规定进行。

（2）涂料黏度需要调整时，可按涂料说明书的要求，使用涂料供方提供的稀释剂，并做好记录。无溶剂涂料严禁加稀释剂。

（3）在涂敷作业前应按涂料说明书要求配制少量涂料，按照实际喷涂工艺进行试喷涂，并喷涂试板，用以确定涂敷工艺的适用性、湿膜和干膜厚度、干燥时间等参数。

4）涂敷作业

（1）涂敷作业应按产品使用说明书和预先确定的施工方案进行。涂敷时应采用高压无气喷涂，不便于喷涂的局部区域可采用刷涂，不应使用辊涂。

（2）对于锐角、焊缝和其他缝隙等不规则表面，应进行预涂，防止该处出现漏涂，确保防腐层厚度达到设计要求。

（3）上道防腐层受到污染时，应在污染面清理干净后进行下道工序。

（4）施工环境要求。环境温度宜为 5~45℃，一般要求钢板温度在露点温度以上 3℃，且罐体内表面应干燥清洁；环境最大相对湿度不应超过 80%；有特殊要求的产品，按涂料供方的要求进行。

（5）采用先预涂底漆再焊接安装的施工方式时，应首先确认已固化防腐层没有受到污染，然后进行打毛处理，处理后应将防腐层灰尘表面清除干净方可涂敷。

（6）防腐层施工完毕后，应避免对防腐层的所有机械碰撞和损伤，如有损伤应按原工艺修复。

**（八）钢制储罐无溶剂聚氨酯内防腐层的技术要求**

参照标准为 SY/T 4106—2016《钢质管道及储罐无溶剂聚氨酯涂料防腐层技术规范》。

> JBB012 钢制储罐无溶剂聚氨酯内防腐层的技术要求

1. 内防腐层结构和厚度

参照本工种教程上册第三部分中级工操作技能及相关知识模块二项目三中的内容。

2. 聚氨酯涂料

聚氨酯涂料及其防腐层的性能指标参照本工种教程上册第三部分中级工操作技能及相关知识模块二项目三中的内容。

刷涂型聚氨酯涂料的配制。对于双组分涂料,首先将基料搅拌均匀,然后将规定的固化剂缓慢地加入基料中(注意:在混合时绝不能将基料倒入固化剂中,以免引起凝胶),必须边加边搅拌。加入后使之熟化一定时间后再使用。

3. 防腐层涂敷

在防腐层涂敷前应进行涂敷工艺评定试验。在进行内防腐层涂敷前,应先在尺寸不小于 200mm×200mm×4mm 的钢板试件,且与储罐或管道内防腐层相同的涂敷条件下进行表面处理和防腐层涂敷,并对涂敷的防腐层进行质量检验,检验项目应包括本工种教程上册表 3-2-4 中 1~8 项,结果符合要求后根据试验条件确定内防腐层涂敷工艺规程。

当存在下列情况之一,且无有效防护措施时,不应进行涂敷:

(1) 雨、雾、雪、风沙天。

(2) 风力达到 5 级以上。

(3) 相对湿度大于 85%。

(4) 基材表面温度低于露点温度以上 3℃ 时,或低于涂料生产商推荐的温度。

表面处理参照本工种教程上册第三部分中级工操作技能及相关知识模块二项目三中的内容。

内防腐层涂敷参照本工种教程上册第三部分中级工操作技能及相关知识模块二项目三中的内容。

## 二、技能要求

### (一)准备工作

1. 设备

外喷砂除锈机 1 套,高压无气喷涂机 1 套。

2. 材料、工具

液体环氧涂料若干桶,石英砂磨料 2 袋,钢板 1 块,棉纱、抹布若干,钢丝刷若干,钢锉 1 个,电动磨光机 1 台。

### (二)操作规程

(1) 按相关知识钢质储罐环氧液体涂料内防腐施工表面预处理要求进行操作。

(2) 涂料配制应按供方提供的使用说明书规定进行,黏度应为 10~20s,必要时用稀释剂调配。

(3) 检查高压无气喷涂机及气源的正常运行情况。

(4) 依次打开空气压缩机、高压无气喷涂机、高压喷枪阀门,准备喷涂。调节进气压力为 0.4~0.7MPa。

(5)操作人员手持喷枪开始喷涂作业,喷枪的喷涂距离为 30~40cm,喷涂角度为 30°~80°,喷涂运行轨迹与罐体内壁平行,喷枪的运行速度为 30~60cm/s,喷雾图样 30%~50%搭接,且涂料雾化良好。

(6)依次关闭喷枪阀门、喷涂机阀门、空气压缩机阀门。

(7)将高压喷枪拆卸后用稀释剂清洗干净,喷枪嘴通透,同时清洗喷涂机及其管路。

**(三)注意事项**

(1)施工完毕后,在设备上不得使用明火焊接及敲击。

(2)有些原材料具有毒性,必须设置机械通风设备,用于排出有害气体。

(3)现场施工人员必须戴防护口罩、手套和防护眼镜。在操作过程中应严防有毒和刺激性原料同皮肤接触;如果触及皮肤,应立即用水冲洗,然后用乙醇擦洗。

(4)施工现场严禁明火。

(5)施工完成后清理施工现场,必须要把施工的垃圾清理干净。

# 项目二 喷涂钢管内壁液体环氧涂料防腐层

## 一、相关知识

管道内涂层可分为防腐型和减阻型两类,其功能也为防腐和减阻。

**(一)非腐蚀性气体输送用管线内涂层技术要求**

参照标准为 SY/T 6530—2010《非腐蚀性气体输送用管线管内涂层》,仅适用于管线安装前新管内涂层。

> JBC001 非腐蚀性气体输送内防腐管内涂层实验室板样的性能试验要求

1. 实验室涂层试验

(1)目的。在生产之前要求按实验室方法进行涂层评定。

(2)性能实验用板样。钢板样应为低碳钢,尺寸为 75mm×150mm×0.81mm,对涂敷表面进行喷砂处理。

(3)实验室涂敷。

① 混合。涂层原料应混合或稀释至符合涂料供方推荐的合适的喷涂黏度。

② 涂敷。涂敷应涂敷于板状试样处理好的一面。喷涂时,环境温度应控制在 25℃±3℃,并且相对湿度小于 80%,试样另一面及边缘应进行保护。

③ 干膜厚度。应为 51μm±5μm。

(4)实验室钢板样的性能试验应满足标准规定的验收准则,其中弯曲试验时,板样涂层应无剥落、附着力下降、开裂等现象。

(5)玻璃试片样性能试验。

① 试片准备。试片尺寸应为 25mm×75mm,并将一面打毛;试片涂敷前应用溶剂清洗,即先用二甲苯清洗,然后在丙酮中清洗。

② 涂层材料的涂敷。仅在试片样打毛的一面实施涂敷,湿膜应有足够的厚度以保证形成 51μm±5μm 的干膜。

③ 性能。试样性能应满足无针孔的要求。

### 2. 钢管清洁 〔JBC002 非腐蚀性气体输送内防腐管内涂钢管的清洁方法〕

（1）总则。钢管应足够清洁以保证固化涂层与钢管有稳固且持久的黏附力，而且清洁工作应安排在涂层涂敷之前完成。

（2）清洁程度。疏松的轧制氧化皮、锈斑、水、油、石墨、污脂、标记材料及其他异物应从管体表面除去，因为这些物质都会对涂层质量产生不利影响。

（3）清洁度。若用清洁剂进行湿清洁之后，应立即用净水冲洗，将所有清洁剂或脱垢剂的有害残余冲洗掉。

（4）干燥。可采用加热方法清除残水，但无论如何都不应影响钢的冶金性能，而且表面不应有污染物沉积。在涂敷之前，管体表面应是完全干燥的。

（5）干清洁。干清洁方法指钢管的刷擦或喷砂。清洗机的所有部件在进入管体时都应干净，以防止油脂、灰尘或其他异物沉积于已清洁的管体表面。

机动钢丝刷应对钢管内表面施加均衡的压力，保证焊缝及相邻区域得到足够清洁，应避免将钢管表面擦伤。

在涂敷前已清洁的表面不应损坏，清洁与涂敷应分开进行，以方便表面检查及防止涂层污染。

（6）采用干净空气可加速干燥，保持清洁。

### 3. 钢管涂敷 〔JBC003 非腐蚀性气体输送内防腐管内涂敷工艺〕

（1）在涂敷过程中钢管表面温度应保持在 10~66℃ 之间。

（2）在没有规定最小厚度的情况下，干膜的最小厚度应为 38μm。供方应推荐湿膜厚度的范围，这一范围将对生产符合规定的干膜最小厚度十分必要。

（3）如果需要，卖方应规定管端预留长度，长度一般为 55mm±5mm，应采取适当的方法来防止涂层材料沉积于坡口和边缘上。

（4）未固化涂层的保护，涂敷应在避免大风、灰尘、污物及狂风暴雨等恶劣天气的密闭环境下进行。这些保护应一直持续到涂层完全固化。

（5）可用加热促进固化，但加热时间不可对管体或涂层产生有害影响。

（6）应对有缺陷或受损的涂层进行修补。当修补面积超过钢管内涂层面积 1% 时，此钢管应全部重新涂敷。当修补面积小于钢管内涂层面积 1% 时，则进行局部修补。局部修补可采用手动喷枪或刷涂，此外不应使用空气雾化喷涂设备。

（7）涂敷注意事项：
① 当操作条件可能会导致质量不合格的涂层出现时应停止施工；
② 如果未采用加热促进固化，当涂敷区相对湿度大于或等于 90% 时，涂敷操作应停止。

### 4. 标识 〔JBC004 非腐蚀性气体输送内防腐管内涂层的标记和存放要求〕

（1）检验合格的内涂敷钢管应在距管端 200~300mm 处于内壁涂层上标识。

（2）标识时应防止对内涂层的损伤，标识应与涂层材料相适应且有颜色反差。

（3）如果钢管需要返工而导致原有标识损坏，应涂层修补或重新涂敷完成后重新进行标识。

### 5. 装运和储存

（1）钢管装运时应避免管壁、管端坡口和涂层损伤。

（2）成品管应按规格分开堆放，并应排列整齐、有明显标识。

(3)成品管可室外堆放,但管口应采用管帽等措施进行防护。

(4)在室外堆放时,钢管底部应采用两道以上柔性支撑垫,支撑的最小宽度为200mm,其高度应高于地面100mm。

### (二)钢质管道液体环氧涂料内防腐层技术要求

参照标准为SY/T 0457—2010《钢制管道液体环氧涂料内防腐层技术标准》。

本标准适用于输送介质温度不高于80℃的原油、天然气、水的钢质管道液体环氧涂料内防腐层的设计、施工与验收。输送成品油的钢质管道内防腐层也可参照此标准执行。本标准规定了钢质管道液体环氧内防腐层的原材料、结构、涂敷施工、质量检验、修补、重涂、卫生、安全与环境保护及交工资料等的最低要求。

1. 内防腐层等级及厚度

液体环氧涂料内防腐涂层的等级及厚度应根据管道工程要求、腐蚀环境和材料性能等因素确定,并应符合表2-2-8的规定。

> JBC005 液体环氧涂料内防腐管内防腐层结构等级

表2-2-8 液体环氧涂料内防腐涂层的等级及厚度

| 序号 | 涂层等级 | 内防腐涂层干膜厚度,μm |
|---|---|---|
| 1 | 普通级 | ≥200 |
| 2 | 加强级 | ≥300 |
| 3 | 特加强级 | ≥450 |

为了提高工程性能,延长防腐层的寿命,将防腐层分为底层、中层和面层。在涂料中加入有特效作用的化学物质和填料,制成具有特殊功效的底层漆、中层漆和面层漆。

2. 涂料

1)涂料性能

液体环氧涂料包括溶剂型和无溶剂型、以环氧树脂为主要成膜物质的化学反应固化型的液体涂料,通常包括A、B两种组分。液体环氧防腐涂料的性能指标应符合表2-2-9的规定,液体环氧涂料防腐层的性能指标应符合表2-2-10的规定。

> JBC006 液体环氧涂料内防腐管对防腐涂料性能的要求

表2-2-9 液体环氧涂料性能指标

| 序号 | 项目 | | 性能指标 | | | | 试验方法 |
|---|---|---|---|---|---|---|---|
| | | | 底漆 | | 面漆 | | |
| | | | 溶剂型 | 无溶剂型 | 溶剂型 | 无溶剂型 | |
| 1 | 黏度(涂-4黏度计,25±1℃),s | | ≥80 | — | ≥80 | — | GB/T 1723 |
| 2 | 细度,μm | | ≤100 | ≤100 | ≤100 | ≤100 | GB/T 1724 |
| 3 | 干燥时间(25℃±2℃) | 表干,h | ≤4 | ≤4 | ≤4 | ≤4 | GB/T 1728 |
| | | 实干,h | ≤24 | ≤16 | ≤24 | ≤16 | |
| 4 | 固体含量,% | | ≥80 | — | ≥80 | — | GB/T 1725 |
| | | | — | ≥98 | — | ≥98 | SY/T 0457 附录A |
| 5 | 耐磨性(1000g/1000rCS17轮),mg | | — | — | ≤120 | ≤120 | GB/T 1768 |

注:对无溶剂环氧涂料,可采用底面合一型涂料。

表 2-2-10 液体环氧涂料防腐层性能指标

| 序号 | 项目 | | 性能指标 | 试验方法 |
|---|---|---|---|---|
| 1 | 外观 | | 表面应平整、光滑、无气泡、无划痕 | 目测或内窥镜 |
| 2 | 硬度(2H 铅笔) | | 表面无划痕 | GB/T 6739 |
| 3 | 耐化学稳定性<br>(常温,90d)<br>(圆棒试件) | 10%NaOH | 防腐层完整、无起泡、无脱落 | GB/T 9274 |
|  |  | 10%$H_2SO_4$ |  |  |
|  |  | 3%NaCl |  |  |
| 4 | 耐盐雾性(500h) | | 1 级 | GB/T 1771 |
| 5 | 耐油田污水性(80℃,1000h) | | 防腐层完整、无起泡、无脱落 | GB/T 1733 |
| 6* | 耐原油(80℃,30d) | | 防腐层完整、无起泡、无脱落 | GB/T 9274 |
| 7 | 附着力,MPa | | ≥8 | GB/T 5210 |
| 8 | 耐弯曲(1.5°,25℃) | | 涂层无裂纹 | SY/T 0442 附录 E |
| 9 | 耐冲击(J,25℃) | | ≥6 | SY/T 0442 附录 F |

注:(1)试件采用复合涂层,涂层干膜厚度 200μm±50μm。
(2)表中第 6 项仅适用于输送原油介质的内防腐层。

<!-- JBC007 液体环氧涂料内防腐管对防腐涂料验收储存的要求 -->

2) 涂料验收及储存的要求

(1)涂料底漆、面漆、固化剂、稀释剂等应由同一生产商制造。底漆、面漆颜色宜有所区别。

(2)涂料应有生产商提供的出厂质量证明书和产品说明书,以及通过计量认证的第三方检验机构出具的检验报告,产品说明书中应明确规定产品的质量指标、工艺要求、储存条件及储存期限。

(3)涂料检验应按现行国家标准《色漆、清漆和色漆与清漆用原材料取样》(GB/T 3186—2006)中的规定取样。涂敷商应结合涂料所附检验报告按标准(表 2-2-9)的规定对液体环氧树脂防腐涂料的黏度、细度、固体含量和干燥时间进行检验;对涂料的其他性能有要求时,亦应按标准表 2-2-9 和表 2-2-10 规定的项目进行检验,检验结果应符合规定。若有不合格项,应加倍取样重新检验;如仍有不合格项,则该批涂料为不合格,不得使用。

(4)液体环氧防腐涂料储存有效期应不小于 1 年。涂敷商应按照生产商的产品说明书所要求的条件储存并在有效期内使用。超过有效期的涂料,应按规定重新取样抽查,涂料性能符合标准表 2-2-9 规定的,方可继续使用。

(5)液体环氧涂料性能的优劣主要由两大因素决定:其一是环氧树脂含量,其二是溶剂含量。环氧树脂含量高,防腐层黏结力大,机械强度高,涂敷时固化速度快,涂层密实。溶剂含量应越少越好,溶剂含量直接影响着涂层的密实程度和针孔数量,还关系到涂敷遍数、工效和人工机械费用等。

<!-- JBC008 液体环氧涂料内防腐管涂敷施工的一般要求 -->

3. 内防腐层涂敷施工

1)一般规定

(1)管道内防腐涂层的涂敷施工应按涂料生产商推荐的做法进行。宜使用无气喷涂工艺或离心式涂敷工艺。液体环氧涂料内外防腐管道的施工工艺基本相同,仅是喷涂机和喷嘴不同,内防腐施工采用的无气喷涂机喷嘴形式一般有扇形、环形和旋杯式等。

(2) 涂敷操作钢管温度应高于露点温度 3℃ 以上，且应控制在涂料生产商推荐的范围内。混合涂料的温度不应低于 10℃。施工现场的温度过低，溶剂挥发慢，涂敷施工时容易发生流淌现象。

(3) 钢管内防腐层涂敷施工时，应在涂料生产商推荐的温度范围内对涂料、管道及管件进行预热。

(4) 当环境相对湿度大于 85% 时，应对钢管除湿后方可作业。严禁在雨、雪、雾及风沙等气候条件下露天作业。施工现场的温度过高，相对湿度过大，涂层易出现发白、橘皮等现象。

2) 表面处理

(1) 管道内表面处理前应清除钢管及管件内表面的油污、泥土等杂质；有焊缝的钢管应清除焊瘤、毛刺、棱角等缺陷；表面处理过程中，如钢管内壁潮湿，可采用热风或不会使管道变形的加热方法驱除潮气，使内壁干燥。

(2) 钢管及管件内表面处理宜采用喷（抛）射除锈，除锈等级应达到现行国家标准 GB/T 8923.1—2011 中规定的 Sa2½ 级，锚纹深度应达到 35~75μm。

(3) 钢管及管件内表面经喷（抛）射处理后，应用清洁、干燥、无油的压缩空气将钢管及管件内部的砂粒、尘埃、锈粉等微尘清除干净。表面灰尘度不应超过现行国家标准规定的 3 级。

(4) 表面处理合格后应在 4h 内进行涂敷施工。表面处理后至喷涂前不应出现浮锈，当出现浮锈或表面污染时，必须重新进行表面处理。

> JBC009 液体环氧涂料内防腐钢管预处理的基本要求

3) 管端预处理

钢管内表面处理后，应在钢管两端 50~100mm 范围内留有不涂区。

在不涂区宜先涂刷硅酸锌或其他可焊性防锈涂料，可焊性涂料干膜厚度应在 20~30μm。在液体环氧涂料涂敷时，液体环氧涂料内防腐层应覆盖可焊性涂料 10~20mm。

> JBC010 液体环氧涂料内防腐管的涂敷工艺过程

4) 遮盖力

涂料遮盖力是指把色漆均匀涂布在物体表面上，使其底色不再呈现的最小用漆量，用 $g/m^2$ 表示，即涂膜遮盖被涂表面底色的能力。遮盖力是颜料对光线产生散射和吸收的结果。强弱主要决定于下列性能：(1) 折射率，折射率越大，遮盖力越强；(2) 吸收光线能力，吸收光线能力越大，遮盖力越强；(3) 结晶度，晶形的遮盖力较强，无定形的遮盖力较弱。

5) 涂敷工艺过程

(1) 涂料准备。

涂料开桶前，应先倒置晃动或旋转振动，然后开桶并搅拌均匀。

管道涂敷前应按涂料生产商推荐的方法准备涂料。涂料配制时应参照涂料生产商提供的产品说明书给出的配比、工艺要求、施工条件和环境温度要求进行配制。

一般情况下涂料不宜加稀释剂，但特殊情况下可适当加入配套稀释剂，加入量不得超过涂料说明书中的规定。

(2)涂敷工艺准备。

正式涂敷前,应通过工艺试验确定涂敷工艺参数和工艺规程。

(3)涂敷采用高压无气喷涂工艺时,喷枪应匀速行走,涂料送给应保证雾化良好。当采用其他喷涂工艺时,应执行相关喷涂工艺的规定。涂层应平整、无流挂、无划痕。

(4)多层涂敷时,涂敷间隔时间及涂敷条件应满足涂料生产商推荐的要求,上道漆表干后方可喷涂下一道漆。如果各层涂敷间隔时间超过了规定要求,则应按照涂料生产商推荐的方法进行处理。涂敷过程中,应对湿膜厚度进行检测。

(5)防腐层的固化应按涂料生产商推荐的涂层固化方法及固化时间进行。

(6)管件涂敷宜按照管道涂敷工艺的要求采用无气喷涂工艺涂敷,且涂层厚度不应低于管体涂层厚度。喷涂工艺条件受限时,也可采用手工刷涂或其他涂敷方式。

## 二、技能要求

### (一)准备工作

1. 设备

内喷砂除锈机1套,空气压缩机组1套,防腐管道生产线1套,气动旋杯器1件,离心式喷涂机1套。

2. 材料、工具

液体环氧涂料若干桶,$\phi$114mm钢管若干,钢丝刷若干,钢锉1个。

### (二)操作规程

(1)按相关知识钢质管道液体环氧涂料内防腐层技术要求进行表面预处理。

(2)涂料开桶前应倒置、摇晃,使涂料混合均匀。再根据工艺要求按产品说明书要求的比例配制。

(3)对气动旋杯器的旋杯进行检查,用透针将喷孔刺透,保证喷孔不堵塞,通透;先启动旋杯器开关,再启动供涂料料罐开关,最后启动离心式喷涂机开关。

(4)从钢管的一端移动旋杯器到钢管另一端,行走速度均匀,在钢管内表面形成厚度一致的涂层,雾化良好。要求每喷涂一遍,必须在前一遍漆膜表干后进行。

(5)涂敷后涂层表面外观应平整、光滑、无气泡、无划痕等缺陷。

(6)喷涂完毕将旋杯拆卸后用稀释剂彻底清洗。

### (三)注意事项

(1)施工现场生产设备安全、完好、摆放合理,场地卫生清洁、无积水,材料、产品摆放整齐。

(2)施工人员依据技术交底情况,确定调整作业线各种施工参数。

(3)经检验内除锈合格的钢管必须进行吹扫除管内砂粒、尘土。

(4)经内除锈合格的钢管若在6h内不涂敷,须用塑料薄膜作封口处理,以防杂物混入、返锈,24h内必须进入涂敷工序。

(5)若技术要求或客户要求钢管端头有非涂敷区,涂敷前可在钢管端头加环形内套,以形成技术要求的端头非涂敷区。

(6)配料应由专人负责,严禁酸、碱、水、油及泥土等其他杂物混入,使用后的空桶集中存放到通风良好的指定地点,定期处理。

(7)涂敷机具须专人操作,参数应调整合适,以保证涂层厚度均匀。

# 项目三　制作钢管三层 PE 外防腐层

## 一、相关知识

### (一)三层 PE 防腐层工艺评定试验

> JBC011　3PE防腐管防腐层工艺评定试验的要求

涂敷厂应用所选定的防腐层材料在涂敷生产线上进行工艺评定试验,并对防腐层性能进行检测。当防腐层材料生产厂家或牌(型)号或钢管管径改变或壁厚增大时,应重新进行工艺评定试验。工艺评定试验合格后,涂敷厂应按照工艺评定试验确定的工艺参数进行防腐层涂敷生产。

聚乙烯层及防腐层性能应符合表 2-2-11 和表 2-2-12 的规定。

按确定的工艺参数涂敷聚乙烯层进行性能检测,用于性能检测的聚乙烯层应不含胶和环氧粉末涂层,结果应符合表 2-2-11 的规定。

表 2-2-11　聚乙烯层的性能指标

| 项　目 | | 性能指标 | 试验方法 |
|---|---|---|---|
| 拉伸强度[①] | 轴向,MPa | ≥20 | GB/T 1040.2 |
| | 周向,MPa | ≥20 | |
| | 偏差[②],% | ≤15 | |
| 断裂标称应变[①],% | | ≥600 | GB/T 1040.2 |
| 压痕硬度[①],mm | (23℃) | ≤0.2 | GB/T 23257 附录 H |
| | (60℃或 80℃)[③] | ≤0.3 | |
| 耐环境应力开裂($F_{50}$),h | | ≥1000 | GB/T 1842 |
| 热稳定性[④] \|ΔMFR\|,% | | ≤20 | GB/T 3682 |

①拉伸速度 50mm/min。
②偏差为轴向和周向拉伸强度的差值与两者中较低者之比。
③常温型,试验条件为 60℃;高温型,试验条件为 80℃。
④聚乙烯挤出前后熔体流动速率变化率。

从防腐管或在同一工艺条件下涂敷的试验管段上截取试件对防腐层整体性能进行检测,结果应符合表 2-2-12 的规定。

表 2-2-12　防腐层的性能指标

| 项　目 | | 性能指标 | | 试验方法 |
|---|---|---|---|---|
| | | 二层 | 三层 | |
| 剥离强度 N/cm | (20℃±5℃) | ≥70 | ≥100(内聚破坏) | GB/T 23257 附录 K |
| | (60℃±5℃) | ≥35 | ≥70(内聚破坏) | |
| 阴极剥离(65℃,48h),mm | | ≤15 | ≤5 | GB/T 23257 附录 D |
| 阴极剥离(最高使用温度,30d),mm | | ≤25 | ≤15 | GB/T 23257 附录 D |

续表

| 项　目 | 性能指标 | | 试验方法 |
| --- | --- | --- | --- |
| | 二层 | 三层 | |
| 环氧粉末底层热特性玻璃化温度变化值 $\mid \Delta T_g \mid$, ℃ | — | ≤5 | GB/T 23257 附录 B |
| 冲击强度, J/mm | ≥8 | | GB/T 23257 附录 L |
| 抗弯曲(-30℃, 2.5°) | 聚乙烯无开裂 | | GB/T 23257 附录 E |
| 耐热水浸泡(80℃, 48h) | 翘边深度平均≤2mm 且最大≤3mm | | GB/T 23257 附录 M |

### (二) 三层 PE 防腐层涂敷施工

#### 1. 工艺流程

工艺流程依次为：钢管检验→除锈上管→钢管预热→抛丸除锈→管内吹扫→除锈检测→管端贴纸→涂敷上管→中频加热→喷涂环氧粉末→缠绕胶黏剂→缠绕聚乙烯→割口→水冷却→在线检测→涂敷下管→质量检测→端头打磨清理→放隔离绳→喷标识→储存，如图 2-2-3 所示。

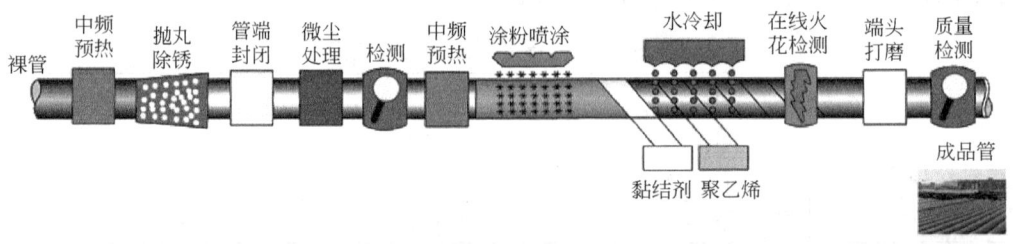

图 2-2-3　3PE 生产工艺流程图

3PE 防腐管生产中，钢管表面预处理要求严格，其工艺流程为钢管检验、钢管预热、钢管除锈和表面除尘等工序。

#### 2. 三层 PE 工艺特点

（1）三层 PE 的生产方式有两种：一种为挤出包袱式，一种为侧向缠绕。在标准中有明确规定：钢管直径≥500mm 时，必须用侧向缠绕式进行生产。其工艺特点是在钢管表面先涂一层环氧树脂粉末熔结涂层（FBE），利用静电喷涂法，将环氧粉末喷涂到钢管表面。环氧在炽热的钢管上熔融胶化并进一步固化，形成 FBE 涂层。再涂敷中间层和 PE 层采用挤出热缠绕法涂敷，即用专用挤出机将胶黏剂熔融塑化后，通过一个平口机头挤出一带状膜，连续缠绕在螺旋行进的钢管表面，形成中间胶黏剂层。聚乙烯层同中间层一样，挤出缠绕在中间层外面，而不同的是中间层一般仅缠一层，而 PE 缠可多层，每层厚度 0.5～0.8mm。

（2）生产线的传动方式要稳定可靠、效率高、能耗低，并要实现微机控制。生产采用变频交流电动机驱动，变频器调节速度，分三段（快进、恒速和快出）调节速度，变频器均带计算机接口；滚轮采用内冲压滚轮，万向节传动，单电机控制多滚轮；滚轮偏转角度可调节。钢管转动时，纵向线速度 $v$ 与辊轮转速 $n$、辊轮外径 $D$ 和滚轮偏转角度 $\alpha$ 之间的关系式为：$v = \pi D n \tan \alpha$。

（3）进行三层 PE 生产时，偏转角度一般小于 15°，每对滚轮的轮间距可调节，以适应不同管径;传动线分组安装在钢座上,每组长度不超过12m,每组电动机功率根据长度不同而不同,便于调整布局以及维修维护。

(4)在移动线中控制系统实现微机控制。三层PE生产线要先进行除锈,然后进行防腐,最后进行端头处理及成品摆放。

3. 生产工序控制要点

(1)除锈前预热。采用无污染的加热方式对钢管进行加热(如中频加热等)。

(2)除锈。采用大功率的喷(抛)丸除锈机进行除锈。钢管除锈是生产的第一道工序,除锈的质量直接影响产品的质量。在生产时要严格把握除锈的质量,这关系到后续生产是否能够顺利进行。

(3)除尘。应将钢管表面附着的灰尘及磨料清扫干净,钢管表面的灰尘度应不低于GB/T 18570.3—2005规定的2级,并防止涂敷前钢管表面受潮、生锈或二次污染。表面预处理过的钢管应在4h内进行涂敷;超过4h或钢管表面返锈时应重新进行表面预处理。

(4)中频加热控制。

① 在开始生产时,先用试验管段在生产线上分别依次调节预热温度及防腐层各层厚度,各项参数达到要求后方可开始生产。

② 中频在三层PE生产中起到加热的作用,在除锈之前对钢管进行初次加热,加热温度不是很高,目的是保证钢管的干燥,冬季对钢管加热保证钢管在50~70℃左右,以利于钢管的除锈;粉末喷涂前的中频加热是指将钢管加热的一定的温度,使粉末在通过喷涂后在钢管表面能够达到熔融溜平,使粉末、胶黏剂及聚乙烯在温度一定的情况下能够相互作用,分别起到化学反应和物理反应。

(5)三层PE涂敷。

① 环氧粉末涂料应均匀地涂敷到钢管表面;胶黏剂的涂敷必须在环氧粉末胶化过程中进行,以确保胶黏剂与环氧涂料能相互渗透并起反应。

② 环氧粉末涂层施工最重要的指标是胶化时间和固化时间。

③ 聚乙烯层的涂敷采用侧向缠绕工艺时,相继缠绕包覆胶黏剂层和聚乙烯层,立即用压辊将防腐层在熔融状态下压紧,使两者形成相互黏结的整体;应确保搭接部分的聚乙烯及焊缝两侧的聚乙烯完全辊压密实,并防止压伤聚乙烯层表面;同时要对压紧辊不定时地喷涂脱膜剂,保证防腐层的外观质量。

④ 采用纵向挤出工艺时,焊缝两侧不应出现空洞。

(6)聚乙烯涂敷后,应用水冷却钢管至温度不高于60℃,涂敷环氧粉末至对防腐层开始冷却的间隔时间,应确保熔结环氧涂层固化完全。必须保证环氧粉末在防腐层完全冷却之前得到固化,使防腐层间结合紧密,成为一个整体。

总结下来,3PE防腐层的施工工艺控制要点:

(1)底涂层要保证中间胶黏剂层涂敷时环氧粉末仍未完全胶化,使胶黏剂与环氧粉末涂料进行反应;

(2)底涂层必须保证环氧粉末在防腐层完全冷却之前得到固化,使防腐层间结合紧密;

(3)环氧粉末涂料要注意保质期和环氧含量;

(4)挤出胶黏剂的工艺参数要与胶黏剂原料的流动速度相匹配;

(5) 在生产时先作调试,确定温度、出料速度及底、中、面层等各项工艺参数后,方可连续生产。

**4. 生产设备技术性能要求**

> JBC014 3PE防腐管的涂装装备要求

1) 除锈

参照本书第一部分高级工操作技能及相关知识模块二项目五的内容。

2) 中频控制

中频控制是三相 50Hz 交流电经六只晶闸管进行三相桥式全控整流后成为脉动电流,输入电压为 380V,再经直流电抗器滤波除纹波后,后快速晶闸管逆变成 1~8kHz 的中频交流电流,供给负载,使在负载感应线圈中的钢管产生涡流,自身发热,从而达到加热的目的。

3) 粉末喷涂

(1) 粉末喷涂系统由压缩空气净化器、供粉器、总控制柜、喷涂室、旋风分离器和布袋吸尘器构成。系统根据空气动力学原理,利用文丘里吸尘器,将粉末从供粉桶中吸入输粉管内,再由喷枪喷出。利用静电学原理,使由喷枪喷出的粉末在高压静电场中带电后吸附在管道表面。

(2) 为防止堵塞气路和影响喷涂质量,由空气压缩机排出的压缩空气,首先应进入压缩空气净化器,过滤掉空气中含有的油、水和其他杂质,然后进入供粉器。在供粉器内,压缩空气被分为四个支路,即一次风、二次风、三次风和流化风。一次风通过供粉桶上的文丘里吸粉泵将桶内的粉末吸上,送入供粉管;二次风将气粉混合物调至合适浓度;三次风送入喷枪后转化为旋风,使粉末出喷枪后均匀散开;流化风通过供粉桶下部的流化床,使桶内粉末处于"浮动"状态下,以利于粉末的吸入。最后,粉末经喷枪喷涂到管道上。

(3) 喷枪是喷涂的关键,在喷枪端部设有一负高压静电电极,该电极与管道之间构成一强电场,当粉末经过该电场时会带上负电荷,在电场力的作用下均匀地吸附在管道上。

(4) 回收系统将悬浮在喷涂室内的粉末回收至旋风分离器和布袋吸尘器下部的粉盒内,以待过滤后重复使用。

4) 挤出机对聚乙烯、胶黏剂的挤出缠绕

参照本书第一部分模块二项目五的内容。

**(三) 三层 PE 防腐层常见缺陷分析及控制**

钢管三层 PE 防腐层成型的工艺复杂,任何一个环节出现问题都会影响防腐层的质量,因此严格控制每一道工序尤为重要。常见的防腐层缺陷,都由特定的原因造成。

> JBC015 3PE防腐管防腐层常见缺陷分析

**1. 常见缺陷**

1) 钢管端头或焊缝防腐层翘边

在防腐层成型过程中较常见,主要为长期堆放过程和生产过程中产生的翘边,常见三种形式:(1) 整体防腐层翘边,底层的环氧粉末与钢管接触面剥离;(2) 中间胶层与环氧粉末层脱黏,造成翘边;(3) 外层聚乙烯防腐层与中间胶层脱黏,造成表层防腐层翘起。

2) 防腐层表面麻点

防腐层表面呈现直径在 2~5mm 左右的半球形或半椭球形鼓包,形成不均匀的麻点,严重影响防腐层的表观质量。

防腐层采用喷淋方式进行水冷定型过程中,由于喷淋水幕上均匀或落水产生二次飞溅,飞溅的水滴在高温防腐层表面,容易造成局部点急速冷却收缩,其周围防腐层冷却后在应力作用下均匀收缩,其收缩速率大于急冷点,则在急冷点形成鼓包,产生麻点;此外静电粉末喷房由于长时间未清理,在粉房的上部或侧壁会积聚多余粉末,积聚粉末过多时,在粉末喷涂过程中,会飞溅到钢管的表面,形成积聚点,包裹后也容易形成麻点。

3) 焊缝处防腐层减薄或破裂

螺旋焊或直缝焊钢管,进行三层 PE 防腐层成型后,由于多种原因,造成焊缝处防腐层减薄或撕裂。防腐层向焊缝表面两侧延深减薄,严重时使得焊缝处的防腐层撕裂,形成某一段或全焊缝防腐层破裂。

4) 鼓包缺陷

防腐层出现鼓包,不但影响防腐钢管的表观质量,而且表明防腐层与钢管表面的黏接力和阴极剥离能力降低。主要因为防腐层冷却定型过程中的水量不够造成的。

5) 防腐层外表面皱褶

三层 PE 防腐层成型过程中,生产时采用侧向缠绕法,采用缠绕法中,需要通过专用硅橡胶压辊的碾压赶出气泡,但硅橡胶压辊自身或碾压过程中存在的种种缺陷,极易引起防腐层缺陷:(1)硅橡胶压辊硬度(邵 D 硬度)过高,硅橡胶压辊胶面与防腐层接触后胶面形变,增大了与防腐层的接触力,当钢管运行出现上平稳时,就会搓碾防腐层;(2)硅橡胶压辊与防腐层接触压力过大,接触面发生正常形变后,对防腐层继续施加碾压力;(3)硅橡胶压辊胶层的厚度过薄,发生形变后,辊芯与防腐层直接接触,则在碾压成型过程中,则会搓碾防腐层造成表面皱褶。

6) 搭接缺陷

防腐层表面出现定距离、均匀、定宽高出标准防腐层厚度螺旋防腐带,虽然不会影响钢质管道的防腐蚀性能,但影响外观的光滑度,并且为达到防腐所需的最小厚度,势必会引起材料的浪费。这是因为底胶层缠绕幅宽与传动速度、滚轮角度等参数不匹配,造成过搭接,当进行聚乙烯缠绕,就会在防腐层表面形成均匀、定宽的凸出搭接段。

7) 防腐层外表面均匀划痕

由于操作环境等因素,聚乙烯和底胶原料中混入石粒或钢砂等硬质杂质,在挤膜过程中,模口破损处会出现过厚或过薄的痕道,挤出膜包覆在钢管的表面,就会形成不均匀的划痕。

8) 防腐层薄厚不匀

防腐层厚度变化引起的原因较多:(1)挤膜模具的模口间隙调整精度过高,挤出膜过厚或过薄;(2)模口间隙未按照比例进行调整,因此挤出整幅膜在同样间隙下,膜中间薄而两边厚;(3)挤出设备某些加热段加热管(板)损坏,测温仪表精度不高等,造成挤出设备各段加热不匀;(4)原料性能未达标,再生料过多或某些添加剂超标,也会引起膜的厚度超标;挤出膜的厚度、挤出速度与钢管传输速度不匹配,引起覆膜厚度不匀;设备及传动辊道设计精度、安装精度低,钢管传输过程中,钢管甩动过大,造成拉膜。以上原因都会造成防腐层薄厚不匀或过厚。

9) 管端防腐层坡口成型

一般局部端头防腐层容易形成刷口破损、不均匀,或出现较大的抛物线过渡。主要因为：(1)成型坡口用钢丝刷轮与防腐层接触力过大,并不具有回弹性;(2)钢管弯曲度过大,自旋转过程中容易造成甩动;(3)钢管自旋转速度与刷轮转速比例不协调。

**2. 质量控制**〖JBC016 3PE防腐管防腐层缺陷的控制措施〗

(1)首先,对钢管检查其机械性能、物理性能及化学成分等产品性能。其次,对钢管端部钝边、内外倒角及表面损伤等,及时采取返修及补救措施。

(2)钢管预热目的:一使钢管表面保持干燥,二清除掉油脂和污垢等附着物。

(3)钢管表面预处理,使钢管表面清洁度和锚纹深度达到防腐涂敷的要求。

(4)管道内外杂质、灰尘清理,钢管外表面飘落的灰尘,容易造成粉末的黏附能力降低,需采用高速旋转的专用毛刷,清除表面的灰尘。

(5)静电粉末喷枪,建议采用内置高压静电发生器粉末喷枪,可使绝大多数粉末被充电,并且粉末电位高,电场强度强,提高了粉末在钢管表面的吸附能力。

(6)底胶和聚乙烯层挤出涂敷必须调整好挤出机机头模口间隙以及与钢管的平行度,保证底胶和聚乙烯沿钢管方向涂敷的均匀性,以确保挤出敷膜的均匀。

(7)聚乙烯和底胶原料上料和挤出过程中,应在入料口增加"磁力架",出料口增加"换网器",防止杂质拉毛机筒、损坏模口。

(8)硅橡胶压辊胶层硬度应为25°(邵D硬度)以下,硅橡胶压辊橡胶层厚度确定为30~50mm。

(9)水冷却,采用循环水冷却法。聚乙烯防腐层涂敷后,即可进行冷却,要求冷却水流量大并且非常均匀,禁止飞溅;冷却后的钢管温度不得高于60℃。

(10)坡口成型采用专用的钢丝刷轮,禁止高速旋转造成钢管甩动和钢丝刷轮接触力上不均衡。

(11)避免管端出现翘边缺陷的控制措施包括:①在不影响管口焊接的情况下,应适当增加聚乙烯层端部环氧粉末的预留长度;②防腐管露天堆放时间较长时,应在管端进行遮盖,防止雨水侵蚀;③若管道现场施工周期较长,可以在管端金属裸露处涂刷可焊防锈漆;④严格控制管端预留处焊缝余高的修磨质量;⑤预留段环氧粉末涂层须保护完整,才能起到延缓管端因腐蚀引起的翘边。

(12)麻点缺陷的控制措施包括:①重新选择冷却方式;②减少水滴飞溅到熔融PE表面;③采用布料浸水均匀冷却后再喷淋冷却。

## (四)三层PE防腐管标志、堆放和搬运〖JBC017 3PE防腐成品管标志储存装运的要求〗

检验合格的防腐管应在距管端约400mm处标有产品标志,并随带产品合格证。(1)产品标志应包括:钢管规格、钢管编号、防腐层结构、防腐层类型、防腐等级、执行标准、制造厂名(代号)、生产日期。(2)产品合格证应包括:生产厂及厂址、产品名称、产品规格、防腐层结构、防腐层类型、防腐层等级、防腐层厚度及检验员编号等。

挤压聚乙烯防腐管的吊装,应采用尼龙吊带或其他不损坏防腐层的吊具。

堆放时,防腐管底部应采用两道(或以上)支垫垫起,支垫间距为4~8m,支垫最小宽度为100mm,防腐管离地面不得少于100mm,支垫与防腐管及防腐管相互之间应垫上柔性隔离物。运输时,宜使用尼龙带等捆绑固定,装车过程中应避免硬物混入管垛。

挤压聚乙烯防腐管的允许堆放层数应符合表2-2-13的规定。

表 2-2-13　挤压聚乙烯防腐管的允许堆放层数

| 公称直径,mm | DN<200 | 200≤DN<300 | 300≤DN<400 | 400≤DN<600 | 600≤DN<800 | 800≤DN≤1200 | DN>1200 |
|---|---|---|---|---|---|---|---|
| 堆放层数 | ≤10 | ≤8 | ≤6 | ≤5 | ≤4 | ≤3 | ≤2 |

挤压聚乙烯防腐管露天存放时间不宜超过 6 个月,若需存放 6 个月以上时,应用不透明的遮盖物对防腐管加以保护。

## 二、技能要求

### (一)准备工作

**1. 设备**

抛丸除锈机 1 套,空气压缩机组 1 套,三层 PE 防腐管道生产线 1 套,中频感应加热器 1 台。

**2. 材料、工具**

$\phi$114mm 钢管若干,环氧粉末若干,共聚物胶黏剂若干,聚乙烯若干,牛皮纸若干,红外线测温仪 1 台,直尺 1 个。

### (二)操作规程

**1. 涂敷前准备**

(1)表面清理,先清除钢管表面的油脂和污垢等附着物。

(2)预热,表面温度应不低于露点温度以上 3℃。

(3)调整传动轮,调整各段传动轮的角度。

(4)调整速度,调整主段控制速度。

(5)调整材料参数,调整涂敷材料挤出量。

(6)调节温度,调节两个挤出机各区温度。

**2. 除锈、吹扫、管端贴纸**

抛丸除锈机除锈,等级达到 Sa2½级;用洁净的压缩空气将钢管表面的锈尘、杂质吹扫干净;钢管两端沿周向贴牛皮纸。

**3. 中频加热及粉末喷涂**

中频感应线圈加热,使钢管外壁温度达到 180°~260°,使用红外线测温仪测温;打开高压静电喷枪,环氧粉末均匀吸附在钢管外表面并熔结。

**4. 涂敷胶黏剂**

胶黏剂透明呈片带状挤出均匀涂敷在粉末表面,厚度≥170$\mu$m。

**5. 涂敷聚乙烯层**

聚乙烯料呈片带状挤出均匀涂敷在胶黏剂外表面,并用压辊压实。

**6. 管端处理**

撕掉牛皮纸,管端预留长度为 100~150mm,端面用磨头机形成≤30°的倒角。

### (三)注意事项

(1)在生产前,应事先对塑料挤出机进行加热。

(2)塑料挤出机达到温度要求后,调节塑料挤出机转速,使其缓慢排料。

(3)涂敷时必须在环氧粉末未固化过程中进行。

# 项目四　制作钢管水泥砂浆衬里防腐层

## 一、相关知识

参照标准为 SY/T 4074—2016《钢质管道水泥砂浆衬里机械涂敷技术规范》。

### (一)水泥砂浆衬里防腐管常识

水泥砂浆衬里是可渗透性衬里。当管壁输送带腐蚀性的水或含水原油时,砂浆衬里被水浸透,进而浸湿整个管道内壁,水在浸透砂浆衬里的同时,吸收其中的 $Ca(OH)_2$,将管壁附近的 pH 值增加高于 12 的水平。在这样高的 pH 值条件下,金属管壁上的锈蚀被其表面上的氧化铁保护膜防止了。因此,水泥砂浆衬里不像其他管道防腐衬里那样怕针孔、裂缝。

水泥砂浆衬里能长期使用的原因是它具备自愈性。在运输和安装及涂衬过程中,由于操作不慎可能使管道衬里产生许多细小的裂缝,这些细小的裂缝,在管道开始输送水或含水原油以后,由于衬里的二次水化作用会自动愈合复原,从而保护了砂浆衬里的整体性,使衬里能长期使用。

### (二)施工工艺

> JBC018 水泥砂浆衬里防腐管的施工方法

水泥砂浆衬里钢管的施工方法主要有工厂预制施工、现场施工等。水泥砂浆衬里在防腐厂主要采用离心成型法作业,在现场管沟内预埋地作业主要有机械喷涂法、风送挤涂法以及涂敷机涂敷法和手工涂抹法等,管件衬里及衬里补口可采用人工涂抹法。可根据不同情况选择不同的施工方法。

1. 离心成型法

离心成型法水泥砂浆衬里施工工艺流程见图 2-2-4。

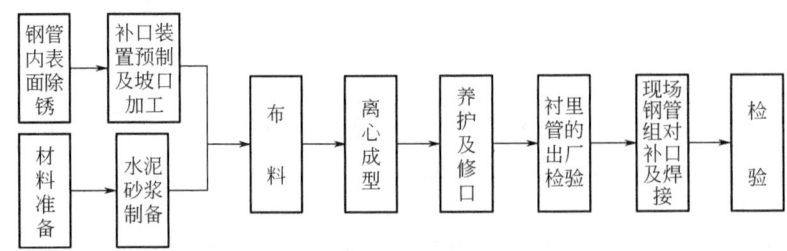

图 2-2-4　离心成型法水泥砂浆衬里工艺流程图

工艺过程归纳为:施工准备(材料准备、水泥砂浆制备、内表面除锈和补口装置预制及坡口加工)→布料→离心成型→养护及修口→衬里管的出厂检验→现场钢管组对补口及焊接→检验。对于用离心法施工的各种直径钢管水泥砂浆衬里,可以得到厚度较均匀的衬里层。

2. 风送挤涂法

风送挤涂法水泥砂浆衬里工艺流程见图 2-2-5。

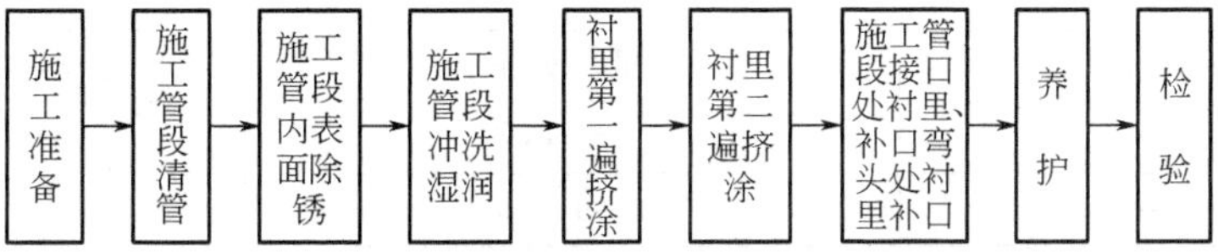

图 2-2-5  风送挤涂法水泥砂浆衬里工艺流程图

工艺过程归纳为：施工准备→管段清管→内表面除锈→管段冲洗润湿→水泥砂浆第一遍挤涂（或多遍挤涂）→水泥砂浆第二遍挤涂抹光（或最后一遍挤涂抹光）→补口→养护→检验。一般说来，用风送挤涂法施工水泥砂浆衬里防腐管时，管道底部衬里较厚。

> JBC019 水泥砂浆衬里防腐管水泥砂浆配制的要求

**（三）水泥砂浆配制**

国内外水管线的内防腐普遍采用水泥砂浆衬里防腐技术，它具有无公害、无毒、易施工等特点，将搅拌好的水泥砂浆与管内壁紧密结合形成一个高强度圆壳体内衬层，其防腐作用有碱性钝化作用、抗渗隔离作用和回路电阻作用。

（1）砂浆质量配比可在水泥∶砂子=1∶1~1∶2 范围内选用。水泥砂浆搅拌时可根据砂料实际含水量和塌落度要求，现场试验确定拌合用水量。

（2）水泥砂浆配制应采用机械设备搅拌充分，配制好的水泥砂浆应在初凝时间内使用。水泥砂浆在上料间歇应不停搅拌，以防表面失水凝结。

（3）水泥砂浆塌落度宜为 60~80mm；当公称直径小于 1000mm 时，塌落度不应大于 120mm。

（4）水泥砂浆的抗压强度不应低于 30MPa，而密度不应低于 2.16g/cm³。

（5）聚合物水泥砂浆是一种适用于风送法施工的不泌水、不分层、不流淌、不脱落，并有一定塑性的优质水泥砂浆。它不仅黏结力较大、润滑性好，而且早期强度很高，抗冲击性也很好。聚合物水泥砂浆配料要严格执行，水泥、石英砂和聚合物之间应根据施工环境条件控制三者的重量比关系。

**（四）衬里施工控制**

1. 涂敷机衬里施工

涂敷机涂敷是采用专用机具涂敷水泥砂浆衬里的现场施工工艺方法。

> JBC020 水泥砂浆衬里防腐管涂敷机衬里施工的控制措施

（1）施工管段的长度不宜超过 1km，管道的曲率半径不应小于 40D（D 为管径），其坡度不应大于 10°。

（2）衬里施工前，应先检查设备的润滑情况及各机构动作的可靠性，按衬里工艺要求调整衬里抹光机构弹簧拉力。

（3）涂敷机的工作速度应根据施工管径及衬里厚度确定，衬里厚度应符合行业标准《钢质管道水泥砂浆衬里技术标准》SY/T 0321—2016 中的规定。砂浆衬里涂敷作业工作速度可按表 2-2-14 执行。

表 2-2-14  砂浆衬里涂敷作业工作速度

| 公称直径，mm | 衬里厚度，mm | 涂敷作业工作速度，m/min |
| --- | --- | --- |
| 400~600 | 11~13 | 3.0~4.0 |
| 700~1200 | 13~16.5 | 2.0~3.0 |

续表

| 公称直径,mm | 衬里厚度,mm | 涂敷作业工作速度,m/min |
| --- | --- | --- |
| 1400~1600 | 17.5~18.5 | 1.5~2.5 |
| 1800~2200 | 19.5 | 1.5~2.5 |

(4)衬里作业时,接续涂敷衬里层搭接长度不应小于50mm。

(5)涂敷机停机或每班工作完毕,应在水泥砂浆初凝时间内清洗设备,防止砂浆在涂敷机内凝固。

(6)衬里施工过程中应及时进行质量检查。

<u>JBC021 水泥砂浆衬里防腐管风送挤涂衬里施工的控制措施</u>

**2. 风送挤涂衬里施工**

风送挤涂是将水泥砂浆用特定装置挤压涂敷在管道内表面,形成水泥砂浆衬里的施工方法。

(1)施工管段中不得有阀门、弯头、三通等影响衬里施工的管件,且钢管管径、壁厚应相同。

(2)风送挤涂宜采用分流扶正式挤涂器;挤涂器的行进速度不宜超过2m/s。

(3)多遍挤涂时,第一遍挤涂的厚度宜不低于衬里总厚度的50%,后续挤涂应在前一遍挤涂衬里初凝后、终凝前进行。

(4)衬里抹光时水泥与砂的质量比宜为1∶0.6;抹光装置应选用胶皮碗没有划痕的涂敷器。

<u>JBC022 水泥砂浆衬里防腐管离心成型衬里施工的控制措施</u>

**3. 离心成型衬里施工**

离心成型是采用工厂预制离心设备进行水泥砂浆衬里施工的方法,钢管靠摩擦力使钢管与主动轮反向旋转,在离心力作用下均匀分散在管壁形成衬里。

(1)钢管质量应满足下列要求:

① 钢管的直线度偏差不应大于3mm/m,全长不大于5mm;

② 钢管管口截面的椭圆度偏差不应大于2mm。

(2)应根据钢管的管径和衬里厚度设定布料机作业参数;停机时,布料管中的砂浆存留时间不应超过砂浆的初凝时间。

(3)涂敷作业前,应对离心成型系统进行检查,确保运转正常。

(4)涂敷作业过程中,根据管径和衬里厚度调整和控制成型工艺参数。

(5)成型后,管口处衬里层的局部缺陷应进行修口,修口应平整并满足补口工艺要求。

<u>JBC023 水泥砂浆衬里防腐管衬里养护的方法</u>

**(五)衬里养护**

衬里养护可采用自然养护法和蒸汽养护法。现场施工管段的衬里宜采用自然养护法;工厂预制的钢管和管件衬里可采用蒸汽养护法和自然养护法。

1. 自然养护法

采用自然养护法时,应在衬里施工后2h内将管道两端封堵。衬里养护期间的环境温度不应低于10℃,养护时间不应少于8d。

2. 蒸汽养护法

(1)蒸汽养护的参数有静止时间、升降温速度、蒸汽压力和养护的温度、时间、湿度等。

(2)衬里施工完成 2h 之内,将钢管两端封堵,到现场安装时封堵件方可去掉。

(3)蒸汽养护应在衬里施工后 2~4h 之间开始。若环境温度高或湿度低,可缩短上述时间;相反应延长上述时间。

(4)养护室温度应为 57~74℃,养护时间不应少于 18h。

(5)养护室的升温或降温不应超过 0.6℃/min。

## 二、技能要求

### (一)准备工作

1. 设备

内喷砂除锈机 1 套,砂浆衬里防腐生产线 1 套,离心机 1 套。

2. 材料、工具

硅酸盐水泥若干,砂子若干,水若干,$\phi$114mm 钢管 1 根。

### (二)操作规程

(1)钢管内表面喷砂除锈机除锈,质量达到 Sa2½级。

(2)水泥砂浆选择。水泥用硅酸盐水泥(425#);砂粒应通过 2mm 筛孔,砂粒粗细比例为 1:1。

(3)水泥砂浆配制。清水、水泥与砂子的质量比为 0.4:1:1;配制好的水泥砂浆倒入搅拌机搅拌,自搅拌到离心时间不大于 0.5h。

(4)布料。根据钢管的管径和衬里厚度确定布料量;将搅拌好的水泥砂浆向钢管内布料,存留时间不能超过 20min。

(5)离心成型。主机先空载运行 3min,确保运转正常;装夹管子,使管子几何中心与主机旋转中心一致;安装管端定型堵塞;启动主机,分别按不同管径规格规定的钢管运转速度旋转。

(6)质量检查。衬里成型后,衬里表面应光滑平整,无开裂漏缺,端面整齐干净,表面无杂物。

### (三)注意事项

(1)衬里施工时钢管内不应有超过衬里厚度 50% 的金属突出部分。

(2)水泥砂浆使用前应使用沉入度测定仪测定其沉入度,并通过调整加水量使水泥砂浆的沉入度保持在 9~11cm 之间。

(3)衬里施工前应制备砂浆试块,其抗压强度应不低于 30MPa。

(4)涂敷作业前应先检查设备的润滑情况及各部分动作的准确性。

(5)施工完毕,管端应密封来保持衬里管内的养护湿度。

# 项目五 制作钢管熔结环氧粉末内防腐层

## 一、相关知识

### (一)钢质管道熔结环氧粉末内防腐层标准

参照标准为 SY/T 0442—2018《钢质管道熔结环氧粉末内防腐层技术标准》。

该标准适用于工作温度不超过 80℃,输送各种油品、天然气、污水的钢质管道及给排水钢质管道熔结环氧粉末内防腐层的设计、施工及验收。

JBC024 熔结环氧粉末内防腐管防腐层的结构性能

### (二)环氧粉末内防腐层结构

环氧粉末内防腐层为一次成膜结构。

防腐层的厚度应根据介质的防腐性、运行温度等工程因素选择,最小厚度应符合表 2-2-15 的规定。

表 2-2-15 环氧粉末内防腐层最小厚度

| 防腐层等级 | 普通级 | 加强级 |
| --- | --- | --- |
| 最小厚度,μm | ≥300 | ≥500 |

单层熔结环氧树脂防腐层(FBE)具有优异的黏结力、耐腐蚀、耐溶剂性等优良性能。

JBC025 FBE涂装施工工艺

### (三)环氧粉末内防腐层的涂敷施工

#### 1. 环氧粉末内涂敷方法

FBE(单层环氧粉末)涂装施工工艺原理是在预热钢管表面的环氧粉末受热熔化并流动,进一步流平覆盖整个钢管表面,使涂层与钢管紧密结合,最后用水冷却终止固化过程形成 FBE 涂层。

环氧粉末内涂敷工艺与外涂层工艺类似,前处理工艺基本一致,加热方式有电炉加热、燃气炉加热、中频加热等,涂敷方法有代表性的有真空吸涂法和喷涂法两种。

1)真空法

真空吸涂法一般用于小口径管道和弯管的内壁涂装。内壁吸涂工艺流程如图 2-2-6 所示。

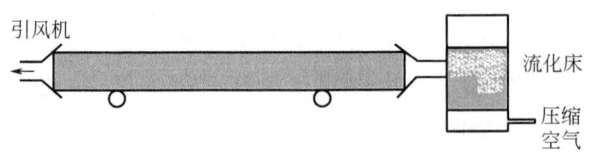

图 2-2-6 真空吸涂法示意图

真空吸涂属于热涂敷技术,粉末与空气混合后进入管道内,它与高温管壁接触时熔融黏附于管壁表面。

2)水平杆式喷枪内喷涂法将杆式喷枪插入已加热的管道内进行热熔喷涂。工艺流程如图 2-2-7 所示。

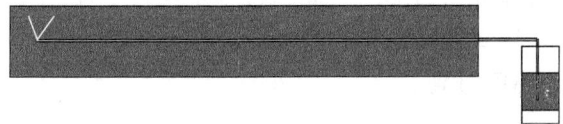

图 2-2-7　内喷涂示意图

3) 静电内喷涂法

利用静电感应原理,在喷枪与管道之间形成一强大的静电场,当粉末由压缩空气携带至喷枪时,粉末的微粒捕集了一定数量的电子,带上负的静电荷,在静电和压缩空气的双重作用下,粉末均匀地吸附到管内壁上,经加热固化形成坚固光滑的涂层。

熔结环氧粉末静电喷涂工艺流程如图 2-2-8 所示。

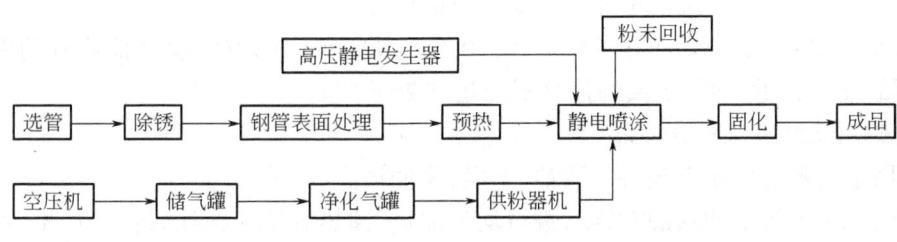

图 2-2-8　熔结环氧粉末静电喷涂工艺流程图

2. 工艺评定试验

正式生产前,涂敷厂应按照粉末涂料生产厂推荐的涂敷参数拟定涂敷工艺,并按拟定的涂敷工艺涂敷钢管或管段,并截取试件,按照表 2-2-16 的项目进行检验,结果应符合规定。

当生产工艺参数改变时,重新进行工艺评定试验。

表 2-2-16　钢管内防腐层性能

| 序号 | 项目 | 验收指标 | 试验方法 |
| --- | --- | --- | --- |
| 1 | 热特性 $\lvert \Delta T_g \rvert$,℃ | ≤5 且符合粉末生产厂给定特性 | SY/T 0442 附录 B |
| 2 | 阴极剥离(65℃,-1.5V,48h)或<br>(65℃,-3.5V,24h),mm | ≤6.5 | SY/T 0442 附录 C |
| 3 | 断面孔隙率,级 | 1~3 | SY/T 0442 附录 D |
| 4 | 黏结面孔隙率,级 | 1~4 | SY/T 0442 附录 D |
| 5 | 抗3°弯曲(订货规定的最低<br>试验温度±3℃) | 无裂纹 | SY/T 0442 附录 E |
| 6 | 抗8J冲击 | 无漏点 | SY/T 0442 附录 F |
| 7 | 附着力,级 | 1~2 | SY/T 0442 附录 G |

3. 环氧粉末涂料

对每一牌(型)号的环氧粉末涂料,生产厂应向涂敷厂提供在厂家质保体系规定时间内由具有检验资质的第三方出具的材料检验报告。其中环氧粉末涂料的指标胶化时间是指在某一给定的温度下,热固性粉末涂料从熔融开始到发生胶凝所需的时间。

环氧粉末涂料应密封保存,且在装运、储存过程中保持干燥、清洁,按照生产厂推荐的温度和湿度条件储存涂料。环氧粉末涂料有色差或有不同程度的结块,表明粉末涂料受潮、受热、超过存储期或者存储温度过高。

**4. 钢管表面处理**

> JBC026 熔结环氧粉末内防腐管内涂敷前准备的要求

(1)钢管表面涂敷之前,应采用适当的方法将附着在钢管表面的油、油脂及任何其他杂质清除干净。进入钢管的表面处理设备和部件不能有污染钢管表面的物质。

(2)喷射除锈前,应预热钢管,并保持钢管表面温度至少高于露点以上3℃。

(3)钢管表面应进行喷射除锈,除锈等级应达到现行国家标准 GB/T 8923.1—2011 中规定的 $Sa2\frac{1}{2}$ 级,表面锚纹深度应在 $50\sim100\mu m$。

(4)喷射除锈后,应用清洁、干燥的压缩空气吹扫钢管内表面,将钢管内表面残留的钢丸、砂粒和灰尘清除干净。表面灰尘度不应低于 GB/T 18570.3—2005 规定的 2 级。

(5)对可能影响防腐层质量的表面缺陷应进行修理。

(6)抛射除锈后的钢管应按 GB/T 18570.9—2005 规定的方法或其他适宜的方法检测钢管表面的盐分含量,钢管表面的盐分不应超过 $20mg/m^2$。

**5. 内防腐层涂敷及操作要点**

> JBC027 熔结环氧粉末内防腐管内涂敷作业施工要点

(1)用于涂敷的压缩空气必须清洁、干燥、无油污。

(2)应采用无污染的热源对钢管进行均匀加热,预热温度应在涂料生产厂推荐的范围,但不应超过 275℃。

(3)按照工艺评定试验确定的涂敷工艺进行防腐层涂敷。

(4)钢管的保温和冷却应满足环氧粉末涂料的固化时间和固化温度要求。可适当提高固化温度或延长固化时间,但不得降低温度或缩短时间。

(5)固化后的防腐层应采用空气冷却或水冷却的方法。

(6)在涂敷前,应采用在钢管两端粘纸或其他方法留出不涂区,留端长度根据设计要求选定,一般为 50~80mm。为了防止管端不涂区锈蚀,根据用户要求,在环氧粉末的不涂区刷涂可焊涂料,涂刷要求应符合所用防锈可焊涂料生产厂家的规定。如果用户要求,可在内涂层钢管两端加装隔离帽(端盖)。

(7)FBE 防腐管涂装时,管体加热温度可根据管壁的厚度、生产速度以及环氧粉末胶化、固化时间进行调整。

## 二、技能要求

### (一)准备工作

1. 设备

内喷砂除锈机 1 套,环氧粉末喷涂设备 1 套。

2. 材料、工具

$\phi 114mm$ 钢管若干,环氧粉末若干,锚纹度测量仪 1 台,红外线测温仪 1 台。

### (二)操作规程

(1)按本项目相关知识中的要求进行钢管内表面预处理。

(2)检查供粉桶内装环氧粉末量,粉末量充足,确保供粉的连续性。

(3)打开并调好设置静电发生器,其电压值控制在50~60kV范围内,电流值控制在20~40μA范围内。

(4)开启供粉泵,压力为0.4~0.6MPa之间,并调节一次风、二次风、三次风压力值,使喷枪出粉均匀。

(5)开始喷涂,喷枪喷涂速度应控制在6~12m/min之间,匀速进退。

(6)喷涂结束后,首先关闭喷枪,然后关闭静电发生器,再关闭回收系统,给喷枪放电,最后关闭电源;擦净控制柜、供粉器、静电发生器和喷涂室。

**(三)注意事项**

参见本书第一部分高级工操作技能及相关知识模块二项目四"制作钢管熔结环氧粉末外防腐层"中的注意事项。

# 项目六 喷涂钢管双层环氧粉末外涂层

## 一、相关知识

**(一)埋地钢质管道双层熔结环氧粉末外涂层技术**

1. 钢管双层熔结环氧粉末外涂层标准

参照标准为SY/T 0315—2013《钢质管道熔结环氧粉末外涂层技术规范》,与钢质管道单层熔结环氧粉末外涂层采用同一标准。

2. 双层环氧粉末外涂层结构特性

1)涂层结构

双层环氧粉末外涂层由内、外两种环氧粉末涂料分别喷涂一次成膜而构成。双层环氧粉末外涂层的最小厚度应符合表2-2-17的规定。

> JBC028 双层熔结环氧粉末外涂层防腐管防腐层的结构等级

表2-2-17 双层环氧粉末外涂层厚度

| 序号 | 涂层等级 | 最小厚度,μm | | |
|---|---|---|---|---|
| | | 内层 | 外层 | 总厚度 |
| 1 | 普通级 | 250 | 350 | 600 |
| 2 | 加强级 | 300 | 500 | 800 |

涂层结构见图2-2-9,底层和面层使用的粉末应为同一厂家提供的配套产品。

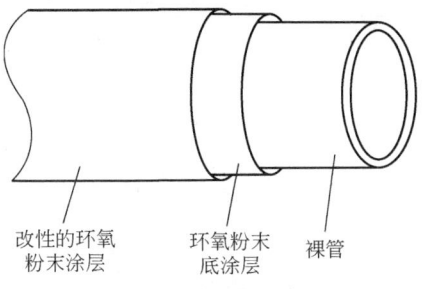

图2-2-9 双层环氧粉末涂层示意图

双层环氧粉末外涂层为复合涂层结构，由防腐型环氧粉末底层和抗机械损伤型环氧粉末面层一次喷涂成膜完成。

2）涂层特性

双层环氧粉末结构（double powder system，DPS）是在 FBE 技术基础上发展起来的。在粉主料制备过程中加入部分塑性材料、互穿网络的复合固化剂、辅助自润滑性能的超硬非金属材料和助剂等，可有效提高防腐层的抗冲击能力、抗划伤性，这种增塑性环氧粉末作外层，主要用于抗机械损伤；常规的环氧粉末作底层，与单层环氧粉末防腐层相同，用以提高涂层的防腐性。这样就构成了抗冲击性能优异、抗划伤性能卓越、最高使用温度达 80℃ 的 DPS。

双层环氧粉末涂料涂层具有以下特性：

（1）具有优异的抗磨、耐冲刷、抗冲击性能，因而具有良好的保护能力，可有效防止钢管在运输、打桩以及管道铺设过程中的防腐层碰损和擦伤。

（2）双层熔结环氧粉末防腐体系与基材黏接强度大，抗阴极剥离性能好，吸水率小，使用温度范围大，综合性能与三层 PE 防腐涂层相当，耐划伤性优异，相容性好，操作方便，质量控制容易，覆盖层表面光滑，可避免阴极屏蔽问题，与阴极保护体系的匹配性好；但是造价较高。

### 3. 环氧粉末材料要求

环氧粉末涂料应由供应商提供每一牌（型）号环氧粉末涂料的产品说明书、质量证明书及具有资质的第三方检验机构出具的环氧粉末涂料及涂层性能检测报告等有关技术资料。环氧粉末涂料交货时应提供出厂检验合格证并应在外包装上清楚地标明生产厂名、产品名称、型号、批号、产地、储存要求及生产日期、有效期等内容。

环氧粉末涂料及涂层的各项指标应符合表 2-2-18 和表 2-2-19 的要求。

表 2-2-18 环氧粉末涂料的性能指标

| 序号 | 项目 | | 性能指标（双层环氧粉末涂料） | | 试验方法 |
|---|---|---|---|---|---|
| | | | 内层 | 外层 | |
| 1 | 外观 | | 色泽均匀、无结块 | | 目测 |
| 2 | 固化时间（230℃±3℃），min | | ≤2，且符合粉末生产商给定范围 | ≤1.5，且符合粉末生产商给定范围 | SY/T 0315 附录 A |
| 3 | 胶化时间（230℃±3℃），s | | ≤30，且符合粉末生产商给定范围 | ≤20，且符合粉末生产商给定范围 | GB/T 6554 |
| 4 | 热特性 | $\Delta H$，J/g | ≥45，且符合粉末生产商给定特性 | | SY/T 0315 附录 B |
| | | $T_{g2}$，℃ | ≥最高使用温度+40 | | |
| 5 | 不挥发物含量，% | | ≥99.4 | | GB/T 6554 |
| 6 | 粒度分布，% | | 150μm 筛上粉末≤3.0  250μm 筛上粉末≤0.2 | | GB/T 6554 |
| 7 | 密度，g/cm³ | | 1.3~1.5，且符合粉末生产商给定值±0.05 | 1.4~1.8，且符合粉末生产商给定值±0.05 | GB/T 4472 |
| 8 | 磁性物含量，% | | ≤0.002 | | GB/T 6570 |

注：对于低温固化环氧粉末涂料，试验温度应根据产品特性确定。

表 2-2-19 实验室涂敷试件的涂层质量指标

| 序号 | 项目 | | 性能指标(双层环氧粉末涂层) | 试验方法 |
|---|---|---|---|---|
| 1 | 外观 | | 平整、色泽均匀、无气泡、无开裂及缩孔,允许有轻微橘皮状 | 目测 |
| 2 | 热特性 | $|\Delta T_g|$,℃ | ≤5(内层、外层) | SY/T 0315 附录 B |
| | | 固化百分率,% | ≥95(内层、外层) | |
| 3 | 阴极剥离(65℃,48h),mm | | ≤6.5 | SY/T 0315 附录 C |
| 4 | 阴极剥离(65℃,28d),mm | | ≤15 | SY/T 0315 附录 C |
| 5 | 抗弯曲 | | 2°弯曲,无裂纹 | SY/T 0315 附录 D |
| 6 | 抗冲击(8J) | | 10(23℃),无漏点 | SY/T 0315 附录 E |
| 7 | 断面孔隙率,级 | | 1~4 | SY/T 0315 附录 F |
| 8 | 黏结面孔隙率,级 | | 1~4 | SY/T 0315 附录 F |
| 9 | 附着力(24h),级 | | 1~3 | SY/T 0315 附录 G |
| 10 | 附着力(28d),级 | | 1~3 | SY/T 0315 附录 G |
| 11 | 耐划伤(30kg),μm | | ≤35,无漏点 | SY/T 4113 |
| 12 | 电气强度,MV/m | | ≥30 | GB/T 1408.1 |
| 13 | 体积电阻率,Ω·m | | ≥$1\times10^{13}$ | GB/T 1410 |
| 14 | 弯曲后涂层耐阴极剥离(28d) | | 1.5°,无裂纹 | SY/T 0315 附录 I |
| 15 | 耐化学腐蚀性 | | 合格 | SY/T 0315 附录 J |

双层环氧粉末涂层的内、外层环氧粉末涂料应使用同一生产商的配套产品,并有明显色差。

**4. 管道双层环氧粉末(DPS)外涂层的涂敷施工工艺**

双层环氧粉末外涂层涂敷工艺见图 2-2-10。

⎡JBC030 DPS涂装施工工艺⎤

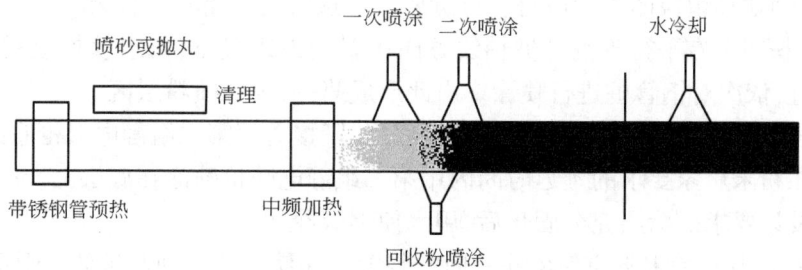

图 2-2-10 双层环氧粉末外涂层涂敷工艺示意图

双层环氧粉末外涂层工艺流程为:裸管→表面处理→预热→底层喷涂→面层喷涂→固化→冷却→在线检测。双层环氧粉末与单层环氧粉末外涂层防腐管的喷涂工艺基本相同,其主要区别是双层环氧粉末底层和面层的供粉系统独立和喷涂系统独立。

作为双层环氧粉末涂层系统的外涂层,直接涂敷在提供防腐保护的单层(底层)上,该产品的设计将给底层在运输和管道铺设过程中以最大限度的机械保护,并具有良好的防腐性能;外层为增强层,提供抗机械损伤性能,因两层基料具有相同化学结构,具有良好相容性,因而可形成紧密结合不发生分层,涂层整体厚度可达 600~1000μm。

涂敷过程外层与底层交错进行,即在静电喷涂底层达到设计要求后,即进行外层涂敷。建议采用分开回收装置。

DPS 在我国应用历史很短,管道工业中早期主要还是用于钢制弯头的防腐。

> JBC031 双层熔结环氧粉末外涂层防腐管涂敷施工的要求

5. 双层环氧粉末外涂层的涂敷要求

1）钢管表面处理要求

参照本书第一部分高级工操作技能及相关知识模块二项目四的内容。

2）工艺性试验

（1）正式生产前,防腐厂宜采用相同规格的钢管进行工艺性试验,以确定工艺参数。按此工艺参数涂敷防腐管并截取试件,由具有资质的第三方检验机构按后文表 5-3-1 的要求进行检验并出具检验报告。

（2）涂敷过程中钢管温度应控制在环氧粉末生产商的推荐范围内,且不应超过 275℃,并满足钢管的加热温度限制。

（3）防腐管试件的涂层性能应符合后文表 5-3-1 要求,之后方可正式涂敷施工。

3）涂敷施工

（1）涂敷前钢管温度应控制在工艺试验确定的范围之内,符合所用环氧粉末涂料要求的温度范围,但最高不得超过 275℃。预热温度应用红外线测温仪进行连续检测,并应使用测温笔或接触式高温计进行温度控制。对钢管进行加热的热源不允许对钢管表面产生污染。

（2）固化时间应符合所用环氧粉末涂料的要求,固化温度、固化时间和延迟时间应符合厂家提供的技术规定。

（3）外层涂敷应在内层胶化完成前进行,且应保证外层环氧粉末涂料所要求的固化温度。

（4）涂层最小厚度应符合表 2-2-17 的要求。

（5）钢管两端预留段的长度应符合订货要求。预留段表面不应有涂层。

（6）在喷粉室中有平行于钢管桩轴线方向布置的二组喷枪,每组喷枪喷粉方向又与钢管桩轴线垂直,依次对钢管桩进行喷涂。由此形成第一、第二喷粉层区。

预热后的钢管先用第一组静电喷枪喷涂底层,紧接着用第二组静电喷枪直接喷涂面层。面层粉末应在粉末厂家要求的延迟时间内用第二组静电喷枪喷涂在底层上。底层及面层总厚度应达到设计要求。涂层充分固化后,用水使钢管冷却。

（7）喷涂时,两种粉末不应使用同一回收装置。如使用同一回收装置,则回收的粉末经过严格的除磁性物的筛选,达到要求后可进入面层粉末喷枪,在面层和底层中间用一组喷枪专门喷涂回收后的粉末。与面层粉末混合的回收粉末量不得超过新加面层粉末总量的10%。如业主或粉末厂家有特殊要求,应按特殊要求执行。

> JBC032 埋地管道长距离非开挖修复技术的含义

**（二）埋地管道长距离非开挖修复技术**

1. 简介

非开挖修复技术是利用微开挖或不开挖技术对地下管线进行修复的工程技术,具有综合成本低、施工周期短、环境影响小、不影响交通、施工安全性好等优势,特别适用于穿越河流、铁路、公路、建筑物以及闹市区、环境保护区、古迹保护区、农作物和植被保护区等条件下的管道修复。

国内使用的管道非开挖修复技术主要有 HDPE 管内穿插修复法、复合软管内翻衬修复法、不锈钢内穿插修复法、涂敷内衬修复法等。

(1) HDPE 管内穿插法是将高密度聚乙烯塑料管缩径后穿入原管道中,然后再用热蒸汽或空气使其恢复到原来的直径,内衬管和原管道紧贴形成复合结构管。由于内衬 HDPE 管是无极性高分子有机塑料管,它具有内壁光滑、不易结垢、无毒、不滋生细菌等优点,起到了堵漏、防腐、降阻、提压的作用。

(2) 内翻衬法是以浸透树脂的纤维增强软管或编织软管作为管道的内衬材料,通过水压或气压翻转软管,使之紧密地贴衬到旧管道内壁,加热固化后形成修复层。管道修复后表面光滑、连续,管道断面几乎没有损失,水流动性大大提高,同时避免了管道泄漏造成的损害。

(3) 不锈钢内穿插法是在旧管道内部穿插内衬薄壁不锈钢管,或将不锈钢板采用卷板形式在管道内部进行焊接,整体成型,从而达到防渗漏、防腐蚀的目的,也提高原管道耐压水平。内衬不锈钢修复管道多采用等径衬里和偏心衬里两种方法。等径衬里,不锈钢管外径与旧管道内径相近,壁厚一般为 0.4~1.0mm,缩径、穿插、胀管后衬入旧管道内。偏心衬里,不锈钢外径小于旧管道内径,壁厚一般为 0.6~2.0mm,直接插入旧管道内,在不锈钢管外侧加诸如黏接剂、填充材料、混合改性树脂液等。

(4) 涂敷内衬法是通过内挤涂或内喷涂对旧管道进行内衬修复。挤涂内衬法是以空气为动力源推动挤涂器以完成涂层的涂敷,经过多次挤涂以达到设计的涂层厚度,尤其适合长距离管线的修复及内防腐。喷涂内衬是通过一个快速旋转的喷涂头将内衬浆液喷涂到管道内壁,固化后形成修复内衬层。

> JBC033 HDPE 管内穿插修复法的工艺过程

2. HDPE 管内穿插修复法

1) 原理

该技术是将外径比主管道内径稍微大一些的管经过等径压缩装置暂时缩小 HDPE 管的外径,缩径量约 10%,然后由牵引装置以一定的牵引力和牵引速度将缩径的 HDPE 管拉入主管道中,定位后撤销拉力,用气压使衬 HDPE 管恢复到原来的直径(在没有气压的情况下,也可自动恢复到原来的直径),这样插入的 HDPE 管就与主管道紧紧地结合在一起,形成"管中管",达到旧管道修复的目的。HDPE 管内穿插修复法的原理如图 2-2-11 所示。

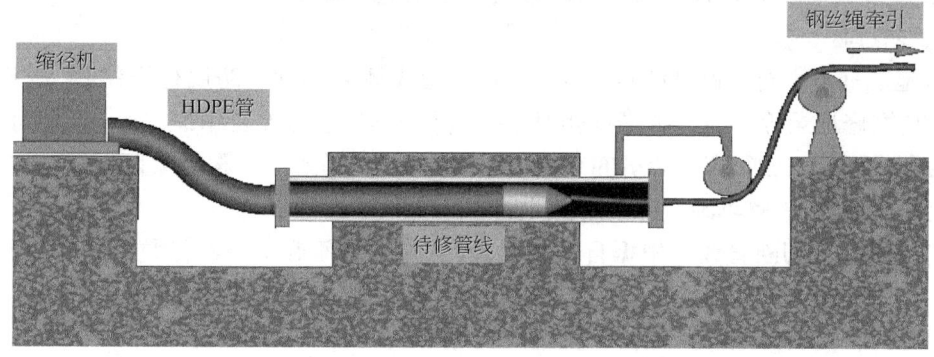

图 2-2-11 HDPE 管内穿插修复法原理

2)工艺过程

(1)施工前,设计和工程技术人员首先应沿着旧管线铺设路径进行现场勘察,对管线的历史、目前的状况及周围环境等做详细的调研,确定合适的开挖地点和切断位置,做好工程设计和施工计划,然后按设计和计划进行施工。

(2)按设计的长度开挖断开旧管道,并在管段的两端焊接法兰盘或特种接头。开挖断开长度根据选用的HDPE管的直径、壁厚、屈服强度和现场环境条件来确定。推荐的管段长度一般不超过1km。若管段过长,HDPE管可能会承受较大的拉应力,以至于超过其屈服强度而受到损伤。

(3)对管道进行清洗,彻底清除管道内的杂物、管壁上的结垢、锈层及其他附着物。推荐采用PIG物理清洗工艺,清洗速度快、质量好,并能起到通径的作用。

(4)在现场将单根HDPE管热熔焊接成一定长度的管段,焊接完后,要切除HDPE管在热熔焊接时所产生的焊瘤,使其表面光滑平整以保证穿插顺利和紧密贴合。整体接好后,HDPE管进行探伤和压检查,确保衬管连接质量。

(5)将牵引头固定在HDPE衬管的首端,接好牵引缆绳。同步启动缩径机和牵引绞车,按照规定的速度均匀牵引HDPE衬管通过缩径机缩径后进入待修主管道的一端,从另一端拉出设计的长度。在穿插过程中,操作者要严格监控HDPE衬管段的应力大小,防止超过其拉伸屈服极限。

(6)穿插结束后,立即用接头制作装置或复合法兰高温压制成型装置在管段两端压制复合法兰。这一工序要在HDPE衬管尚未完全复原贴合之前完成。这样,HDPE管完全复原后所产生的拉伸力可使聚乙烯法兰盘与主管法兰更加紧密地贴合在一起。当相邻的两段旧管道内衬完毕后,用特殊接头或法兰连接在一起。

3. 复合软管内翻衬修复法

1)原理

该技术的核心工艺是软管翻衬技术,其工艺原理(图2-2-12)是在不破坏自然地貌、不损坏原管道的情况下将管道内污物清理干净,恢复原有通径后,将带有防渗透层并浸透热固性树脂的纤维增强软管作为衬管的成型材料,将旧管道作为内衬管的翻衬通道和成型模板,采用气压(或水压)将软管翻转并送入旧管道内,使软管的浸树脂层朝外贴于旧管道内壁,防渗透层朝里成为新管道的内壁表面。用加热(或室温)固化法使衬管的树脂固化与原管道构成钢塑复合管,原管道起维护支撑作用,衬里层起防腐作用。

2)工艺过程

(1)施工准备。对待修管线进行调查,弄清管线规格、壁厚、防腐保温结构、敷设年代、使用历史、维修记录等。通过现场勘测对管线进行核实,编写施工组织设计;现场对管线进行探测,查明阀门、三通、弯头等分布位置,用木桩标识管道走向。根据实际情况分修复作业段,选定作业地点,平整场地,接通水源、电源。

(2)挖操作坑切断管线。根据自然状况,考虑施工方便确定一次修复管道长度和起、止点位置,并挖操作坑。直径≤219mm的钢管用手动切管机切断,切下短管长度以便于管段清理和翻衬复合软管作业为目的,一般短管长度为1~1.5m。

(3)在距被修管段端头35mm处焊接隔热圈。在切下的短管两端头同样距离处各焊一

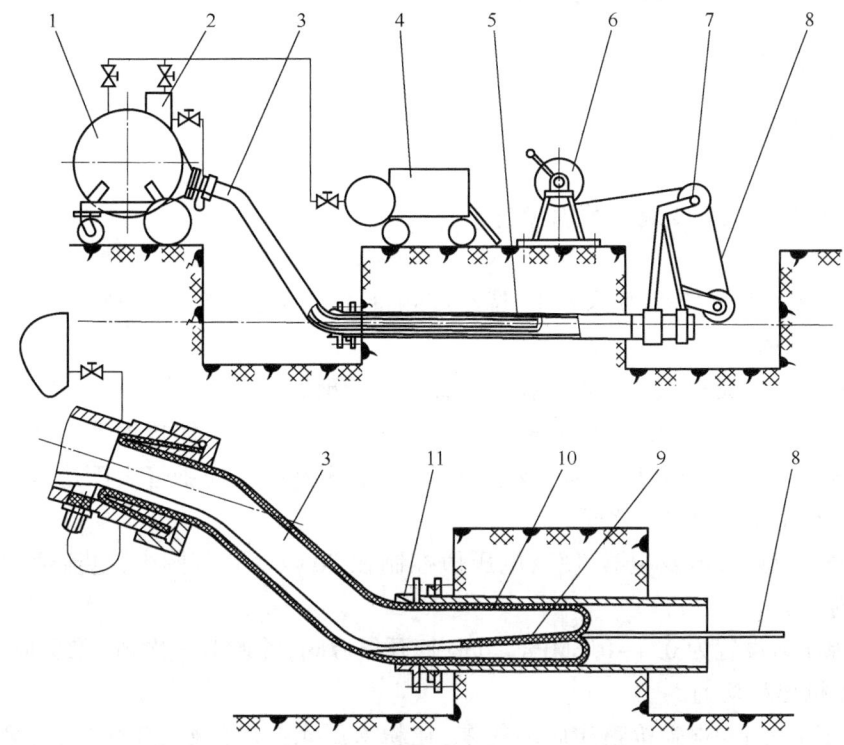

图 2-2-12　翻转内衬复合软管工艺原理示意图
1—翻转器；2—润滑油箱；3—软管；4—空气压缩机；5—被修钢管；6—牵引机；
7—导向滑轮；8—牵引绳；9—在翻软管；10—已翻软管；11—翻衬入口

个隔热圈，并将短管以相同材料和结构衬入复合软管防腐层，两端头与被修复管段同样方式进行处理，以备管段连接时使用。

（4）管线清理。管线清理包括管内结垢物的清洗和管内硬性障碍物的清除。

（5）清理质量检测。质量检测包括通过性检测和内表面外观质量检测。

（6）复合软管浸胶。①从胶黏剂混合搅拌开始到翻转内衬复合软管结束所用时间再多加 2h 作为胶黏剂的凝胶期，确定胶黏剂的配比；②根据施工现场胶黏剂凝胶期的配比进行配料施工；③按软管展开面积计算所需要胶黏剂，并用专用机具灌入复合软管内；④当浸胶软管露出浸胶机时，将软管从上方紧紧缠绕在翻转器的转轴上。

（7）翻转内衬复合软管。①复合软管端头锁定在翻转器的软管出口上；②启动空气压缩机，当翻转器内压力达到一定数值时软管开始外翻，用人工将翻出的复合软管通过翻衬入口送入被修复管段内；③当翻转器内压力上升到 0.3~0.35MPa 时，进入正常翻衬作业，翻衬速度稳定在 25~35m/min 之间；当翻衬长度达到被修复管段长度 50% 时，翻衬阻力达到最大值，此时如果翻衬出现困难允许将压力提高到 0.5MPa。

（8）端头处理、打压固化。在被修复管段两端分别留出 35~40mm 复合软管，其余部分剪掉，并将留下的软管沿轴线六等分剪成外翻粘贴在管段外壁上，用锁定环固定；在被修管段两头分别用发射端堵头和接收端堵头密封，空气压缩机打压 0.2~0.3MPa 关闭阀门，稳压 24h 固化。

(9)管段连接、打压试验和外补口施工。

## 二、技能要求

### (一)准备工作

1. 设备

抛丸除锈机1套,环氧粉末喷涂设备1套。

2. 材料、工具

φ114mm钢管若干,环氧粉末若干,锚纹度测量仪1台,红外线测温仪1台。

### (二)操作规程

(1)按本项目相关知识中的要求进行钢管外表面预处理。

(2)钢管旋转通过中频加热线圈时,中频系统通过电磁感应加热钢管。红外线测温仪将监测钢管表面温度并将其反馈到中频控制系统,经闭环控制使钢管表面达到稳定的涂敷温度,温度控制在177~232℃之间。

(3)打开并调好静电发生器,使其电压值控制在50~60kV范围内,电流值控制在20~40μA范围内。

(4)气源压力设置为0.4~0.6MPa之间;打开气源阀,并调节一次风、二次风、三次风压力值,保证喷枪出粉均匀。

(5)先用第一组静电喷枪喷涂底层粉末,在粉末厂家要求的延迟时间内用第二组静电喷枪直接喷涂面层粉末。

(6)采用循环水冷却,冷却后温度达到60℃以下,满足检测要求。

(7)设备关闭顺序为:喷枪→气源→静电发生器→粉末回收装置→喷枪放电→总电源;擦净控制柜、供粉器、静电发生器和喷涂室。

### (三)注意事项

参见本书第一部分模块二项目四"制作钢管熔结环氧粉末外防腐层"中的注意事项。

# 项目七 "管中管"法制作钢管聚氨酯泡沫保温层

## 一、相关知识

钢质管道常用外防腐保温涂敷施工参照标准为GB/T 50538—2010《埋地钢质管道防腐保温层技术规范》。

> JBJC035 泡沫塑料防腐保温管材料的性能要求

### (一)泡沫塑料防腐保温管材料

1. 一般规定

(1)防腐材料、保温层原料和防护层材料应有产品质量证明书、检验报告、使用说明书、出厂合格证、生产日期及有效期。

(2)防腐材料、桶装保温原料和防护层材料包装均应完好,并按供货厂家说明书的要求存放。

(3) 防腐材料、桶装保温原料和防护层材料在使用前,均应由通过国家计量认证的质量检验机构,按 GB/T 50538—2010 的相关规定进行复检,合格后方可使用。

2. 防腐层材料

防腐层应根据输送介质温度及生产工艺确定其技术要求,应符合现行国家和行业标准的规定和要求。

3. 保温材料

(1) 用于输送介质温度不超过 100℃ 的埋地钢质管道的泡沫塑料由多异氰酸酯、组合聚醚组成,其中发泡剂应为无氟发泡剂。

(2) 多异氰酸酯的性能应符合表 2-2-20 的规定,组合聚醚的性能应符合表 2-2-21 的规定,聚氨酯泡沫塑料的性能应符合表 2-2-22 的规定。

表 2-2-20　多异氰酸酯性能指标

| —NCO,% | 酸值,mgKOH/g | 水解氯含量,% | 黏度(25℃),Pa·s | 试验方法 |
|---|---|---|---|---|
| 29~32 | <0.3 | <0.5 | <0.25 | GB/T 12009.1~4 |

表 2-2-21　组合聚醚性能指标

| 羟值,mgKOH/g | 酸值,mgKOH/g | 水分,% | 黏度,mPa·s | 试验方法 |
|---|---|---|---|---|
| 470~510 | <0.1 | <0.1 | 2500~5000 | GB/T 12008.1~6 |

表 2-2-22　聚氨酯泡沫塑料性能指标

| 序号 | 项目 | | 指标 | 试验方法 |
|---|---|---|---|---|
| 1 | 表观密度,kg/m³ | | 40~70 | GB/T 6343 |
| 2 | 抗压强度,MPa | | ≥0.2 | GB/T 8813 |
| 3 | 吸水率,g/cm³ | | ≤0.03 | GB/T 50538 附录 B |
| 4 | 导热系数,W/(m·K) | | ≤0.03 | GB/T 50538 附录 C |
| 5 | 耐热性 | 尺寸变化率,% | ≤3 | GB/T 50538 附录 D |
| | | 重量变化率,% | ≤2 | GB/T 50538 附录 D |
| | | 强度变化率,% | ≥5 | GB/T 50538 附录 D |

注:(1) 耐热性试验条件为 100℃,96h。
(2) 泡沫塑料试件制作见 GB/T 50538 附录 E。

(3) 用于输送介质温度在 100~120℃ 之间的埋地管道保温层的泡沫塑料由多异氰酸酯、耐高温组合聚醚组成,其中的发泡剂应采用无氟发泡剂。

(4) 耐高温组合聚醚性能指标应满足表 2-2-23 的规定,多异氰酸酯检验应符合表 2-2-20 的规定,耐高温聚氨酯泡沫塑料性能指标应符合表 2-2-24 的规定。

表 2-2-23　耐高温组合聚醚性能指标

| 黏度,Pa·s | 羟值,mgKOH/g | 酸值,mgKOH/g | 水分,% | 试验方法 |
|---|---|---|---|---|
| <5 | 470~700 | <0.1 | <0.1 | GB/T 12008.1~6 |

表 2-2-24　耐高温聚氨酯泡沫塑料性能指标

| 序号 | 项目 | | 指标 | 试验方法 |
|---|---|---|---|---|
| 1 | 表观密度,kg/m³ | | 60~120 | GB/T 6343 |
| 2 | 抗压强度,MPa | | ≥0.3 | GB/T 8813 |
| 3 | 吸水率(常压沸水中浸泡,90min),% | | ≤10 | CJ/T 114—2000 |
| 4 | 导热系数(50℃),W/(m·K) | | ≤0.033 | GB/T 50538 附录 C |
| 5 | 泡沫闭孔率,% | | ≥88 | GB/T 10799 |
| 6 | 耐热性 | 尺寸变化率,% | ≤3 | GB/T 50538 附录 D |
| | | 重量变化率,% | ≤2 | GB/T 50538 附录 D |
| | | 强度变化率,% | ≥5 | GB/T 50538 附录 D |

注:(1)耐热性试验条件为 120℃,96h。
　　(2)泡沫塑料试件制作见 GB/T 50538 附录 E。

(5)桶装聚氨酯泡沫原料按规定比例抽检。组合聚醚进厂时每批应至少抽检 1 桶,测试反应的乳白时间、拔丝时间和固化时间,并满足工艺要求。

**4.防护层材料**

JBC036 泡沫塑料防腐保温管防护层的选用要求

(1)用于"一步法"工艺的聚乙烯专用料是以聚乙烯为主料,加入一定量的染料、抗氧剂、紫外线稳定剂等加工而成的。聚乙烯专用料及压制片材的性能应符合表 2-2-25 的规定。防护层的性能指标应符合表 2-2-26 的规定。

表 2-2-25　聚乙烯原料及压制片的性能指标

| 序号 | 项目 | | 指标 | 试验方法 |
|---|---|---|---|---|
| 1 | 密度,g/cm³ | | ≥0.930 | GB/T 4472 |
| 2 | 熔体流动速率(负荷 5kg),g/10min | | ≥0.7 | GB/T 3682 |
| 3 | 拉伸强度,MPa | | ≥20 | GB/T 1040.2 |
| 4 | 断裂伸长率,% | | ≥600 | GB/T 1040.2 |
| 5 | 维卡软化点,℃ | | ≥90 | GB/T 1633 |
| 6 | 脆化温度,℃ | | <-65 | GB/T 5470 |
| 7 | 耐环境开裂时间(F50),h | | >1000 | GB/T 1842 |
| 8 | 耐击穿电压强度,MV/m | | >25 | GB/T 1408.1 |
| 9 | 体积电阻率,Ω·m | | >$1\times10^{14}$ | GB/T 1410 |
| 10 | 耐化学介质腐蚀(浸泡 7d),% | 10%HCl 溶液 | ≥85 | SY/T 0413 附录 D |
| | | 10%NaOH 溶液 | ≥85 | |
| | | 10%NaCl 溶液 | ≥85 | |
| 11 | 耐热老化(100℃,4800h),% | | ≤35 | GB/T 3682 |
| 12 | 耐紫外光老化(336h),% | | ≥80 | SY/T 0413 附录 E |

注:(1)耐化学介质腐蚀及耐紫外光老化指标为试验后的拉伸强度和断裂伸长率的保持率。
　　(2)耐热老化指标为试验前后的熔融流动速率偏差。
　　(3)对聚乙烯原料,不要求本表 11、12 项性能。

表 2-2-26 "一步法"工艺的聚乙烯防护层性能指标

| 序号 | 项目 | | 指标 | 试验方法 |
|---|---|---|---|---|
| 1 | 拉伸强度 | 轴向强度,MPa | ≥20 | GB/T 1040.2 |
| | | 径向强度,MPa | ≥20 | GB/T 1040.2 |
| | | 偏差,% | <15 | — |
| 2 | 断裂伸长率,% | | ≥600 | GB/T 1040.2 |
| 3 | 耐环境应力开裂(F50),h | | ≥1000 | GB/T 1842 |
| 4 | 压痕硬度,mm | (23±2)℃ | ≤0.2 | SY/T 0413 附录 F |
| | | (50±2)℃ | ≤0.3 | |

注：拉伸强度偏差为轴向与径向拉伸强度的差值与两者中较低者之比。

(2) 用于"管中管"工艺的聚乙烯专用料是以聚乙烯为主料,加入一定量的抗氧剂、紫外线稳定剂、炭黑(黑色母料)等助剂加工而成的。其性能指标应符合表 2-2-27 的规定。

表 2-2-27 "管中管"工艺的聚乙烯防护层性能指标

| 序号 | 项目 | 指标 | 试验方法 |
|---|---|---|---|
| | 外观 | 黑色,无气泡、裂纹、凹陷、杂质、颜色不均 | 目视 |
| 1 | 密度,g/cm³ | ≥0.94 | GB/T 6343 |
| 2 | 炭黑含量(质量分数),% | 2.5±0.5 | GB/T 13021 |
| 3 | 拉伸强度,MPa | ≥19 | GB/T 8804.3 |
| 4 | 断裂伸长率,% | ≥350 | GB/T 8804.3 |
| 5 | 纵向回缩率,% | <3 | GB/T 6671 |
| 6 | 长期机械性能(4MPa,80℃),h | ≥1500 | CJ/T 114—2000 |

(3) 采用玻璃钢做防护层时,其性能应符合表 2-2-28 的规定。

表 2-2-28 玻璃钢防护层性能指标

| 序号 | 项目 | 指标 | 试验方法 |
|---|---|---|---|
| 1 | 外观 | 光滑、平整、色泽一致 | 目视 |
| 2 | 拉伸强度,MPa | ≥150 | GB/T 1447 |
| 3 | 弯曲强度,MPa | ≥50 | GB/T 1449 |
| 4 | 冲击韧性,kJ/m² | ≥130 | GB/T 1451 |
| 5 | 渗水率(0.05MPa,水中 1h) | 无渗透 | GB/T 5351 |
| 6 | 表面硬度(巴氏) | ≥40 | GB/T 3854 |

**(二)生产准备**

1. 材料规定

(1) 钢管弯曲度应不大于钢管长度的 0.2%,最大不应超过 20mm;椭圆度应不大于外径的 0.2%,长度不宜小于 6.5m。

(2) 保温材料在生产使用前,应进行发泡试验确定材料的工艺参数,验证材料的适应性。

JBC037 泡沫塑料防腐保温管预制的生产准备要求

(3) 聚乙烯专用料必须烘干后方可使用。

(4) 采用"管中管"成型工艺生产保温管前,应预先生产聚乙烯防护管或玻璃钢防护管。

2. 设备规定

(1) 应根据管径大小和成型工艺调整乳白时间、拔丝时间和固化时间等工艺参数,选用不同规格的发泡工装。

(2) 采用"一步法"生产工艺时,应调整钢管、机头、送进机等生产线设备同轴度和高度,检验挤出机、纠偏机和高(低)压发泡机等关键设备是否处于稳定运行状态。

(3) 露天作业时,钢管表面温度应高于露点温度3℃以上,施工环境相对湿度应低于80%,雨、雪、雾、风沙等气候条件下应停止施工。

3. 钢管表面预处理

(1) 钢管表面预处理前,应采用机械或化学方法清除钢管表面的灰尘、油脂和污垢等附着物。

(2) 预处理方法应采用喷(抛)射除锈,质量应达到现行国家标准 GB/T 8923.1—2011 规定的 Sa2½ 级,或达到相应防腐层标准中规定的除锈等级和锚纹深度要求。钢管表面的焊渣、毛刺等应清除干净。

(3) 钢管表面预处理后,应清除附着的灰尘,防止表面受潮、生锈或二次污染,并应在 4h 内进行表面涂敷或包覆。

4. 防腐层涂敷

(1) 防腐层采用环氧类液体涂料时,可采用喷涂、刷涂或其他适当方法施工。防腐层应均匀,不得漏涂,不得小于设计厚度。防腐层实干后进行保温层包覆。

(2) 防腐层采用聚乙烯胶黏带、聚乙烯防腐层、环氧粉末防腐层时,应按照相应防腐层技术标准规范的要求进行涂敷施工。

(三)"一步法"聚氨酯泡沫夹克管工艺

> JBC038 泡沫塑料防腐保温管"一步法"成型工艺的要求

1. "一步法"防腐保温管工序流程

上管→除锈→涂刷防腐涂料或缠绕聚乙烯胶带→保护层原料配制→保温层原料配制→挤出包覆、水冷却→切接头转管→质量检查→佩戴防水帽→合格品转运及储存。

2. "一步法"防腐保温生产工艺

"一步法"工艺适用于输送介质温度不超过100℃的埋地钢质管道聚乙烯包覆硬质聚氨酯泡沫塑料防腐保温管(简称泡夹管)生产。

泡沫塑料防腐保温管"一步法"成型时,钢管、挤出机机头、纠偏环中心应根据钢管直径控制作业线,保持在同一水平线上。

(1) 上管。

上管将合格钢管从平台滚入辊道,在两管对接前 2m 左右将接头放好,用手扶住,直到两管对接好。

(2) 送进。

根据管径不同,确定辊道及送进机的送进速度。

(3) 除锈。

除去钢管表面的氧化物、泥土、油污等杂物,手工或机械除锈应达到 St3 级,抛丸除锈应达到 Sa2½。

(4) 管端密封。

用胶带在管口相接处缠绕 2~3 周,保证密封,防止泡沫漏入管中不利于连续作业。

(5) 涂刷防腐涂料或缠绕聚乙烯胶带。

(6) 保护层原料配制。

聚乙烯应过筛处理,严禁混入泥土,铁屑等杂质,使用前要烘干去除潮气。各种助剂应在 25℃ 下干燥通风处保存,使用前按配方要求,用天平进行调剂,并用塑料袋装好备用,当日调配当日用。用高速混料机将聚乙烯及其助剂混合,混合均匀后装袋,置于干燥处,以备生产。

(7) 保温层原料配制。

泡沫塑料防腐保温管测定多异氰酸酯和组合聚醚的配合比应符合所用材料的工艺要求。

(8) 挤出包覆、水冷却。

① 防护层形成及定径。开启引风机,定径套涂刷机油,启动挤出机,排净机身内过热聚乙烯,调整机头,开启外冷却水,使防护层成型,合理安排外冷却水水管位置,以保证冷却效果,从而保持防护层厚度均匀。

② 保温层成型。防护层成型后,自机头处插入喷枪,启动泡沫料泵打开观察灯,观测发泡情况,调节流量及钢管送进速度,保证发泡点处于合适位置。实践证明,泡沫液面太靠近机头,易造成泡沫灌进定径套及机头;泡沫液面离机头太远,易产生泡沫空洞,泡沫偏心大等。泡沫一般控制在距定径套 0.5~1.0m 比较合适。生产过程风压应不低于 0.5MPa,防止回风,堵塞喷枪。喷枪压力、泡沫料流量应根据聚乙烯层厚度确定。

(9) 管线纠偏。

纠偏机进入自动状态,并跟踪发泡点,保持钢管与防护层的同心度,以控制保温层的偏心度。实践证明纠偏环的位置太靠前对控制偏心作用小,太靠后由于泡沫已固化,纠偏环纠不动,纠偏环应处于泡沫开始固化位置,位于泡沫液面后 100~150mm。

(10) 切接头转管。

成型时画出接头的准确位置,用锯或刀切掉接头处的保护层和保温层,露出留头,留头长度为 150mm±10mm,以备现场焊接施工。

(11) 佩戴防水帽。

(12) 质量试验。

按不同的管径调试好甲乙组料泵的比例,并发小泡试验,测量表观密度、抗压强度、导热系数、发泡时间、固化时间,待达到生产要求时方可开车。生产时必须严格控制生产速度以保证产品质量。

主要技术参数:①泡沫料温度 35℃±5℃;②钢管温度 30℃±5℃;③喷枪压力 0.5~0.7MPa;④保护层冷却温度 50℃~70℃。

保护层表面应光滑平整无麻点、暗泡、裂口、分解变色等缺陷,保温层无开裂、泡孔条纹及脱层、空洞和收缩等缺陷。水冷却采用循环水喷淋,在泡沫料开始发泡前,保护层应冷却至 50~70℃ 定型。

硬质聚氨酯泡沫塑料现场施工、修补技术的主要方法是直接喷涂法。

> JBC039 泡沫塑料防腐保温管"管中管"成型工艺的要求

### (四)"管中管"防腐保温管工艺

1. "管中管"防腐保温管工序流程

上管→除锈→涂敷防腐涂料→牵引穿管→装定位块→保温层原料配料→高压喷注泡沫→端头处理→质量检查→合格品转运及储存。

硬质聚氨酯泡沫塑料在膜腔内成型的主要方法是一次灌注成型法。

2. "管中管"防腐保温管工艺所用关键设备——高压发泡机

根据用户要求或设计选定的泡沫保温层,泡沫塑料防腐保温管"管中管"成型工艺可采用常压发泡和高压发泡。

高压发泡机特点:注射流量大,射程远,在保温行业广泛应用。主机面板电脑显示,枪头设有远程手机控制,体现了人性化设计。使用高压技术混合原料有一个很大的好处,那就是在生产过程中不需要使用清洗剂,因而改善了工作条件,维护了工人的健康,同时也保护了环境。在玻璃钢管中间开工艺孔,使用聚氨酯高压发泡机,实现泡沫原料的高压喷射。

泡沫原料的喷注时间由时间继电器控制,按下式计算:

$$t = \frac{V}{\rho Q} = \frac{\frac{1}{4}\pi(D^2 - d^2)L}{\rho Q}$$

式中　$Q$——泵流量,kg/s;
　　　$D$——玻璃钢管内径,m;
　　　$L$——玻璃钢管长度,m;
　　　$t$——注射时间,s;
　　　$d$——钢管外径,m;
　　　$\rho$——泡沫容重,80~120kg/m$^3$;
　　　$V$——玻璃钢管与钢管环形空间的容积,m$^3$。

3. "管中管"泡沫防腐保温管生产工艺

本生产工艺适用于钢质管道 $\phi$426~1020mm 聚乙烯或玻璃钢包覆硬质聚氨酯泡沫塑料防腐保温管的预制。

(1)表面处理。

钢管外表面除去表面的水分、泥土、油污等杂物,采用喷砂或机械除锈,除锈等级应达到 GB 8923.1—2011 规定的 Sa2 或 St3 级以上。钢管外表面经机械处理后,应采用压缩空气吹扫或用麻布清除灰尘。处理后的钢管存放时间不应超过 6h。

(2)防腐层涂敷作业。

(3)套防护层。

穿管平台由两部分组成,一部分为 V 型固定平台,其上放聚乙烯夹克管,高度可调。另一部分为双链条滚道,其上放需要防腐保温的钢管,高度低于 V 型固定平台 50~80mm。启动滚道电机,滚道转动,钢管在滚道上匀速前进,穿入聚乙烯管内。当钢管行至终点时,碰撞行程开关,滚道电机自动断电,钢管停止前进。钢管外表面等距离放置定位架等,并将钢管穿入外护管中,外护管比钢管短 300~500mm,两端各留出 150~250mm 的端头。

(4)安装定位块。

(5)保温层原料配制。

(6)喷注泡沫。

泡沫塑料防腐保温管"管中管"成型时,其注料方式可采用中央开孔和端面倾注等。注泡沫料完成之后,环境温度较低时,端面环形封堵要延长开启,避免未固化的保温层二次发泡。

(7)端头处理。

把保温管端头清理干净。泡沫塑料防腐保温管采用玻璃钢做防护层时,端面可采用手工粘糊玻璃钢层工艺做防水层。

**(五)标识、储存与运输**

(1)检验合格的防腐保温管成品应在距管端 350mm 处喷涂产品标识,标识内容包括:生产厂名称、钢管规格、长度、执行标准。随产品提供的合格证内容应包括:产品名称、生产厂名称、生产日期、班次和质检员代号。

> JBC040 泡沫塑料防腐保温管标识储存运输的方法

(2)防腐保温管吊装时应采用宽度为 150~200mm 的尼龙带或胶皮带,严禁用钢丝绳吊装。

(3)防腐保温管的堆放场地应坚固、平整、无杂物、无积水,并应设置高度为 150mm 的管托,严禁混放,堆放高度不得大于 2m。堆放处应远离火源和热源。

(4)堆放场地应悬挂铭牌,铭牌上写明管径、壁厚、保温层厚度。

(5)防腐保温管不宜长期受阳光照射及雨淋,露天存放不应超过 6 个月。若超过 6 个月以上宜用篷布盖住,钢管两端应加封堵。

(6)防腐保温管成品在运输过程中,应采取有效的固定措施,不得损伤防护层、保温层及防腐层结构。装卸过程中,轻拿轻放,严禁摔打拖拉。

## 二、技能要求

### (一)准备工作

1. 设备

喷砂除锈机 1 套,高压发泡机 1 台,穿管轨道 1 件,V 型固定平台 1 件,发泡平台 1 件。

2. 材料、工具

聚乙烯保护管(规格与钢管配套)1 根,$\phi 426mm$ 钢管 1 根,定位块 6 个,环氧底漆若干,聚醚若干,异氰酸酯若干,刀具 1 把,扳手 1 个,毛刷 1 把。

### (二)操作规程

(1)清理除去钢管表面泥土、油污、锈尘;用喷砂除锈机对钢管外表面喷砂除锈,等级达到 Sa2½级。

(2)用毛刷对钢管表面涂刷配制好的环氧底漆,厚度大于 80μm。

(3)将钢管吊放在穿管轨道上,聚乙烯防护管吊放在 V 型平台;启动轨道电机,钢管穿入聚乙烯管内。

(4)在钢管两端,钢管和聚乙烯管沿圆周方向均匀放置六个定位块,保证保温层不偏心。

(5)聚醚和异氰酸酯配比为 1∶1.3~1.4(根据实际情况定),按配比设置操作参数。

(6)将安装好定位块的管吊到发泡平台,两端用法兰密封好,平台与水平线成 15°±1°角度。

(7)调整高压计量泵转化阀,甲、乙组分原料按比例泵出,由喷枪从注入孔注入环形空腔内。泡沫料充分固化后,打开端头法兰。

(8)保温管端头清理干净,留头长 150mm±10mm,保温层端头与钢管 90°±5°。

**(三)注意事项**

(1)异氰酸酯、组合聚醚原料的存储必须是在密封的容器内,做到隔绝空气和防止潮湿。

(2)高压发泡机的技术要求高,应严格按照使用说明规范操作。

(3)生产过程中精确计量聚氨酯泡沫发泡量,防止管与管空间内泡沫密度分布不均匀,或空洞现象。

(4)一定要严格按照产品说明书要求的比例精确称量,物料必须充分搅拌均匀,否则将会影响聚氨酯泡沫的性能。

(5)操作时要注意操作人员的防护工作,工作场所通风条件良好。

# 模块三　检测与补口、补伤

## 项目一　检验钢管液体环氧涂料内防腐层的质量

### 一、相关知识

**（一）埋地钢质管道外防腐层修复的质量检验**

表面喷砂处理应达到 GB/T 8923.1—2011 规定的 Sa2½ 级，锚纹深度 50~90μm。

1. 干性检查

干性检查仅针对反应固化型液体涂料，且按涂料说明书指示的涂料固化时间进行固化检查。

2. 防腐层外观

（1）冷缠胶带。应对防腐层 100% 进行目测检查，防腐层表面应平整、搭接均匀，无永久性气泡、无皱褶和破损。

（2）液体涂料。目视检查防腐层表面应平整，色泽均匀，不应有褶皱、漏涂、流挂、龟裂、鼓泡和分层等缺陷。

（3）无溶剂环氧玻璃钢。应对防腐层 100% 进行目视检查，防腐层表面应平整、颜色均匀一致，无开裂、皱褶、空鼓、流挂、脱层、发白以及玻璃纤维外露，压边和搭接均匀且黏结紧密，玻璃布网孔为漆料所灌满。

3. 防腐层厚度

液体涂料施工过程中，施工人员应采用湿膜测厚仪测量厚度，确保厚度达到要求，且均匀一致。

固化或完成施工后的防腐层应采用无损测厚仪检测厚度，其要求如下：

（1）作为最低要求，沿管道长度方向每个作业坑至少测量一组数据。

（2）每个测点一个读数，在直径为 4cm 的圆内至少读取三个数据的平均值，舍弃任何不具重现性的高、低读数，取可以接受的作为该测点的测量值，计算平均值。

（3）厚度要求，防腐层的最小厚度应符合要求，每组测量平均值不得低于规定的最小厚度，90% 的单个测量点值不得低于规定的最小厚度，单个测量点值不得低于规定最小厚度的 90%。

4. 漏点检测

（1）所有防腐大修管段应 100% 进行电火花漏点检测。

（2）冷缠胶带施工完成 24h 后，液体涂料固化后，方可进行漏点检测。

（3）冷缠胶带防腐层检漏电压为 10kV；液体涂料或无溶剂环氧玻璃钢防腐层检漏电压为 5V/μm。

> JBD001 埋地钢质管道外防腐层修复质量检验的要求

(4)单个作业坑,漏点小于或等于5个,进行修补处理;超过5个漏点,全面修复。

5. 黏结力测试

(1)冷缠胶带每1000m至少抽查1个作业段(100m),每个作业段抽查2处。

(2)液体涂料每1000m大修段检查3~4处。

(3)无溶剂环氧玻璃钢用锋利刀刃垂直划透防腐层,形成边长约40mm,夹角约45°~60°的V形切口,用尖刃从切割线交点挑剥切口内的防腐层,用力撕开切口处的防腐层,符合下列条件之一认为防腐层黏结力合格:①实干后的防腐层,撕开面积约50cm$^2$,撕开处应不露铁,底层与面层普遍黏结;②固化后很难将防腐层挑起并撕裂,挑剥防腐层呈脆性点状断裂,无成片翘离或层间剥离。

(4)按上述测试方法进行测试,每1000m至少抽查1个作业段(100m),每个作业段抽查2处,若1处不合格,应在同一作业段再抽查2处,如仍有不合格者,该作业段全部返修;同时另外抽查1个作业段,如果不合格,该1000m全部返修。

(5)黏结力测试所破坏的防腐层,应立即修补。

**(二)非腐蚀性气体输送用管线内涂层的生产检验和验收**

1. 总则

涂膜应光泽,厚度和颜色均匀,且不应有任何的规则,没有颜色差异的褪色不应被视为有害。

2. 生产试验

推荐采用以下生产试验来控制带涂层钢管的质量,试验进行的周期应能确保质量控制。针孔试验和厚度试验应在1h、生产中断时或生产参数改变时进行1次。所有其他生产试验应在每个轮班进行1次。

1)钢板样或玻璃试片的涂敷与固化

钢板样或玻璃试片应固定在洁净钢管的内部,与钢管同样条件进行涂敷。试样在钢管内应至少保持5min;移出后,对钢管放置试样部位进行局部修补。在空气中自然干燥15~30min后,试样在66~79℃的温度下干燥10min,再在(149±6)℃的炉中烘烤30min或按照供方规定操作。

2)钢板样和玻璃试片的评价

(1)针孔试验。

在100W的室内灯光下观察固化前后的玻璃试片,灯泡和带涂层试片之间的距离为100~130mm。评估应由买方代表来做。针孔的色散应被控制在最小范围。

(2)厚度试验。

用测微计测量未涂敷试片的厚度,然后涂敷,再测量涂层固化后试片同一位置上试片加涂层的厚度。两者的差值则为涂层厚度,而且这一厚度至少应比买方规定的最小干膜厚度大5μm。

(3)弯曲试验。

将涂层板样绕圆柱轴心弯曲180°,当轴心直径为13mm或更大时,目视检查;板样不应有涂层剥落、附着力损失或开裂等现象。

(4)附着力试验。

按SY/T 6530—2010附录D进行检测。

(5)固化试验。

将固化后的涂层试样在溶剂中浸泡 4h,然后在室温中放置 30min 后观察,试样涂膜不应有软化、起皱、鼓泡等现象。

(6)水浸泡试验。

将固化后的板样在淡水或在由 1%NaCl、1%$Na_2SO_4$、1%$Na_2CO_3$(质量分数)组成的水溶液中浸泡 4h,试样涂膜不应有附着力损失、软化、起皱、鼓泡等现象。

(7)剥离检测。

按 SY/T 6530—2010 附录 C 进行检测。

上述规定的任何生产试验都可以在已固化的涂层钢管上进行,以达到质量控制的目的。

### (三)管道液体环氧涂料内防腐层的质量检验

1. 一般规定

(1)内防腐层涂敷施工必须进行过程质量检验及出厂检验,检验结果必须有记录。

(2)质量检验所用仪器必须经计量部门鉴定合格,且在鉴定有效期内。

2. 涂敷过程质量检验

(1)钢管或管件内表面处理后,表面处理质量应达到 Sa2½ 级的要求;每 8h 至少应检测一次锚纹深度,宜采用粗糙度测量仪锚纹深度测试纸检测,锚纹深度应达到 35~75μm;钢管表面灰尘度每 4h 应至少检测一次,每次检测 2 根钢管,表面灰尘度不应超过 3 级。

JBD003 液体环氧涂料内防腐管涂敷过程的质量检验要求

(2)涂层外观检查。应目测或用内窥镜逐根检查涂层外观质量,其表面应平整、光滑、无气泡、无划痕等外观缺陷。

(3)涂层厚度检测。涂层实干后,应采用无损检测仪在距管口大于 150mm 范围内沿圆周方向均匀分布的任意 4 点上测量厚度,每根管分别测两端,结果应符合规定。若管径太小,探头伸不到管内 150mm 以上时,可在端头测量。

(4)涂层漏点检测。涂层固化后,应按现行行业标准《管道防腐层检漏试验方法标准》(SY/T 0063—1999)中规定的电阻法逐根检测,凡不合格的涂层都应修补或重涂,直至合格。

3. 出厂检验

(1)液体环氧涂料内防腐管的出厂检验项目应包括涂层外观、涂层厚度、附着力及管端预留长度。

JBD004 液体环氧涂料内防腐管出厂的质量检验要求

(2)涂层外观检验。应目测或用内窥镜逐根检查涂层外观质量,涂层表面应平整、光滑、无气泡、无划痕等外观缺陷。

(3)涂层厚度检验。应抽样检查涂层厚度,抽查率为 5%,且不得少于 2 根。检查方法应涂敷过程质量检验厚度检验的规定执行,不合格时应加倍抽查,抽查结果仍不合格时,则全批管判为不合格品。

(4)涂层附着力检测。应按 SY/T 0457—2010 附录 B 规定的方法进行抽检,高于 B 级(含 B 级)为合格。每 10km 至少抽查一根;不足 10km 的,按 10km 计。如有不合格时,应加倍抽检;仍有不合格时,则全批管判为不合格。

① 按 SY/T 0457—2010 附录 B 规定,管道液体环氧涂料内防腐层附着力检查的操作方法为:采用刀刃锋利的刀尖在涂层管体长度方向上平行切割出两道切痕,间距 3mm,每道长

约 2~3mm。切割时应使刀尖和涂层垂直,并且应平稳无晃动。切痕应穿透涂层达金属基底。用刀尖从切痕部位挑起涂层,检查切痕周围的涂层与金属的附着力。记录检查结果。

② 液体环氧涂料防腐层附着力结果判定共分五个等级:A 级——不能从金属基体挑起涂层,只有刀痕划到的地方看到金属;B 级——小部分涂层可被挑起,但 50% 以上的涂层完好;C 级——超过 50% 的涂层被挑起;D 级——所有涂层都被挑起,裸露出金属基体;E 级——不用刀挑,涂层即和金属基体分离。

(5) 管端预留长度检测。应抽样检查管端预留长度,抽查率为 5%,且不得少于 2 根,应用直尺测量,每根管测两端,管端预留长度应符合标准的规定(50~100mm)。

## 二、技能要求

### (一) 准备工作

**1. 设备**

钢管固定支架 1 套。

**2. 材料、工具**

φ159mm 液体环氧涂料内防腐层(普通级)钢管 1 根,手电筒 1 个,磁性涂层测厚仪 1 台,划刀 1 把,直尺 1 把。

### (二) 操作规程

液体环氧涂料内防腐管的出厂检验项目包括涂层外观、涂层厚度、附着力及管端预留长度。

**1. 目测检查外观**

用手电筒等照明目视检查钢管内防腐层外观质量,记录检查结果并判断。涂层表面应平整、光滑、无气泡、无划痕等外观缺陷。

**2. 检测厚度**

采用无损检测仪在距管口大于 150mm 范围内沿圆周方向均匀分布的任意 4 点上测量厚度,每根管分别测两端位置,记录测量结果并判断。普通级防腐层厚度要求≥200μm。

**3. 检测附着力**

采用刀刃锋利的刀尖在涂层管体长度方向上平行切割出两道切痕,间距 3mm,每道长约 2~3mm;切割时应使刀尖和涂层垂直,并且应平稳无晃动;切痕应穿透涂层达金属基底;用刀尖从切痕部位挑起涂层。检查记录并判断切痕周围的涂层与金属的附着力。如果不能从金属基体挑起涂层,或者小部分涂层可被挑起但 50% 以上的涂层完好为合格。

**4. 检测管端预留长度**

用直尺测量管两端预留段长度。记录测量结果并判断。管端预留长度要求为 50~100mm。

### (三) 注意事项

(1) 外观质量检查时应保证管内涂层检查部位光线良好,必要时可采用管道内窥镜观察管内涂层外观,确保涂层外观质量。

(2) 涂敷过程中,应随时监测湿膜厚度;涂层实干后,检测涂层厚度;涂层固化后,还需检测涂层漏点,作为钢管内壁防腐层要求不能漏点。

(3)磁性测厚仪在使用前必须校准。

(4)漆膜附着力是指漆膜与被涂物件表面结合在一起的坚固程度。SY/T 0457—2010 附录 B 规定了管道液体环氧涂料内防腐层附着力的检验方法,是在涂层上用尖刀划两道刻痕,然后用刀尖挑两道刻痕之间的涂层,根据被挑起涂层的多少来判断附着力是否合格。

## 项目二  检验管道 3PE 防腐层的质量

### 一、相关知识

> JBD005 3PE防腐管表面预处理检验要求

**(一)管道 3PE 防腐层的质量检验**

3PE 防腐层的质量检查按照 GB/T 23257—2017《埋地钢质管道聚乙烯防腐层》执行。

1. 表面处理质量检验要求

参照本书第一部分高级工操作技能与相关知识模块三项目三中的内容。

2. 涂敷质量检验

参照本书第一部分模块三项目三中的防腐层整体性能检验。

> JBD006 3PE防腐管涂敷质量检验要求

每班(不超过 12h)至少应测量一次三层结构防腐管的环氧粉末层厚度及热特性,结果应分别符合本书第一部分模块二中表 1-2-18 和表 1-2-13 的规定。

**(二)管道水泥砂浆衬里的质量检验**

> JBD007 水泥砂浆衬里防腐管的质量要求

1. 养护期满检验规定

养护期满后,应按下列要求对水泥砂浆衬里的外观、裂纹和厚度进行检验:

(1)现场施工管段和管件应逐段和逐件检验。

(2)预制成型的钢管衬里,应抽检每班产量的 5%,且不少于 3 根。

2. 水泥砂浆衬里外观检查规定

(1)衬里外观检测可采用肉眼或内窥镜观察、直尺测量和敲击等方法。

(2)公称直径 DN1000mm 以下的管道,应观测两端衬里的外观。

(3)公称直径 DN1000mm 及以上的管道,检查人员可进入管道内,观测全部外观,检查表面缺陷和空鼓。

(4)衬里外观颜色应均匀,表面平整,衬里表面缺陷每处不应大于 $5cm^2$。

3. 水泥砂浆衬里裂纹检查规定

(1)公称直径 DN1000mm 以下的管道,应用裂缝检查仪或直尺检查两端衬里。

(2)公称直径 DN1000mm 及以上的管道,检验人员可进入管道内,用裂缝专用工具或直尺检查全部衬里。

(3)衬里裂纹的宽度不应大于 1.6mm,且沿管道轴向长度不应大于管道周长或不应大于 5m。

4. 水泥砂浆衬里厚度检测规定

(1)对于公称直径小于 DN1000mm 的现场施工管段或预制成型钢管及管件的衬里,应采用测厚仪或游标卡尺测量两端的衬里厚度。每端沿管道周向取上、下两点测量厚度,检验结果符合要求。

(2)对于公称直径大于或等于 DN1000mm 的现场施工管段衬里,检验人员可进入管道内,在每 100m 范围内,抽检两个截面,每个截面上应用测厚仪检查上、下两点的衬里厚度,检测结果均应符合要求。

## 二、技能要求

### (一)准备工作

1. 设备

钢管固定支架 1 套。

2. 材料、工具

φ219mm 3PE 防腐层(加强级)钢管 1 根,磁性涂层测厚仪 1 台,电火花检漏仪 1 台,划刀 1 把,弹簧秤测力计 1 个,直尺 1 把。

### (二)操作规程

1. 检查外观

目测检查防腐层外观。防腐层表面应平滑,无暗泡,无麻点,无皱折,无裂纹,色泽应均匀,防腐管端应无翘边。记录说明检查结果并判断。

2. 检测漏点

采用电火花检漏仪进行防腐层的漏点检测,检漏电压为 25kV,无漏点为合格。将检漏仪的地线接到钢管上,手持探刷手柄调整校准检漏电压,检查时,探刷应接触防腐层表面,沿管表面以均匀速度移动,记录检测结果并判断。

3. 检测厚度

采用磁性测厚仪测量钢管 3 个截面圆周方向均匀分布 4 点的防腐层厚度,φ219mm 钢管加强级 3PE 防腐层最小厚度为 2.7mm。记录检测结果并判断。

4. 检测黏结力

黏结力通过测定剥离强度进行检验,记录检测结果并判断。剥离强度是指聚乙烯防腐层对钢管的黏结强度。

操作步骤。先将防腐层沿环向划开宽度约为 20mm、长 10cm 左右的长条,划开时应划透防腐层,并撬起一端。用测力计以 10mm/min 的速率垂直钢管表面匀速拉起防腐层,记录测力计稳定数值,如图 2-3-1 所示。

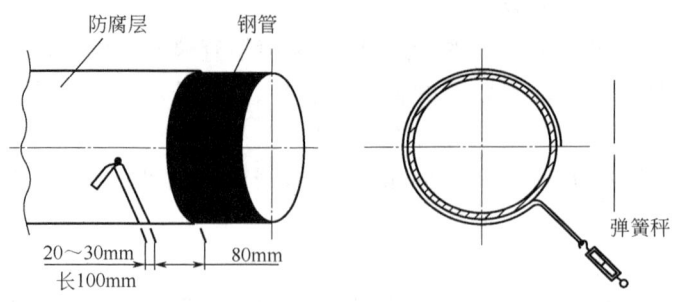

图 2-3-1 剥离强度测定示意图

试验结果。将测定时记录的力值除以防腐层的剥离宽度,即为剥离强度,单位为 N/cm。

常温下剥离强度≥100N/cm 为合格。

**(三)注意事项**

(1)电火花检漏仪应至少每考核时间超过半天校准一次。确保将检漏仪的地线接到钢管没有涂层的地方上。操作时必须戴上高压绝缘手套,任何人不得接触探刷和被测钢管,以防触电高压电击。检测结束后要将电压回零,再关机。

(2)磁性测厚仪在使用前必须校准。测量前,应清除被测防腐层表面上的任何附着物质,如尘土、油脂等。探测头的放置方式对测量有影响,在测量时应该与工件保持垂直。

(3)剥离强度试验时,弹簧秤拉力计应以恒定的速度从管子的金属底材剥离防腐层。

# 项目三　钢管双层环氧粉末外涂层生产过程的质量检验

## 一、相关知识

> JBD008 熔结环氧粉末内防腐钢管表面处理质量检查的要求

**(一)钢管熔结环氧粉末内防腐层的质量检验**

1. 熔结环氧粉末工艺评定试验及钢管内表面处理质量

(1)钢管环氧粉末内防腐正式生产前应进行工艺评定试验,其中试验室防腐层附着力的测定采用撬剥法。

环氧粉末涂层附着力的分级标准为:

① 1 级——涂层明显的不能撬剥;

② 2 级——被撬剥的涂层小于或等于 50%;

③ 3 级——被撬剥的涂层大于 50%,但涂层对水平力表现出明显的抗撬剥性;

④ 4 级——涂层很容易被撬剥成条状或大块碎屑;

⑤ 5 级——涂层成一整片被剥离下来。

(2)表面处理环境条件检验。表面除锈前,应每 2h 测量并记录露点温度和钢管表面温度。

(3)表面处理质量检验。

① 应在充分的光线条件下对钢管内表面缺陷和除锈质量进行检验,除锈等级应达到 GB2983.1—2011 中规定的 Sa2½级。连续生产时,应逐根检测钢管表面除锈质量。

② 应采用锚纹深度测试仪、锚纹拓印模或业主认可的相应方法检测钢管表面锚纹深度。连续生产时,应至少每 4h 检测 2 根钢管的内表面锚纹深度。

③ 钢管表面灰尘度应每班至少(不超过 8h)检测 2 次,每次检测 2 根钢管。表面灰尘度应不低于 2 级。

④ 每 50 根随机抽测 1 根钢管表面的盐分,盐分不应超过 20mg/m²。如超标,加倍抽测,仍超标,对钢管进行清洗,重新进行表面处理,再进行盐分检测。

(4)涂敷温度检验。

涂敷前钢管表面的加热温度应用合适的仪器(温度指示笔、远红外测温仪或其他合适的方法)逐根检测,并记录。

## 2. 钢管熔结环氧粉末内涂敷质量检查

> JBD009 熔结环氧粉末内防腐管涂层质量检查的要求

(1)防腐层外观检验。

应在光线充足的条件下,逐根进行目视检查,外观要求平整、色泽均匀,无气泡、无开裂及缩孔等缺陷。

(2)厚度检验。

应使用防腐层测厚仪,逐根测量沿管长方向任意分布的至少 10 个点的防腐层厚度,测量点至少包括距管端 1m 以上位置的 4 个点,结果应满足标准规定的要求。

(3)漏点检验。

应按照现行石油行业标准《管道防腐层检漏试验方法》(SY/T 0063—1999)中的规定进行防腐层检漏。检漏仪至少每班校准 1 次。普通级防腐层平均每平方米漏点数量不超过 1 个或加强级防腐层均每平方米漏点数量不超过 0.6 个时,可按规定进行修补。当漏点数量超标时,或个别漏点的面积大于或等于 250cm$^2$ 时,应按规定进行重涂。

(4)型式检验。

① 每班(不超过 12h)应截取 1 个长度约 500mm 左右的管段或同等生产条件下涂敷的试验管段,剖开后进行外观、厚度、漏点检验,结果应符合相关标准规定;再将管段加工成试件并按标准规定的项目进行检验,结果应符合规定。

② 业主订货有要求时,应按订货要求的频率进行形式检验。

## (二)钢管双层熔结环氧粉末外涂层的质量检验

> JBD010 双层熔结环氧粉末外涂层防腐管质量检验的要求

### 1. 生产过程的质量检验

(1)涂装钢管的质量要求。

参照本书第一部分高级工操作技能与相关知识模块三项目二中的内容。

(2)涂层外观检测和涂层漏点检测的要求参照本书第一部分高级工操作技能与相关知识模块三项目二中的内容。

(3)钢管预留段长度检测。应逐根进行测量,结果应满足订货要求。

(4)厚度检测。

① 双层环氧粉末涂层总厚度检测时,应按单层检测时的规定测量并记录,检测结果符合表 2-2-17 的要求为合格。

② 双层环氧粉末涂层的内、外层厚度检测。每班生产的第一根防腐管,应使用多层测厚仪在钢管端部涂层上任取 1 点测量内、外层厚度并记录。连续生产时,应至少每 20 根钢管检测 1 次内、外层的厚度并记录,内、外层的厚度应符合表 2-2-17 的要求。当总厚度符合要求,内层或外层厚度小于规定的最小厚度值 50μm 以上时,应按规定重涂。测量后应对涂层的损坏处按要求及时修补。

③ 涂层厚度不合格的钢管应按规定重涂。

(5)涂层固化度检验。应每班至少抽取 1 根钢管,按标准 SY/T 0315 附录 B 的方法进行涂层固化度检验,玻璃化转化温度的变化值 $\Delta T_g$ 应不大于 5℃。双层环氧粉末涂层应分别检测内层、外层的固化度。不合格应加倍抽检,若仍有不合格应对当班涂敷的钢管进行逐根检验,不合格的钢管应予以重涂。

2. 外涂层型式检验

具体检验的要求参照本书第一部分高级工操作技能及相关知识模块三项目二中相关内容,同时按表 2-3-1 中的各项指标进行检验。

表 2-3-1　涂层检验项目及性能指标

| 序号 | 项目 | 性能指标(双层环氧粉末) | 试验方法 |
|---|---|---|---|
| 1 | 热特性 $\|\Delta T_g\|$,℃ | ≤5(内层、外层) | SY/T 0315 附录 B |
| 2 | 耐阴极剥离(65℃,24h),mm | ≤8 | SY/T 0315 附录 C |
| 3 | 抗弯曲(订货规定的最低试验温度±3℃) | 普通级:2°,无裂纹 | SY/T 0315 附录 D |
| | | 加强级:1.5°,无裂纹 | |
| 4 | 抗冲击,J | 普通级:10(-23℃),无漏点 | SY/T 0315 附录 E |
| | | 加强级:15(-23℃),无漏点 | |
| 5 | 断面孔隙率,级 | 1~4 | SY/T 0315 附录 F |
| 6 | 黏结面孔隙率,级 | 1~4 | SY/T 0315 附录 F |
| 7 | 附着力(24h),级 | 1~3 | SY/T 4113 |

## 二、技能要求

### (一)准备工作

1. 设备

钢管固定支架 1 套。

2. 材料、工具

φ114mm 双层环氧粉末外涂层钢管 1 根(要求至少有 0.5m 管段未涂敷外涂层且除锈质量达到标准规定的 Sa2½级),锚纹深度检测仪 1 台,涂层测厚仪 1 台,多涂层测厚仪 1 台,电火花检漏仪 1 台。

### (二)操作规程

1. 检验钢管表面预处理质量

(1)检查外观。

对裸管表面进行目视检查。表面应无损伤和可能引起涂层漏点的缺陷。记录说明检查结果并判断。

(2)除锈质量检测。

对照除锈等级对比照片,以裸管表面最接近的照片所标示的除锈等级作为评定结果。除锈等级应达到 Sa2½级。记录检测结果并判断。

(3)锚纹深度检测。

采用锚纹深度检测仪检测钢管外表面上 3 个截面圆周方向均匀分布的 4 点锚纹深度。锚纹度应在 40~100μm 范围内为合格。记录检测结果并判断。

2. 检验外涂层质量

(1)检查外观。

目视检查,外观要求应平整、色泽均匀、无气泡、无开裂及缩孔,允许有轻度橘皮状花纹。

记录检查结果并判断。

(2)漏点检测。

采用电火花检漏仪进行防腐层的漏点检测,检漏电压为 5kV,无漏点为合格。将检漏仪的地线接到钢管上,手持探刷手柄调整校准检漏电压;检查时,探刷应接触涂层表面,沿管表面以均匀速度移动。记录检测结果并判断。

(3)总厚度检测。

使用涂层测厚仪,沿钢管轴向随机取 3 个位置,测量每个位置圆周方向均匀分布的任意 4 点的涂层厚度。结果≥600μm 为合格。记录检测结果并判断。

(4)内层、外层厚度检测。

使用多层测厚仪在钢管端部涂层上任取 1 点测量内、外层厚度。结果内层≥250μm、外层≥350μm 为合格。记录检测结果并判断。

(三)注意事项

(1)电火花检漏仪应至少每考核时间超过半天校准 1 次。确保将检漏仪的地线接到钢管没有涂层的地方上。操作时必须戴上高压绝缘手套,任何人不得接触探刷和被测钢管,以防触电高压电击。检测结束后要将电压回零,再关机。

(2)磁性测厚仪在使用前必须校准。测量前,应清除被测防腐层表面上的任何附着物质,如尘土、油脂等。探测头的放置方式对测量有影响,在测量时应该与工件保持垂直。

(3)锚纹深度检测仪在使用前必须校准。严禁探头在被测管体表面拖动。

# 项目四 用撬剥法检查储罐环氧玻璃钢内衬层的黏结力并补伤

## 一、相关知识

### (一)钢制储罐环氧玻璃钢内衬层的质量检验

1. 一般规定

(1)钢质储罐内衬环氧玻璃钢的内衬施工必须进行过程及最终质量检验,检验结果应做好记录。

(2)质量检验所用仪器必须经计量部门检定合格。

2. 衬里前表面处理的方法及施工过程中质量检验

(1)钢质储罐表面预处理质量参照本部分模块二项目一中关于内衬玻璃钢表面处理的质量要求。每班至少检查 1 次,每次检测不少于 3 个点。表面处理质量不符合要求时,应重新进行表面预处理。

(2)底胶应涂刷均匀,无漏刷、流挂等现象。

(3)采用间断铺贴法时,每层布实干后,应仔细检查毛边、气泡及胶料流挂等现象。

(4)涂刷面胶前内衬层应无缺层、未浸透、气泡等缺陷。

(5)根据不同的介质条件,大多是在钢铁或混凝土设备上选衬各种非金属材料。衬里黏结强度既取决于胶黏剂本身性能,又与被黏物和胶黏剂界面的特性有关。同时适当提高表面粗糙度,可以增加衬里与胶黏剂的接触面积。

(6)被黏接基材表面存在油脂和灰尘等弱界面层不利于黏接强度的提高,因此黏接前要对被黏接基材表面一般用清洗剂进行处理,以便形成具有良好湿润性的基材表面。采用橡胶、玻璃钢、软聚氯乙烯板做防腐衬里的化学设备,其表面处理方法为喷射除锈。

3. 最终质量检验

按 SY/T 0326—2012《钢制储罐内衬环氧玻璃钢技术标准》的规定执行。

> JBD012 储罐环氧玻璃钢衬里最终质量检验的要求

环氧玻璃钢内衬层固化后应进行外观、厚度、针孔与黏结力等检验,检验结果应做好记录。

1)外观检验规定

色泽均匀,平整光滑,无其他杂物,无起皱、裂纹、脱层、发白和玻璃纤维外露等现象。若内衬层表面涂刷不均匀或玻璃钢纤维外露,该部位应复涂环氧面胶一遍。

2)厚度检查规定

玻璃钢内衬层的厚度应用磁性测厚仪检查,厚度应符合本部分模块二中表 2-2-2 的规定。

检查玻璃钢厚度时,应把储罐内壁划分成至少三个有代表性的部分(立式储罐内壁可分为罐顶、罐壁、罐底三个部分),根据表 2-3-2 规定的比例进行检验。以 $1m^2$ 为一个检测区域,每个检测区域内至少抽测 3 个点,布点应均匀,每个罐不得少于 20 个区域。焊缝处的抽测点数不得少于总检测数的 30%。

表 2-3-2 钢制储罐内衬环氧玻璃钢内衬层厚度检查比例

| 储罐容积,$m^3$ | ≤5000 | 5000~10000 | ≥10000 |
|---|---|---|---|
| 检验面积的百分率,% | 20 | 10 | 5 |

每个检测区域有 1 个及以上的点不合格,则加倍检查;若加倍检查仍不合格,则该部位玻璃钢内衬层厚度不合格,应按规定进行复涂至合格。

3)针孔检查规定

应用电火花检漏仪对玻璃钢内衬层进行针孔检查。环氧玻璃钢内衬层检漏电压应符合表 2-3-3 的规定。

表 2-3-3 环氧玻璃钢检漏电压

| 防腐层等级 | 普通级 | 加强级 | 特加强级 |
|---|---|---|---|
| 检漏电压,V | 2500 | 3000 | 3500 |

检查采取抽检的方式,应选择具有代表性的受检区域,每块区域面积 $5m^2$,受检区域应全部检测;受检区域不应少于 6 处且受检区域的面积总和不应小于总面积的 10%,其中重点部位(焊缝、拐角)不得小于受检面积的 20%。

采用电火花检漏仪进行针孔检查时,检漏仪探头应接触内衬层表面,以无针孔为合格。若针孔平均每平方米小于或等于 1 个,则应对针孔处进行修补;若针孔平均每平方米大于 1 个,则应加倍抽检;若加倍抽检仍大于 1 个,则应返工。

4) 黏结力检查规定

可以采取撬剥法进行黏结力检查。环氧玻璃钢内衬层固化后,用锋利刀刃在 30mm×30mm 范围垂直于防腐层割一夹角为 45°的"V"形口,在"V"形的顶端用刀刃撬起,然后拉扯被撬起的一角,以拉不开玻璃钢层或拉开后不露出金属基体且玻璃布不与树脂脱层为合格。

黏结力检查时,随机抽查一处,若检测不合格,应加倍抽查;若仍有一处不合格,即为不合格,必须整体返工。

经黏结力检验损伤的玻璃钢层应按规定进行修补,黏结力不合格的防腐层不允许修补,必须按标准要求返工。

**(二)钢质储罐无溶剂聚氨酯内防腐层的质量检验**

> JBD013 储罐无溶剂聚氨酯内防腐层质量检验的要求

参照 SY/T 4106—2016《钢质管道及储罐无溶剂聚氨酯涂料防腐层技术规范》中的规定。

1. 内防腐层涂敷过程质量检验

参照本工种教程上册第三部分中级工操作技能与相关知识模块二项目三中的内容。

2. 内防腐层质量检验

防腐层固化之后,应及时对防腐层进行外观、厚度、漏点和附着力检验,检验结果应做好记录。

1) 外观检验

储罐防腐层应全部目视检查;防腐层表面应平整连续、光滑,并且不应有发黏、脱皮、气泡、斑痕等缺陷存在。防腐层表面的不合格缺陷,应按 SY/T 4106—2016 要求进行处理。

2) 防腐层厚度检测

应采用磁性测厚仪进行检测,应将储罐内壁分成上、中、下三个防腐面积相近的部分,或者罐顶、罐壁、罐底 3 个部分,每个部分按每 $100m^2$ 面积至少抽测 3 点防腐层厚度,不足 $100m^2$ 面积时也抽测 3 点;储罐的附件防腐层厚度应按适当比例进行检验。检测结果应符合设计规定,允许有 10% 的检测点的读数低于设计厚度,但每一单独读数不应低于设计厚度值的 90%。

3) 防腐层漏点检查

应采用电火花检漏仪对全部防腐层进行漏点检查,电火花检漏电压为 $5V/\mu m$,以无漏点为合格。检查出的漏点应进行修补或复涂。防腐层的漏点数平均每平方米不超过 1 个时,应进行修补;超过 1 个时,应对该部分进行全面复涂。

4) 附着力检验

(1) 附着力检验可在现场喷涂的试件上进行,也可在罐体或者附件选点测试。采用 SY/T 4106—2016 中的方法(拉拔法)进行检测,检测数值不小于规定值为合格。

(2) 检验用的试件应与罐体同时涂敷,试件检测时平行件不应低于 2 件。

(3) 实罐检测时应分区选点进行测试。有测点不合格时,应在不合格点的周围加倍检查;仍有一处不合格时,测试区域的涂层附着力应为合格。

(4) 因附着力检验损坏的防腐层应按规范的规定进行修补,不合格的进行重涂。

### （三）钢质储罐液体涂料内防腐层的质量检验

按 SY/T 0319—2012《钢质储罐液体涂料内防腐层技术标准》的规定执行。

1. 涂敷过程质量检验

（1）每完成一道涂敷，应对湿膜表观全部目视检查，湿膜应无漏涂、气泡、流挂、起皱、咬底等缺陷。

（2）初期每喷涂 10 $m^2$ 面积应检测 1 次湿膜厚度，并及时对涂料黏度、喷涂压力、喷嘴直径、喷涂速度等工艺参数进行调整，参数固定后检测次数可以减少。

（3）每一道防腐层表干后，应立即目视检查，不得有气泡、分层起皮、流挂、漏涂等现象。

（4）最后一道面漆实干后固化前应检查防腐层的厚度，厚度达不到设计要求时应增加涂敷遍数直至合格。

2. 防腐层最终质量检验

防腐层固化后，应及时检验防腐层外观、厚度、漏点与黏结力，检验结果应做好记录。

1) 外观检验

储罐内表面及附件的防腐层应全部目视检查。

防腐层表面应平整连续、光滑，不得有发黏、脱皮、气泡、斑痕等缺陷存在。

2) 厚度检查

（1）将罐底、罐壁、罐顶分别均分为三个部分，附件作为一部分，然后根据不同容积按表 2-3-4 的要求进行检查。各部分检测布点应均匀，焊缝处的检测点数不得少于总检测点数的 20%。

表 2-3-4　钢质储罐内防腐层厚度检测部位及点数

| 储罐容积，$m^3$ | 检测部位 | | | |
| --- | --- | --- | --- | --- |
| | 罐底 | 罐壁 | 罐顶 | 附件 |
| | 检测点数，个 | | | |
| <10000 | 20 | 60 | 28 | 20 |
| ≥10000，<30000 | 28 | 80 | 40 | 28 |
| ≥30000，<50000 | 40 | 100 | 60 | 40 |
| ≥50000，<100000 | 60 | 140 | 80 | 60 |
| ≥100000 | 80 | 160 | 100 | 80 |

（2）用磁性测厚仪测定干膜厚度。

（3）每一测点的读数不低于设计厚度的最小值为合格。

（4）若不合格点数不超过该部分总检测读数的 5%，则按规定进行局部复涂直至合格；若不合格点数超过 5%，则在该部分内再次检查，检测读数与上次相同，检测位置与上次不同。再次检查时若不合格点数仍超过 5%，则该部分的防腐层为不合格，应进行整体复涂直至合格。

3) 漏点检查

（1）将储罐分为罐底、罐壁、罐顶和附件四个部分，使用电火花检漏仪或低压检漏仪全部防腐层进行漏点检查。

(2)电火花检漏电压为 5V/μm,以无漏点为合格。

(3)检查出的漏点应进行修补或复涂。每一部分防腐层的漏点数平均每平方米不超过 1 个时,应进行修补,超过 1 个时,应对该部分进行全面复涂。

4)黏结力检查

(1)黏结力检验可在喷涂的试件上进行,也可在储罐附件的非关键部位进行。采用手动拉拔检测法按 SY/T 0319—2012 附录 B 的规定检测,检测值以不小于 SY/T 0319—2012 附录 A 的规定值为合格。

(2)试件检测时,将储罐分为罐底、罐壁和罐顶三个部分,分别放置试件,每一部分平行件不应低于 3 件。试件检测全部合格即判定储罐该部分防腐层合格,试件检测若有 1 件不合格即可判定储罐该部分防腐层不合格,若有异议可进行实际储罐检测。

(3)实际储罐检测时,若合格,则该部分黏结力合格;若有测点不合格,应在不合格的周围加倍检查,若仍有一处不合格,则该部分的防腐层黏结力判为不合格。

(4)因黏结力检测损坏的防腐层应按规定进行修补。黏结力检测不合格的防腐层不允许修补,应按规定进行重涂。

## 二、技能要求

### (一)准备工作

1. 材料

一面为环氧玻璃钢内衬层(普通级)钢板 1 张,玻璃布 1 卷,腻子 0.5kg,环氧树脂胶(底胶、中间胶和面胶)各 1kg。

2. 工、用、量具

划刀 1 把,三角板 1 套,钢丝刷 1 个,砂轮 1 块,抹布 1 块,板刷 2 把,腻子刀 1 把。

### (二)操作规程

1. 黏结力检查

用锋利刀刃在 30mm×30mm 范围垂直于防腐层割透一夹角为 45°的 V 形口,在 V 形的顶端用刀刃撬起,然后拉扯被撬起的一角。以拉不开玻璃钢层或拉开后不露出金属基体且玻璃布不与树脂脱层为合格。记录检测结果并判断。

2. 切口补伤

(1)修补使用的材料和结构等级应与原主体普通级内衬层相同,结构为:底胶—中间胶—玻璃布—面胶—面胶,厚度≥0.5mm。

(2)用手工工具将切口补伤处的防腐层清理干净,如已露基体,应除锈至 St3 级。

(3)切口补伤处周边的玻璃钢层用锋利刀刃切成斜坡面后,向外 50mm 宽用砂轮将玻璃钢层打毛,中间凹下去的部分用环氧腻子抹平。

(4)按玻璃钢衬里施工工艺规定制作玻璃钢修补层,与原玻璃钢层搭接宽度应不小于 50mm。

### (三)注意事项

(1)操作者应穿戴好工作服、工作帽、口罩、手套等,尽量减少胶与人体直接接触。若皮肤一旦被污染,应立即清洗干净,清洗时应尽量采用刺激性小的溶剂(如乙醇)。另外,操作人员还可以在操作前涂防护膏和液体手套,把人的皮肤和物料隔开,对人的皮肤起保护作用。

(2)玻璃钢所用的原材料都具有一定程度的毒性,操作人员接触或吸入人体后常引起中毒反应,所以考核现场要加强通风,操作人员应佩戴防毒口罩或面罩,确保人身安全。

# 项目五　钢管三层PE防腐层补口及质量检验

## 一、相关知识

> JBE003 3PE防腐管补口材料的要求

**(一)钢管三层PE防腐层补口及质量检验**

**1. 钢管三层PE防腐层的补口材料**

辐射交联聚乙烯热收缩带(套)是为埋地及架空钢质管道焊口的防腐和保温管道的保温补口而设计的。它是由辐射交联聚乙烯羟基材和特种密封热熔胶复合而成,特种密封热熔胶与聚乙烯羟基材、钢管表面及固体环氧涂层可形成良好的黏接。辐射交联聚乙烯热收缩带在加热安装时,基材在定向收缩的同时,内部复合胶层熔化,紧紧地包覆在补口处,与基材一起在管道外形成了一个牢固的防腐体,具有优异的耐磨损、耐腐蚀、抗冲击及良好的抗紫外线和光老化性能。

关于3PE防腐管的补口结构及其材料的基本要求可参照本书第一部分高级工操作技能及相关知识模块三项目七中的内容。

**2. 工艺流程**

3PE防腐管现场补口工艺流程:对补口部位进行表面预处理→打磨补口搭接部位的聚乙烯层→预热→调配底漆并均匀涂刷→安装热收缩带(套)→补口质量检验。

> JBE004 3PE防腐管补口施工准备的要求

**3. 补口施工准备**

(1)补口施工开工前,应编制补口施工工艺规程(APS),并按施工工艺规程进行工艺评定试验(PQT)验证。

(2)补口施工工艺规程(APS)应根据设计要求、热收缩带(套)使用说明书、标准规范要求和补口施工经验等进行编制。

(3)补口施工工艺规程(APS)应通过工艺评定试验(PQT)进行验证。

① 工艺评定试验(PQT)应在具有代表性的管道上进行,宜采用与实际工程用管同管径、同壁厚、同防腐层的管道。

② 工艺评定试验(PQT)应在涂敷管体防腐层的管道上至少3个试验口进行。试验口的长度应与实际补口长度一致。试验口没有环向焊道时,应在试验口的中间加上一个模拟现场焊缝的环形圈。

③ 工艺评定试验(PQT)使用的所有工具和设备类型应与实际补口施工中使用的相同。

④ 补口区域进行加热时,应避免对管体防腐层产生起泡或剥离等可见破坏现象。

⑤ 工艺评定试验(PQT)期间的热收缩带(套)安装时间应与预估的现场补口时间相当。工艺评定试验不在工程现场进行时,应考虑评定试验环境与实际施工环境和作业条件的差异。

⑥ 进行工艺评定试验（PQT）时的检验项目、试验方法和验收指标应符合 GB/T 23257—2017 补口施工及检验中的相关规定。

⑦ 工艺评定试验（PQT）结束后，应提交完整的评定试验结果报告。

**4. 补口施工**

当存在下列情况之一，且无有效措施时，不应进行露天补口施工：

（1）雨天、雪天、风沙天；

（2）风力达到 5 级以上；

（3）相对湿度大于 85%；

（4）环境温度低于 0℃。

关于 3PE 防腐管补口施工的操作要点可参照本书第一部分高级工操作技能及相关知识模块三项目七中的内容。

**5. 补口质量检验**

关于 3PE 防腐管补口的质量要求可参照本书第一部分高级工操作技能及相关知识模块三项目七中的内容。

**（二）管道内涂层补口常用的方法**

内涂层管道的补口是最终防腐层整体质量的关键，直接影响到整个防护层的保护效果和整条管道的使用寿命，因此补口质量至关重要。目前采用的各种补口方法，各有其优点，但不管采用哪种方法补口，都应保证补口防腐层质量不低于管体防腐层质量。

一般情况下，管道内防腐采用在工厂或施工现场将管段作内涂衬，预涂内涂层的管段到现场焊接后，现场内补口常用的方法有：

（1）补口车自动补口法。智能补口车自动内补口技术适应范围：700mm≤DN≤80mm 的管道，可实现视频定位，一次完成 1km 以上的补口施工任务，可以使用液体无溶剂高黏度的涂料，提高了一次喷涂的成膜厚度，实现补口一次成膜，提高了现场施工进度。目前该机具有行走、定位、除锈、除尘、喷涂和检测等一整套功能，是较常用的内补口方法。

（2）人工补口机。焊好一道口后立即补口方式，即单口补口机。采用手动单口补口机，每焊一道补口一道。使用无溶剂液体涂料，冷涂涂料的雾化多采用离心喷涂。最长补口长度为单根管的长度 12~18m，适应口径小于 80mm 的管道现场内补口施工。

（3）用风送法内涂衬。该补口方式采用风送挤涂法，可对现场连接的管道进行整体内挤涂防腐，同时完成了内补口。

（4）内衬短管法。该技术是现场安装时，将要连接的管端在预制厂加工成喇叭口形状并进行管道内防腐，再把防腐好的内衬短管节插入两个呈喇叭口形状的管端之间，然后进行两端口的焊接，从而使整条管线形成一个完整的内涂层。

（5）机械压接法。该技术是在管道连接时不采用焊接的方式，该补口法包括承压压接法、外套筒式压接法、螺纹连接法等。

（6）记忆合金热胀套补口法。该技术是用管状形状记忆合金作骨架，表面内衬一层防腐涂层，涂层外表面涂有黏合剂，利用焊接余热使记忆合金骨架膨胀，将防腐层紧密地粘贴在钢管内壁上。

（7）可焊性内补口衬套。在焊接前将补口衬套安置在焊口处，焊接时，电焊的高温使补口衬套上的预涂耐高温陶瓷釉料熔融,焊接后在焊口处形成釉料涂层。

## 二、技能要求

### (一)准备工作

**1. 设备**

高度 800mm 钢管支架 1 套,火焰喷枪 1 把,液化气罐 1 瓶。

**2. 材料**

三层 PE 结构防腐管(中间有焊道环形口)1 根,底漆 1 桶,热收缩带 1 卷,砂纸 5 张,抹布若干,稀料 1kg。

**3. 工、用、量具**

红外线测温仪 1 台,料盆 1 个,搅拌棒 1 根,毛刷 2 把,棉手套 1 副,卷尺 1 把,钢丝刷 1 个,角向磨光机 1 台,除锈等级样板 1 套,石笔(粉笔)1 支,记号笔 1 支,压辊 1 个。

### (二)操作规程

**1. 补口施工准备**

(1)清理补口处的泥土、油污及焊缝处的焊渣、毛刺;

(2)修理端部翘边、生锈、开裂等缺陷;

(3)将补口处的钢管预热至露点以上至少 5℃ 的温度;

(4)采用手工工具对补口部位的表面除锈,除锈等级应达到 St3 级,并将两侧的防腐层打磨至表面粗糙。

**2. 涂刷底漆**

均匀涂刷底漆,以环氧树脂底漆为例,干膜厚度应至少不小于 120μm。

**3. 包覆热收缩带**

(1)对补口处预热:将热收缩带定位后,先从中间沿环向均匀加热,再分别向两边均匀加热;

(2)热收缩带收缩:用压辊挤压补口部位排出空气,端部周向底胶均匀溢出;

(3)收缩后,热收缩带与聚乙烯层搭接宽度不应小于 100mm,周向搭接宽度不应小于 80mm。

**4. 质量检查**

(1)表面应平整、无皱折、无气泡、无空鼓、无烧焦碳化,热收缩带周向应有胶黏剂均匀溢出;

(2)用电火花检漏仪以 15kV 电压检漏,以无漏点为合格。

### (三)注意事项

(1)补口层与管体防腐层搭接部位表面打毛至一定的粗糙度,以增加热缩套(带)的与管体聚乙烯层之间的黏结力。

(2)控制收缩套(带)补口质量的关键是加热温度,实际操作中,由于是用火焰喷枪加热,各处的温度不可能在某个时刻为同一数值,但至少先后都应达到温度要求。

(3)边缘收口时,应在轴向收缩量基本完成、未粘的环行边条宽度均匀的情况下仔细地烤边缘,使边缘的胶全部融化并在环向收缩产生的压力下有少量宽度均匀的胶溢出,最后要迅速烘烤边缘底部,使其环向收缩在胶未凝结的整个边缘进一步产生挤压力,沿全边缘将胶再进一步均匀地向外挤出一部分。

(4)在用喷枪烤套(带)时,应始终按照自上而下和由里向外的顺序进行。其中管底部首先因上部套(带)的收缩而使套(带)与管底部贴紧,里面的胶不一定融化,必须继续烤管底部位,特别是管底部的套(带)边缘,必须有挤出的胶条。

(5)若环境温度低于-5℃,在施工前应对热缩套(带)进行保温处理。

(6)安装前,不能将热缩套(带)从包装中取出以免被砂石划伤或沾灰。

(7)安装收缩过程中用火应均匀,避免局部碳化。

JBE007 3PE防腐管补伤的技术质量要求

# 项目六 钢管三层PE防腐层补伤

## 一、相关知识

### (一)3PE防腐管补伤

埋地管道3PE防腐层的补伤按照GB/T 23257—2017规定执行,具体参照本书第一部分高级工操作技能及相关知识模块三项目七中的内容。

### (二)补伤质量检验

埋地管道3PE防腐层的补伤质量检验按照GB/T 23257—2017规定执行,具体参照本书第一部分高级工操作技能及相关知识模块三项目七中的内容。

## 二、技能要求

### (一)准备工作

1. 设备

高度800mm钢管支架1套,火焰喷枪1把,液化气罐1瓶。

2. 材料

三层PE结构防腐管(防腐层至少有20~30mm损伤1处,有直径不超过10mm的漏点或损伤深度不超过管体防腐层厚度的50%的损伤1处)1根,辐射交联聚乙烯补伤片(性能应达到对热收缩套带的规定)1卷,胶黏剂(与补伤片配套)1kg,热熔聚乙烯修补棒1kg,砂纸5张。

3. 工、用、量具

刃具1把,腻刀1把,剪刀1把,棉手套1副,卷尺1把,钢丝刷1个,石笔(粉笔)1支,记号笔1支。

### (二)操作规程

1. 对防腐层小于或等于30mm损伤处的补伤

(1)用钢丝刷、抹布等清理去除损伤部位的泥土、油污等附着污物。

(2)用砂纸将损伤处边缘的聚乙烯层打毛,然后用刃具、砂纸等将损伤部位的聚乙烯层修切圆滑,边缘应形成钝角。

(3)在损伤孔内填满胶黏剂,用腻刀抹平。然后贴上补伤片,裁剪后的补伤片大小应保证其边缘距聚乙烯层的孔洞边缘不小于100mm。贴补时应边加热边用辊子滚压或戴耐热手套用手挤压,排出空气,直至补伤片四周胶黏剂均匀溢出。

2. 对于防腐层直径不超过10mm的漏点或损伤深度不超过管体防腐层厚度的50%损伤的补伤

(1) 用钢丝刷、抹布、砂纸等清理泥土、油污等附着物。

(2) 将聚乙烯补伤棒置于补伤处,用火焰喷枪加热,直至熔化,填满损伤孔内,用腻刀抹平。

**(三)注意事项**

(1) 现场施工时应严格根据施工技术措施里的有关规定来选择补口补伤材料,以确保补口补伤质量,进而保证三层PE防腐层的施工质量。

(2) 火焰喷枪使用时严禁对人,用后马上关闭。

(3) 防腐保温材料应分类堆放,严禁烟火。

(4) 操作人员应戴眼镜、口罩、手套等防护用品避免中毒;不准穿化纤类衣物。

(5) 施工现场要注意卫生和环境保护,施工完毕要将残存的易燃、易爆有毒物质及其他杂物按规定处理。

(6) 所用电气设备应整体防爆,操作部分应设触电保护器。

# 项目七　修补钢管熔结环氧粉末内防腐层

## 一、相关知识

> JBE001 非腐蚀性气体输送用内防腐管内涂层的修补方法

**(一)非腐蚀性气体输送用管线内涂层修补和重涂**

1. 原则

应对有缺陷或受损的涂层进行修补。当修补面积超过钢管内涂层面积1%时,此钢管应全部重新涂敷。当修补面积小于钢管内涂层面积1%时,则局部修补。

2. 膜厚

涂层修补的干膜最小厚度为38μm。

3. 小面积修补

局部修补可采用手动喷枪或涂刷。

4. 流淌和流挂

对涂层表面严重的流淌和流挂,应首先用砂纸或刮刀将其磨平或刮平整,然后对该部位进行重涂。清理不彻底的涂层应完全去除,然后进行合适的表面清洁,再进行补涂。未黏着的涂层应彻底清除。

5. 粗糙的表面

重新涂敷前,已有的涂层表面粗糙部位应磨平处理,且应去除所有的羽状毛边。

6. 修补

在涂层未完全固化并达到一定硬度前,不应进行诸如涂层修补、管壁修补等任何操作,以免损伤涂膜。

7. 重涂

钢管重涂前应对钢管进行彻底清除灰尘和各种沉积物,按涂敷要求进行重涂。重涂后的涂层质量检验应按照成品管的规定重新进行,重涂管的检验情况应予以记录。

## (二)管道液体环氧涂料内防腐层修补与重涂

> JBE002 液体环氧涂料内防腐管涂层修补重涂的要求

1. 修补

(1)防腐层有漏点、漏涂等缺陷时应进行修补。

(2)宜先对防腐层的缺陷部位进行清理,涂层搭接处应打磨或用其他适用方式进行清理。可采用喷涂或刷涂的方法进行修补。

(3)防腐层修补所用涂料应与原用涂料一致。

2. 重涂

(1)出厂检验附着力不合格的防腐层或不宜进行修补的缺陷涂层必须进行重涂。

(2)重涂时应将原涂层清除干净,然后按涂敷生产的要求重新进行喷(抛)射处理,并按正常生产时的工艺方法重新涂敷。

(3)内防腐层型式检验不合格的防腐管应进行重涂,因为涂层的性能指标不合格,涂层易脱落、减薄、降低防腐性能。型式检验除包括出厂检验的项目外,还包括涂层的柔韧性、耐冲击强度和硬度试验。

3. 检验

修补、重涂后的管道内防腐层按标准规定进行质量检验,并达到质量检验的相关要求。

## (三)管道熔结环氧粉末内防腐层修补和重涂

> JBE008 熔结环氧粉末内防腐管内防腐层修补重涂的要求

(1)熔结环氧粉末内防腐层的修补可采用环氧粉末涂料生产厂配套提供或指定的双组分无溶剂液体环氧涂料。

(2)修补的方法应适合手工操作并经业主确认。修补要求:

① 修补时,应确保钢管表面温度至少高于露点以上3℃。

② 先除去待修部位的污物,将修补部位打磨至修补材料说明书要求的粗糙表面。

③ 用干布或刷子将灰尘清除干净。

④ 按修补材料说明书的要求进行涂料配制和涂刷。

⑤ 修补防腐层与原防腐层搭接至少25mm。

⑥ 所修补防腐层应进行厚度和漏点检验。厚度应满足最低厚度要求,最大厚度允许为规定厚度的2倍。

(3)防腐层检测中厚度不合格、漏点数量超过允许修补范围或形式检验不合格的防腐层,应进行重涂。重涂时,应将钢管加热到不超过275℃,使防腐层软化,然后将全部防腐层清除掉,再按标准要求进行表面处理和涂敷施工,重涂后应按标准规定重新进行质量检验。

## (四)管道双层(单层)熔结环氧粉末外涂层的修补和重涂

> JBE009 双层熔结环氧粉末外涂层防腐管涂层补伤复涂重涂的要求

1. 修补

采用局部修补的方法修补涂层缺陷时,应符合下列要求:

(1)缺陷部位的所有锈斑、鳞屑、裂纹、污垢和其他杂质及松脱的涂层应清除。

(2)将缺陷部位根据修补材料生产商的要求打磨成粗糙面,打磨及修复搭接宽度不小于10mm。

(3) 用干布或刷子将灰尘清除干净。

(4) 直径小于或等于 25mm 的缺陷部位,应采用环氧粉末生产商推荐的双组分无溶剂液体环氧树脂涂料或热熔修补棒进行局部修补;直径大于 25mm 且面积小于 $2.5×10^4 mm^2$ 的缺陷部位,应采用环氧粉末生产商推荐的双组分无溶剂液体环氧树脂涂料进行局部修补。

(5) 修补材料应按厂家推荐的方法储存和使用。

(6) 修补处涂层总厚度应满足表 2-2-16 的要求,并以按最小涂层厚度乘以 $5V/\mu m$ 计算的检测电压对修补处进行漏点检验。

2. 重涂

涂层厚度检验不合格,漏点数量超过允许修补范围或型式检验不合格的外涂层钢管,应进行重涂。重涂时,可将钢管加热,使涂层软化,将全部涂层清除掉。加热温度不应超过 275℃,并满足钢管的加热温度限制。也可采用其他方式清除不合格涂层。重涂及重涂后质量检验应按标准要求进行。

## 二、技能要求

### (一) 准备工作

1. 设备

高度 800mm 钢管支架 1 套。

2. 材料

熔结环氧粉末内防腐管(内防腐层表面有若干处破损)1 根,双组分无溶剂液体环氧涂料(配套固化剂)100g,砂纸 5 张,干抹布若干。

3. 工、用、量具

小盆 4 个,搅拌棒 1 根,毛刷 1 把,电子秤 1 台,红外线测温仪 1 台。

### (二) 操作规程

1. 测温、清理和打磨

(1) 采用红外线测温仪测量钢管内表面温度,确定钢管表面温度至少高于露点以上 3℃;

(2) 去除待修部位的污物;

(3) 用砂纸打磨待修部位的防腐层至粗糙表面,后用干布或刷子将灰尘清理干净。

2. 配制双组分液体环氧涂料补伤液

按配比 10:1,称量环氧涂料 100g,称量固化剂 10g,将固化剂慢慢倒入涂料中,并搅拌均匀。

3. 修补缺陷

用配制好的补伤液涂待修补处,涂刷应均匀、无漏涂,修补防腐层与原防腐层搭接至少 25mm。

4. 修补质量检验说明

(1) 修补厚度应满足最低厚度要求,最大厚度允许为规定厚度的 2 倍。普通级标准规定厚度为 ≥300μm,加强级规定厚度为 ≥500μm。

(2) 防腐层完全固化后进行漏点检测,检测电压值为 $5V/\mu m$,以无漏点为合格。

### (三)注意事项

(1)工人上岗前必须经过一定的培训,做好安全教育工作,提高工人自身的安全意识。作业线周围5m严禁烟火,并要有配套的灭火设施。

(2)施工人员劳动保护用品穿戴齐全。

(3)施工现场要注意卫生和环境保护,作业完毕要将残存的易燃、易爆有毒物质及其他杂物按规定处理。

(4)施工所用电气设备应整体防爆,操作部分应设触电保护器。

## 项目八　判定并修补储罐液体环氧涂料内防腐层

> JBE011 储罐液体环氧涂料内涂层补伤施工的要求

### 一、相关知识

#### (一)储罐液体涂料内防腐层的修补、复涂及重涂

**1. 对防腐层进行修补、复涂或重涂的情况**

(1)如果防腐层外观有缺陷,则根据缺陷状况进行修补或复涂。

(2)如果防腐层厚度不满足设计要求,则进行复涂。

(3)每一部分防腐层的漏点数每平方米不超过1个时,应进行修补;超过1个时,应对该部分进行全面复涂。

(4)因黏结力检验损坏的防腐层应进行修补,黏结力不合格的防腐层应进行重涂。

**2. 防腐层的修补**

(1)修补使用的材料和厚度应与原防腐层相同,并做好标记。

(2)修补时应将损坏的防腐层清理干净,如已露基材,应除锈至St3级。

(3)漏点处应用砂纸打磨直至基材。

(4)破损处附近的防腐层应采用砂轮或砂布打毛后进行修补涂敷,修补层和原防腐层的搭接宽度不小于50mm。

(5)修补处防腐层固化后,应按标准有关的规定对修补处进行防腐层厚度和漏点检查,应无漏点且厚度符合设计规定。

**3. 防腐层的复涂**

(1)应将原有防腐层打毛,使防腐层表面粗糙,并清除防腐层表面的碎屑和粉尘。

(2)按标准的管道涂敷面漆,直至防腐层达到规定厚度。

(3)局部涂敷时,应以厚度不合格测点为中心,上、下、左、右各延伸0.5m作为复涂区域。

(4)复涂后按标准的规定进行质量检验,若不合格应进行重涂。

**4. 防腐层的重涂**

(1)必须将全部防腐层清除干净。

(2)按标准的规定进行防腐层涂敷。

(3)按规定进行质量检验,并达到质量要求。

## (二)储罐环氧玻璃钢内衬层的复涂、修补及返工

1. 储罐环氧玻璃钢内衬层的复涂

(1)复涂使用的材料应与原主体内衬层相同。

(2)应将原有内衬层打毛,使表面粗糙。

(3)按标准的规定涂敷环氧面胶,直至达到规定厚度。

(4)复涂后应按标准的规定进行质量检验。

2. 储罐环氧玻璃钢内衬层的修补

(1)修补使用的材料和结构等级应与原主体内衬层相同。

(2)修补时应将漏点或损坏的防腐层清理干净,如已露基体,应除锈至St3级。

(3)漏点和破损处周边的玻璃钢层用锋利刀刃切成斜坡面后,向外50mm宽用砂轮将玻璃钢层打毛,中间凹下去的部分应用环氧腻子抹平,且待腻子实干后再进行修补,修补层与原玻璃钢层搭接宽度应不小于50mm,如图2-3-2所示。

(4)修补层固化后,应按标准的有关规定对修补层进行厚度和针孔检查。

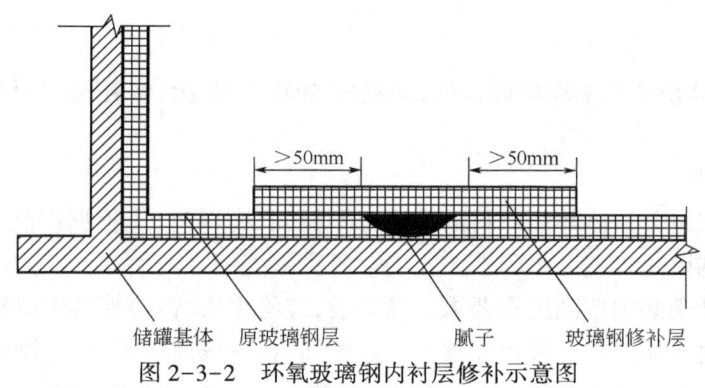

图 2-3-2 环氧玻璃钢内衬层修补示意图

3. 储罐环氧玻璃钢内衬层的返工

(1)将全部玻璃钢铲除干净。

(2)按标准的要求进行玻璃钢内衬施工。

(3)按标准的规定进行质量检验,并达到标准的质量要求。

## 二、技能要求

### (一)准备工作

1. 设备

钢板支架1套。

2. 材料

一面为液体环氧涂料内防腐层钢板(防腐层厚度≥300μm,内防腐层只有一处不大于5mm露铁漏涂缺陷和一处针孔漏点)1张,双组分无溶剂液体环氧涂料(配套固化剂)100g,砂纸5张,干抹布若干。

3. 工、用、量具

小盆4个,搅拌棒1根,毛刷1把,电子秤1台,红外线测温仪1台,电火花检漏仪1台,

直尺1个,记号笔1个,绝缘手套1副。

**(二)操作规程**

1. 质量检查并判断修补部位

(1)检查平钢板防腐层外观是否有漏涂缺陷,并在修补位置上画圈标注;

(2)采用电火花检漏仪进行防腐层(厚度≥300μm)的漏点检测,检漏电压为1.5kV,漏点数每平方米不超过1个时,应进行修补,并在修补位置上画圈标注。

2. 清理、除锈和打磨

(1)将损坏的防腐层用抹布清理干净;

(2)对已露基材,应用砂纸除锈至St3级;

(3)对漏点处应用砂纸打磨直至基材;

(4)修补处附近的防腐层用砂纸打毛。

3. 配制双组分液体环氧涂料补伤液

按配比10∶1,称量环氧涂料100g,称量固化剂10g,将固化剂慢慢倒入涂料中,并搅拌均匀。

4. 修补缺陷

用配制好的补伤液手工涂刷修补处,涂刷应均匀、无漏涂,修补层和原防腐层的搭接宽度不小于50mm。

**(三)注意事项**

(1)每一种双组分液体环氧涂料的配比都不相同,配料时,应根据产品说明书的要求比例和方法进行配制。

(2)表面预处理必须达到质量要求。处理后,应将尘埃、锈粉等微尘清除干净。

(3)由于涂料在使用前一般都放置了一定时间,在开桶前应晃动,使涂料混合均匀。

(4)内防腐层一般都需要涂敷两遍以上,监测每次涂敷的湿膜厚度可有效地预测防腐层的干膜厚度。这样就可计算出涂敷的次数,提高生产效率,保证防腐层厚度。

(5)严禁在雨、雪、雾及风沙等气候条件下露天作业。

# 模块四　质量管理与施工组织设计

## 项目一　编写三层 PE 防腐管防腐质量的控制措施

### 一、相关知识

**（一）技术管理**

1. 企业技术管理的任务

> JBF001　企业技术管理的任务

企业技术管理是整个企业管理系统的一个子系统，是对企业的技术开发、产品开发、技术改造、技术合作以及技术转让等进行计划、组织、指挥、协调和控制等一系列管理活动的总称。现代企业技术管理就是依据科学技术工作规律，对企业的科学研究和全部技术活动进行的计划、协调、控制和激励等方面的管理工作。

企业技术管理的目的，是按照科学技术工作的规律性，建立科学的工作程序，有计划、合理地利用企业技术力量和资源，把最新的科技成果尽快地转化为现实的生产力，以推动企业技术进步和经济效益的实现。

企业技术管理系统的建立，是根据技术管理的基本理论，以促进企业技术进步为目的，对企业的技术开发、产品开发、技术改造、技术合作和技术转让等工作进行分析和评价，提出改善方案并指导实施的一种智力服务活动。通过技术管理系统的建立，能够对技术管理的成效进行评价，帮助企业分析技术管理不善的原因，制定改进措施，提高企业技术管理水平，促进企业进步，增强企业的竞争能力。

企业技术管理的任务主要是推动科学技术进步，不断提高企业的劳动生产力和经济效益，主要包括：

（1）正确贯彻执行国家的技术政策。企业许多技术问题和经济问题的解决都离不开国家的有关技术政策，主要包括产品质量标准、工艺规程、技术操作规程、检验制度等。

（2）建立良好的生产技术秩序，保证企业生产的顺利进行。企业要通过技术管理，使各种技术装备保持良好的技术状况，为生产提供先进合理的工艺规程，并要严格执行生产技术责任制和质量检验制度，及时解决生产中的技术问题。

（3）提高企业的技术水平。现代企业要通过各种方式和手段，提高工人和技术人员的技术素质，对生产设备、工艺流程、操作方法等不断进行挖潜、革新和改造，推广行之有效的生产技术经验。

（4）保证安全生产。从技术上采取有力措施，制定和贯彻安全技术操作规程，从而保证生产安全。

（5）广泛开展科研活动，努力开发新产品。要求企业必须发动广大技术人员和工人，广泛开展科学研究活动，努力钻研技术，积极开发新产品，不断满足需求，开拓新市场。

## 2. 建筑企业技术管理的基础工作内容

> JBF002 建筑企业技术管理的基础工作内容

技术管理工作的内容可分为基本工作和基础工作两大部分。基本工作包括施工技术准备工作、施工过程中的技术工作、技术开发与更新工作。基础工作包括：

1）建立与健全技术责任制

技术责任制是适应现代化大生产的需要而建立起来的一种严格的科学管理制度，是企业的技术工作系统，对各级技术人员建立明确的职责范围，以达到各负其责、各司其职，把整个企业的生产活动和谐地、有节奏地组织起来为目的。技术责任制是企业技术管理工作的核心，它对调动各级技术人员的积极性和创造性，认真贯彻国家技术政策，搞好技术管理，促进建筑技术的发展和保证工程质量都有极为重要的作用。

2）制定与贯彻执行技术标准和技术规程

建筑安装工程技术标准是对建筑安装工程质量、规格及其检验方法等所作的技术规定，是企业技术管理的依据，是衡量企业生产技术水平高低的尺度；技术规程是为了执行各项技术标准，保证生产有秩序地顺利进行，在生产过程中指导工人正确的操作方法、机械设备和工具的合理使用、维修，以及技术安全等方面所作的统一规定。

3）建立与健全技术原始记录

建立与健全技术原始记录包括材料、构配件及建安工程质量检验记录，质量安全事故分析和处理记录，设计变更记录以及施工日志等。施工技术日志是从工程开工到竣工，对整个施工过程中的主要技术活动进行连续不断的详实记载，是工程施工的备忘录。

4）建立工程技术档案

为了给工程交工后的使用、维修、改建、扩建等提供依据，建筑施工企业必须按建设项目及单位工程，建立工程技术档案资料。工程技术档案可分为两大部分：一部分是工程交工验收后交由建设单位或城市建设档案馆保管的技术档案；另一部分是由建筑企业保存的施工组织与管理方面的工程技术档案。

5）做好技术情报、信息管理工作

企业应及时获得先进的技术情报、信息，了解国内外同行业的先进技术水平和管理水平，促进企业技术水平的不断提高。因此，应及时整理、分析所收集到的情报资料，并及时向有关部门和领导提供技术咨询和发展动态的信息。

6）做好职工技术培训，提高技术素质

提高职工的技术素质，主要途径是通过技术培训，不断学习研究国内外先进技术，不断进行知识更新和技术创新，提高企业技术水平。

7）技术档案管理

技术档案是企业在生产、建设和科学研究活动中所形成的具有保存价值的并保存起来以备查考的图纸（产品图纸、工艺图纸、基建图纸）、各类说明书、实验记录和专题、研究论文、有关的照片、影片录像、录音带等技术文件材料。技术档案管理指对技术档案的收集、整理、分类、保管、鉴定、统计和服务等一系列活动的管理过程。

### （二）全面质量管理

#### 1. 概念

全面质量管理就是一个组织以质量为中心，以全员参与为基础，目的在于通过让顾客满意和本组织所有成员及社会受益而达到长期成功的管理途径。

2. 全面质量管理的基本要求

企业开展全面质量管理,必须满足"三全一多样"的基本要求。

1) 全过程的质量管理

全过程的质量管理包括了从市场调研、产品的设计开发、生产(作业),到销售、售后服务等全部有关过程。换句话说,要保证产品或服务的质量,不仅要搞好生产或作业过程的质量管理,还要搞好设计过程和使用过程的质量管理,要把质量形成全过程的各环节或有关因素控制起来,形成一个综合性的质量管理体系,做到以预防为主,防检结合,重在提高。现代质量检验区别于传统质量检验之处在于预防作用。为此,全面质量管理强调必须体现预防为主、不断改进的思想和为顾客服务的思想。

2) 全员的质量管理

产品和服务质量是企业各方面、各部门、各环节工作质量的综合反映。企业中任何一个环节,任何一个人的工作质量都会不同程度地直接或间接地影响着产品质量或服务质量。因此,产品质量人人有责,人人关心产品质量和服务质量,人人做好本职工作,全体参加质量管理,才能生产出顾客满意的产品。

3) 全企业的质量管理

全企业的质量管理可以从纵、横两个方面来加以理解。从纵向的组织管理角度来看,质量目标的实现有赖于企业的上层、中层、基层管理乃至一线员工的通力协作,其中尤以高层管理能否全力以赴起着决定性的作用。从企业职能间的横向配合来看,要保证和提高产品质量必须使企业研制、维持和改进质量的所有活动构成为一个有效的整体。

4) 多方法的质量管理

影响产品质量和服务质量的因素越来越复杂:既有物质的因素,又有人的因素;既有技术的因素,又有管理的因素;既有企业内部的因素,又有随着现代科学技术的发展,对产品质量和服务质量提出了越来越高要求的企业外部的因素。要把这一系列的因素系统地控制起来,全面管好,就必须根据不同情况,区别不同的影响因素,广泛、灵活地运用多种多样的现代化管理方法来解决当代质量问题。

3. "QC"小组活动的活动程序

1) 概念

"QC"小组是指在生产或工作岗位上从事各种劳动的职工,围绕企业的经营战略、方针目标和现场存在的问题,以改进质量、降低消耗,提高人的素质和经济效益为目地组织起来,运用质量管理的理论和方法开展活动的小组。"QC"小组是企业中群众性质量管理活动的一种有效组织形式,是职工参加企业民主管理的经验同现代科学管理方法相结合的产物。

2) "QC"小组主要特点

(1) 自主性。以职工自愿参加为基础,实行自主管理,自我教育,互相启发,共同提高,充分发挥小组成员的聪明才智和积极性、创造性。

(2) 群众性。是吸引广大职工群众积极参与质量管理的有效形式,不但包括领导人员、技术人员、管理人员、而且更注重吸引在生产、服务工作第一线的操作人员参加。

(3)民主性。内部讨论问题、解决问题时,小组成员不分职位与技术高低,各抒己见,互相启发,集思广益,高度发扬民主,以保证既定目标的实现。

(4)科学性。在活动中遵循科学的工作程序,步步深入地分析问题,解决问题。

3)"QC"小组活动的具体程序

(1)选题。"QC"小组选题范围涉及企业各个方面工作,概括有十大方面:提高质量;降低成本;设备管理;提高出勤率、工时利用率和劳动生产率,加强定额管理;开发新品,开设新的服务项目;安全生产;治理"三废",改善环境;提高顾客(用户)满意率;加强企业内部管理;加强思想政治工作,提高职工素质。

(2)确定目标值。目标值的确定要注重目标值的定量化,使小组成员有一个明确的努力方向,便于检查,活动成果便于评价;注重实现目标值的可能性。

(3)调查现状。在进行现状调查时,应根据实际情况,应用不同的"QC"工具(如调查表、排列图、折线图、柱状图、直方图、管理图、饼分图等),进行数据的搜集整理。

(4)分析原因。对调查后掌握到的现状,要发动全体组员动脑筋,想办法,依靠掌握的数据,通过开"诸葛亮"会,集思广益,选用适当的"QC"工具(如因果图、关联图、系统图、相关图、排列图等)进行分析,找出问题的原因。

(5)找出主要原因。经过原因分析以后,将多种原因,根据关键、少数和次要多数的原理,进行排列,从中找出主要原因。在寻找主要原因时,可根据实际需要应用排列图、关联图、相关图、矩阵分析、分层法等不同分析方法。

(6)制定措施。主要原因确定后,制定相应的措施计划,明确各项问题的具体措施,要达到的目的,谁来做,何时完成以及检查人。

(7)实施措施。小组长要组织成员,定期或不定期地研究实施情况,随时了解课题进展,发现新问题要及时研究、调查措施计划,以达到活动目标。

(8)检查效果。效果检查是把措施实施前后的情况进行对比,看其实施后的效果,是否达到了预定的目标。

(9)制定巩固措施。为了保证成果得到巩固,小组必须将一些行之有效的措施或方法纳入工作标准、工艺规程或管理标准,经有关部门审定后纳入企业有关标准或文件。

(10)分析遗留问题。小组通过活动取得了一定的成果,也就是经过了一个 PDCA 循环。这时候,应对遗留问题进行分析,并将其作为下一次活动的课题,进入新的 PDCA 循环。

(11)总结成果资料。小组将活动的成果进行总结,是自我提高的重要环节,也是成果发表的必要准备。

4)"QC"小组活动的宗旨

提高职工素质,激发职工的积极性和创造性;改进质量、降低消耗,提高经济效益;建立文明的、心情舒畅的生产、服务、工作现场。

5)"QC"小组活动作用

有利于开发智力资源,发挥人的潜能,提高人的素质;有利于预防质量问题和改进质量;有利于实现全员参加管理;有利于改善人与人之间的关系,增强人的团结协作精神;有利于改善和加强管理工作,提高管理水平;有利于提高顾客的满意程度。

### (三) 班组经济核算

1. 班组经济核算的作用

班组经济核算是在轮班、生产小组或流水线范围内，利用价值或实物指标，将其劳动耗费和劳动占用与劳动成果进行比较，以取得良好经济效果的一种管理方法。它是整个生产现场管理的基础，又是组织广大群众当家理财的好形式和现场成本控制不可缺少的重要环节。建立健全原始记录、统计台账是搞好班组经济核算工作的基础，对经济指标的完成情况进行核算、公布可以为下一步工作提供可靠的数据。

班组是企业生产经营的最小细胞，也是最基本的生产单位。把班组核算作为强化增收节资、推动基础工作、提升专业管理的抓手。在生产经营中加强基础工作管理，将各项产量和消耗定额指标落实到班组，实行班组核算奖罚制度，调动员工生产积极性。班组不但是财富的直接创造者，也是物料的直接消耗者，开展班组经济核算即是降低成本的重要途径，也是企业生产经营活动的重要组成部分。因此，开展班组经济核算，并把经济核算的内容同班组成员的切身利益紧密地联系在一起是非常重要的。

班组经济核算一般是在车间主任领导下，由班组长负责组织，由核算员具体承担。班组核算员在业务上要接受车间和有关科室核算人员的指导。

搞好班组核算，必须建立相应的规章制度：(1) 材料、工具的领、退、保管制度；(2) 考勤和劳动组织制度；(3) 设备管理和维修制度；(4) 质量检验制度；(5) 成本控制制度；(6) 评比奖励制度等。

2. 班组经济核算的要求

1) 班组经济核算的基本要求

(1) 建立起适应班组生产和经营特点的核算组织。

(2) 确定适合班组生产特点的经济核算指标并使班组和个人有明确的经济责任。

(3) 做好定额管理、原始记录、计量验收等各项基础工作，做到事事有记录，考核有依据，计量有标准。

(4) 建立严格的考核、检查评比和奖惩制度。

(5) 做到以较少的劳动耗费，取得较大的劳动成果，保证厂级和车间各项指标的完成。

经济核算单位确定后，尽可能按人核算，然后再按班组汇总核算。班组经济核算进行的情况是以完成经济指标的情况衡量的，要做好定额管理、原始记录、计量验收等各项基础工作，做到事事有记录、考核有依据、计量有标准。

2) 班组经济核算的指标

班组经济核算的指标包括产量指标、质量指标、物资消耗指标、工时指标等。

(1) 产量指标，一般用实物量来计算，可采用实物、劳动工时、计划价格和产量计划完成率计算。减少拖延成本、减少管理失误成本、降低隐性成本可促使班组防范浪费。

(2) 质量指标，是用来表示等级品率、合格率、一次性合格率和废品率的班组经济核算指标，可采用等级品率、合格品率、废品率、返修品率等指标形式反映。

(3) 物资消耗指标，主要是对原材料、燃料和动力的实际消耗量与计划限额进行对比。可采用材料耗用数量、耗用金额表示，也可用材料利用率等相对数表示。

(4) 工时指标，包括工时利用率和出勤率、劳动生产率等指标。提高出勤率和有效工时利用率、劳动生产率是降低班组核算产品成本的一个途径。

（5）设备完好率和利用率指标，是用相对数表示的指标。

（6）成本降低指标，是综合性指标，一般只包括班组直接消耗的各种材料和支出的费用，不包括固定资产折旧及修理费用。

## 二、技能要求

### （一）准备工作

材料、工具

试卷 2 张，碳素笔 1 支。

### （二）操作规程

（1）生产工艺流程：写出 3PE 管防腐主要生产工艺流程。

（2）主要生产工序质量控制要点：写出 3PE 管主要生产工序质量控制要点。

### （三）编写三层 PE 防腐管防腐质量的控制措施参考案例

1. 3PE 管防腐主要生产工艺流程

质检合格钢管进管→钢管预热→外壁抛丸除锈→吹扫→除锈质量检验→中频加热→FBE 喷涂→胶黏剂涂敷→聚乙烯涂敷→水冷却→在线检漏→防腐层质量检验→管端打磨→喷标记成品管入库。

2. 3PE 管主要生产工序质量控制要点

1）进管

对光管的表面进行检查，如焊缝高度、摔坑、腐蚀坑、坡口损伤、管端椭圆度等，对管号、管长、钢级、进管数量等进行记录，不符合涂敷要求的钢管将退出生产线。

2）预热

清洗后的钢管进行预热，管体表面被烘干并加热到 40~60℃。

3）抛丸除锈

加热后的钢管进入抛丸除锈机，除锈后的钢管表面处理质量达到 $Sa2\frac{1}{2}$ 级，锚纹深度达到 50~90μm，表面灰尘度低于 2 级，表面盐分不超过 20mg/m$^2$。达不到要求则重复处理。

4）中频感应加热控制

（1）在开始生产时，先用试验管段在生产线上分别依次调节预热温度及防腐层各层厚度，各项参数达到要求后方可开始生产。

（2）中频系统通过电磁感应加热钢管，红外线测温仪将监测钢管表面温度，使钢管表面达到稳定的涂敷温度。

5）环氧粉末喷涂

加热后的钢管通过静电喷涂系统将附有静电的环氧粉末均匀地喷涂在钢管表面，并在规定时间内胶化，达到涂敷要求。

6）胶黏剂及聚乙烯挤出涂敷

（1）胶黏剂涂敷必须在环氧粉末胶化过程中进行；

（2）相继缠绕包覆胶黏剂层和聚乙烯层，立即用压辊将防腐层在熔融状态下压紧，使两者形成相互黏结的整体；

(3)应确保搭接部分的聚乙烯及焊缝两侧的聚乙烯完全辊压密实,并防止压伤聚乙烯层表面。

7)冷却

涂敷好的钢管用水冷却至钢管温度不高于60℃,并确保熔结环氧涂层固化完全。

8)防腐管检验

防腐管的防腐层质量检验包括防腐管的外观、厚度、剥离强度、漏点等。

9)管端打磨

除去管端部位的聚乙烯层。管端预留长度应为100~150mm,且聚乙烯层端面小于或等于30°的倒角。

# 项目二　编制液体环氧涂料内防腐管施工方案

## 一、相关知识

### (一)施工组织设计

1. 施工组织设计的类型

施工组织设计是以施工项目为对象编制的、用以指导施工的技术、经济和管理的综合性文件,是用来指导施工项目全过程各项活动的技术、经济和组织的综合性文件,是施工技术与施工项目管理有机结合的产物,它能保证工程开工后施工活动有序、高效、科学合理地进行。

施工组织设计是对施工活动实行科学管理的重要手段。通过施工组织设计的编制,明确工程的施工方案、施工顺序、劳动组织措施、施工进度计划及资源需用量与供应计划,明确临时设施、材料和机具的具体位置,有效地使用施工场地,提高经济效益。施工组织设计还具有统筹安排和协调施工中各种关系的作用,提供了各阶段的施工准备工作内容,协调施工过程中各施工单位、各施工工程、各项资源之间的相互关系。

施工组织设计按设计阶段和编制对象不同,分为施工组织总设计、单位工程施工组织设计和施工方案三类。

1)施工组织总设计

施工组织总设计是以若干单位工程组成的群体工程或特大型项目为主要对象编制的施工组织设计。施工组织总设计一般在建设项目的初步设计或扩大初步设计批准之后,总承包单位在总工程师领导下进行。建设单位、设计单位和分包单位协助总承包单位工作。

施工组织总设计是对整个项目的施工过程起统筹规划、重点控制的作用。其任务是确定建设项目的开展程序,主要建筑物的施工方案,建设项目的施工总进度计划和资源需用量计划及施工现场总体规划等。

2)单位工程施工组织设计

单位工程施工组织设计是以单位(子单位)工程为主要对象编制的施工组织设计,对单位(子单位)工程的施工过程起指导和约束作用。单位工程施工组织设计是施工图纸设计完成之后、工程开工之前,在施工项目负责人领导下进行编制的。

3）施工方案

施工方案是以分部（分项）工程或专项工程为主要对象编制的施工技术与组织方案，用以具体指导其施工过程。施工方案由项目技术负责人负责编制。

对重点、难点分部（分项）工程和危险性较大工程的分部（分项）工程，施工前应编制专项施工方案；对于超过一定规模的危险性较大的分部（分项）工程，应当组织专家对专项方案进行论证。

**2. 施工组织设计编制的基本内容**

JBF008 施工组织设计编制的基本内容

施工组织设计是根据国家有关技术政策、建设项目要求、施工组织的原则，结合工程的具体条件，确定经济合理的施工方案，对拟建工程在人力和物力、时间和空间、技术和组织等方面统筹安排，以保证按照既定目标，优质、低耗、高速、安全地完成施工任务。

施工组织设计的繁简，一般要根据工程规模大小、结构特点、技术复杂程度和施工条件的不同而定，以满足不同的实际需要。复杂和特殊工程的施工组织设计需较为详尽，小型建设项目或具有较丰富施工经验的工程则可较为简略。施工组织总设计是为解决整个建设项目施工的全局问题的，要求简明扼要，重点突出，要安排好主体工程、辅助工程和公用工程的相互衔接和配套。单位工程的施工组织设计是为具体指导施工服务的，要具体明确，要解决好各工序、各工种之间的衔接配合，合理组织平行流水和交叉作业，以提高施工效率。施工条件发生变化时，施工组织设计须及时修改和补充，以便继续执行。施工组织设计一般包括以下基本内容。

1）工程概况

工程的基本情况、工程性质和作用、主要说明工程类型、使用功能、建设目的、建成后的地位和作用。

2）施工部署及施工方案

施工安排及施工前的准备工作、各个分部分项工程的施工方法及工艺。

3）施工进度计划

编制控制性网络计划。工期采用四级网络计划控制：一级为总进度，二级为三个月滚动计划，三级为月进度计划，四级为周进度计划。

4）施工平面图

根据场区情况设计绘制施工总平面布置图，大体包括机械设备的数量、位置及其开行路线；搅拌站、材料堆放仓库和加工场的位置，运输道路的位置，行政、办公、文化活动等设施的位置，水电管网的位置等内容。

5）主要技术经济指标

施工工期、施工质量、施工成本、施工安全、施工环境和施工效率，以及其他技术经济指标。

**3. 施工组织设计的编制方法**

JBF009 施工组织设计的编制方法

1）原则

施工组织设计的编制必须遵循工程建设程序，并应符合下列原则：

（1）符合施工合同或招标文件中有关工程进度、质量、安全、环境保护、造价等方面的要求。

(2)积极开发、使用新技术和新工艺,推广应用新材料和新设备。

(3)坚持科学的施工程序和合理的施工顺序,采用流水施工和网络计划等方法,科学配置资源,合理布置现场,采取季节性施工措施,实现均衡施工,达到合理的经济技术指标。

(4)采取技术和管理措施,推广建筑节能和绿色施工。

(5)与质量、环境和职业健康安全三个管理体系有效结合。

2)编制依据

施工组织设计应以下列内容作为编制依据:

(1)与工程建设有关的法律、法规和文件;

(2)国家现行有关标准和技术经济指标;

(3)工程所在地区行政主管部门的批准文件、建设单位对施工的要求;

(4)工程施工合同或招标投标文件;

(5)工程设计文件;

(6)工程施工范围内的现场条件,工程地质及水文地质、气象等自然条件;

(7)与工程有关的资源供应情况;

(8)施工企业的生产能力、机具设备状况、技术水平等。

3)施工组织设计的编制程序

收集和熟悉编制施工组织总设计所需的有关资料和图纸,进行项目特点和施工条件的调查研究;计算主要工种工程的工程量;确定施工的总体部署;拟订施工方案;编制施工总进度计划;编制资源需求量计划;编制施工准备工作计划;施工总平面图设计;计算主要技术经济指标。

(二)"HSE"管理

1. 防腐施工污染控制的要求

JBF010 防腐施工污染控制的要求

所有新建、扩建、改建项目必须严格遵守国家建设项目环境保护管理条例,做到污染物排放达到国家规定的排放标准。项目中的污染防治设施,必须与主体工程同时设计、同时施工、同时投入运行。施工污染控制应达到下列要求:

(1)建立和完善污染防治设施,各项技术指标要符合设计要求,并保证污染治理设施正常有效运转。

(2)优化生产和工艺,减少能耗物耗,积极推行清洁生产,将污染物消除和削减在生产过程中。

(3)广泛开展工业"三废"综合利用工作,实现化害为利,变废为宝。

(4)现场施工严禁采用敞口溶化沥青方式进行管线防腐补口,应采取经环保部门认可的密闭式熔化装置或及时到当地环保部门办理临时排污许可手续。

(5)施工现场的机械设备、车辆的尾气排放应符合国家环保排放标准的要求。

(6)施工现场应设置排水沟及沉淀池,施工污水经沉淀后方可排入市政污水管网或河流。

(7)施工现场存放的涂料和化学溶剂等物品应设有专门的库房,地面应防渗漏处理。工作时应注意尽量避免外溢或洒落,废弃的油料和化学溶剂应集中处理,不得随意倾倒或掩埋。

（8）海上施工单位必须严格执行国家《海洋环境保护法》和上级单位的有关规定,制定本单位防止海洋施工污染措施并认真执行;对海上施工中产生的各类生产、生活垃圾应及时运回陆地进行处理,严禁排放入海,并做好相关记录。

（9）岗位、设备、管线的巡检要确定环保检查内容,严格对设备的"跑、冒、滴、漏"的管理。

（10）根据国家和上级有关规定处理有毒有害废弃物,认真执行工业固体废物申报登记制度。施工现场产生的各类固体废物,如废焊条、渣、废漆桶、油棉纱等应及时进行回收处理,不得任意焚烧和排放;固定场所(如预制、修理车间等)产生的固体废物应集中存放。

（11）控制和减少噪声污染,对噪声源采取减振、隔音、消声的措施,坚决杜绝野蛮施工,保证厂界噪声达标排放。

（12）施工中应采取有效措施防止油气管线泄露污染事故,一旦发生事故应立即采取相应的应急措施或启动有关应急预案,防止事故的进一步扩大。

（13）发生环境污染事故的单位必须按照规定及时报告有关情况,并进行妥善处理。

## 2. 防腐绝缘工安全管理的要求

[JBF011 防腐绝缘工安全管理的要求]

1）防腐绝缘工安全岗位职责

（1）遵守各项规章制度和安全操作规程,遵守劳动和施工纪律,不违章作业。

（2）正确穿戴劳动防护用品,合理使用防护用具。

（3）负责本岗位设备及器具的使用、维护和保养。

（4）掌握基本防毒、防尘、防火知识,熟悉消防器材的原理并会正确、熟练地使用。

（5）有进行危险和环境因素识别的能力,采取措施使风险削减至最低限度。发生事故时,应立即如实向上级汇报,并采取控制措施,保护好现场,做好详细记录。

（6）严格遵守并监督执行中石油及相关部门有关安全生产的禁令。

（7）有权拒绝违章指令,对他人违章作业要劝阻和制止。

（8）对本岗位的安全环保负责。

2）一般安全要求

（1）防腐作业人员上岗应穿戴劳动防护用品,必要时佩戴防毒面具或面罩。

（2）高处作业时遵守高处作业有关规定。系安全带之前,先检查安全带是否完好无损,卡扣是否牢固。检查脚手架及施工工具,发现不安全之处应立即处理。

（3）在运行的设备、容器、管道上铺设绝热层时,须经有关部门同意后方可进行。

（4）用于防腐的易燃、易爆、有毒材料应分别存放,不应与其他材料混淆;挥发性的物料应装入密封的容器存放。

（5）在设备、容器、管道上进行绝缘作业拧紧绑扎铁丝时,不应用力过猛,铁丝头应嵌入绝缘层内;不应在保护层上走动或进行作业。

（6）在油气站库内施工,不得吸烟和携带火种,不允许穿钉子鞋,设备要有可靠接地;操作场所不得存放易燃、有毒物质。

（7）禁止一边进行防腐衬里,一边用电火花检漏仪检查。

（8）在设备内和室内进行防腐衬里工作时,要有良好的通风设备;遇有易燃、易爆、有毒介质要随时测定浓度,采取有效措施,使浓度不超过有关规定。

（9）防腐使用的各类仪器、安全阀等要定期进行校验;喷砂罐要定期做水压强度试验。

（10）喷砂除锈时,枪头不准对着人或设备,防止人员受伤或损坏设备;喷砂胶管必须绑扎牢固。处理堵塞的喷嘴时,要关闭风门,不许带压拆卸。

（11）防腐人员接触有毒有害气体时,遇有恶心、呕吐、头晕等情况,要立即到新鲜空气处休息,严重送到医院治疗。

（12）现场要保持清洁,作业完毕要将残存的易燃、易爆、有毒物质及其他杂物按规定处理。

3. 防腐作业安全操作规程

（1）岗位作业人员必须熟悉本岗位机械设备的结构、性能和操作、维护方法。上岗要严格按规定正确穿戴劳保用品。

（2）作业线的用电设备应装漏电保护器,并接地良好,严禁带电、带压更换或维修内部部件。

（3）防腐线运行时不得靠近气顶机构和传动部位,以免发生意外事故;非工作人员不得靠近上下管平台,不要被运动的管子碰伤。

（4）在抛丸系统密封破坏、供丸系统堵塞、抛丸机转动不平衡和通风除尘装置损坏情况之一,禁止进行除锈作业。

（5）从事涂料涂敷作业的工作地点通风要良好,必要时采用强制通风措施,操作者应间歇施工。厂房内要有通风、引尘、排烟设备。各车间要有配备齐全、完好的消防器材和设备,要做到管理有专人,人人会使用。

（6）限制使用严重危害作业人员安全健康的有关产品及涂料。防腐涂料使用前先检查型号、合格证书、储存期限和试验情况,配漆时应有专人负责。

（7）涂料现场要登记,分期存放,不允许积压,涂料应存放库房内,不允许露天暴晒。配料配制及喷涂地点,通风应良好,严禁烟火。操作者要间歇作业并禁止非操作人员入内。

（8）当进入储罐、容器等受限空间作业时,在无进入受限空间作业许可证和无监护人情况下,防腐工禁止进入作业。防腐作业人员油罐进入时,应有人佩带供氧呼吸装置先进入油罐,测量罐内的气体浓度。

（9）防腐线运行时作业人员应远离顶升机构和传动、转动部位,以免发生意外事故。

（10）从事涂料等易发生过敏的施工人员,施工前需要做过敏性试验,过敏者不准参加施工。

（11）防腐工作时压风机要有专人保管,开机时应遵守空压机安全操作规程,并经常检查、加油;不准超压使用;工作完毕,应将储气罐内的余气放出,切断电源。

（12）下班前作业线电源总闸要拉下。

## 二、技能要求

（一）准备工作

材料、工具

试卷2张,碳素笔1支。

### (二)操作规程

(1)实施目的。写出施工方案的实施目的。

(2)施工工艺流程。写出施工工艺流程。

(3)施工准备。写出一般施工准备项目。

(4)施工工艺方案。按施工工艺写出各项施工方案。

(5)涂敷过程质量检验项目。写出涂敷过程质量检验项目。

(6)出厂检验项目。写出出厂检验项目。

(7)成品管的储存、运输、搬运、交付。写出成品管的储存、运输、搬运、交付(可无内容)。

### (三)编制液体环氧涂料内防腐管施工方案参考案例

**1. 实施目的**

该施工方案制定的目的是保证产品质量和工期要求,为业主提供优质产品和服务。

**2. 施工工艺流程**

钢管质检、进管→钢管预热→内壁喷砂除锈、内吹扫→除锈质量检验→内壁高压无气喷涂→固化→质检下管出厂。

**3. 施工准备**

(1)人员准备;

(2)技术准备;

(3)现场准备;

(4)设备准备;

(5)材料准备。

**4. 施工方案**

(1)钢管质检、进管。经过检验合格的钢管从上料台架进入内涂作业平台。

(2)钢管预热。首先钢管依次进入预热室内进行预热,将钢管内表面预热到露点3℃以上至60℃,以满足除锈的需要。

(3)内壁喷砂除锈、内吹扫。预热后的钢管依次进入除锈待位平台。通过上下管装置依次将钢管移动至除锈工作位,进行钢管内壁清理及吹扫作业。

(4)除锈质量检验。除锈完毕的钢管通过上下管装置运送至检验平台及喷涂位,检验内壁除锈质量应达到 Sa2½ 级的要求,锚纹深度应达到 $35\sim75\mu m$,表面灰尘度不应超过3级。

(5)内壁高压无气喷涂。除锈质量检验合格的钢管进入内喷涂作业,喷涂作业时通过喷涂小车枪杆伸入管内匀速后退,在高速旋转的钢管内壁形成均匀涂层。喷涂后钢管需要继续旋转一定时间,确保涂层不流淌。

(6)固化。喷涂后钢管进入固化室进行固化,固化室温度稳定在 $40\sim60℃$ 之间,并采用一定保温措施。

(7)质检下管出厂。固化质检合格防腐管喷上标记后通过平台滚动进入出管台架然后交库出厂。

5. 涂敷过程质量检验项目

(1)钢管内表面处理质量、锚纹深度、表面灰尘度;

(2)涂层外观检查;

(3)涂层厚度检测;

(4)涂层漏点检测。

6. 出厂检验项目

(1)涂层外观检验;

(2)涂层厚度检验;

(3)附着力检验;

(4)管端预留长度。

7. 成品管的储存、运输、搬运、交付

成品管的储存、运输、搬运、交付。本部分无内容可不写。

# 理论知识练习题

# 高级工理论知识练习题及答案

一、单项选择题(每题有四个选项,只有一个是正确的,将正确的选项号填入括号内)

1. AA001 在平行投影中,投影线( )于投影面,物体在投影面上所得到的投影称为正投影。
   A. 平行　　　　B. 垂直　　　　C. 相交　　　　D. 重合
2. AA001 物体的( ),就是将通过物体各个顶点的平行投影线与投影面的交点连接起来所得到的图形。
   A. 投影　　　　B. 中心投影　　C. 正投影　　　D. 平行投影
3. AA002 三面投影图的位置关系中,正面是( )。
   A. 俯视图　　　B. 左视图　　　C. 主视图　　　D. 平面图
4. AA002 三面投影图的位置关系中,图样中主视图正下方的视图是( )。
   A. 俯视图　　　　　　　　　　B. 左视图
   C. 右视图　　　　　　　　　　D. 立面图
5. AA003 直线平行于投影面时,它的投影是( )。
   A. 直线且反映实长　　　　　　B. 缩短了的直线
   C. 一个点　　　　　　　　　　D. 延长了的直线
6. AA003 直线倾斜于投影面时,它的投影是( )。
   A. 直线且反映实长　　　　　　B. 缩短了的直线
   C. 一个点　　　　　　　　　　D. 延长了的直线
7. AA004 画剖面图时须用剖切符号在( )图中表示出剖切位置线及剖面图的投影方向。
   A. 投影　　　　B. 中心投影　　C. 正投影　　　D. 平行投影
8. AA004 对于金属材料,剖面线应画成与水平线成( )的细实线,要求间隔均匀,方向一致。
   A. 30°　　　　B. 45°　　　　C. 60°　　　　D. 90°
9. AA005 管道( )具有把平、立面图样反映在一个图上的特点。
   A. 主视图　　　B. 左图　　　　C. 视图　　　　D. 轴测图
10. AA005 在正等轴测图中,轴倾角均为( )。
    A. 30°　　　　B. 45°　　　　C. 60°　　　　D. 90°
11. AA006 在斜二轴测图中,轴间角 XOZ 为( )。
    A. 60°　　　　B. 90°　　　　C. 120°　　　 D. 150°
12. AA006 在斜二轴测图中,轴间角 XOY 和 YOZ 为( )。
    A. 60°　　　　B. 90°　　　　C. 120°　　　 D. 135°

13. AA007 根据零件的用途、形状、特点、加工方法等选取(　　)和其他视图。
    A. 俯视图　　　　B. 主视图　　　　C. 左视图　　　　D. 侧视图

14. AA007 装配图的尺寸要求与零件图不同,在零件图上要注出零件的(　　)尺寸。
    A. 全部　　　　　B. 基本　　　　　C. 准确　　　　　D. 部分

15. AA008 在管道施工平面图中,为区别管子和圆柱体的识别,常在管子单线图中用圆点加(　　)表示管断面。
    A. 括号　　　　　B. 圆弧　　　　　C. 小圆　　　　　D. 双圆

16. AA008 施工图上管道标高值以(　　)为单位。
    A. m　　　　　　B. dm　　　　　　C. cm　　　　　　D. mm

17. AB001 根据(　　)等级再根据设备情况确定电流大小来选用熔断器。
    A. 电压　　　　　B. 电流　　　　　C. 电容　　　　　D. 电阻

18. AB001 按控制系统中可能出现的最大短路电流,选择有相应(　　)能力的熔断器。
    A. 判断　　　　　B. 分断　　　　　C. 分流　　　　　D. 分压

19. AB002 刀开关的额定电流和额定电压必须符合(　　)要求。
    A. 电压　　　　　B. 电流　　　　　C. 电容　　　　　D. 电路

20. AB002 刀开关是最简单的手动控制设备,其功能是(　　)。
    A. 频繁地接通(或断开)电路　　　　B. 不频繁地接通(或断开)电路
    C. 接通电路　　　　　　　　　　　D. 断开电路

21. AB003 断路器的额定电压,应(　　)线路额定电压。
    A. 等于　　　　　B. 小于　　　　　C. 大于　　　　　D. 等于或大于

22. AB003 断路器欠电压脱扣器额定电压(　　)线路额定电压。
    A. 等于　　　　　B. 小于　　　　　C. 大于　　　　　D. 等于或大于

23. AB004 根据所控制的电动机和负载的(　　)类型来选择接触器的类型。
    A. 电压　　　　　B. 电阻　　　　　C. 电流　　　　　D. 电容

24. AB004 交流接触器可归纳为(　　)种使用类别。
    A. 二　　　　　　B. 三　　　　　　C. 四　　　　　　D. 五

25. AB005 选用电磁式继电器的种类,主要看被控制和保护对象的(　　)。
    A. 工作特性　　　B. 技术数据　　　C. 额定电压　　　D. 额定电流

26. AB005 电磁式继电器的型号选用,主要依据控制系统提出的(　　)要求进行选择。
    A. 额定电压　　　　　　　　　　　B. 额定电流
    C. 灵敏度或精度　　　　　　　　　D. 工作特性

27. AB006 电磁式继电器的最高工作电流一般(　　)该继电器的额定发热电流。
    A. 大于　　　　　B. 等于　　　　　C. 小于　　　　　D. 不等于

28. AB006 热继电器主要用于保护电动机的(　　)。
    A. 震动　　　　　B. 过载　　　　　C. 运行　　　　　D. 发热

29. AB007 热脱扣器的双金属片未冷却、未恢复原位是断路器(　　)的故障原因。
    A. 电路失压　　　　　　　　　　　B. 合闸时脱扣
    C. 电动操作不能闭合　　　　　　　D. 温升过高

30. AB007　手动操作断路器不能闭合的原因为(　　)。
    A. 失压脱扣器电压增大　　　　　B. 储能弹簧变形导致闭合力增大
    C. 反作用弹簧力过小　　　　　　D. 机构不能复位再扣
31. AB008　线圈通电后接触器吸合动作缓慢的原因为(　　)。
    A. 静铁芯提升　　　　　　　　　B. 静铁芯底部垫片完整
    C. 接触器的装置方法错误　　　　D. 磁性丢失
32. AB008　线圈匝间短路属于接触器的(　　)。
    A. 电磁系统的故障　　　　　　　B. 触点系统的故障
    C. 灭弧系统的故障　　　　　　　D. 机械系统的故障
33. AC001　电镀前磨光常用磨料刚玉的化学成分是(　　)。
    A. $Al_2O_3$　　　B. $Fe_2O_3$　　　C. $SiO_2$　　　D. $Cr_2O_3$
34. AC001　电镀前浸蚀的零件不应与金属槽壁相接触,以免发生(　　)。
    A. 化学腐蚀　　　B. 电解　　　C. 电化学腐蚀　　　D. 气体腐蚀
35. AC002　在电解过程中,电极和电解液之间界面上发生的是(　　)反应。
    A. 化学　　　B. 电化学　　　C. 氧化　　　D. 还原
36. AC002　电镀是以(　　)过程为依据的。
    A. 电化学　　　B. 化学　　　C. 钝化　　　D. 磷化
37. AC003　做镀层要注意其致密性和无破损的金属是(　　)。
    A. Zn　　　B. Mg　　　C. Al　　　D. Cu
38. AC003　属于阳极性镀层的金属的是(　　)。
    A. Zn　　　B. Cu　　　C. Au　　　D. Pt
39. AC004　不同的电镀层金属所使用的电镀溶液的组成可以是各种各样的,但是都必须含有(　　)。
    A. 络合剂　　　B. 缓冲剂　　　C. 附加盐　　　D. 主盐
40. AC004　常用的阳极活化剂不包括(　　)。
    A. 卤素离子　　　B. 铵盐　　　C. 有机复合剂　　　D. 强碱
41. AC005　电镀设备的金属外壳、钢筋混凝土、金属体等由于绝缘层遭到破坏而带电,用(　　)办法,可以防止触电。
    A. 扩大间距　　　B. 接零线　　　C. 防护用品　　　D. 保护接地
42. AC005　电镀中最常用的电源是(　　)电源。
    A. 脉冲　　　B. 交流　　　C. 直流　　　D. 交直流叠加
43. AC006　电刷镀中,镀笔由(　　)与镀笔杆组成,接电源的正极。
    A. 阴极　　　B. 阳极　　　C. 绝缘手柄　　　D. 棉球
44. AC006　电刷镀液使用前要加热至(　　),低于此温度镀层表面易变黑。
    A. 30~50℃　　　B. 20~30℃　　　C. 50~60℃　　　D. 60~80℃
45. AC007　化学镀是依据(　　)反应原理,将金属离子还原成金属而沉积在各种材料表面形成致密镀层的方法。
    A. 电化学　　　B. 氧化　　　C. 氧化还原　　　D. 还原

46. AC007　化学镀是利用（　　）将溶液中金属离子沉积在金属表面形成镀层。
　　　A. 还原剂　　　　B. 氧化剂　　　　C. 光亮剂　　　　D. 抛光剂
47. AC008　电镀镍出现镀层发脆可能的原因是（　　）。
　　　A. pH值过低　　B. 温度过高　　　C. 柔软剂太多　　D. 光亮剂过多
48. AC008　电镀铬出现镀层裂纹明显可能的原因是（　　）。
　　　A. 镀铬硫酸过低或铬酸含量过高　　　B. 氯离子过低
　　　C. 温度太低且阴极电流密度太高　　　D. 底层镍的应力过小
49. AD001　涂装前表面预处理能够提高涂层对材料表面的（　　）。
　　　A. 黏性　　　　B. 力学性能　　　C. 附着力　　　　D. 防腐性能
50. AD001　涂装前表面预处理主要是清除钢材表面的油腻、污染、腐蚀、灰尘等，提高表面的（　　），增强表面防护层的结合力。
　　　A. 光洁度　　　B. 粗糙度　　　　C. 完整度　　　　D. 清洁度
51. AD002　钢材表面除锈是借助于（　　）和化学或电化学方法平整表面、清除型砂、焊渣、毛刺、旧漆膜、铁锈或其他金属的腐蚀产物。
　　　A. 机械力　　　B. 磨光抛光　　　C. 清洗剂　　　　D. 磷化钝化
52. AD002　在表面预处理内容中，通过（　　）可获得光亮的表面。
　　　A. 表面特殊处理　　　　　　　　　B. 表面机械清理与除锈
　　　C. 表面精整　　　　　　　　　　　D. 表面清洗
53. AD003　塑料表面处理主要是（　　），使材料表面多孔粗化，但必须立即涂漆。
　　　A. 溶液脱脂法　B. 氧化法　　　　C. 溶剂腐蚀法　　D. 磷化法
54. AD003　钢材表面手工除锈是用铁砂纸、刮刀、铲刀及钢丝刷等工具进行除锈，该方法适用于（　　）的表面。
　　　A. 除锈级别高　B. 较大　　　　　C. 易清理　　　　D. 较小
55. AD004　以除去油腻、污物为目的的表面清洗方法中（　　）清洗不燃烧、不挥发、无毒且对人体无害。
　　　A. 碱液清洗法　　　　　　　　　　B. 酸液清洗法
　　　C. 有机溶剂清洗法　　　　　　　　D. 水基清洗剂清洗法
56. AD004　对于要求留有轻微薄膜以做临时性防锈的工件表面除油时，最好选用（　　）。
　　　A. 碱液清洗法　　　　　　　　　　B. 水基清洗剂清洗法
　　　C. 有机溶剂清洗法　　　　　　　　D. 超声波清洗法
57. AD005　金属材料或零件表面的油脂不能通过（　　）清除。
　　　A. 乳化　　　　B. 水　　　　　　C. 电解　　　　　D. 机械
58. AD005　碱液化学除油物质中皂化作用最强的是（　　）。
　　　A. 氢氧化钠　　B. 硅酸钠　　　　C. 碳酸钠　　　　D. 磷酸三钠
59. AD006　化学法除锈一般是酸洗法。在酸洗中，一般使用（　　）。
　　　A. 有机酸　　　B. 无机酸　　　　C. 柠檬酸　　　　D. 羧基乙酸
60. AD006　化学法除锈常在酸中加入一定比例的（　　）以减少基体金属的腐蚀溶解。
　　　A. 促进剂　　　B. 稀释剂　　　　C. 缓蚀剂　　　　D. 中和溶剂

61. AD007　对金属用以酸式磷酸盐为主的溶液进行化学处理,在金属表面形成一层难溶于水的结晶型磷酸盐膜,该处理工艺称为(　　)。
    A. 磷化　　　　　B. 氧化　　　　　C. 钝化　　　　　D. 酸洗
62. AD007　在金属表面磷化处理后,用水冲洗直至显示为(　　)。
    A. 中性　　　　　B. 弱碱性　　　　C. 弱酸性　　　　D. 碱性
63. AD008　工程上常用的有色金属材料主要有铝合金、锌合金、镁合金等,这些材料的(　　),在空气中自然形成的表面膜防护性不足,应进行表面防护。
    A. 机械强度高　　B. 化学活性高　　C. 物理刚度高　　D. 耐蚀性差
64. AD008　铝质表面在涂装前进行阳极氧化处理,在(　　)溶液中进行。
    A. 碱性　　　　　B. 酸性　　　　　C. 中性　　　　　D. 微碱性
65. AE001　防腐层与金属表面应形成完整的结合,才可以有效地将腐蚀介质与金属表面隔离开来。因此,防腐层的(　　)是一项重要的综合指标。
    A. 绝缘性　　　　B. 黏结性　　　　C. 稳定性　　　　D. 耐阴极剥离性
66. AE001　埋地钢质管道的外壁腐蚀主要是以(　　)为主。
    A. 化学腐蚀　　　B. 物理腐蚀　　　C. 电化学腐蚀　　D. 化工介质腐蚀
67. AE002　按管道防腐层施工方式的分类,属于热浇涂的防腐层有石油沥青和(　　)。
    A. 聚乙烯粉末　　B. 环氧粉末　　　C. 环氧煤沥青　　D. 煤焦沥青
68. AE002　按管道防腐层施工方式的分类,属于热熔型的防腐层有聚乙烯粉末涂层和(　　)。
    A. 环氧煤沥青涂层　B. 环氧粉末涂层　C. 液体环氧涂层　D. 聚氨酯涂层
69. AE003　金属与土壤之间的电位差构成了电化学腐蚀的(　　)。
    A. 环境　　　　　B. 原电池　　　　C. 产生　　　　　D. 电子渗透
70. AE003　对土壤腐蚀影响较大的因素包括土壤电阻率、土壤中的氧、土壤pH值和(　　)。
    A. 土壤中的微生物　　　　　　　　B. 土壤含水量
    C. 土壤中的氢　　　　　　　　　　D. 土壤含盐量
71. AE004　特加强级沥青防腐层的结构为(　　)。
    A. 三油三布　　　B. 四油四布　　　C. 五油五布　　　D. 六油六布
72. AE004　石油沥青的吸水性比煤焦油沥青(　　)得多。
    A. 大　　　　　　B. 小　　　　　　C. 重　　　　　　D. 轻
73. AE005　无溶剂液体环氧涂料可以一次性涂敷厚度达到(　　)以上,工效高,涂敷速度快。
    A. 200μm　　　　B. 500μm　　　　C. 1000μm　　　　D. 2000μm
74. AE005　按SY/T4106—2016《钢质管道及储罐无溶剂聚氨酯涂料防腐层技术规范》中的规定钢质管道无溶剂聚氨酯涂料内外防腐层厚度规定为(　　)。
    A. ≥200μm　　　B. ≥300μm　　　C. ≥500μm　　　D. ≥1000μm
75. AE006　二层结构的聚乙烯管道防腐层的底层为(　　),外层为聚乙烯。
    A. 底漆　　　　　B. 胶黏剂　　　　C. 泡沫　　　　　D. 玻璃布

76. AE006　三层结构的聚乙烯管道防腐层的底层为(　　),中间层为胶黏剂,外防护层为聚乙烯。
　　　A. 环氧粉末　　　B. 底漆　　　C. 缠带　　　D. 玻璃布

77. AE007　有机涂料、FBE防腐层统称为(　　)。
　　　A. 金属防腐层　　B. 陶瓷防腐层　　C. 有机防腐层　　D. 无机防腐层

78. AE007　管道内壁腐蚀与介质的化学性质、温度、压力、流速有关,介质中所含的酸、碱、盐和其他化学物质与管道内壁发生(　　),直接腐蚀管道。
　　　A. 物理反应　　　　　　　　　B. 化学反应
　　　C. 化学和电化学反应　　　　　D. 电化学反应

79. AE008　架空管道的外壁腐蚀主要是(　　)。
　　　A. 微生物腐蚀　　B. 杂散电流腐蚀　　C. 土壤腐蚀　　D. 大气腐蚀

80. AE008　架空管道大都敷设在工厂厂区,应提高防腐层等级,采用加厚的(　　)来减缓管道的腐蚀速率。
　　　A. 防腐层　　　　　　　　　　B. 重防腐层
　　　C. 特强级重防腐层　　　　　　D. 超重防腐层

81. AF001　腐蚀电流的产生将导致金属表面原来起始状态下的(　　)电位发生偏移,也称极化。
　　　A. 外部　　　B. 内部　　　C. 金属　　　D. 电极

82. AF001　电化学保护是利用(　　)使金属电位发生变化,从而降低金属腐蚀速率的一种防腐技术。
　　　A. 外部电流　　B. 内部电流　　C. 外部电压　　D. 内部电压

83. AF002　通过(　　)上升或下降来实现保护,防止或减轻金属腐蚀的技术就是电化学保护。
　　　A. 电压　　　B. 电流　　　C. 电极　　　D. 电位

84. AF002　通过在溶液中添加硝酸盐、铬酸盐、重铬酸盐等,使溶液的(　　)电位升高,从而导致金属钝化。
　　　A. 氧化　　　B. 氧化—还原　　　C. 电极　　　D. 极化

85. AF003　阳极保护系统中(　　)密度越小,设备的腐蚀速度越小,保护的效果越显著,正常耗电量越小。
　　　A. 导钝电流　　B. 维钝电流　　C. 极化电流　　D. 阳极块

86. AF003　在外加电流阴极保护系统中,需用有一个稳定的(　　),能保证稳定持久的供电。
　　　A. 稳压电源　　B. 极化电源　　C. 直流电源　　D. 交流电源

87. AF004　阴极保护中要使金属得到完全的保护,必须把金属阴极(　　)至其腐蚀微电池阳极的平衡电位。
　　　A. 极化　　　B. 氧化　　　C. 氧化—还原　　　D. 钝化

88. AF004　强制排流是通过进行(　　)排流来实现的。
　　　A. 直流电源　　B. 整流器　　C. 干扰源　　D. 二极管

89. AF005　对于复杂的金属设备和构筑物,要考虑其几何上的(　　),防止保护电流的不均匀性。
   A. 屏蔽作用　　　　B. 增强　　　　　C. 减弱　　　　　D. 消失

90. AF005　被保护的金属材料在所处的介质中要容易进行(　　),否则耗电量大,不易进行阴极保护。
   A. 阳极极化　　　　B. 阴极极化　　　C. 极化　　　　　D. 导电

91. AF006　在正在作用的腐蚀电池体系中接入另一个电极,该电极的(　　)较负,正是这一电极与原腐蚀电池构成一个新的宏观电池。
   A. 电压　　　　　　B. 电流　　　　　C. 电极　　　　　D. 电位

92. AF006　牺牲阳极中(　　)阳极主要用于海洋和油田污水系统。
   A. 铁　　　　　　　B. 锌　　　　　　C. 镁　　　　　　D. 铝

93. AF007　在腐蚀深度指标的计算公式 $D=H/T$ 中,$T$ 的单位是(　　)。
   A. 年　　　　　　　B. 秒　　　　　　C. 小时　　　　　D. 分

94. AF007　某一管道,已知它的腐蚀质量指标为 $0.0023g/(m^2·h)$,则它的腐蚀深度指标可通过公式(　　)来计算。
   A. $D=H/T$　　　　　　　　　　　　B. $W=(M_0-M_1)/(S·T)$
   C. $D=8.76W/\rho$　　　　　　　　　D. $D=876W/\rho$

95. AF008　在腐蚀质量指标公式中,$W$ 的单位是(　　)。
   A. $kg/(m^2·h)$　　　　　　　　　　B. $g/(cm^2·h)$
   C. $g/(m^2·h)$　　　　　　　　　　 D. $g/(cm^2·h)$

96. AF008　表示腐蚀质量指标的公式是(　　)。
   A. $W=(M_1-M_0)/(S·T)$　　　　　　B. $W=8.76D/\rho$
   C. $W=(M_0-M_1)/(S·T)$　　　　　　D. $W=H/T$

97. BA001　在抛丸除锈机提升机的顶部安装有原料清理装置和(　　)装置。
   A. 分离器　　　　　B. 回收　　　　　C. 供料　　　　　D. 除尘

98. BA001　抛丸除锈机是由一个低碳钢室构成,在钢室内侧的抛丸区安装有(　　)。
   A. 不锈钢板　　　　B. 铝板　　　　　C. 耐磨板　　　　D. 钢板

99. BA002　抛丸除锈机运行时,抛射后的钢丸又落入(　　),流入纵横螺旋输送器进行回收。
   A. 清理室　　　　　B. 储丸室　　　　C. 供丸器　　　　D. 斗式提升机

100. BA002　抛丸除锈机的除尘器用来清理喷丸过程中产生的(　　)物质。
   A. 钢碎丸　　　　　B. 粉尘　　　　　C. 砂丸　　　　　D. 氧化皮

101. BA003　抛丸除锈中,抛距、抛速、喷丸密度是由(　　)特性决定的。
   A. 传动作业线　　　　　　　　　　　B. 清理除尘装置
   C. 抛丸装置　　　　　　　　　　　　D. 回收分离装置

102. BA003　喷(抛)丸除锈中,钢管的(　　)取决于磨料的类型和磨料的排量,即单位时间内磨料施加到钢管的总动能。
   A. 除锈质量　　　　B. 除锈等级　　　C. 除锈范围　　　D. 除锈速度

103. BA004　抛丸除锈机在打开进管钢管传动开关后,钢管支撑轮与钢管轴线应呈(　　)角,钢管螺旋向前传动。
　　　A. 45°~60°　　　B. 60°~75°　　　C. 30°~45°　　　D. 15°~30°
104. BA004　启动抛丸除锈机时,必须先启动(　　)。
　　　A. 抛丸器　　　B. 引风机　　　C. 提升机　　　D. 供丸器
105. BA005　喷砂除锈是以压缩(　　)为动力的。
　　　A. 金刚砂丸　　　B. 钢丸　　　C. 空气　　　D. 水
106. BA005　喷砂(丸)除锈中,是在(　　)中将高压空气同砂(丸)混合而成的。
　　　A. 喷嘴　　　B. 供砂器　　　C. 清理室　　　D. 喷丸器
107. BA006　一般情况下喷砂清理金属表面时喷嘴压力应为(　　)。
　　　A. 0.3~0.6MPa　　B. 0.6~0.8MPa　　C. 0.8~1.0MPa　　D. 1.0MPa 以上
108. BA006　压入式干喷砂机是以压缩空气为动力,通过压缩空气在(　　)内建立的工作压力,将磨料通过出砂阀压入输砂管并经喷嘴射出,喷射到被加工表面达到预期的加工目的。
　　　A. 压力罐　　　B. 储丸室　　　C. 清理室　　　D. 供丸器
109. BA007　喷射除锈中,选择合适的(　　)是提高喷射清理效率的关键。
　　　A. 喷砂管　　　B. 喷嘴　　　C. 磨料　　　D. 除尘滤芯
110. BA007　喷射除锈中,有效工作压力是指喷嘴前压力,以不低于(　　)为好。
　　　A. 0.2MPa　　　B. 0.4MPa　　　C. 0.6MPa　　　D. 0.8MPa
111. BA008　暴露在喷射除锈尘埃中的喷嘴操作者应佩戴与干净的压缩空气气源相连接的(　　)。
　　　A. 防护面具　　　　　　　　　B. 过滤式防护面具
　　　C. 防毒面具　　　　　　　　　D. 护目镜
112. BA008　暴露在喷射除锈尘埃环境中的其他工作人员应戴上(　　)。
　　　A. 防护面具　　　　　　　　　B. 过滤式防护面具
　　　C. 防毒面具　　　　　　　　　D. 护目镜
113. BB001　目前我国大型储油罐大多数采用的防腐除锈方式均为(　　)。
　　　A. 喷丸除锈　　　B. 喷砂除锈　　　C. 抛丸除锈　　　D. 高压水射流除锈
114. BB001　储罐或容器表面生成的氧化皮由(　　)组成。
　　　A. $FeO$　　　B. $FeO$、$Fe_2O_3$　　　C. $FeO$、$Fe_3O_4$　　　D. $FeO$、$Fe_2O_3$、$Fe_3O_4$
115. BB002　高压无空气喷涂是利用(　　)的压力进行喷涂。
　　　A. 0.3~0.6MPa　　B. 0.20~0.8MPa　　C. 1.0~1.4MPa　　D. 0.1~0.8MPa
116. BB002　高压无气喷涂机喷涂时,喷枪与钢板距离为(　　)左右为宜。
　　　A. 200mm　　　B. 300mm　　　C. 400mm　　　D. 500mm
117. BB003　无气喷涂机涂料不喷出或喷出量太少应采取(　　)的措施。
　　　A. 疏通管道、阀门　　B. 清理喷枪　　C. 更换过滤网　　D. 更换喷嘴
118. BB003　无气喷涂机喷雾图形不正常应采取(　　)的措施。
　　　A. 疏通管道、阀门　　B. 清理喷枪　　C. 更换过滤网　　D. 更换喷嘴

119. BB004  喷涂法包括空气喷涂法、无空气喷涂法、( )、双喷枪喷涂法、静电喷涂法、自动喷涂法等。
    A. 冷喷涂法　　　　B. 热喷涂法　　　　C. 氧气喷涂法　　　　D. 氮气喷涂法

120. BB004  高压无气喷涂机按动力源分类,有( )两种。
    A. 单组分、双组分　　　　　　　　B. 固定式、移动式
    C. 气动式、电动式　　　　　　　　D. 热喷涂、静电喷涂

121. BB005  空气辅助无气喷涂设备的( )应根据涂料的类型、品种、涂膜厚度、出漆量等因素来选择。
    A. 喷嘴孔径　　　B. 压力　　　　C. 电压　　　　D. 转速

122. BB005  空气辅助无气喷涂机使用时要选择合适的( ),保证喷出的涂料量。
    A. 压力　　　　B. 电压　　　　C. 喷嘴　　　　D. 转速

123. BB006  在高压静电场下,将喷粉枪接负极,工件接地(正极)构成回路,粉末借助压缩空气由喷枪喷出即带有负电荷,按( )原理喷涂到工件上。
    A. 浸涂法　　　B. 异性相吸　　　C. 电压降　　　D. 电荷

124. BB006  静电涂油机工作时液滴喷涂雾化的基本原理是( )。
    A. 静电喷涂　　　B. 同性相斥　　　C. 电压降　　　D. 电荷

125. BB007  旋盘式静电喷涂设备又称为( )式静电喷涂设备。
    A. 阿尔法　　　B. 压力　　　　C. 欧米格　　　D. 高压泵

126. BB007  旋杯式静电喷涂设备也称为( )式静电喷涂设备。
    A. 栅栏　　　　B. 离心泵　　　C. 喷枪　　　　D. 高压泵

127. BB008  乙烯树脂涂层具备的特点是( )。
    A. 耐热性好　　　　　　　　　　B. 耐化学性好
    C. 对金属的附着力高　　　　　　D. 耐溶剂

128. BB008  涂料中其干燥过程属于物理性干燥的是( )。
    A. 环氧树脂　　　　　　　　　　B. 热塑性丙烯酸树脂
    C. 聚氨酯　　　　　　　　　　　D. 聚酯

129. BB009  在原料中,属于干性油的是( )。
    A. 椰子油　　　B. 豆油　　　　C. 亚麻油　　　D. 芝麻油

130. BB009  涂装缺陷中,由于漏涂、涂得薄或涂料遮盖力差未盖住底色而产生显露底材的现象称为( )。
    A. 咬起　　　　B. 露底　　　　C. 发白　　　　D. 缩孔

131. BB010  储罐清理常用的溶剂中,可以在较高温度下用于除油的溶剂有( ),对人体有严重危害。
    A. 甲苯　　　　B. 丙酮　　　　C. 葵花籽油　　D. 花生油

132. BB010  溶剂除油中,不属于有机溶剂除油的是( )。
    A. 汽油　　　　B. 甲苯　　　　C. 四氯化碳　　D. 氢氧化钠

133. BB011  可选用湿固化涂料作为主要外防腐层材料的是( )储罐。
    A. 地上　　　　B. 洞穴内　　　C. 半地下　　　D. 玻璃钢

134. BB011　储存介质温度不超过（　　）、无保温层的储罐外防腐可选用的主要防腐层材料品种包括丙烯酸聚氨酯涂料、交联氟碳涂料等。

　　A. 30℃　　　　　　B. 40℃　　　　　　C. 60℃　　　　　　D. 80℃

135. BB012　设计寿命5～15年、强腐蚀下、无保温层储罐外防腐层结构为环氧+聚氨酯，其防腐层设计总厚度应不小于（　　）。

　　A. 250μm　　　　　B. 300μm　　　　　C. 350μm　　　　　D. 400μm

136. BB012　无保温层储罐外防腐层干膜厚度应由涂层配套体系确定，且不宜小于（　　）。

　　A. 100μm　　　　　B. 150μm　　　　　C. 200μm　　　　　D. 250μm

137. BB013　有保温层储罐的外防腐层采用无溶剂环氧涂料时，总厚度应不小于（　　）。

　　A. 250μm　　　　　B. 300μm　　　　　C. 350μm　　　　　D. 400μm

138. BB013　洞穴储罐的外防腐层采用无溶剂环氧涂料作为底漆时，应涂敷底漆（　　）道。

　　A. 1　　　　　　　B. 1～2　　　　　　C. 2　　　　　　　D. 2～3

139. BB014　储罐外防腐层施工中，对于锐角、焊缝等不规则表面，应先处理圆滑，再使用刷子或辊子进行预涂，确保该处的（　　）达到设计要求。

　　A. 涂层黏结力　　　B. 涂层厚度　　　　C. 涂层平整度　　　D. 涂层针孔度

140. BB014　钢质储罐外防腐层的施工应按（　　）规定进行。

　　A. 涂料使用说明书　B. 储罐类型　　　　C. 设计文件　　　　D. 大气腐蚀

141. BB015　手提式静电喷涂设备工作压力为（　　）。

　　A. 0.5～1MPa　　　B. 0.3～0.4MPa　　C. 0.8～0.9MPa　　D. 0.1～0.2MPa

142. BB015　实施静电喷涂法施工时，采用手提式静电喷涂设备，工件表面（　　）。

　　A. 带正电荷　　　　B. 带负电荷　　　　C. 不带电荷　　　　D. 带正负两种电荷

143. BB016　旋杯式静电喷枪生产发生输出图形不正常，应采取（　　）措施。

　　A. 节约涂料　　　　B. 更新喷嘴　　　　C. 调整电压　　　　D. 调整气压

144. BB016　旋杯式静电喷枪发生堵塞或不畅，应更换（　　）。

　　A. 旋杯　　　　　　B. 喷嘴　　　　　　C. 管路　　　　　　D. 泵

145. BC001　环氧煤沥青防腐按施工工艺要求属于（　　）方式。

　　A. 冷缠型　　　　　B. 热浇涂　　　　　C. 热熔型　　　　　D. 热缠型

146. BC001　埋地钢质管道无溶剂型环氧煤沥青加强级防腐结构为（　　）。

　　A. 底漆+多层面漆

　　B. 单层底漆

　　C. 多层涂料+纤维增强材料+单层或多层涂料

　　D. 底漆+多层面漆+纤维增强材料+多层面漆

147. BC002　环氧煤沥青涂料中（　　）的颜色一般为黑亮色。

　　A. 底漆　　　　　　B. 一道漆　　　　　C. 固化剂　　　　　D. 面漆

148. BC002　环氧煤沥青防腐性能优良，在国外或国内部分工程中不采用（　　）原料，直接涂敷成纯漆膜作为防腐层。

　　A. 底漆　　　　　　　　　　　　　　　B. 稀释剂

　　C. 玻璃丝布（丙纶无纺布）　　　　　　D. 面漆

149. BC003 环氧煤沥青涂料底漆和面漆细度均小于或等于(　　)。
    A. 60μm　　　　B. 80μm　　　　C. 100μm　　　　D. 120μm
150. BC003 环氧煤沥青涂料常温型底漆漆膜的表干时间为(　　)。
    A. ≤1h　　　　B. ≤2h　　　　C. ≤3h　　　　D. ≤4h
151. BC004 环氧煤沥青涂料是由(　　)组成的双组分涂料。
    A. 底漆(面漆)和稀释剂　　　　B. A组分和B组分
    C. 底漆(面漆)和固化剂　　　　D. A组分(B组分)和固化剂
152. BC004 环氧煤沥青防腐增强玻璃布应有生产厂名、出厂日期、质量合格证及(　　),否则应拒收。
    A. 含碱指标　　　　B. 含蜡指标
    C. 经纬密度　　　　D. 产品说明书
153. BC005 以《埋地钢质管道环氧煤沥青防腐层技术标准》SY/T 0447—2014 规定,在防腐环境恶劣或用户要求的情况下,防腐层可适当增加(　　)层数。
    A. 面漆　　　　B. 底漆　　　　C. 玻璃布　　　　D. 防腐结构
154. BC005 环氧煤沥青防腐层可用于与原油、重质油品、污水、(　　)相接触的场合。
    A. 饮用水　　　　B. 航空煤油　　　　C. 煤气　　　　D. 汽油
155. BC006 在环氧煤沥青防腐中,钢管除锈等级最低应达到(　　)。
    A. St1级　　　　B. St2级　　　　C. Sa2½级　　　　D. Sa2级
156. BC006 在进行环氧煤沥青防腐前,对钢管应进行外观检查和测量,钢管弯曲度应小于(　　)钢管长度。
    A. 0.2%　　　　B. 0.1%　　　　C. 0.05%　　　　D. 0.15%
157. BC007 环氧煤沥青防腐可以在(　　)天下进行露天防腐作业。
    A. 雨　　　　B. 雪　　　　C. 晴　　　　D. 雾
158. BC007 环氧煤沥青防腐施工时,空气相对湿度应低于(　　)。
    A. 55%　　　　B. 65%　　　　C. 75%　　　　D. 85%
159. BC008 环氧煤沥青防腐层施工工艺简便易行,可以(　　)环氧煤沥青。
    A. 手工涂刷　　　　B. 空气喷涂　　　　C. 机械辊涂　　　　D. 静电喷涂
160. BC008 环氧煤沥青防腐中,缠绕纤维增强材料时,压边宽度为(　　)。
    A. 40~45mm　　　　B. 30~35mm　　　　C. 20~25mm　　　　D. 10~15mm
161. BC009 环氧煤沥青在配漆时,(　　)是否正确,事后是无法核查的。
    A. 配比　　　　B. 配方　　　　C. 牌号　　　　D. 固化剂
162. BC009 环氧煤沥青漆料和固化剂搅拌混合均匀后,不宜立即使用,要求配置一段时间,术语称为(　　)。
    A. 固化　　　　B. 胶结　　　　C. 熟化　　　　D. 交联
163. BC010 在环氧煤沥青防腐中,钢管两端各留(　　)不涂环氧煤沥青涂料。
    A. 100~130mm　　B. 100~150mm　　C. 100~160mm　　D. 100~140mm
164. BC010 在环氧煤沥青防腐中,钢管表面处理合格后,应在(　　)内进行涂敷施工。
    A. 8h　　　　B. 6h　　　　C. 5h　　　　D. 4h

165. BC011　在环氧煤沥青防腐中,底漆实干后,宜在焊缝两侧涂抹腻子使其形成(　　)。
　　　A. 隆起平面　　　　B. 规则直角　　　　C. 平滑过渡面　　　D. 任意形状
166. BC011　在环氧煤沥青防腐中,腻子由配好(　　)的环氧煤沥青涂料加入滑石粉调匀制成。
　　　A. 稀释剂　　　　　B. 底漆　　　　　　C. 面漆　　　　　　D. 固化剂
167. BC012　在环氧煤沥青防腐中,对管径为273mm的管子,应使用宽度为(　　)的丙纶无纺布。
　　　A. 120mm　　　　　B. 150mm　　　　　C. 400mm　　　　　D. 500mm
168. BC012　涂装涂层间隔时间以漆膜表干后进行涂刷为好,对包覆(　　)的涂层体系,应在涂装面漆的同时进行包覆,以便使其浸透漆料,保证层面涂装质量。
　　　A. 塑料胶带　　　　B. 冷缠胶带　　　　C. 增强纤维材料　　D. 针刺毛毡
169. BC013　在环氧煤沥青防腐管堆放时,应采用宽度不小于(　　)的垫木和软质隔离垫将防腐管与地面隔开。
　　　A. 150mm　　　　　B. 100mm　　　　　C. 50mm　　　　　　D. 200mm
170. BC013　环氧煤沥青防腐管管径在300~400mm范围内时,最大堆放层数为(　　)层。
　　　A. 4　　　　　　　B. 5　　　　　　　　C. 6　　　　　　　　D. 7
171. BC014　经过熔结环氧粉末涂敷的防腐管适用的温度范围是(　　)。
　　　A. -30~60℃　　　　B. -70~70℃　　　　C. -30~80℃　　　　D. -30~100℃
172. BC014　标准(　　)规定了以熔结环氧粉末为成膜材料的埋地钢质管道外涂层的要求。
　　　A. SY/T 0315—2013　　　　　　　　　　B. SY/T 0413—2002
　　　C. SY/T 0414—2017　　　　　　　　　　D. SY/T 0447—2014
173. BC015　熔结环氧粉末外涂层为(　　)结构。
　　　A. 一次成膜　　　　　　　　　　　　　B. 二次成膜
　　　C. 三次成膜　　　　　　　　　　　　　D. 四次成膜
174. BC015　钢管单层熔结环氧粉末外涂层普通级最小厚度为(　　)。
　　　A. 100μm　　　　　B. 200μm　　　　　C. 300μm　　　　　D. 400μm
175. BC016　单层熔结环氧粉末涂料的密度应在(　　)范围内。
　　　A. 1.1~1.3g/cm³　　B. 1.3~1.5g/cm³　　C. 1.5~1.7g/cm³　　D. 1.7~1.9g/cm³
176. BC016　单层环氧粉末涂料在230℃时的固化时间宜不超过(　　)。
　　　A. 3.0min　　　　　B. 2.5min　　　　　C. 2.0min　　　　　D. 1.5min
177. BC017　环氧粉末涂料应存放在(　　)。
　　　A. 干燥处　　　　　B. 潮湿处　　　　　C. 高温处　　　　　D. 接近火源处
178. BC017　环氧粉末涂料在储存、搬运中可以(　　)。
　　　A. 受潮　　　　　　B. 雨淋　　　　　　C. 受热　　　　　　D. 与皮肤接触
179. BC018　钢管单层熔结环氧粉末的涂敷方法一般为(　　)。
　　　A. 热浇涂缠绕式　　　　　　　　　　　B. 静电喷涂式
　　　C. 冷涂敷式　　　　　　　　　　　　　D. 挤出包覆式

180. BC018　在熔结环氧粉末防腐生产中,钢管的运动方式为(　　)。
    A. 钢管沿轴自身转动　　　　　　　B. 钢管沿轴向直线前进
    C. 钢管螺旋转动前进　　　　　　　D. 钢管横向平移

181. BC019　在外层熔结环氧粉末防腐中,钢管除锈质量应达到(　　)。
    A. Sa2½级　　　B. Sa2级　　　C. St3级　　　D. St2级

182. BC019　在外层熔结环氧粉末防腐中,除锈钢管表面的锚纹深度为(　　)。
    A. 20~60μm　　　B. 40~100μm　　　C. 60~120μm　　　D. 80~140μm

183. BC020　在熔结环氧粉末防腐中,钢管最高加热温度为(　　)。
    A. 230℃　　　B. 180℃　　　C. 275℃　　　D. 300℃

184. BC020　在环氧粉末防腐中,涂层固化时间一般是指从(　　)到水冷却之间钢管行走所消耗的时间。
    A. 喷涂室　　　B. 中频加热处　　　C. 除锈处　　　D. 上管处

185. BC021　若用户没有规定,涂敷后的熔结环氧粉末防腐管在(　　)不应有环氧粉末。
    A. 钢管中间　　　　　　　　　　　B. 钢管预留段表面
    C. 钢管前段　　　　　　　　　　　D. 钢管尾端

186. BC021　环氧粉末外涂层涂敷的厚度应由用户确定,最小厚度应符合(　　)要求。
    A. SY/T 0315—2013　　　　　　　B. SY/T 0413—2002
    C. SY/T 0414—2017　　　　　　　D. SY/T 0447—2014

187. BC022　经检验合格的环氧粉末外涂层钢管应在外壁距管端(　　)处作出标记。
    A. 200mm　　　B. 300mm　　　C. 400mm　　　D. 500mm

188. BC022　涂敷过环氧粉末的成品管应套上不少于(　　)隔离垫圈,避免彼此接触。
    A. 2个　　　B. 3个　　　C. 4个　　　D. 5个

189. BC023　环氧粉末经旋风分离器沉降下来后,经过输粉泵输送至(　　)内。
    A. 布袋除尘器　　　B. 风道　　　C. 流化床供粉桶　　　D. 集尘器

190. BC023　环氧粉末经回收装置旋风分离器分离后仍有部分粉尘进入大气造成污染,所以通常需在其后安装(　　),进一步提高粉尘回收率。
    A. 排风管道　　　B. 布袋除尘器　　　C. 聚结分离器　　　D. 供粉器

191. BC024　利用旋转的含尘气所产生的离心力,将粉末从气流中分离出来的一种干式固体成分分离装置的是(　　)。
    A. 旋风除尘器　　　B. 布袋除尘器　　　C. 除尘滤芯　　　D. 篮式过滤器

192. BC024　含粉末气体温度很高时旋风式除尘器应设有(　　)措施,以避免水分在其内凝结而影响除尘效果。
    A. 防腐　　　B. 保温　　　C. 防爆　　　D. 降温

193. BC025　布袋除尘器内部分上、下两室,中间有(　　)。
    A. 衬板　　　B. 绝缘层　　　C. 隔离板　　　D. 布袋

194. BC025　当含尘气进入除尘器下室时,气流透过(　　)微孔进入上室,通过出口进入风机排向大气。
    A. 绝缘层　　　B. 隔离板　　　C. 布袋　　　D. 衬板

195. BC026　感应加热是靠(　　)把电能传递给加热的钢管,然后电能在金属内部转变为热能。
　　A. 感应线圈　　　B. 透热装置　　　C. 电缆　　　D. 整流电路

196. BC026　中频加热线圈安装固定在支架上并调整线圈的中心与钢管的(　　)应保持一致。
　　A. 外壁　　　B. 中心　　　C. 内壁　　　D. 截断面

197. BC027　粉末静电喷涂时,喷枪口带(　　)。
　　A. 负高压　　　B. 正高压　　　C. 负低压　　　D. 正低压

198. BC027　静电喷涂是在喷枪与被涂工件之间形成(　　)。
　　A. 静电场　　　B. 电场　　　C. 电磁感应　　　D. 高压静电场

199. BC028　由于气场是朝上流动的,所以环氧粉末外涂层管喷涂系统中的(　　)安装在喷涂室上部。
　　A. 吸尘管　　　B. 吸粉管　　　C. 旋风除尘器　　　D. 布袋除尘器

200. BC028　环氧粉末外涂层管喷涂系统中,应控制喷涂室内的(　　),使其低于爆炸极限。
　　A. 粉尘回收率　　　B. 静电电压　　　C. 粉尘含量　　　D. 喷涂气压

201. BC029　环氧粉末外涂层管喷涂系统的主要功能是将环氧粉末涂敷在管道表面起到(　　)作用。
　　A. 隔离　　　B. 防腐　　　C. 防护　　　D. 防水

202. BC029　环氧粉末外涂层防腐管喷涂系统供粉器中的核心部分是(　　),它直接影响覆盖层的厚度和均匀程度。
　　A. 供粉泵　　　B. 供粉桶　　　C. 吸粉管　　　D. 电磁控制阀门

203. BC030　一般按照(　　)的比例将新、旧粉末混合使用,粉末利用率方可达到90%以上。
　　A. 5%～10%　　　B. 10%～15%　　　C. 10%～20%　　　D. 5%～15%

204. BC030　布袋除尘器为二级回收装置,回收后的粉末较(　　),一般不考虑重复使用。
　　A. 细　　　B. 大　　　C. 杂　　　D. 脏

205. BC031　环氧粉末外涂层防腐管喷涂时,喷枪与钢管外表面之间的距离为(　　)。
　　A. 100～120mm　　　B. 100～150mm
　　C. 150～180mm　　　D. 100～200mm

206. BC031　环氧粉末外涂层防腐管喷涂时,喷枪要始终与被喷面保持(　　)。
　　A. 30°　　　B. 45°　　　C. 60°　　　D. 90°

207. BC032　环氧粉末喷涂线水冷段长度为(　　)。
　　A. 10m　　　B. 15m　　　C. 20m　　　D. 25m

208. BC032　环氧粉末喷涂线水冷段前(　　)只冷却传动线轮子,不冷却钢管。
　　A. 5m　　　B. 6m　　　C. 8m　　　D. 10m

209. BC033　从环氧粉末涂装考虑,与涂膜遮盖力最有关的是涂膜的(　　)问题。
　　A. 硬度　　　B. 附着力　　　C. 弯曲度　　　D. 厚度

210. BC033 在静电环氧粉末涂装中,对电晕放电荷静电粉末喷枪来说,施加电压对粉末涂料的带静电性能影响较大,经常使用的电压为(　　)。
    A. 10~20kV    B. 20~30kV    C. 30~50kV    D. 50~60kV
211. BC034 环氧粉末涂料的最低粉尘爆炸浓度为(　　)。
    A. 20g/m³    B. 30g/m³    C. 40g/m³    D. 50g/m³
212. BC034 为防止短路引起电火花,在进行静电粉末涂装时,喷枪与被涂物之间至少要保持(　　)距离。
    A. 5cm    B. 10cm    C. 30cm    D. 50cm
213. BC035 挤压聚乙烯防腐层中的二层结构聚乙烯防腐,底层为(　　),外层为聚乙烯层。
    A. 环氧煤沥青层    B. 环氧粉末层    C. 胶黏剂层    D. 富锌涂料层
214. BC035 聚乙烯防腐按材质属于(　　)类。
    A. 塑料    B. 涂料    C. 沥青    D. 环氧
215. BC036 高温型聚乙烯防腐层的最高设计温度不超过(　　)。
    A. 100℃    B. 80℃    C. 70℃    D. 60℃
216. BC036 常温型聚乙烯防腐用字母(　　)表示。
    A. A    B. N    C. S    D. T
217. BC037 DN≤100mm 管径的三层挤压聚乙烯防腐层中环氧粉末涂层最小厚度为(　　)。
    A. 100μm    B. 90μm    C. 80μm    D. 120μm
218. BC037 在聚乙烯防腐中,当钢管公称直径为610mm时,聚乙烯防腐层普通级最小厚度为(　　)。
    A. 2.2mm    B. 2.5mm    C. 2.7mm    D. 2.9mm
219. BC038 在聚乙烯防腐中,钢管应符合国家现行有关标准和订货条件的规定,并有(　　)。
    A. 使用说明书    B. 检验报告    C. 出厂合格证    D. 出厂质量证明书
220. BC038 为保证挤压聚乙烯防腐层的质量,钢管焊缝应(　　)。
    A. 有一定夹角    B. 不规则    C. 平滑过渡    D. 不连续
221. BC039 在聚乙烯防腐中,环氧粉末涂料供应商应提供产品的(　　)等资料。
    A. 安全数据单表    B. 红外扫描曲线    C. 热特性曲线    D. 质量资料
222. BC039 在聚乙烯防腐中,按照标准的要求,环氧粉末不挥发分含量(105℃)不小于(　　)。
    A. 98.4%    B. 99%    C. 99.4%    D. 99.9%
223. BC040 在聚乙烯防腐中,所使用的胶黏剂性能指标中的维卡软化点应不小于(　　)。
    A. 80℃    B. 90℃    C. 95℃    D. 100℃
224. BC040 在聚乙烯防腐中,所使用的胶黏剂性能指标中的密度应为(　　)。
    A. 0.910~0.980g/cm³    B. 0.910~0.970g/cm³
    C. 0.920~0.950g/cm³    D. 0.890~0.970g/cm³

225. BC041　在聚乙烯防腐中,对每一批生产不超过(　　)聚乙烯原料均应按照标准规定的项目进行质量复检。
　　　A. 20t　　　　　B. 30t　　　　　C. 40t　　　　　D. 500t

226. BC041　在聚乙烯防腐中,所使用的聚乙烯专用材料性能指标中的密度应为(　　)。
　　　A. $0.91\sim0.98\text{g/cm}^3$　　　　　B. $0.91\sim0.95\text{g/cm}^3$
　　　C. $0.94\sim0.956\text{g/cm}^3$　　　　D. $0.94\sim0.96\text{g/cm}^3$

227. BC042　在聚乙烯涂敷后,应用水冷却至钢管温度不高于(　　)。
　　　A. 40℃　　　　B. 50℃　　　　C. 60℃　　　　D. 70℃

228. BC042　在挤压聚乙烯防腐中,侧向缠绕刚从挤出机挤出的胶黏剂层和聚乙烯层应用压辊将防腐层在(　　)状态下压紧。
　　　A. 固化　　　　B. 熔融　　　　C. 凝固　　　　D. 表干

229. BC043　在聚乙烯防腐中,钢管在除锈前要对钢管表面温度进行检测,钢管表面温度应不低于露点温度以上(　　)。
　　　A. 4℃　　　　B. 5℃　　　　C. 3℃　　　　D. 6℃

230. BC043　在聚乙烯防腐中,对钢管在除锈后应在(　　)内进行涂敷。
　　　A. 4h　　　　　B. 6h　　　　　C. 8h　　　　　D. 12h

231. BC044　聚乙烯挤出机防腐时,根据管径不同及保温层设计要求,选用(　　)及定径套,并检查定径套内冷却水是否畅通。
　　　A. 螺杆　　　　B. 机头　　　　C. 纠偏机　　　D. 牵引机

232. BC044　聚乙烯挤出机在挤出生产过程中,应按(　　)定期检查各种工艺参数是否正常。
　　　A. 聚乙烯管口径　B. 原料种类　　C. 工艺要求　　D. 设备说明书

233. BC045　在聚乙烯防腐中,钢管加热通常使用(　　)。
　　　A. 煤火加热　　B. 喷灯加热　　C. 煤气加热　　D. 中频加热

234. BC045　在聚乙烯防腐中,在开始生产时,先用(　　)在生产线上分别依次调节其预热温度和防腐层各层厚度。
　　　A. 成品管　　　B. 修补管　　　C. 试验管段　　D. 不合格管

235. BC046　在聚乙烯防腐中,胶黏剂的涂敷采用侧向缠绕工艺时,应保证缠绕的胶黏剂片相互(　　)上。
　　　A. 接触　　　　B. 压接　　　　C. 对接　　　　D. 咬合

236. BC046　在聚乙烯防腐中,挤出机挤出胶黏剂的工艺参数要与胶黏剂原料的(　　)相匹配,否则会出现挤出涂敷困难。
　　　A. 拉伸强度　　B. 含水率　　　C. 密度　　　　D. 流动速度

237. BC047　在聚乙烯防腐中,当聚乙烯包覆生产进入正常时,要对(　　)不定时的喷涂脱膜剂,保证防腐层的外观质量。
　　　A. 模口　　　　B. 压紧辊　　　C. 模具　　　　D. 聚乙烯

238. BC047　在聚乙烯防腐中,挤涂聚乙烯层应根据钢管直径调整挤出机的前后位置和高度,应使挤出机扁机头与生产线相互(　　)。

A. 平行 B. 垂直 C. 10° D. 15°

239. BC048 在聚乙烯防腐中,聚乙烯层端部外可保留不超过( )的环氧粉末涂层。
 A. 10mm B. 20mm C. 30mm D. 40mm

240. BC048 在聚乙烯防腐中,管端预留段的聚乙烯层端面应形成小于或等于( )倒角。
 A. 15° B. 20° C. 30° D. 45°

241. BC049 聚氨酯泡沫塑料根据发泡方法分类又有块状、注塑、模塑以及( )聚氨酯泡沫塑料等类型。
 A. 辊涂 B. 喷涂 C. 刷涂 D. 淋涂

242. BC049 硬质聚氨酯泡沫密度、强度、硬度等均可以随着原材料( )的不同而改变。
 A. 配方 B. 种类 C. 重量 D. 密度

243. BC050 聚氨酯泡沫原料中二月桂酸二丁基锡是( )。
 A. 阻燃剂 B. 催化剂 C. 发泡剂 D. 乳化剂

244. BC050 聚氨酯泡沫塑料常将( )作为甲组分。
 A. 多异氰酸酯 B. 聚醚多元醇 C. 发泡剂 D. 催化剂

245. BC051 在聚氨酯发泡中水是( )。
 A. 物理发泡剂 B. 化学发泡剂 C. 催化剂 D. 乳化剂

246. BC051 水与PAPI作用,产生发泡用的是( )气体。
 A. NO B. $O_2$ C. $CO_2$ D. $H_2$

247. BC052 钢管外面的聚氨酯保温层和聚乙烯塑料层通过特殊设备在一个工位上完成包覆成型的工艺技术是( )成型法。
 A. 二步法 B. 管中管 C. 一步法 D. 扣模法

248. BC052 在聚氨酯泡沫两组分配比中如果组分聚醚出现过量将会造成( )。
 A. 泡沫发酥 B. 发泡倍数小 C. 颜色变深 D. 泡沫太软

249. BC053 防腐保温层制作时应在钢管两端预留一段光管管头,长度宜为( )。
 A. 150mm B. 200mm C. 100mm D. 300mm

250. BC053 辐射交联热收缩材料的使用温度不宜大于( ),温度过高时可采用其他材料。
 A. 40℃ B. 70℃ C. 100℃ D. 0℃

251. BD001 环氧煤沥青涂料储存期应不小于( )。
 A. 半年 B. 2年 C. 1年 D. 3年

252. BD001 在环氧煤沥青防腐中,采用丙纶无纺布作为防腐层加强布时,宜选用( )的材料。
 A. $80g/m^2 \pm 7g/m^2$ B. $90g/m^2 \pm 8g/m^2$ C. $100g/m^2 \pm 9g/m^2$ D. $110g/m^2 \pm 10g/m^2$

253. BD002 环氧煤沥青防腐中,防腐层表干后用手指轻触时( )。
 A. 不留痕迹 B. 不黏手 C. 不移动 D. 不烫手

254. BD002 环氧煤沥青防腐中,防腐层( )后,用手指用力推时不移动。
 A. 表干 B. 实干 C. 干燥 D. 固化

255. BD003　在环氧煤沥青防腐管出厂前,外观检验应(　　)目视检查。
   A. 逐根　　　　　　　　　　　　B. 每 10 根检查 1 根
   C. 每 50 根检查 1 根　　　　　　D. 抽检

256. BD003　在环氧煤沥青防腐中,对无纤维增强材料的防腐层,外观检查后对缺陷处应在(　　)补涂至符合要求。
   A. 实干后固化前　　B. 固化后　　C. 表干后实干前　　D. 实干后

257. BD004　普通级环氧煤沥青防腐层的厚度为(　　)。
   A. ≥400μm　　B. ≥600μm　　C. ≥700μm　　D. ≥300μm

258. BD004　在检测环氧煤沥青防腐层厚度时,每根管的每一截面上应测(　　)点。
   A. 1　　B. 2　　C. 3　　D. 4

259. BD005　检验加强级无纤维增强材料的环氧煤沥青防腐层的检漏电压为(　　)。
   A. 1500V　　B. 2000V　　C. 2500V　　D. 3000V

260. BD005　采用电火花检漏仪检验环氧煤沥青防腐层时,探头应接触防腐层表面,以(　　)速度移动。
   A. 0.5m/s　　B. 0.4m/s　　C. 0.3m/s　　D. 0.2m/s

261. BD006　检验有纤维增强材料的环氧煤沥青防腐管黏结力时,应在防腐层上切一边长为 100mm、夹角为(　　)的切口。
   A. 15°~30°　　B. 30°~45°　　C. 45°~60°　　D. 60°~75°

262. BD006　检查有纤维增强材料的环氧煤沥青防腐管防腐层黏结力时,撬开纤维增强材料后以(　　)为不合格。
   A. 露煤沥青　　B. 露沥青　　C. 露铁　　D. 撕不开

263. BD007　熔结环氧粉末实验室涂敷试件的制作基板是(　　)。
   A. 不锈钢　　B. 低碳钢　　C. 高碳钢　　D. 合金钢

264. BD007　熔结环氧粉末实验室涂敷试件的单层涂层厚度为(　　)。
   A. (300±50)μm　　B. (350±50)μm　　C. (400±50)μm　　D. (450±50)μm

265. BD007　熔结环氧粉末实验室涂敷试件涂敷的固化温度应按照生产厂家的推荐值,且不超过(　　)。
   A. 220℃　　B. 240℃　　C. 255℃　　D. 275℃

266. BD008　环氧粉末防腐管生产过程中涂装钢管应逐根监测涂敷前涂装钢管外表面的(　　)。
   A. 加热温度　　B. 盐分　　C. 锚纹深处　　D. 灰尘度

267. BD009　对单层熔结环氧粉末外涂层普通级防腐管以(　　)的电压逐根对涂层进行电火花检漏。
   A. 1000V　　B. 1500V　　C. 2000V　　D. 2500V

268. BD009　12m 长的 φ529mm 环氧粉末防腐钢管,有(　　)个漏点,允许修补。
   A. 20　　B. 18　　C. 16　　D. 14

269. BD010　对每批连续生产的环氧粉末外涂层钢管,针对每种管径、壁厚最多间隔(　　)应截取一个型式试验管段。
   A. 6h　　B. 12h　　C. 16h　　D. 24h

270. BD010 环氧粉末外涂层型式试验管段长度为( )。
　　A. 30mm　　　　B. 500mm　　　　C. 800mm　　　　D. 1000mm

271. BD011 在聚乙烯防腐管中,连续生产时应每班至少检测表面灰尘度( )。
　　A. 2次　　　　B. 4次　　　　C. 6次　　　　D. 8次

272. BD011 在聚乙烯防腐管中,对每批进厂的钢管在表面处理后应抽测钢管表面的盐含量应不超过( )。
　　A. 35mg/m$^2$　　　B. 30mg/m$^2$　　　C. 25mg/m$^2$　　　D. 20mg/m$^2$

273. BD012 在聚乙烯防腐管中,防腐层外观采用( )检查。
　　A. 测厚仪　　　B. 电火花检漏仪　　　C. 目测　　　D. 锚纹深度测试仪

274. BD012 在聚乙烯防腐管中,防腐管外观检查时管端聚乙烯层应( )。
　　A. 无翘边　　　B. 无漏点　　　C. 无气泡　　　D. 无涂料

275. BD013 在聚乙烯防腐中,使用电火花检漏仪检测防腐层漏点所用检漏电压为( )。
　　A. 15kV　　　B. 20kV　　　C. 25kV　　　D. 30kV

276. BD013 在聚乙烯防腐管中,一个漏点就能够导致整段防腐管失去( )作用,因此所有漏点必须修补或重涂。
　　A. 电化学保护　　B. 隔离　　C. 防护　　D. 防腐绝缘

277. BD014 测量聚乙烯防腐管厚度,采用( )测量。
　　A. 直尺　　　B. 游标卡尺　　　C. 外径千分尺　　　D. 磁性测厚仪

278. BD014 在测量聚乙烯防腐管厚度时,要沿钢管圆周方向均匀分布( )测量。
　　A. 4点　　　B. 6点　　　C. 8点　　　D. 10点

279. BD015 在测量聚乙烯三层结构防腐管的剥离强度,当测量温度为(50±5)℃时,测量值应大于或等于( )。
　　A. 50N/cm　　　B. 70N/cm　　　C. 80N/cm　　　D. 100N/cm

280. BD015 在测量聚乙烯三层结构防腐管的剥离强度,当测量温度为(20±5)℃时,测量值应大于或等于( )。
　　A. 50N/cm　　　B. 70N/cm　　　C. 80N/cm　　　D. 100N/cm

281. BD016 聚乙烯防腐管正常生产30km之后每( )进行一次阴极剥离试验。
　　A. 40km　　　B. 50km　　　C. 60km　　　D. 70km

282. BD016 聚乙烯防腐管每连续生产( ),要截取聚乙烯层样品,检测其拉伸强度和断裂标称应变。
　　A. 10km　　　B. 20km　　　C. 30km　　　D. 50km

283. BD017 硬质聚氨酯泡沫塑料保温管在防护层上打孔发泡填充后,聚乙烯防护层上的工艺开孔不可采用( )封闭。
　　A. 电熔焊接法　　　　　　B. 聚乙烯塑料工业膜
　　C. 热收缩带　　　　　　　D. 补伤片

284. BD017 输送介质温度在100～120℃之间的聚氨酯保温管耐温聚氨酯泡沫塑料最小轴向剪切强度(23℃±2℃)应为( )。
　　A. 0.12MPa　　　B. 0.18MPa　　　C. 0.22MPa　　　D. 0.28MPa

285. BD018  硬质聚氨酯泡沫塑料防腐保温管采用"一步法"时,每连续生产(　　)产品应抽查一根成品质量。
　　A. 5km　　　　　　B. 10km　　　　　　C. 15km　　　　　　D. 20km

286. BD018  硬质聚氨酯泡沫塑料防腐保温管停产(　　),恢复生产时,应进行形式检验。
　　A. 二年　　　　　　B. 一年　　　　　　C. 半年　　　　　　D. 三个月

287. BD019  钢制储罐外防腐层施工过程中,每一道漆涂敷完成后,应在不同部位测定防腐层的(　　)。
　　A. 干膜厚度　　　　B. 湿膜厚度　　　　C. 黏结力　　　　　D. 漏点

288. BD019  钢制储罐外防腐层施工完成后,应使用电火花检漏仪以(　　)检漏电压对防腐层进行漏点质量检查。
　　A. 3V/μm　　　　　B. 4V/μm　　　　　C. 5V/μm　　　　　D. 8V/μm

289. BE001  环氧煤沥青防腐管现场补口时,除锈后应在(　　)内涂刷底漆。
　　A. 2h　　　　　　　B. 4h　　　　　　　C. 8h　　　　　　　D. 12h

290. BE001  对环氧煤沥青防腐层补口部位若用动力工具除锈,应除锈至(　　)。
　　A. Sa3 级　　　　　B. Sa2 级　　　　　C. St3 级　　　　　D. St2 级

291. BE002  环氧煤沥青补伤时,对伤口(　　)。
　　A. 直接用环氧煤沥青修补
　　B. 用环氧煤沥青和纤维增强材料修补
　　C. 用丙纶无纺布修补
　　D. 按管体防腐层结构要求有顺序地修补

292. BE002  在环氧煤沥青防腐管补伤时,缠绕纤维增强材料与原防腐层的搭接宽度应不小于(　　)。
　　A. 25mm　　　　　　B. 50mm　　　　　　C. 100mm　　　　　D. 120mm

293. BE003  在环氧煤沥青防腐中,补伤后防腐层厚度检测时,测(　　)点。
　　A. 4 个　　　　　　B. 3 个　　　　　　C. 2 个　　　　　　D. 1 个

294. BE003  环氧煤沥青防腐管补口后,补口处的黏结力检查每(　　)道口应抽检 1 道口。
　　A. 50　　　　　　　B. 100　　　　　　C. 150　　　　　　D. 200

295. BE004  对直径小于或等于(　　)的环氧粉末防腐管外涂层缺陷部位,可用环氧粉末生产厂推荐的热熔修补棒进行局部修补。
　　A. 20mm　　　　　　B. 25mm　　　　　　C. 30mm　　　　　　D. 35mm

296. BE004  对 12m 长的 φ426mm 环氧粉末防腐管,若有(　　)漏点,则允许修补。
　　A. 11 个　　　　　　B. 14 个　　　　　　C. 16 个　　　　　　D. 19 个

297. BE005  当熔结环氧粉末涂层(　　)时,应进行重涂。
　　A. 偏厚　　　　　　B. 偏薄　　　　　　C. 有针孔　　　　　D. 局部破损

298. BE005  对环氧粉末防腐管重涂时,钢管加热温度应不超过(　　),使原有涂层软化并清除。
　　A. 180℃　　　　　　B. 200℃　　　　　　C. 230℃　　　　　　D. 275℃

299. BE006　熔结环氧粉末防腐管现场补口时,喷涂厚度(　　)管体涂层厚度。
　　　A. 大于　　　　　　B. 小于　　　　　　C. 等于　　　　　　D. 小于等于
300. BE006　熔结环氧粉末防腐管现场补口时,除锈应达到(　　)级。
　　　A. Sa2½　　　　　B. Sa2　　　　　　C. St2　　　　　　D. St3
301. BE007　对环氧粉末涂敷管在现场补口后,对补口区域进行厚度检测,用涂层测厚仪在焊口两侧补口区域上、下、左、右位置共(　　)进行厚度测试。
　　　A. 4点　　　　　　B. 6点　　　　　　C. 8点　　　　　　D. 10点
302. BE007　对环氧粉末涂敷管在现场补口后,对补口区域进行漏点检测,以(　　)的直流电压对补口处涂层进行100%检测。
　　　A. 2V/μm　　　　　B. 3V/μm　　　　　C. 5V/μm　　　　　D. 6V/μm
303. BE008　在聚乙烯防腐管补伤时,对长度大于(　　)的损伤,宜采用辐射交联聚乙烯补伤片修补,然后在修补处包覆一条热收缩带。
　　　A. 10mm　　　　　B. 20mm　　　　　C. 30mm　　　　　D. 40mm
304. BE008　在聚乙烯防腐管补伤时,采用补伤片补伤,补伤片的大小应保证其边缘距聚乙烯层孔洞的边缘不小于(　　)。
　　　A. 100mm　　　　B. 120mm　　　　C. 130mm　　　　D. 150mm
305. BE009　对每一个补伤处均用电火花检漏仪进行漏点检查,检漏电压为(　　)。
　　　A. 15kV　　　　　B. 20kV　　　　　C. 25kV　　　　　D. 30kV
306. BE009　现场施工过程的聚乙烯防腐管补伤,每(　　)补伤抽查一处剥离强度。
　　　A. 50个　　　　　B. 30个　　　　　C. 20个　　　　　D. 10个
307. BE010　当采用环氧底漆/辐射交联聚乙烯热收缩带(套)结构补口时,应使用收缩套(带)厂家配套提供或指定的(　　)作底漆。
　　　A. 无溶剂环氧树脂　　　　　　　　B. 不饱和聚氨酯
　　　C. 热塑性粉末　　　　　　　　　　D. 双组分聚氨酯
308. BE010　聚乙烯防腐管现场补口用辐射交联聚乙烯热收缩带产品的周向收缩率应不小于(　　)。
　　　A. 5%　　　　　　B. 10%　　　　　　C. 15%　　　　　　D. 20%
309. BE011　聚乙烯防腐管普通型热收缩补口带的拉伸强度应不小于(　　)。
　　　A. 16MPa　　　　B. 17MPa　　　　C. 18MPa　　　　D. 19MPa
310. BE011　聚乙烯防腐管热收缩补口带的断裂标称应变应不小于(　　)。
　　　A. 200%　　　　　B. 300%　　　　　C. 400%　　　　　D. 500%
311. BE012　在聚乙烯防腐管现场补口时,收缩后热收缩带(套)与管体聚乙烯层搭接宽度应不小于(　　)。
　　　A. 150mm　　　　B. 120mm　　　　C. 100mm　　　　D. 80mm
312. BE012　在聚乙烯防腐管现场补口前,按热收缩带(套)的(　　)要求控制补口处的预热温度。
　　　A. 厚度　　　　　　　　　　　　　　B. 性能指标
　　　C. 安装系统性能指标　　　　　　　　D. 产品说明书

313. BE013  对聚乙烯防腐管的每一个补口都应用电火花检漏仪进行漏点检查,检漏电压为(  )。
  A. 15kV    B. 20kV    C. 25kV    D. 30kV

314. BE013  聚乙烯防腐管补口后剥离强度检测时,每(  )补口至少抽测一个口。
  A. 30 个    B. 50 个    C. 100 个    D. 150 个

315. BE014  聚氨酯泡沫塑料防腐保温管道现场补口施工需要加热的是(  )。
  A. 热收缩套        B. 聚乙烯冷缠胶带
  C. 沥青玻璃布       D. 玻璃钢

316. BE014  外保护层为玻璃钢的防腐保温管道的补口施工方式为:补口处除锈,涂底漆,扣泡沫保温层,(  )。
  A. 缠胶黏带        B. 缠树脂玻璃布
  C. 缠沥青玻璃布      D. 套收缩套

317. BE015  当"泡夹管"的防护层有损伤,且损伤深度大于(  )且小于1/3壁厚时,应采用热熔修补棒修补。
  A. 1/10    B. 1/15    C. 1/20    D. 1/30

318. BE015  当"泡夹管"的防护层有损伤,且损伤深度大于(  )壁厚时,可按要求修补保护层。
  A. 1/6    B. 1/5    C. 1/4    D. 1/3

319. BE016  钢制储罐外防腐层修补时,修补层与原防腐层的搭接宽度应不小于(  )。
  A. 30mm    B. 50mm    C. 80mm    D. 100mm

320. BE016  钢制储罐外防腐层修补时,应将漏点或损坏的防腐层清理干净,如已露基材,应除锈至(  )。
  A. Sa2    B. Sa3    C. St2    D. St3

## 二、多项选择题(每题有四个选项,有两个或两个以上是正确的,将正确的选项号填入括号内)

1. AA001  正投影的基本特征是(  )。
  A. 真实性    B. 分散性    C. 积聚性    D. 类似性

2. AA002  三面投影图中的主视图反映了形体的(  )方位关系。
  A. 左、右    B. 高、低    C. 上、下    D. 前、后

3. AA003  三视图的投影规律是(  )。
  A. 主视图与左视图等宽    B. 主视图与俯视图等长
  C. 主视图与左视图等高    D. 俯视图与左视图等宽

4. AA004  剖视图是零件上剖切处断面的投影,剖视图可分为(  )。
  A. 全剖视图  B. 半剖视图  C. 旋转剖视图  D. 局部剖视图

5. AA005  正轴测图能在一个投影上反映出物体的(  )的形状,因此富有立体感。
  A. 背面    B. 正面    C. 顶面    D. 侧面

6. AA006  斜轴测图分为(  )。
  A. 斜等轴测图  B. 斜二轴测图  C. 斜三轴测图  D. 斜四轴测图

7. AA007　通过装配图能了解部件和机器的(　　)。
   A. 形状　　　　　B. 性能　　　　　C. 作用原理　　　　D. 使用方法

8. AA008　管道施工图按专业可分为(　　)、动力管道施工图、给排水管道施工图和自控仪表管道施工图等。
   A. 氧气管道施工图　　　　　　　　B. 化工工艺管道施工图
   C. 采暖通风管道施工图　　　　　　D. 热力管道施工图

9. AB001　快速熔断器主要用于(　　)的短路保护。
   A. 半导体整流元件　　　　　　　　B. 机床电气控制设备
   C. 整流装置　　　　　　　　　　　D. 配电支线电气设备

10. AB002　刀开关的定期检查修理的内容有(　　)。
    A. 检查闸刀和固定触头是否发生歪斜,三相连动的刀闸是否同时闭合,不同时闭合的偏差不应超过 3mm
    B. 刀开关在合闸位置时,闸刀应与固定触头啮合紧密
    C. 检查灭弧罩是否损坏,内部是否清洁,清除氧化斑点和电弧烧伤痕迹,接触面应光滑
    D. 各传动部分应涂润滑油并检查绝缘部分有无放电痕迹

11. AB003　低压断路器也称为自动空气开关,同刀开关一样可用来(　　)负载电路,也可用来控制不频繁启动的电动机。
    A. 接通　　　　　B. 自动接通　　　C. 分断　　　　　　D. 自复熔断

12. AB004　接触器在安装前,应检查接触器的(　　)上的技术数据是否符合使用要求。
    A. 支架　　　　　B. 铭牌　　　　　C. 线圈　　　　　　D. 辅助接点

13. AB005　控制继电器用途广泛,种类繁多,习惯上按其输入量不同分出的种类有:(　　)、温度继电器和速度继电器。
    A. 电压继电器　　B. 电流继电器　　C. 时间继电器　　　D. 热继电器

14. AB006　在选择时间继电器时,应考虑控制系统对(　　)的要求。
    A. 延时时间　　　B. 使用类别　　　C. 精度　　　　　　D. 工作参数

15. AB007　对断路器温升过高不正确的原因分析是(　　)。
    A. 两个导体零件连接松动　　　　　B. 短路环断裂
    C. 电磁拉杆行程不够　　　　　　　D. 弹簧反力太大

16. AB008　交流接触器常见故障包括(　　)的故障。
    A. 线圈　　　　　B. 响声过大　　　C. 触头烧损太快　　D. 吸不上或不释放

17. AC001　通常安排电镀前的准备工作时,一般要考虑(　　)方面的因素。
    A. 被镀基体材料的本质
    B. 被镀特体表面的清洁程度
    C. 零件材料的易蚀性、尺寸、数量和精密程度
    D. 被镀材料的表面结构和状态

18. AC002　电镀的特点主要包括(　　)。
    A. 金属镀层结晶细致,结合力好
    B. 镀层美观,装饰性好

C. 镀层对基体材料保护性能(耐蚀、耐磨)好
D. 工艺简单,对环境污染小

19. AC003 电镀按所镀金属及工艺可分为( )等几类。
A. 单金属电镀　　B. 合金电镀　　C. 稀贵金属　　D. 特种金属

20. AC004 电镀液的成分有主盐、导电盐、络合剂和( )等要素。
A. 稀释剂　　B. 缓冲剂　　C. 阳极活化剂　　D. 添加剂

21. AC005 电镀处理过程中所用的设备主要由( )等构成。
A. 电镀槽　　B. 电源　　C. 辅助设备　　D. 电镀液

22. AC006 刷镀的特点是( )。
A. 刷镀设备简单,操作灵活　　B. 镀层质量好
C. 镀层结合强度好　　D. 可进行局部电镀

23. AC007 化学镀技术与电镀相比,具有镀层均匀、针孔小( )等特点。
A. 镀层结合力略差　　B. 能在非导体上沉积
C. 废液排放少　　D. 镀速快

24. AC008 造成电镀层不光亮的原因可能的是( )。
A. 导电不良　　B. 光亮剂少　　C. pH 值偏高　　D. 杂质多

25. AD001 表面预处理对防腐蚀工程的质量至关重要,基体表面的( )等方面能够决定防腐工程的施工质量。
A. 粗糙度　　B. 孔隙度　　C. 清洁度　　D. 腐蚀度

26. AD002 表面清洗预处理的主要工作内容包括( )和水基清洗剂清洗、精细表面清洗等。
A. 碱液清洗　　B. 酸性清洗　　C. 电化学清洗　　D. 有机溶剂清洗

27. AD003 涂漆前表面处理中的化学清洗除油包括( )。
A. 溶液脱脂法　　B. 溶剂脱脂法　　C. 水剂脱脂法　　D. 乳液脱脂法

28. AD004 常用的碱液清洗工艺包括( )。
A. 浸渍法　　B. 喷淋清洗法　　C. 蒸汽清洗法　　D. 滚筒清洗法

29. AD005 碱液清洗是利用油脂在碱性介质下发生( )作用来到清除油污的目的。
A. 皂化　　B. 分解　　C. 中和　　D. 乳化

30. AD006 特殊钢或非铁金属的化学除锈通常用( )等酸洗。
A. 草酸　　B. 硫酸　　C. 铬酸　　D. 柠檬酸

31. AD007 传统的"四合一"处理工艺包括( ),一次完成,取消了水洗,大大简化了操作工序。
A. 除油　　B. 除锈　　C. 磷化　　D. 钝化

32. AD008 镁合金的转化膜处理方法主要有( )等。
A. 化学氧化法　　B. 高温氧化法　　C. 电化学氧化法　　D. 物理氧化法

33. AE001 管道防腐层的最基本要求是施工方便、连续完整和( )。
A. 绝缘性好　　B. 机械强度高　　C. 使用寿命长　　D. 造价较低廉

34. AE002 不同的防腐材料采用不同的加工工艺,制造出多种防腐层管道产品。根据各种

产品的施工工艺要求,将防腐层产品归纳有( )和热缠型、冷缠型。
    A. 热浇涂      B. 冷浇涂      C. 热熔型      D. 液体涂料

35. AE003   埋地管道在工作环境下,受着多种腐蚀,主要腐蚀情况有( )。
    A. 物理腐蚀      B. 腐蚀电池腐蚀      C. 细菌腐蚀      D. 杂散电流腐蚀

36. AE004   沥青防腐层等级分为( )。
    A. 普通级      B. 加强级      C. 特加强级      D. 一般级

37. AE005   涂料是一种有机高分子胶体的混合物,形态通常为( )。
    A. 固体颗粒      B. 黏稠物      C. 液体      D. 固体粉末

38. AE006   钢质管道聚乙烯胶黏带防腐层结构是由( )组成的复合结构。
    A. 底漆      B. 胶黏剂
    C. 防腐胶黏带(内带)      D. 保护胶黏带(外带)

39. AE007   管道内防腐的功能是( )。
    A. 保温      B. 防腐      C. 保护      D. 减阻

40. AE008   对水下管道的外防腐层除满足埋地管道外防腐层的各项要求外,还应与( )相匹配。
    A. 防护层      B. 胶黏剂层      C. 混凝土配重层      D. 保温层

41. AF001   阴极保护分为( )阴极保护。
    A. 外加电流      B. 牺牲阴极      C. 牺牲阳极      D. 外加阳极

42. AF002   腐蚀原电池起始电位差的变小是由( )的共同结果造成的。
    A. 阳极极化      B. 阴极极化      C. 牺牲阳极      D. 牺牲阴极

43. AF003   常用的阳极保护系统包括被保护的设备和( )等。
    A. 辅助阴极      B. 参比电极      C. 直流电源      D. 绝缘导线

44. AF004   阴极保护可通过( )方法来实现。
    A. 牺牲阴极法      B. 牺牲阳极法      C. 强制电流保护法      D. 强制电位保护法

45. AF005   阴极保护法中,牺牲阳极保护法的优点是( )。
    A. 安装简单,不需要直流电源
    B. 牺牲阳极消耗小
    C. 对周围设备的干扰小
    D. 易于调节在最佳保护电位,且提供的电流较大

46. AF006   牺牲阳极的输出电流取决于其材料形状和尺寸,在管道工程中所使用的牺牲阳极形状主要有( )等。
    A. 棒状阳极      B. 三角形阳极      C. 带状阳极      D. 手镯式阳极

47. AF007   金属腐蚀速度的深度指标是把金属的( )因腐蚀而减少的量,以线量单位表示,并换算成相当于单位时间的数值。
    A. 长度      B. 厚度      C. 深度      D. 宽度

48. AF008   金属腐蚀速度表示法是在要评价的土壤中埋设金属材料试样,经过一定时间后,测试出试样的( )变化,以此来评价土壤腐蚀性。
    A. 质量      B. 深度      C. 腐蚀面积      D. 电流

49. BA001　喷射(抛射)除锈按使用喷射类型可分为(　　)等几种喷射方式。
　　A. 酸洗除锈　　　B. 抛丸除锈　　　C. 喷丸除锈　　　D. 喷砂除锈

50. BA002　抛丸除锈机抛头中的叶轮在高速旋转过程中产生(　　)。
　　A. 向心力　　　　B. 离心力　　　　C. 动力　　　　　D. 抛力

51. BA003　喷丸除锈中,钢管表面除锈质量主要取决于钢管螺旋转动前进速度,以及(　　)。
　　A. 钢丸直径　　　B. 钢丸抛距　　　C. 喷丸密度　　　D. 喷丸抛速

52. BA004　抛丸除锈机停机时,应按顺序关机:(　　)—总电源。
　　A. 抛丸器电机　　B. 钢管传动　　　C. 进气电磁阀　　D. 提升机

53. BA005　喷砂除锈时,应抓紧喷枪对准钢材表面,以一定的(　　)除去钢材表面上分层锈和焊接飞溅物以及松动的氧化皮、疏松的锈和松动的旧涂层。
　　A. 速度　　　　　B. 角度　　　　　C. 位置点　　　　D. 距离

54. BA006　喷丸除锈机的基本工艺参数有喷嘴直径、(　　)、气源功率和有效工作压力。
　　A. 磨料流量　　　B. 空气耗量　　　C. 喷射角度　　　D. 喷射距离

55. BA007　确保(　　)是提高喷丸除锈效率的必要条件。
　　A. 尽可能提高有效工作压力　　　　B. 尽可能增大喷嘴直径
　　C. 有足够压缩空气容量　　　　　　D. 有足够磨料流量

56. BA008　抛丸除锈机的所有设备要接地良好,严禁(　　)更换或维修内部部件。
　　A. 带电　　　　　B. 带料　　　　　C. 带压　　　　　D. 带管

57. BB001　储罐或容器喷砂除锈质量直接影响到涂层的结合强度,其主要指标有(　　)等几个方面。
　　A. 表面色泽亮度　　　　　　　　　B. 表面净化和活化程度
　　C. 表面粗糙度　　　　　　　　　　D. 表面的均匀性

58. BB002　多年来,国内对储罐的防腐一直延续传统的防腐覆盖层施工方法,主要采用(　　)等方式。
　　A. 手工涂刷　　　B. 辊涂　　　　　C. 普通空气喷涂　D. 高压无气喷涂

59. BB003　若无气喷涂机喷涂时不连续,应采取(　　)的措施。
　　A. 减少涂料　　　　　　　　　　　B. 调整合适的涂料黏度
　　C. 防止空气进入涂料通道　　　　　D. 更换针阀密封线圈

60. BB004　根据客户所使用双组分漆的混合比例不同以及混合后固化的时间长短不一,双组分喷涂设备分为(　　)等类型。
　　A. 机械配比型　　B. 电子配比型　　C. 枪外混合型　　D. 枪内混合型

61. BB005　空气辅助无气喷涂是液体涂料经无气喷嘴雾化后,再辅助很低的雾化气压进一步完美雾化液体涂料,因此,其主要特点是(　　)。
　　A. 涂料损失少　　B. 喷涂效率高　　C. 雾化效果好　　D. 可调节喷束形状

62. BB006　静电粉末涂装室是利电荷间的(　　)作用,应用在涂料施工的一种方法。
　　A. 异性相吸　　　B. 同性相斥　　　C. 同性相吸　　　D. 异性相斥

63. BB007　静电涂装设备的核心设备是(　　)。
　　A. 供漆系统　　　B. 烘干设备　　　C. 静电喷枪　　　D. 静电发生器

64. BB008 储油罐的内壁防腐涂料应满足（　　）要求。
   A. 耐油    B. 耐化学介质    C. 抗腐蚀    D. 导静电

65. BB009 起粒是漆膜中的凸起物呈颗粒状分布在整个或局部表面上的现象,是由（　　）而引起的。
   A. 涂料变质              B. 混入涂料中的异物
   C. 涂层局部垂流          D. 过喷涂

66. BB010 有机溶剂可去除（　　）和其他污物。
   A. 油    B. 油脂    C. 可溶涂层    D. 可皂化涂层

67. BB011 SY/T 0320—2010《钢制储罐外防腐层技术标准》适用于（　　）储罐外防腐层的设计、施工及验收。
   A. 高压100℃的保温         B. 储存介质温度不超过60℃、无保温层
   C. 低于100℃的保温         D. 洞穴

68. BB012 设计寿命5~15年、强腐蚀下的无保温层储罐外防腐层结构可采用（　　）复合结构。
   A. 环氧锌+环氧+硅氧烷      B. 无机锌+环氧+硅氧烷
   C. 氯醚(底+面)            D. 环氧+聚氨酯

69. BB013 有保温层的储罐和洞穴储罐外防腐层结构均为（　　）组成的复合结构。
   A. 底漆    B. 中间漆    C. 面漆    D. 防护漆

70. BB014 钢质储罐外防腐层施工时,基材表面如被酸、碱、盐污染,可用（　　）冲洗。
   A. 高压水    B. 清水    C. 清洗液    D. 热水

71. BB015 静电喷涂法施工时采用手提式静电喷涂设备,（　　）接负极。
   A. 喷枪    B. 工件    C. 喷杯    D. 涂料微粒部分

72. BB016 旋杯喷涂最重要其核心的部分是（　　）。
   A. 涡轮机    B. 旋杯雾化器    C. 空气马达    D. 空压机

73. BC001 埋地钢质管道溶剂型环氧煤沥青加强级防腐结构为（　　）。
   A. 底漆+多层面漆
   B. 多层面漆
   C. 底漆+多层面漆+纤维增强材料+多层面漆
   D. 多层底漆

74. BC002 溶剂型环氧煤沥青防腐层的原材料包括底漆、面漆、固化剂和（　　）等。
   A. 稀释剂    B. 催化剂    C. 促进剂    D. 纤维增强材料

75. BC003 环氧煤沥青防腐层中丙纶无纺布一般的宽度有（　　）等规格以适用不同管径的钢管防腐。
   A. 100~250mm    B. 300mm    C. 400mm    D. 500mm

76. BC004 环氧煤沥青涂料的（　　）等材料应由同一生产厂家配套供应。
   A. 底漆    B. 面漆    C. 固化剂    D. 稀释剂

77. BC005 环氧煤沥青在管道外防腐使用时,为了增加涂层（　　）,在涂层中复合使用了纤维增强材料。
   A. 附着力    B. 厚度    C. 硬度    D. 机械强度

78. BC006　在环氧煤沥青防腐中,钢管表面焊缝部位应处理至( )。
　　A. 无焊疤　　　B. 无焊瘤　　　C. 无棱角　　　D. 无毛刺

79. BC007　环氧煤沥青防腐施工中,在( )情况下,不应进行露天施工。
　　A. 雨天、雪天及风沙天
　　B. 环境相对湿度小于85%
　　C. 管体表面温度低于涂料生产商推荐的温度
　　D. 风力超过4级

80. BC008　环氧煤沥青防腐中,底漆涂刷不应( )。
　　A. 均匀　　　B. 有气泡　　　C. 有凝块　　　D. 有漏涂

81. BC009　配制好的环氧煤沥青漆料,如施工时( ),可以适量加入稀释剂,但以能正常涂刷又不会影响漆膜厚度为宜,加入量不得超过5%。
　　A. 环境湿度大　　　　　　　　B. 环境气温低
　　C. 漆料过于稠　　　　　　　　D. 漆料开始固化

82. BC010　在环氧煤沥青防腐施工时,要根据( )来确定每层涂装的间隔时间。
　　A. 涂装工艺　　　B. 涂料的性能　　　C. 稀释剂用量　　　D. 天气条件

83. BC011　在环氧煤沥青防腐中,若采用纤维增强材料作加强基布时,对于( )的部位,应打腻子形成光滑过渡面或打腻子抹平。
　　A. 焊缝两侧　　　　　　　　　B. 两块钢板搭接
　　C. 凝土表面的凹坑　　　　　　D. 钢管表面的凹坑

84. BC012　对加强级环氧煤沥青防腐层,缠绕后的纤维增强材料随即再次涂敷外层面漆,要求( )。
　　A. 快速喷涂固化　　　　　　　B. 表面漆量饱满
　　C. 所有网眼浸满面漆　　　　　D. 浸满面漆

85. BC013　环氧煤沥青防腐管装车时应使用专用吊具,应注意保护( ),严禁摔、碰、撬等操作。
　　A. 专用吊具　　　B. 防腐绝缘层　　　C. 管材管壁　　　D. 管端

86. BC014　钢管单层熔结环氧粉末外涂层的级别分为( )。
　　A. 普通级　　　B. 一般级　　　C. 加强级　　　D. 特加强级

87. BC015　熔结环氧粉末是一种以空气为载体进行输送和分散的固体材料,将其施涂于经预热的钢铁制品表面,经( )形成一道均匀的重防腐涂层。
　　A. 静电喷涂　　　B. 熔化　　　C. 流平　　　D. 固化

88. BC016　熔结环氧粉末涂料外观应( )。
　　A. 色泽均匀、无结块　　　　　B. 色泽不均匀
　　C. 无结块　　　　　　　　　　D. 有结块

89. BC017　防腐厂在环氧粉末生产厂推荐的( )条件下储存环氧粉末。
　　A. 露天　　　B. 密闭　　　C. 温度　　　D. 湿度

90. BC018　钢管单层熔结环氧粉末防腐工艺主要为除锈、微尘处理、( )、冷却、检验。
　　A. 涂底漆　　　B. 定位　　　C. 加热　　　D. 静电喷涂

91. BC019　在熔结环氧粉末防腐中,喷(抛)射除锈后,应将钢管内外表面残留的(　　)清除干净。
    A. 钢丸　　　　　B. 砂粒　　　　　C. 锈粉　　　　　D. 微尘
92. BC020　环氧粉末在熔结过程中,(　　)一定要严格控制,否则会影响涂层质量。
    A. 流化时间　　　B. 温度　　　　　C. 固化时间　　　D. 供粉量
93. BC021　环氧粉末涂膜固化后,钢管温度采用循环水冷却按一定要求急剧下降,提高(　　)。
    A. 涂膜附着力　　B. 生产率　　　　C. 涂膜硬度　　　D. 涂膜韧性延伸性
94. BC022　在室外堆放时,环氧粉末防腐管底部应采用两道以上柔性支撑垫,其支撑的最小宽度和离地面高度分别为(　　)。
    A. 300mm　　　　B. 200mm　　　　C. 150mm　　　　D. 100mm
95. BC023　环氧粉末的回收装置从分离机理看除尘装置通常只有(　　)。
    A. 重力沉降　　　B. 惯性分离　　　C. 静电除尘　　　D. 过滤除尘
96. BC024　当含有粉末涂料的空气进入环氧粉末旋风除尘器后,在(　　)作用下,较粗的粉末颗粒就会沉积到分离器倒锥体的底部并被回收。
    A. 离心力　　　　B. 向心力　　　　C. 重力　　　　　D. 外力
97. BC025　布袋式除尘器设备的工作机理是含粉尘气体通过过滤材料,捕集粉尘颗粒主要靠(　　)的作用。
    A. 惯性碰撞　　　B. 重力沉降　　　C. 扩散　　　　　D. 筛分
98. BC026　感应器的总效率由(　　)组成。
    A. 有用功率　　　B. 电源总功率　　C. 热效率　　　　D. 电效率
99. BC027　粉末静电喷涂中,影响喷涂质量因素除了工件表面前处理质量的好坏以外,还有(　　)、粉末导电率、粉末粒度、粉末和空气混合物的速度梯度等。
    A. 喷涂时间　　　B. 喷枪的形式　　C. 喷涂电压　　　D. 喷粉量
100. BC028　环氧粉末外涂层防腐管喷涂系统是由(　　)和压缩空气净化器等组成。
    A. 喷涂室和喷枪　　　　　　　　　B. 喷涂控制柜
    C. 供粉器和供粉泵　　　　　　　　D. 粉末回收装置
101. BC029　环氧粉末外涂层防腐管喷涂系统的喷涂控制柜用来控制(　　)。
    A. 供粉量　　　　B. 流化气压　　　C. 喷涂静电电压　D. 涂层的质量
102. BC030　环氧粉末外涂层防腐管静电喷涂时,静电场的电场强度与(　　)有关。
    A. 电压　　　　　B. 极距　　　　　C. 电流　　　　　D. 工件的形状
103. BC031　环氧粉末外涂层防腐管喷涂过程中应及时调整环氧粉末的出管口径使喷粉量满足需要,通过调整喷枪(　　)达到所需厚度。
    A. 类型　　　　　B. 数目　　　　　C. 位置　　　　　D. 分布角度
104. BC032　环氧粉末外涂层防腐管喷涂期间,注意观察气源保证压力,并调节(　　)压力值,使喷枪出粉均匀。
    A. 一次风　　　　B. 二次风　　　　C. 三次风　　　　D. 四次风
105. BC033　环境对粉末高压静电喷涂的影响主要体现在(　　)等方面。
    A. 洁净度　　　　B. 温度　　　　　C. 湿度　　　　　D. 大气压

106. BC034  环氧粉末防腐管正常喷涂时,如果(　　)间距不当,就有可能发生放电打火现象。
 A. 高压静电发生器　　　　　　　　B. 喷枪电极
 C. 钢管表面　　　　　　　　　　　D. 传动钢链

107. BC035  挤压聚乙烯防腐等级可分为(　　)等。
 A. 一般级　　B. 普通级　　C. 加强级　　D. 特加强级

108. BC036  三层结构聚乙烯防腐层结合了(　　)防腐层的优良性质,使得防腐层的整体性能表现更为突出、更为全面。
 A. 环氧涂层　　B. 胶黏剂层　　C. 聚乙烯胶带层　　D. 挤压聚乙烯层

109. BC037  在挤压聚乙烯防腐中,当钢管公称直径 1200mm≥DN≥800mm 时,聚乙烯防腐层普通级和加强级的最小厚度分别为(　　)。
 A. 2.7mm　　B. 3.0mm　　C. 3.7mm　　D. 4.0mm

110. BC038  挤压聚乙烯防腐进厂钢管表面不得存在(　　)等缺陷。
 A. 油脂　　B. 气泡裂纹　　C. 重皮　　D. 夹杂锈蚀

111. BC039  在聚乙烯防腐中,环氧粉末涂料的性能指标项目包括粒径分布、挥发分和(　　)等。
 A. 密度　　B. 胶化时间　　C. 固化时间　　D. 热特性

112. BC040  在聚乙烯防腐中,胶黏剂的性能要求与(　　)黏接良好,匹配优异。
 A. 不锈钢管表面　　　　　　　　　B. 聚乙烯塑料
 C. 环氧涂层　　　　　　　　　　　D. 钢管表面

113. BC041  在聚乙烯防腐中,对每种牌(型)号的(　　),在使用前均应由通过国家计量认证的检验机构按标准规定的项目进行检测。
 A. 环氧粉末　　　　　　　　　　　B. 胶黏剂
 C. 专用稀释剂　　　　　　　　　　D. 聚乙烯专用材料

114. BC042  挤压聚乙烯防腐三层 PE 的生产方式有(　　)。
 A. 纵向缠绕　　　　　　　　　　　B. 挤出包袱式
 C. 热浇挤涂　　　　　　　　　　　D. 侧向缠绕

115. BC043  在挤压聚乙烯防腐中,钢管除锈后,应满足包括(　　)等内容的要求。
 A. 锚纹深度　　　　　　　　　　　B. 除锈等级
 C. 盐分含量　　　　　　　　　　　D. 灰尘度

116. BC044  聚乙烯挤出机开机前必须先检查(　　)加热温度,当其中之一不够时,不得启动挤出机。
 A. 聚乙烯料　　B. 机头　　C. 螺杆　　D. 机筒各段

117. BC045  在聚乙烯防腐涂敷中,钢管在除锈前需要进行预热处理,其主要目的是在(　　)对钢管外壁进行加热除湿。
 A. 夏季　　B. 冬季　　C. 晴天　　D. 雨天

118. BC046  在聚乙烯防腐中,环氧粉末喷涂时应保证涂层(　　)。
 A. 均匀性　　B. 厚度　　C. 无漏点　　D. 外观质量

119. BC047 挤压聚乙烯防腐涂敷线的参数根据(　　)等参数,由涂敷工艺评定试验确定。
    A. 除锈等级　　　B. 涂敷作业线　　　C. 工作环境　　　D. 钢管规格
120. BC048 挤压聚乙烯防腐钢管在打磨预留段聚乙烯层坡口时,要求管端焊缝余高(　　),防止翘边现象。
    A. 圆滑过渡　　　B. 修磨　　　C. 打平　　　D. 打腻子
121. BC049 聚氨酯泡沫塑料根据所用原料的不同以及配方的变化,可制成(　　)聚氨酯泡沫塑料等。
    A. 软质　　　B. 半软质　　　C. 半硬质　　　D. 硬质
122. BC050 "泡夹管"保温层原料组合聚醚是由(　　)及403等按规定配方配制而成。
    A. 聚醚多元醇　　　B. 141B　　　C. 固化剂有机锡　　　D. 催化剂三乙醇胺
123. BC051 发泡剂是指能促进泡沫发生,同时形成(　　)结构材料的物质。
    A. 开孔　　　B. 闭孔　　　C. 无孔　　　D. 联孔
124. BC052 "管中管"聚氨酯泡沫防腐保温管生产工艺适用于(　　)的保温层预制。
    A. 小于 $\phi$114mm 钢管　　　B. $\phi$426～1020mm 钢管
    C. 玻璃钢管　　　D. $\phi$114～377mm 钢管
125. BC053 "一步法"防腐保温管生产中,根据钢管直径调整作业线,应使(　　)保持在一条水平线上。
    A. 钢管中心　　　B. 挤出机机头　　　C. 定径套中心　　　D. 纠偏环中心
126. BD001 在环氧煤沥青防腐中,对于超过储存期的涂料应按要求重新检查,防腐层的剪切黏接强度、阴极剥离、工频电气强度和(　　)等指标符合要求后方可使用。
    A. 耐沸水性　　　B. 体积电阻率　　　C. 吸水率　　　D. 耐油性
127. BD002 环氧煤沥青防腐中,防腐层黏结力检验可在(　　)后进行。
    A. 表干　　　B. 实干　　　C. 干燥　　　D. 固化
128. BD003 在环氧煤沥青防腐中,对有缠绕纤维增强材料的加强级防腐层,缠绕时应拉紧,要求表面(　　)。
    A. 平整　　　B. 光滑　　　C. 无空鼓　　　D. 无皱折
129. BD004 在检测环氧煤沥青防腐层厚度时,每根管测取截面的位置应在管的(　　)位置。
    A. 任意　　　B. 两端　　　C. 中间　　　D. 平均
130. BD005 在环氧煤沥青防腐管进行电火花连续检漏时,(　　)应每4h校正一次。
    A. 击穿电压　　　B. 检漏电流　　　C. 火花长度　　　D. 检漏电压
131. BD006 检查普通级环氧煤沥青防腐管黏结力时用锋利刀刃垂直划透防腐层,形成(　　)的 V 形切口。
    A. 边长约 40mm　　　B. 边长约 100mm
    C. 夹角 45°～60°　　　D. 夹角约 45°
132. BD007 熔结环氧粉末实验室试件的涂层质量要求(　　),允许有轻度橘皮状花纹。
    A. 外观平整　　　B. 色泽均匀
    C. 无气泡　　　D. 无开裂及缩孔

133. BD008　环氧粉末防腐管生产过程中,涂敷前钢管质量的检测项目包括表面预处理后目视检查、除锈质量检测和(　　)等内容。
　　A. 锚纹深度检测　　　　　　　　B. 灰尘度检测
　　C. 盐分检测　　　　　　　　　　D. 涂敷温度检测

134. BD009　12m 长的 φ720mm 环氧粉末管对修补处的防腐层进行漏点检测,当(　　)情况时需要重涂。
　　A. 漏点数为 16 个　　　　　　　 B. 漏点数为 19 个
　　C. 漏点面积大于或等于 250cm²　  D. 漏点面积小于 250cm²

135. BD010　环氧粉末外涂层型式试验,连续生产时,每种管径、壁厚环氧粉末外涂层弯管,应在(　　)内各抽取 1 个弯管或同等生产工艺条件下的弯管样管进行涂层型式试验。
　　A. 10 根　　　B. 5 根　　　C. 100 根　　　D. 400 根

136. BD011　在聚乙烯防腐管中,宜采用(　　)测量钢管表面处理的锚纹深度。
　　A. 深度游标卡尺　B. 粗糙度测量仪　C. 粗糙度标准板　D. 锚纹深度测试纸

137. BD012　在聚乙烯防腐管中,防腐管外观应平滑、(　　)和无裂纹且色泽均匀。
　　A. 无暗泡　　　B. 无麻点　　　C. 无皱折　　　D. 无缩孔

138. BD013　在聚乙烯防腐管中,当单管有(　　)漏点且漏点沿轴向尺寸不大于 300mm 时,该防腐管为不合格。
　　A. 3 个以上漏点　　　　　　　　B. 2 个以上漏点
　　C. 单个漏点沿轴向尺寸大于 400mm　D. 单个漏点沿轴向尺寸大于 300mm

139. BD014　在三层聚乙烯防腐管中,测量防腐层最小厚度一般是指(　　)等防腐层结构叠加所允许的最低厚度。
　　A. 胶黏带层　　B. 聚乙烯层　　C. 胶黏剂层　　D. 环氧粉末层

140. BD015　在聚乙烯防腐管中,连续生产时防腐层黏结力检查应每班至少在(　　)温度下抽测 1 次。
　　A. 20℃　　　B. 50℃　　　C. 70℃　　　D. 90℃

141. BD016　连续生产 50km 的聚乙烯防腐管应截取聚乙烯层样品,检验其(　　)。
　　A. 阴极剥离试验　B. 拉伸强度　C. 断裂标称应变　D. 黏结力

142. BD017　硬质聚氨酯泡沫塑料防腐保温管保温层外观检查时应(　　)。
　　A. 无收缩　　　B. 无发酥　　　C. 无开裂　　　D. 无烧心

143. BD018　硬质聚氨酯泡沫塑料防腐保温管保温层应测试其(　　)等指标。
　　A. 密度　　　B. 吸水率　　　C. 抗压强度　　　D. 导热系数

144. BD019　钢制储罐外防腐层施工过程中,每涂一道漆表干后应进行目测检查,不得有(　　)等现象。
　　A. 起泡　　　B. 分离起皮　　　C. 流挂　　　D. 漏涂

145. BE001　环氧煤沥青防腐补口时,(　　)应与管体防腐层相同。
　　A. 除锈等级　　　　　　　　　　B. 涂敷方法
　　C. 环氧煤沥青涂料　　　　　　　D. 防腐结构

146. BE002  环氧煤沥青防腐管补伤时,对破损处已裸露的钢表面,可依据现场条件或与用户协商表面除锈等级为(　　)。
   A. St1 级　　　　B. Sa2 级　　　　C. St3 级　　　　D. St2 级

147. BE003  环氧煤沥青防腐管补口时,管体连接焊缝应处理至(　　)。
   A. 无焊瘤　　　　B. 无棱角　　　　C. 无焊渣　　　　D. 无毛刺

148. BE004  环氧粉末防腐管外涂层(　　)的缺陷部位,可用环氧粉末生产厂推荐的双组分环氧树脂涂料进行局部修补。
   A. 直径小于 25mm　　　　　　　　B. 直径大于 25mm
   C. 面积小于 250cm$^2$　　　　　　D. 面积大于 250cm$^2$

149. BE005  如果环氧粉末防腐管涂层漏点的数量或个别漏点的面积超过标准规定的要求,经与买方协商,应进行(　　)。
   A. 修补　　　　B. 补伤　　　　C. 复涂　　　　D. 重涂

150. BE006  熔结环氧粉末防腐管现场补口时,对管径(　　)的补口施工,应以与施工管径同规格的短管作为喷涂试验管段。
   A. 大于 273mm　　B. 273mm　　C. 小于 273mm　　D. 小于 219mm

151. BE007  对环氧粉末涂敷管在现场补口后进行厚度检查,若有小面积厚度不够,可打毛后用(　　)进行修补。
   A. 粉末涂料　　B. 液体涂料　　C. 热熔修补棒　　D. 胶黏带

152. BE008  埋地钢质管道聚乙烯防腐层的补伤可采用(　　)和黏弹体加外护等方式。
   A. 辐射交联聚乙烯补伤片　　　　B. 热收缩带
   C. 聚乙烯粉末　　　　　　　　　D. 热熔修补棒

153. BE009  应保证聚乙烯防腐管补伤后的外观平整且(　　)等。
   A. 无皱折　　B. 无烧焦炭化　　C. 无气泡　　D. 无漏点

154. BE010  热收缩带是为埋地及架空钢质管道焊口的防腐和保温管道的保温补口而设计的,由(　　)复合而成。
   A. 聚烯烃基材　　B. 胶黏剂　　C. 环氧树脂　　D. 热熔胶

155. BE011  辐射交联聚乙烯热收缩带(套)按其基材类型可分为(　　)。
   A. 普通型　　B. 加强型　　C. 特加强型　　D. 高密度型

156. BE012  在聚乙烯防腐管现场补口处加热后应采用(　　)测温仪测温。
   A. 电阻式
   B. 经接触式测温仪校准的红外线
   C. 工业用红外
   D. 接触式

157. BE013  聚乙烯防腐管补口的外观应逐个目测检查,热收缩套(带)表面应平整且(　　)等现象。
   A. 无皱折　　B. 无气泡　　C. 无空鼓　　D. 无烧焦炭化

158. BE014  硬质聚氨酯泡沫塑料防腐保温管道的补口施工方式为(　　)。
   A. 补口处除锈　　B. 涂底漆　　C. 扣泡沫保温层　　D. 套热收缩套

159. BE015　聚氨酯泡沫夹克管防护层有(　　　)等缺陷时,应按要求进行补伤。
　　 A. 鼓包　　　　　　　　　　　　　　　B. 破口
　　 C. 漏点　　　　　　　　　　　　　　　D. 深度大于防护层厚度 1/3 的划伤

160. BE016　钢制储罐外防腐层修补固化后应对修补处进行(　　　)检查。
　　 A. 附着力　　　　B. 厚度　　　　C. 漏点　　　　D. 黏结力

### 三、判断题(对的画"√",错的画"×")

(　　)1. AA001　正投影的特征是平行于投影面的平面图形的正投影是直线或直线的一部分。

(　　)2. AA002　零件有长、宽、高三个方向的尺寸,主视图上能反映零件的长和高,俯视图上只能反映零件的长和宽,左视图上只能反映零件的高和宽。

(　　)3. AA003　点在一个投影面的投影不能确定点的空间位置。

(　　)4. AA004　移出剖面的轮廓线用虚线画出。

(　　)5. AA005　在正等轴测图中,凡不平行于轴测投影面的圆,其轴测投影一般画为椭圆。

(　　)6. AA006　在斜二轴测图中,画平行于坐标面 $XOY$、$YOZ$ 的圆的斜二测图时,其轴测投影一般为圆。

(　　)7. AA007　一张完整的装配图应具有一组视图、必要尺寸以及技术要求等三部分内容。

(　　)8. AA008　在管道施工图中,建筑物及设备轮廓线用细实线表示。

(　　)9. AB001　电动机启动熔断器瞬间熔体即熔断,可能是电路有短路或接地故障。

(　　)10. AB002　刀开关安装时,手柄要向下装。接线时,电源线接在下端,上端接用电器。

(　　)11. AB003　线路末端单相对地短路电流与断路器瞬时(或短延时)脱扣整定电流之比应大于 1.35。

(　　)12. AB004　安装接触器时,检查接线无误后,应在主触点带电情况下,先使线圈通电分合数次,待合格后才能投入使用。

(　　)13. AB005　继电器的特点是当其输入量的变化达到一定程度时,输出量才会发生阶跃性的变化。

(　　)14. AB006　选择电磁继电器的种类,主要看被控制和保护对象的工作特性,根据使用环境,主要考虑继电器的防护和使用区域。

(　　)15. AB007　漏点断路器经常分断或不能闭合可能的原因是漏点动作机构电流无变化。

(　　)16. AB008　交流接触器在吸合时有振动和噪声,原因可能是电压过高,其表现是噪声忽强忽弱。

(　　)17. AC001　电镀前镀件浸蚀工艺包括弱浸蚀和强浸蚀,其目的是提高零件的表面光洁度。

(　　)18. AC002　电镀是指在含有预镀金属的盐类溶液中,以被镀基体金属为阴极,通过电解作用,使镀液中预镀金属的阳离子在基体金属表面沉积出来,形成镀层的一种表面加工方法。

(   ) 19. AC003　电镀的目的是在基材上镀上金属镀层,改变基材表面性质或尺寸。
(   ) 20. AC004　在电镀生产中,常用络合剂游离量的升高,有利于阴极的正常溶解。
(   ) 21. AC005　电镀时电流波形对镀层质量和沉积速度有影响。
(   ) 22. AC006　电刷镀是依靠一个与阳极接触的垫或刷提供电镀需要的电解液,电镀时,垫或刷在被镀的阴极上移动的一种电镀方法。
(   ) 23. AC007　化学镀与电镀从原理上的区别就是化学镀需要外加的电流和阳极,而电镀是依靠在金属表面所发生的自催化反应。
(   ) 24. AC008　金属电镀缺陷原因中,非镀液因素是指电镀环节中由于镀液成分偏离规定范围,而引起镀液性能恶化,从而造成相应的电镀故障。
(   ) 25. AD001　材料表面有油脂、污垢、锈蚀产物、氧化皮及旧涂膜时,直接涂装会造成涂膜对基材的腐蚀性减弱,涂膜易整片剥落或产生各种外观缺陷。
(   ) 26. AD002　表面预处理的工作内容有表面机械清理与除锈、表面精整、表面清洗和表面特殊处理。
(   ) 27. AD003　采用不同的表面处理方法,表面的清洁度和粗糙度有很大的差别。
(   ) 28. AD004　金属表面的油污,会影响到表面覆盖层与基底金属的结合力,因此,金属的覆盖层施工前要除油,而非金属的则不用。
(   ) 29. AD005　有机溶剂具有优良的物理溶剂作用,既可溶解皂化油又可溶解非皂化油。
(   ) 30. AD006　使用无机酸除锈后的表面一定要清洗干净,并要进行磷化处理,或用纯水中和。
(   ) 31. AD007　对金属表面磷化处理后,留有疏松磷化膜,有锈蚀或绿斑、局部无磷化膜等属于允许缺陷。
(   ) 32. AD008　有色金属与钢铁材料前处理技术的主要差别在于化学清洗和转化膜处理工艺。
(   ) 33. AE001　由于管道所处的环境腐蚀性及运行条件的差异,通常将防腐层分为普通、一般、加强三种。
(   ) 34. AE002　石油沥青防腐层是以环氧煤沥青为主要材料的防腐层。
(   ) 35. AE003　金属的腐蚀是指金属在周围介质作用下,由于化学变化、电化学变化或物理溶解作用而产生的破坏或变质。
(   ) 36. AE004　环氧煤沥青是以石油沥青涂料为主要材料的防腐层,一般分为不纤维增强材料的单一结构和加玻璃布的复合结构。
(   ) 37. AE005　涂料是涂敷于物体表面通过物理或化学变化能形成一层坚韧的连续的涂膜,坚固地附着于物体表面上的通用材料。
(   ) 38. AE006　挤压聚乙烯防腐层是指三层结构的塑料防腐层。
(   ) 39. AE007　管道内防腐性能的要求应高于外防腐层,包括电性能、机械性能等要求。

(    )40. AE008　架空管道大多属于强腐蚀环境,应选用特强级,采用底漆、面漆二层复合结构。

(    )41. AF001　阴极保护适用于土壤、淡水、海水等介质中金属的腐蚀保护。

(    )42. AF002　外加电流阴极保护法是将被保护的金属与外加交流电源的负极相连,由外部的交流电源提供阴极保护电流,使金属电位变负,从而使被保护的金属腐蚀速率减小的方法。

(    )43. AF003　阳极保护系统中钝化电位范围的宽窄取决于金属材料和腐蚀条件。

(    )44. AF004　在电解质中,阴极因较活泼而优先溶解,释放出电流供被保护金属阴极极化,从而实现保护。

(    )45. AF005　电绝缘成为阴极保护必不可少的条件,为了降低保护电流的密度,要采用覆盖层绝缘。

(    )46. AF006　使用中对阳极选择随保护对象、环境而变化,土壤环境中多用带状阳极,截面有梯形和D形两种。

(    )47. AF007　如果知道一试片的质量指标,就可以求出它的深度指标。

(    )48. AF008　金属腐蚀速度的质量指标是表示试件每小时减少的质量。

(    )49. BA001　喷射除锈是利用高压电场,将磨料高速喷射到金属表面,依靠磨料的冲击和研磨作用,将金属表面的铁锈和其他杂物清除掉。

(    )50. BA002　钢管在除锈前需要进行预热处理,其主要目的是在冬季或雨天对钢管外壁进行加热除湿。

(    )51. BA003　选择抛丸除锈工艺参数的依据是:抛丸清理的目的;被抛丸工件表面硬度、表面状况;抛丸清理质量要求;表面压痕覆盖率;钢丸直径;钢丸抛出速度;工件相对抛丸移动速度;工件装载量;抛丸时间等。

(    )52. BA004　抛丸除锈机工作时先打开供丸器最顶端观察窗,看料斗内的钢丸和磨料是否装满,不满需加料。

(    )53. BA005　喷砂除锈中,喷丸器完成装砂、砂气混合两项工作。

(    )54. BA006　用抛丸方法不仅可以除去工件表面的锈迹、氧化皮,而且可强化工件表面,消除残余应力,提高其耐疲劳性能和抗应力腐蚀性能。

(    )55. BA007　喷砂软管力求顺直,增加压力损失和磨料对软管的集中磨损。

(    )56. BA008　喷砂除锈作业时,操作工应紧握喷枪对准工件,严禁喷枪对向人、设备和设施等。

(    )57. BB001　大罐除锈合格后,金属表面应于次日进行防腐喷漆,以防生锈。

(    )58. BB002　喷涂罐底当涂层实干后,方可进行下一道涂层的喷涂。

(    )59. BB003　气动高压无气喷涂机气缸内壁及泵杆要定期擦洗,保持密封性及开关的灵敏性。

(    )60. BB004　喷涂法包括金属冷喷涂法。

(    )61. BB005　气动高压喷涂机使用时喷枪喷出的压力、涂料的黏度、喷出涂料的雾化情况保持不变。

(    )62. BB006　静电喷涂原理决定了在板材周边静电强度大的地方漆膜比较薄。

( )63. BB007  静电发生器要距喷枪房 5m 以上距离。

( )64. BB008  环氧树脂本身是热塑性的,要使环氧树脂制成有用的涂料或物质,就必须使环氧树脂与固化剂进行反应,交联而成为网状结构的大分子,才能显示出各种优良的性能。

( )65. BB009  针孔是指由于涂料的流平性差、释放气泡性差等原因在漆膜上产生针状小孔或像皮革的毛孔那样的孔状现象,一般孔的直径为 50μm 左右。

( )66. BB010  用碱清洗剂(磷酸三钠等)对罐壁清洗后应用水清洗,最好用加压的热水冲洗。

( )67. BB011  储罐外防腐层涂料底漆、中间漆、面漆、固化剂、稀释剂等应互相匹配,并由同一供方供应。

( )68. BB012  存储易挥发油品的无保温层储罐外壁宜采用耐候性耐高温防腐蚀复合涂层。

( )69. BB013  有保温层储罐的外防腐层结构可采用底漆(无溶剂环氧,膜厚 150μm)+面漆(无溶剂环氧,膜厚 250μm)。

( )70. BB014  钢质储罐外防腐层施工时,应按涂料供方使用说明书所规定的比例及工艺要求配制涂料并做好记录。

( )71. BB015  手提式静电喷涂设备的高压电缆应随喷枪挂于离地 50cm 以上处,而不能置于地面。

( )72. BB016  旋杯静电喷枪的旋杯口径最小的是 φ25mm。

( )73. BC001  采用纤维增强材料缠绕的环氧煤沥青加强级防腐层厚度应不小于 700μm。

( )74. BC002  环氧煤沥青涂料的底漆和面漆在涂层性能、用途和组成上是没有区别的。

( )75. BC003  无溶剂型环氧煤沥青涂料的固体含量不小于 90%。

( )76. BC004  环氧煤沥青涂料说明书内容应包括涂料性能指标、各组分的配合比例、漆料配制后的使用期、涂敷使用方法、参考用量、运输及储存过程的注意事项等。

( )77. BC005  环氧煤沥青防腐技术标准适用于埋地钢质管道内、外壁环氧煤沥青的设计、施工及验收。

( )78. BC006  环氧煤沥青防腐涂敷前,配好的溶剂型涂料在必要时可加入少于 10%的稀释剂。

( )79. BC007  环氧煤沥青防腐施工中,钢管表面温度应高于露点 3℃以上。

( )80. BC008  环氧煤沥青防腐采用高压无气喷涂时,应按照生产商对涂料的技术指标,设定喷涂机的输送比例。

( )81. BC009  环氧煤沥青涂料进厂时,应抽检针入度、软化点、延度三项指标。

( )82. BC010  在环氧煤沥青防腐中,钢管两端各留 100~150mm 的部位不涂底漆。

( )83. BC011  在环氧煤沥青防腐中,若采用有纤维增强材料的结构时,涂面漆前应对钢管焊缝两侧涂抹腻子,调好的腻子宜在 8h 内用完。

(　　)84. BC012　有纤维增强材料环氧煤沥青防腐时,可采用浸满面漆的纤维增强材料进行缠绕,待防腐层表干后,再次涂刷面漆。

(　　)85. BC013　在环氧煤沥青防腐管堆放时,防腐管层间应采用软垫隔离,垫具间隔为4m。

(　　)86. BC014　经过熔结环氧粉末涂敷的钢管可用于适用温度的地上或水下管道设施。

(　　)87. BC015　单层熔结环氧粉末防腐涂层等级分为普通级、加强级和特加强级。

(　　)88. BC016　单层熔结环氧粉末涂料磁性物含量不大于0.02%。

(　　)89. BC017　环氧粉末避免存放在易受水、有机溶剂、油和其他材料污染的场所,用后勿随意露于空气中。

(　　)90. BC018　钢管外涂单层熔结环氧粉末施工工艺是钢管预热到某一温度,使粉末一接触即熔化,余热应该能使涂膜继续流动,进一步流平覆盖整个钢管表面,并在规定时间内固化。

(　　)91. BC019　在熔结环氧粉末防腐中,喷(抛)射除锈前,应预热钢管驱除潮气,管子表面温度应保持高于露点温度至少5℃。

(　　)92. BC020　在熔结环氧粉末防腐中,环氧粉末先在供粉器内混合,然后通过静电喷枪使粉末颗粒带负电,均匀地黏附在经预热的接地钢管表面。

(　　)93. BC021　在熔结环氧粉末防腐中,涂敷外涂层时,固化温度和固化时间应符合环氧粉末涂料生产厂的要求。

(　　)94. BC022　由于环氧粉末外涂层抗紫外线照射的性能较差,因此,成品管要求在长期存放时应采取防晒措施,以免日光暴晒,加快涂层的老化。

(　　)95. BC023　环氧粉末的回收装置源于环保设备中的除尘装置,其基本功用为实现气、固混合流体的二相分离,所不同的是除尘后的固相为废弃物,而回收后的固相却是利用物。

(　　)96. BC024　旋风除尘器可将质量小于气体的环氧粉末尘粒进行回收再利用。

(　　)97. BC025　布袋式除尘器是一种湿式滤尘装置。

(　　)98. BC026　感应加热感应线圈与被加热钢管直接接触,能量是通过钢管通电产生涡流后转换成热量的。

(　　)99. BC027　粉末静电喷枪的带电机构形式是提高喷涂效率来讲是很关键的因素。

(　　)100. BC028　粉末静电喷涂技术的典型工艺流程为:除锈—干燥—喷粉—加热—流平—固化—检查—成品。

(　　)101. BC029　在熔结环氧粉末防腐中,喷涂室接地是为了高质量地喷涂和安全用电。

(　　)102. BC030　粉末静电喷涂操作时输出电压过高时,就会将粉末层击穿,影响涂层质量。

(　　)103. BC031　粉末喷枪出粉稳定性和喷枪布置是影响环氧粉末外涂层厚度均匀性的两个因素。

(　　)104. BC032　环氧粉末防腐作业线中,除锈线和涂敷线两条线的中心差异是除锈线中心应有一定斜角,而涂敷线一般是采用平直的。

(　　)105. BC033　从粉末涂装考虑,喷枪口至工件的距离过远容易产生放电击穿粉末涂层,过近会增加粉末用量和降低生产效率。

( ) 106. BC034　环氧粉末涂料无毒、无污染,但易燃烧,需采取措施,防止施工过程中人体大量吸入。

( ) 107. BC035　挤压聚乙烯防腐层三层结构的底层通常为环氧粉末涂层,中间层为胶黏剂层,外层为聚乙烯层。

( ) 108. BC036　目前二层结构聚乙烯防腐层采用共聚物胶黏剂,较好地解决了耐机械损伤性能差的问题。

( ) 109. BC037　挤压聚乙烯防腐层的三层结构中的底层环氧涂料可以是液体环氧涂料,也可以是环氧粉末涂料。

( ) 110. BC038　在聚乙烯防腐中,钢管外表面应无油污、摔坑、凿痕、分层等明显缺失,不合格的钢管不能涂敷防腐层。

( ) 111. BC039　在聚乙烯防腐中,按照标准的要求,熔结环氧涂层附着力要求为1级。

( ) 112. BC040　在聚乙烯防腐中,胶黏剂拉伸强度应≥8MPa。

( ) 113. BC041　在聚乙烯防腐中,应对所选定的防腐层材料在实验室试件上进行防腐层材料适用性试验,并对防腐层性能进行检测。

( ) 114. BC042　在标准中有明确规定钢管直径≥500mm时,宜采用侧向缠绕式进行生产。

( ) 115. BC043　钢管进行喷砂前需要进行预热,预热的方法优先使用无污染、易于控制的中频感应加热方法。

( ) 116. BC044　挤出机及机头应预先加温,一般机头需加温2~4h,机身需1~2h,挤出前需检查挤出机加热温度是否达到工艺要求。

( ) 117. BC045　在聚乙烯防腐中,用纯净水对中频加热线圈进行水冷却。

( ) 118. BC046　在聚乙烯防腐中,涂敷完环氧粉末至开始进行水冷的时间间隔要小于环氧粉末固化时间要求。

( ) 119. BC047　当水淋冷却不充分时,容易造成二层或三层PE防腐层的开裂。

( ) 120. BC048　在聚乙烯防腐中,若有翘边,可能是环氧粉末胶化程度不够造成的。

( ) 121. BC049　聚氨酯硬质泡沫是以异氰酸酯和聚醚为主要原料,在发泡剂、催化剂、阻燃剂等多种助剂的作用下,通过专用设备混合,经高压喷涂现场发泡而成的高分子聚合物。

( ) 122. BC050　若想获得综合性能好的泡沫塑料,所采用的聚醚是几种聚醚按一定比例混合合成。

( ) 123. BC051　氟里昂作为发泡剂充满泡沫微孔中,能增加泡沫的导热性。

( ) 124. BC052　"一步法"工艺是将钢管套在聚乙烯套管内,中间注入聚氨酯泡沫,最终使钢管、套管、保温层形成一个牢固的整体的工艺技术。

( ) 125. BC053　"一步法""泡夹管"工艺中的自动纠偏系统可在发泡后、固化前对保温层进行纠偏,以确保保温层均匀包覆在钢管周围。

( ) 126. BD001　在环氧煤沥青防腐中,在验收涂料时,涂料防腐层热水浸泡后的黏结强度≥4MPa。

( )127. BD002　在环氧煤沥青防腐中,检测成品管时,用手指推捻防腐层不移动,说明防腐层实干。

( )128. BD003　在无纤维增强材料加强级环氧煤沥青防腐管外观表面应平整、无空鼓和皱褶,压边和搭边黏接紧密,纤维增强材料应浸满涂料。

( )129. BD004　在检测环氧煤沥青防腐层厚度时,要以防腐层等级规定的厚度为标准,用防腐层测厚仪进行检测。

( )130. BD005　用电火花检漏仪检测防腐层的厚度。

( )131. BD006　环氧煤沥青黏结力不合格的防腐管不允许补涂处理,应铲除全部防腐层重新按要求涂敷施工。

( )132. BD007　熔结环氧粉末涂层的实验室涂敷试件基板的锚纹深度为 10~40μm。

( )133. BD008　环氧粉末防腐管生产过程中涂装钢管的涂敷温度应控制在工艺性试验确定的温度范围内,至少应每小时记录一次温度值。

( )134. BD009　应采用电火花检漏仪在熔结环氧粉末外涂层未完全固化且温度高于100℃时,对钢管做漏点检测。

( )135. BD010　单层环氧粉末外涂层钢管的型式检验项目抗 1.5J 冲击无漏点即为合格。

( )136. BD011　在聚乙烯防腐中,表面处理前的钢管表面温度应进行监测,钢管表面温度应不低于露点温度以上 5℃。

( )137. BD012　在聚乙烯防腐管中,当压辊表面损伤时容易在防腐表面形成麻点状外观。

( )138. BD013　在聚乙烯防腐管中,防腐层的漏点应采用在线电火花检漏仪进行连续检查,无漏点为合格。

( )139. BD014　在聚乙烯防腐管中,焊缝部位的防腐层厚度应不小于标准规定最小厚度值的 70%。

( )140. BD015　聚乙烯防腐层的黏结力性能通过检测其剥离强度进行检测。

( )141. BD016　聚乙烯防腐管阴极剥离试验目的是保证防腐层性能。

( )142. BD017　硬质聚氨酯泡沫塑料保温管保温层内有空洞缺陷时,允许在防护层上打孔,采用高压发泡方式填充。

( )143. BD018　硬质聚氨酯泡沫塑料"管中管"防腐保温管出厂检验时,防护层应测试其密度、拉伸强度、断裂伸长率及维卡软化点四项指标。

( )144. BD019　钢制储罐外防腐层施工完成后,涂层表面应平整连续、光滑,并且不得有发黏、脱皮、气泡、瘢痕等缺陷存在。

( )145. BE001　环氧煤沥青防腐管焊接前应用宽度不小于 300mm 的厚石棉布或其他遮盖物焊口两侧的防腐层。

( )146. BE002　环氧煤沥青防腐管补伤时,将已损坏的防腐层清除干净,用砂纸打毛损伤面及附近的防腐层。

( )147. BE003　环氧煤沥青防腐管补口处防腐层固化后,补口处的黏结力检验按每 50 道口抽查 1 道口。

(    )148. BE004　如果环氧粉末防腐管修补涂层的厚度达不到标准规定的要求,应进行复涂。

(    )149. BE005　对熔结环氧粉末防腐管重涂及重涂后质量检验应按标准的要求进行。

(    )150. BE006　熔结环氧粉末涂敷管现场补口宜采用与管体相同的环氧粉末涂料进行热喷涂。

(    )151. BE007　对环氧粉末涂敷管在现场补口后,经检测若厚度不够处的面积超过钢管补口区表面积2/3,则应重新喷涂。

(    )152. BE008　聚乙烯防腐管辐射交联聚乙烯补伤片对聚乙烯的剥离强度不应低于70N/cm。

(    )153. BE009　应保证聚乙烯防腐管补伤后补伤片四周应黏结密封良好,不合格的应重新补伤。

(    )154. BE010　热收缩带(套)是一种常用的补口材料,具有操作时搭接处不滑脱、有较高的机械强度、性能稳定、耐老化、耐化学腐蚀黏接力强等特点。

(    )155. BE011　热收缩补口带配套的底漆的剪切强度应为不小于3.0MPa。

(    )156. BE012　聚乙烯防腐管现场补口施工采用人工安装方式。

(    )157. BE013　在聚乙烯防腐管补口后,热收缩带(套)的剥离强度应不小于50N/cm并90%表面呈内聚破坏。

(    )158. BE014　外保护层为玻璃钢的防腐保温管道的补口外保护层为缠树脂玻璃布,紧密地与管体保温层和补口玻璃钢外防护层黏接在一起,达到密封防腐作用。

(    )159. BE015　泡夹管补伤处外观应无烤焦、空鼓、皱纹、翘边,接口处应有少量胶均匀溢出。

(    )160. BE016　钢制储罐外防腐层平均每平方米有3个以上漏点时,应进行全面复涂。

## 四、简答题

1. AA002　简述三视图的位置关系。
2. AA002　简述三视图之间的投影规律。
3. AB008　简述电路失(欠)压时断路器不能脱扣的故障原因有哪些?
4. AB008　简述断电后接触器触头不释放或缓释放的故障原因有哪些?
5. AD002　简述钢材涂装前表面预处理的作用。
6. AD002　按处理方法分类,涂装前表面预处理的方法有哪些?
7. AE003　简述对管道外防腐层性能的基本要求。
8. AE003　简述埋地钢质管道外壁腐蚀环境下产生腐蚀的主要类型。
9. AF001　简述金属电化学腐蚀的含义。
10. AF001　简述电化学保护的原理。
11. BA003　简述喷(抛)丸除锈系统的组成。
12. BA002　简述抛丸除锈机的工作原理。
13. BB002　简述储罐防腐层正式喷涂前试喷时喷涂机主要调整的工艺参数有哪些?

14. BB002　简述高压无空气喷涂的主要特点是什么?
15. BC009　简述环氧煤沥青涂料配制过程中的要求。
16. BC009　简述环氧煤沥青防腐涂敷对打腻子的要求。
17. BC015　简述熔结环氧粉末涂层的特性。
18. BC015　简述钢管熔结环氧粉末防腐层施工控制要点。
19. BC032　简述环氧粉末作业线电磁感应线圈加热的原理。
20. BC032　环氧粉末作业线的安装方式有哪几种?
21. BC034　在静电粉末涂装中涂膜过薄会产生哪些弊病?
22. BC034　在静电粉末涂装中为了防止因静电刺激对受到惊吓的人造成二次灾害和事故,应注意的问题有哪些?
23. BC036　挤压聚乙烯防腐层类型分为哪几种? 是如何划分的?
24. BC036　挤压聚乙烯防腐层中三层防腐结构是指哪三层?
25. BC042　简述挤压聚乙烯(3PE)防腐层施工工艺流程。
26. BC042　简述聚乙烯防腐中钢管表面预处理过程。
27. BD002　简述环氧煤沥青防腐层固化度的检查方法。
28. BD002　简述环氧煤沥青防腐层质量检验的内容。
29. BE013　简述对聚乙烯防腐管损伤长度大于30mm的损伤修补过程。
30. BE013　简述聚乙烯防腐管补口质量检验的主要内容及检验要求。

## 五、计算题

1. AE007　已知热塑性粉末涂料在标件上的遮盖力 $Q'=200\text{g/m}^2$,当用它在工件上喷涂防腐时,遮盖力修正系数 $K=1.5$。求该防腐涂料在工件喷涂的遮盖力 $Q$ 是多少?
2. AE007　富锌涂料在标准件上的遮盖力 $Q'=150\text{g/m}^2$,在储罐外防腐施工中测得其遮盖力 $Q=195\text{g/m}^2$(不计损耗)。问该涂料的遮盖力修正系数是多少?
3. AF002　在进行土壤腐蚀性调查中,用 ZC-8 型电阻率测试仪测得阻值 $R=5\Omega$,测试时极间距 $S=1.2\text{m}$。求该测点的土壤电阻率 $\rho$ 是多少?
4. AF002　边长为 3cm 的正方形金属块,其质量是 216g,浸入腐蚀液内 10d,去掉腐蚀物称重为 200g。试计算试件的腐蚀速度。
5. AF007　某埋地网管道埋地 3 年后实测平均腐蚀深度是 1.2mm,计算腐蚀深度指标?
6. AF007　已知埋地金属试片的密度为 $7.8\text{g/cm}^3$,用质量法测量出某一地区土壤腐蚀速度 $W$ 为 $0.25\text{g/(m}^2\cdot\text{h)}$,试问该地区土壤腐蚀的深度指标为多少?
7. AF008　某金属试件 3 年内腐蚀失重为 5.256g,如果试件表面积为 $1\text{m}^3$,试计算其质量指标。
8. AF008　某试件称其质量为 3.254g,其表面积为 $54\text{cm}^2$,埋入高腐蚀地区 30d 后取出,称其质量为 3.063g,求其质量指标?
9. BA006　某防腐管道厂进行管道外表面抛丸除锈工作,已知单位时间内抛丸的总质量 $Q=1000\text{kg/min}$,喷射效率 $\eta=0.85$,钢管外径 $D=159\text{mm}$,钢管抛丸直线前进速度 $v=6\text{m/min}$,求本除锈工作的喷射密度 $\lambda$ 是多少?

10. BA006　在喷砂除锈中,为保证喷砂除锈效率,与喷砂机 8mm 喷嘴相匹配的输送磨料软管直径应为多少?

11. BB014　某一储罐罐壁防腐工程中,要求涂膜干膜厚度 200μm。已知所采用涂料密度为 1500kg/m³,在不考虑油漆损耗的情况下,即涂料固体含量为 100%,求每平方米的涂料理论用量为多少?

12. BB014　在某一储罐防腐工程中,采用液体环氧涂料。已知 5kg 环氧底漆涂料体积为 5L,其中质量固含量为 40%,体积固含量为 60%,则该涂料的干膜密度为多少?

13. BC010　从某涂料生产厂家购买同一批次环氧煤沥青涂料产品,其中底漆与固化剂的配比为 10∶1,如果需配制总量为 1100kg 的环氧煤沥青底漆,则底漆和固化剂的用量分别是多少?

14. BC010　从某涂料生产厂家购买同一批次环氧煤沥青涂料产品,其中面漆与固化剂的配比为 10∶1,如果需配制总量为 2200kg 的环氧煤沥青面漆,则面漆和固化剂的用量分别是多少?

15. BC016　已知某环氧粉末涂料进行完全固化时所放出的总热量 500J/g,固化后剩余反应热 300J/g,则此涂料的固化度是多少?

16. BC016　已知某环氧粉末涂料进行完全固化时所放出的总热量 500J/g,固化反应进行到 $t$ 时刻的反应热为 300J/g,则此涂料 $t$ 时刻的固化度是多少?

17. BC018　已知一根环氧粉末防腐管长为 12m,抛丸除锈一根钢管所用时间为 4min,静电喷涂防腐时钢管前进速度为 2m/min,求完成一根管的除锈到防腐所需要的时间。

18. BC018　已知一根环氧粉末防腐管长为 12m,管径为 630mm,抛丸除锈装置中要求的钢管行进速度为 1.6~2.0m/min,求一根管除锈所需要的时间至少为多少?

19. BC030　φ168mm 环氧粉末外防腐钢管长 120m,粉末涂料消耗系数 $\alpha=0.2$,该涂料的理论涂布量为 0.5kg/m²,那么涂料的实际用量是多少?

20. BC030　已知钢管直径为 1000mm,钢管前进速度为 2m/min,每支喷枪出粉量为 0.8kg/min,有效着粉率为 80%,环氧粉末层厚度 400μm,粉末的消耗量为 0.8kg/m²,求至少需要多少支喷枪才能达到涂敷要求。

21. BC050　现有组合聚醚和异氰酸酯分别为 68 桶和 20 桶,已知每天生产消耗是:聚醚 4 桶,异氰酸酯 5 桶,问需要再进多少桶异氰酸酯才能同组合聚醚同时用完?

22. BC050　已知生产 1km φ89mm 泡沫保温管需要泡沫料为 400kg,现有硅油 35kg,如果该硅油在甲组料中所占配比是 3.5%,生产时以甲乙组料配比是 1∶1,那么需要生产多少千米 φ89mm,泡沫夹克管才能将 35kg 硅油用完?

23. BC052　现有一泡沫试件做常温吸水试验前是 2g,试验后重 2.654g,计算试件体积为 25cm³ 时的吸水性?

24. BC052　现场测试某泡沫试件是边长为 50mm 正方形,称量后知试件重 4.875g,求试件密度?

25. BC053　已知 φ159mm 泡沫保温夹克管周长是 668.82mm,如果保温层厚 25mm,求保护层厚度是多少?

26. BC053　已知聚乙烯挤出机排量是100kg/h，生产1km$\phi$89mm泡沫保温夹克管需要聚乙烯500kg，若有10%材料损耗，每班生产按8h计算，那么一班可生产泡沫保温夹克管多少千米？

27. BD009　某一批加强级环氧煤沥青外防腐管进行电火花漏点检测，已知要求防腐层最小厚度应为600$\mu$m，检测电压为5V/$\mu$m，求该批次防腐管的最小检漏电压为多少千伏？

28. BD009　需要对熔结环氧粉末外防腐管进行电火花漏点检测，检测电压为5V/$\mu$m，该防腐管为加强级防腐涂层类型，最小涂层厚度为400$\mu$m，求该防腐管的最小检漏电压为多少千伏？

29. BE014　现场在$\phi$219mm聚氨酯泡沫夹克管防腐管上进行外补口，补一道口需30min。如果一天按8h计算，一天可补几道口？

30. BE014　$\phi$60mm钢管外黄夹克防腐补口时，聚氨酯泡沫密度为0.05g/cm$^3$，补口宽度为300mm，泡沫厚度30mm，若不计损耗，那么补一道口需要异氰酸酯多少克？已知异氰酸酯和组合聚醚的质量比为1:1.1。

# 答 案

## 一、单项选择题

| | | | | | | | | | |
|---|---|---|---|---|---|---|---|---|---|
| 1. B | 2. C | 3. C | 4. A | 5. A | 6. B | 7. C | 8. B | 9. D | 10. A |
| 11. B | 12. D | 13. B | 14. A | 15. C | 16. A | 17. A | 18. B | 19. D | 20. B |
| 21. D | 22. A | 23. C | 24. C | 25. A | 26. C | 27. C | 28. B | 29. B | 30. D |
| 31. C | 32. C | 33. A | 34. C | 35. B | 36. A | 37. D | 38. A | 39. D | 40. D |
| 41. D | 42. C | 43. B | 44. A | 45. C | 46. A | 47. D | 48. C | 49. C | 50. D |
| 51. A | 52. C | 53. C | 54. D | 55. D | 56. C | 57. B | 58. A | 59. B | 60. C |
| 61. A | 62. A | 63. B | 64. B | 65. B | 66. C | 67. D | 68. B | 69. B | 70. A |
| 71. C | 72. A | 73. D | 74. C | 75. B | 76. A | 77. C | 78. C | 79. D | 80. B |
| 81. D | 82. A | 83. D | 84. B | 85. B | 86. C | 87. A | 88. B | 89. A | 90. B |
| 91. C | 92. D | 93. A | 94. C | 95. C | 96. C | 97. B | 98. C | 99. A | 100. B |
| 101. C | 102. D | 103. A | 104. B | 105. C | 106. D | 107. B | 108. A | 109. B | 110. C |
| 111. A | 112. B | 113. B | 114. D | 115. A | 116. B | 117. C | 118. D | 119. B | 120. C |
| 121. A | 122. C | 123. B | 124. A | 125. C | 126. B | 127. B | 128. B | 129. C | 130. C |
| 131. A | 132. D | 133. B | 134. C | 135. C | 136. D | 137. B | 138. A | 139. B | 140. C |
| 141. B | 142. A | 143. B | 144. B | 145. A | 146. C | 147. D | 148. C | 149. C | 150. B |
| 151. B | 152. D | 153. A | 154. C | 155. C | 156. A | 157. C | 158. D | 159. A | 160. C |
| 161. A | 162. C | 163. B | 164. D | 165. C | 166. D | 167. C | 168. C | 169. A | 170. C |
| 171. C | 172. A | 173. A | 174. C | 175. B | 176. C | 177. A | 178. D | 179. B | 180. C |
| 181. A | 182. B | 183. C | 184. A | 185. B | 186. D | 187. A | 188. B | 189. B | 190. B |
| 191. A | 192. B | 193. C | 194. C | 195. A | 196. B | 197. A | 198. D | 199. A | 200. C |
| 201. B | 202. A | 203. C | 204. A | 205. C | 206. D | 207. B | 208. D | 209. D | 210. D |
| 211. D | 212. B | 213. C | 214. A | 215. B | 216. B | 217. D | 218. B | 219. C | 220. C |
| 221. C | 222. C | 223. B | 224. C | 225. D | 226. B | 227. C | 228. B | 229. C | 230. A |
| 231. B | 232. C | 233. D | 234. C | 235. B | 236. D | 237. B | 238. A | 239. B | 240. C |
| 241. B | 242. A | 243. B | 244. B | 245. B | 246. C | 247. C | 248. D | 249. A | 250. B |
| 251. C | 252. A | 253. B | 254. B | 255. A | 256. A | 257. A | 258. D | 259. D | 260. D |
| 261. C | 262. C | 263. B | 264. B | 265. C | 266. A | 267. B | 268. D | 269. B | 270. B |
| 271. A | 272. D | 273. C | 274. A | 275. C | 276. D | 277. D | 278. A | 279. B | 280. D |
| 281. B | 282. D | 283. B | 284. A | 285. A | 286. B | 287. B | 288. C | 289. B | 290. C |
| 291. D | 292. B | 293. D | 294. B | 295. B | 296. A | 297. B | 298. D | 299. C | 300. A |
| 301. C | 302. C | 303. C | 304. A | 305. A | 306. C | 307. A | 308. C | 309. B | 310. B |

311. C　312. D　313. A　314. C　315. A　316. B　317. A　318. D　319. B　320. D

## 二、多项选择题

1. ACD　2. AC　3. BCD　4. ABD　5. BCD　6. ABC　7. BCD
8. BC　9. AC　10. ABC　11. AC　12. BC　13. ABCD　14. AC
15. BCD　16. ABCD　17. ABCD　18. ABC　19. ABCD　20. BCD　21. ABCD
22. ABCD　23. BC　24. BCD　25. ABC　26. ABCD　27. BCD　28. ABD
29. AD　30. ACD　31. ABCD　32. AC　33. ABCD　34. ACD　35. BCD
36. AB　37. CD　38. ACD　39. BD　40. CD　41. AC　42. AB
43. ABCD　44. BC　45. AC　46. ACD　47. BC　48. ABD　49. BCD
50. BD　51. BCD　52. ABCD　53. BD　54. AB　55. AC　56. AC
57. BCD　58. ABCD　59. BCD　60. ABCD　61. AB　62. AB　63. CD
64. ABCD　65. ABD　66. ABC　67. BCD　68. ABD　69. AC　70. AD
71. ACD　72. BC　73. AC　74. AD　75. ACD　76. ABCD　77. BD
78. BCD　79. ACD　80. BCD　81. BC　82. BD　83. ABCD　84. BCD
85. BD　86. AC　87. ABCD　88. AC　89. CD　90. CD　91. ABCD
92. BC　93. ABD　94. BC　95. BD　96. AC　97. ABCD　98. CD
99. ABCD　100. ABCD　101. ABC　102. AB　103. BCD　104. ABC　105. BC
106. BCD　107. BC　108. AD　109. BC　110. BCD　111. ABCD　112. BCD
113. ABD　114. BD　115. ABCD　116. BD　117. BD　118. ABCD　119. BD
120. BC　121. ACD　122. ABCD　123. ABCD　124. BC　125. ABCD　126. ABCD
127. BD　128. ACD　129. BC　130. CD　131. AD　132. ABCD　133. ABCD
134. BC　135. BCD　136. BD　137. ABC　138. BD　139. BCD　140. AB
141. BC　142. ABCD　143. ABCD　144. ABCD　145. BCD　146. BC　147. ABCD
148. BC　149. CD　150. AB　151. BC　152. ABCD　153. ABC　154. AD
155. AD　156. BD　157. ABCD　158. ABCD　159. BCD　160. BC

## 三、判断题

1. ×　正确答案：正投影的特征是垂直于投影面的平面图形的正投影是直线或直线的一部分。　2. √　3. √　4. ×　正确答案：移出剖面的轮廓线用粗实线画出。　5. √　6. ×　正确答案：在斜二轴测图中，画平行于坐标面 XOY、YOZ 的圆的斜二测图时，其轴测投影一般为椭圆。　7. ×　正确答案：一张完整的装配图应具有一组视图、必要尺寸、技术要求以及零部件序号、标题栏、明细栏等部分内容。　8. √　9. √　10. ×　正确答案：刀开关安装时，手柄要向上装。接线时，电源线接在上端，下端接用电器。　11. ×　正确答案：线路末端单相对地短路电流与断路器瞬时（或短延时）脱扣整定电流之比应大于 1.25。　12. ×　正确答案：安装接触器时，检查接线无误后，应在主触点不带电情况下，先使线圈通电分合数次，待合格后才能投入使用。　13. √　14. √　15. ×　正确答案：漏点断路器经常分断或不能闭合可能的原因是漏点动作机构电流变化。　16. ×　正确答案：交流接触器在吸合时有振动和噪声,原因可能是电压过低,其表现是噪声忽强忽弱。 17.× 正确答案:电镀前镀件浸蚀工艺包括弱浸蚀和强浸蚀,其目的是提高零件的表面活性。 18.√ 19.√ 20.× 正确答案:在电镀生产中,常用络合剂游离量的升高,有利于阳极的正常溶解。 21.√ 22.√ 23.× 正确答案:化学镀与电镀从原理上的区别就是电镀需要外加的电流和阳极,而化学镀是依靠在金属表面所发生的自催化反应。 24.× 正确答案:金属电镀缺陷原因中,镀液因素是指电镀环节中由于镀液成分偏离规定范围,而引起镀液性能恶化,从而造成相应的电镀故障。 25.× 正确答案:材料表面有油脂、污垢、锈蚀产物、氧化皮及旧涂膜时,直接涂装会造成涂膜对基材的附着力减弱,涂膜易整片剥落或产生各种外观缺陷。 26.√ 27.√ 28.× 正确答案:金属表面的油污,会影响到表面覆盖层与基底金属的结合力,因此,不论是金属还是非金属的覆盖层,施工前均要除油。 29.√ 30.× 正确答案:使用无机酸除锈后的表面一定要清洗干净,并要进行钝化处理,或用碱中和。 31.× 正确答案:对金属表面磷化处理后,留有疏松磷化膜,有锈蚀或绿斑、局部无磷化膜等属于不允许缺陷。 32.√ 33.× 正确答案:由于管道所处的环境腐蚀性及运行条件的差异,通常将防腐层分为普通、加强、特加强三种。 34.× 正确答案:石油沥青防腐层是以石油沥青为主要材料的防腐层。 35.√ 36.× 正确答案:环氧煤沥青是以环氧煤沥青涂料为主要材料的防腐层,一般分为纤维增强材料的单一结构和加玻璃布的复合结构。 37.√ 38.× 正确答案:挤压聚乙烯防腐层分两层结构和三层结构两种塑料防腐层。 39.× 正确答案:管道内防腐性能的要求与外防腐层基本相同,包括电性能、机械性能等要求。 40.× 正确答案:架空管道大多属于强腐蚀环境,应选用特强级,采用底漆、中间漆、面漆三层复合结构。 41.√ 42.× 正确答案:外加电流阴极保护法是将被保护的金属与外加直流电源的负极相连,由外部的直流电源提供阴极保护电流,使金属电位变负,从而使被保护的金属腐蚀速率减小的方法。 43.× 正确答案:阳极保护系统中钝化电位范围的宽窄取决于金属材料和介质条件。 44.× 正确答案:在电解质中,牺牲阳极因较活泼而优先溶解,释放出电流供被保护金属阴极极化,从而实现保护。 45.√ 46.× 正确答案:使用中对阳极选择随保护对象、环境而变化,土壤环境中多用棒状阳极,截面有梯形和D形两种。 47.√ 48.× 正确答案:金属腐蚀速度的质量指标是表示试件每小时每平方米减少的质量。 49.× 正确答案:喷射除锈是利用压缩空气,将磨料高速喷射到金属表面,依靠磨料的冲击和研磨作用,将金属表面的铁锈和其他杂物清除掉。 50.√ 51.√ 52.× 正确答案:抛丸除锈机工作时先打开提升机最顶端观察窗,看料斗内的钢丸和磨料是否装满,不满需加料。 53.× 正确答案:喷砂除锈中,喷丸器完成装砂、供砂、砂气混合三项工作。 54.√ 55.× 正确答案:喷砂软管力求顺直,减少压力损失和磨料对软管的集中磨损。 56.√ 57.× 正确答案:大罐除锈合格后,金属表面应于当日进行防腐喷漆,以防二次生锈。 58.√ 59.× 正确答案:气动高压无气喷涂机气缸内壁及泵杆要定期注入润滑油润滑,保持密封性及开关的灵敏性。 60.× 正确答案:喷涂法包括金属热喷涂法。 61.× 正确答案:气动高压喷涂机使用时喷枪喷出的压力、涂料的黏度、喷出涂料的雾化情况应随时调整。 62.× 正确答案:静电喷涂原理决定了在板材周边静电强度大的地方漆膜比较厚。 63.√ 64.√ 65.× 正确答案:针孔是指由于涂料的流平性差、释放气泡性差等原因在漆膜上产生针状小孔或像皮革的毛孔那样的孔状现象,一般孔的直径为 $10\mu m$ 左右。 66.√ 67.√ 68.× 正确答案:存储易挥发油品的无保温层储罐外壁宜采用耐候性热反射隔热防腐蚀复合涂层。 69. × 正确答案:有保温层储罐的外防腐层结构可采用底漆(无溶剂环氧,膜厚100μm)+面漆(无溶剂环氧,膜厚200μm)。 70. √ 71. × 正确答案:手提式静电喷涂设备的高压电缆应随喷枪挂于离地1m以上处,而不能置于地面。 72. × 正确答案:旋杯静电喷枪的旋杯口径最小的是ϕ30mm。 73. √ 74. × 正确答案:环氧煤沥青涂料的底漆和面漆在涂层性能、用途和组成上是有区别的。 75. × 正确答案:无溶剂型环氧煤沥青涂料的固体含量不小于95%。 76. √ 77. × 正确答案:环氧煤沥青防腐技术标准适用于埋地钢质管道外壁环氧煤沥青的设计、施工及验收。 78. × 正确答案:环氧煤沥青防腐涂敷前,配好的溶剂型涂料在必要时可加入少于5%的稀释剂。 79. √ 80. × 正确答案:环氧煤沥青防腐采用高压无气喷涂时,应按照生产商对涂料的配比要求,设定喷涂机的输送比例。 81. × 正确答案:环氧煤沥青涂料进厂时,应验收其批号、牌号、出厂日期。 82. √ 83. × 正确答案:在环氧煤沥青防腐中,若采用有纤维增强材料的结构时,涂面漆前应对钢管焊缝两侧涂抹腻子,调好的腻子宜在4h内用完。 84. × 正确答案:有纤维增强材料环氧煤沥青防腐时,可采用浸满面漆的纤维增强材料进行缠绕,待防腐层实干后,再次涂刷面漆。 85. √ 86. × 正确答案:经过熔结环氧粉末涂敷的钢管可用于适用温度的埋地或水下管道设施。 87. × 正确答案:单层熔结环氧粉末防腐涂层等级分为普通级和加强级。 88. × 正确答案:单层熔结环氧粉末涂料磁性物含量不大于0.002%。 89. √ 90. √ 91. × 正确答案:在熔结环氧粉末防腐中,喷(抛)射除锈前,应预热钢管驱除潮气,管子表面温度应保持高于露点温度至少3℃。 92. × 正确答案:在熔结环氧粉末防腐中,环氧粉末先在流化床内充分流化,然后通过静电喷枪使粉末颗粒带负电,均匀地黏附在经预热的接地钢管表面。 93. √ 94. √ 95. √ 96. × 正确答案:旋风除尘器可将质量大于气体的环氧粉末尘粒进行回收再利用。 97. × 正确答案:布袋式除尘器是一种干式滤尘装置。 98. × 正确答案:感应加热感应线圈与被加热钢管并不直接接触,能量是通过电磁感应传递的。 99. √ 100. √ 101. √ 102. √ 103. √ 104. × 正确答案:环氧粉末防腐作业线中,除锈线和涂敷线两条线的中心差异是除锈线中心高一般是采用平直的,而涂敷线应有一定斜角。 105. × 正确答案:从粉末涂装考虑,喷枪口至工件的距离近远容易产生放电击穿粉末涂层,过远会增加粉末用量和降低生产效率。 106. × 正确答案:环氧粉末涂料无毒、无污染、不易燃烧,需采取措施,防止施工过程中人体大量吸入。 107. √ 108. × 正确答案:目前二层结构聚乙烯防腐层采用共聚物胶黏剂,较好地解决了耐温变性能差的问题。 109. √ 110. √ 111. √ 112. × 正确答案:在聚乙烯防腐中,胶黏剂拉伸强度应≥17MPa。 113. × 正确答案:在聚乙烯防腐中,应对所选定的防腐层材料在涂敷生产线上进行防腐层材料适用性试验,并对防腐层性能进行检测。 114. √ 115. √ 116. √ 117. × 正确答案:在聚乙烯防腐中,用普通水对中频加热线圈进行水冷却。 118. × 正确答案:在聚乙烯防腐中,涂敷完环氧粉末至开始进行水冷的时间间隔要大于环氧粉末固化时间要求。 119. √ 120. × 正确答案:在聚乙烯防腐中,若有翘边,可能是环氧粉末固化程度不够造成的。 121. √ 122. √ 123. × 正确答案:氟里昂作为发泡剂充满泡沫微孔中,能降低泡沫的导热性。 124. × 正确答案:"管中管"工艺是将钢管套在聚乙烯套管内,中间注入聚氨酯泡沫,最终使钢管、套管、保温层形成一个牢固的整体的工艺技术。 125. √ 126. × 正确答案:在环氧煤沥青防腐中,在验收涂料时,涂料防腐层热水浸泡后的黏结强度≥5MPa。　　127.√　128.×　正确答案:在有纤维增强材料加强级环氧煤沥青防腐管外观表面应平整、无空鼓和皱褶,压边和搭边黏接紧密,纤维增强材料应浸满涂料。　　129.√　130.×　正确答案:用电火花检漏仪检测防腐层的针孔。　　131.√　132.×　正确答案:熔结环氧粉末涂层的实验室涂敷试件基板的锚纹深度为40~100μm。　　133.√　134.×　正确答案:应采用电火花检漏仪在熔结环氧粉末外涂层完全固化且温度低于100℃时,对钢管做漏点检测。　　135.√　136.×　正确答案:在聚乙烯防腐中,表面处理前的钢管表面温度应进行监测,钢管表面温度应不低于露点温度以上3℃。　　137.×　正确答案:在聚乙烯防腐管中,当水冷却喷淋不当时容易在防腐表面形成麻点状外观。　　138.√　139.√　140.√　141.√　142.×　正确答案:硬质聚氨酯泡沫塑料保温管保温层内有空洞缺陷时,允许在防护层上打孔,采用二次灌注发泡方式填充。　　143.×　正确答案:硬质聚氨酯泡沫塑料"管中管"防腐保温管出厂检验时,防护层应测试其密度、拉伸强度、断裂伸长率及回缩率四项指标。　　144.√　145.×　正确答案:环氧煤沥青防腐管焊接前应用宽度不小于450mm的厚石棉布或其他遮盖物焊口两侧的防腐层。　　146.√　147.×　正确答案:环氧煤沥青防腐管补口处防腐层固化后,补口处的黏结力检验按每100道口抽查1道口。　　148.×　正确答案:如果环氧粉末防腐管修补涂层的厚度达不到标准规定的要求,应进行重涂。　　149.√　150.√　151.×　正确答案:对环氧粉末涂敷管在现场补口后,经检测若厚度不够处的面积超过钢管补口区表面积1/3,则应重新喷涂。　　152.×　正确答案:聚乙烯防腐管辐射交联聚乙烯补伤片对聚乙烯的剥离强度不应低于50N/cm。　　153.√　154.√　155.×　正确答案:热收缩补口带配套的底漆的剪切强度应为不小于5.0MPa。　　156.×　正确答案:聚乙烯防腐管现场补口施工可采用人工或机具安装方式。　　157.×　正确答案:在聚乙烯防腐管补口后,热收缩带(套)的剥离强度应不小于50N/cm并80%表面呈内聚破坏。　　158.√　159.√　160.×　正确答案:钢制储罐外防腐层平均每平方米有1个以上漏点时,应进行全面复涂。

## 四、简答题

1. ①正面是主视图(立面图);②下面是俯视图(平面图);③右面是左视图(侧面图)。

评分标准:答对①②各占30%,答对③占40%。

2. ①主、俯视图——长对正;②主、左视图——高平齐;③俯、左视图——宽相等。

评分标准:答对①②各占30%,答对③占40%。

3. ①由于衔铁所连接的铁板调整不合适,或调整螺钉松脱,当电路欠压或失压时,电压线圈失磁或吸力减小,衔铁虽然被弹簧拉开但仍碰撞不到杠杆;②主触点焊住或机械部分受阻或卡住等;③反力弹簧弹性变小;④贮能弹簧拉力变小。

评分标准:答对①占40%,答对②③④各占20%。

4. ①触头熔焊;②触头上有油污,接触面不光滑;③铁芯中剩磁增大;④触头弹簧压力过小或反作用弹簧损坏;⑤机械卡阻。

评分标准:答对①~⑤各占20%。

5. ①提高表面完整性;②调整表面光洁度(或粗糙度);③提高表面清洁度;④增加后续工序的表面防护层的耐蚀性、耐磨性或某种特殊功能。

评分标准:答对①~③各占30%,答对④占10%。

6. ①按处理方法分类可以分为机械法和化学法。②机械法包括手工和动力工具法清理、喷射法清理、火焰法清理、高压水清理等。③化学法包括碱性清洗、酸洗清洗、电化学清洗、有机溶剂清洗等。

评分标准:答对①③各占30%,答对②占40%。

7. 对管道外防腐层性能的基本要求是:①与金属有良好的黏结性;②电绝缘性能好;③防水及化学稳定性好,有足够的机械强度和韧性;④耐热和抗低温脆性;⑤耐阴极剥离性能好;⑥抗微生物腐蚀;⑦破损后易修复,并要求廉价和便于施工。

评分标准:①~③各占20%,答对④~⑦各占10%。

8. ①微腐蚀电池;②宏腐蚀电池;③杂散电流腐蚀;④微生物腐蚀。

评分标准:答对①②各占20%,答对③④各占30%。

9. 答:①电化学腐蚀,指金属表面与离子导电的介质发生电化学反应而产生的破坏。②在反应过程中有电流产生,腐蚀金属表面上存在着阴极和阳极。③由阴、阳极组成了短路电池,腐蚀过程中有电流产生。

评分标准:答对①占40%,答对②③各占30%。

10. 答:电化学保护是①根据电化学腐蚀原理,②利用外部电流的流入使金属电位发生改变,③从而降低金属腐蚀速率的一种材料防腐技术。

评分标准:答对①占20%,答对②③各占40%。

11. 喷(抛)丸除锈系统包括:①抛头;②清理室;③分离器;④风管;⑤料管;⑥提升机;⑦集风器;⑧除尘器;⑨烟囱;⑩风机。

评分标准:答对①~⑩各占10%。

12. ①抛丸除锈机工作原理是钢丸靠自重通过进丸管道流入高速旋转的分丸轮,②在离心力的作用下,③经定向轮抛到叶片上,③高速旋转的叶片使钢丸增加离心力,④加速运动后抛出,⑤形成扇形流速击打在钢管表面。

评分标准:答对①~⑤各占20%。

13. 储罐防腐层正式喷涂前试喷时喷涂机主要调整的工艺参数有:①喷涂压力、②喷枪喷嘴、③涂料黏度、④喷涂与受涂面距离。⑤喷涂涂料应呈扇形均匀分布,⑥湿膜均匀,⑦无流淌、⑧无气泡、⑨无干喷等现象。⑩当涂膜光滑平整均匀且厚度合适时应固定喷涂参数。

评分标准:答对①~⑩各占10%。

14. 高压无空气喷涂的主要特点有:①喷涂漆料固体组分高,飞扬到空气中的漆雾少、污染小;②施工效率高;③漆膜质量好;④操作技能要求较高;⑤适于大面积的涂装。

评分标准:答对①~⑤各占20%。

15. ①使用底漆和面漆时应搅拌均匀,不能搅拌均匀的涂料不得使用。②应按厂家说明书规定,正确配漆。③指定专人配漆。④涂料和固化剂搅拌混合均匀后,静置一段时间方可使用。⑤禁止过量加入稀释剂。

评分标准:答对①~⑤各占20%。

16. ①采用有纤维增强材料的防腐层结构时,按要求涂敷底漆。②在底漆实干后,宜在焊缝两侧涂抹腻子使其形成平滑过渡面;③腻子由配好固化剂的环氧煤沥青涂料加入滑石粉调匀制成。④调制时不应加入稀释剂,调好的腻子宜在4h内用完。

评分标准:答对①③各占20%,答对②④各占30%。

17. ①熔结环氧粉末(FBE)防腐层硬而薄,与钢管的黏结力强,机械性能好,具有优异的耐蚀性能。②其使用温度可达-60~100℃,适用于温度差较大的地段,特别是耐土壤应力和阴极剥离性能最好。③但由于FBE层较薄,对损伤的抵抗力差,对除锈等施工质量要求严格。

评分标准:答对①③各占30%,答对②占40%。

18. ①在使用环氧粉末喷涂前必须检查储存期和储存温度,并要做黏结力试验。②环氧粉末涂料在储存中注意防潮。③环氧粉末在熔结过程中,温度和固化时间一定要严格控制,否则会影响涂层质量。

评分标准:答对①②各占30%,答对③占40%。

19. ①感应加热是靠感应线圈把电能传递给需要加热的钢管,②然后电能在金属内部转变为热能。③感应线圈与被加热钢管并不直接接触,能量通过电磁感应传递的。

评分标准:答对①②各占30%,答对③占40%。

20. ①作业线一般有两种安装方式,②一种是"⌐⌐"型,③另一种是"⌐"型。④应根据现场实际情况选用安装方式。场地大可用"⌐⌐"型,场地小可选用"⌐"型。

评分标准:答对①~③各占20%,答对④占40%。

21. 当涂膜厚度过薄时,①从涂膜的外观来说,涂膜的流平性差,橘纹较重,也容易出现质点(颗粒),而且有些浅色品种的遮盖力差时,甚至容易出现露底或产生色交差较大的问题。②从涂膜的物理力学性能来说,耐冲击强度、柔韧性、杯突试验和附着力等性能容易达到。③从涂膜耐化学介质性能来说,耐酸、耐碱、耐盐和耐水等性能要差一些。

评分标准:答对①③各占30%,答对②占40%。

22. ①最好将所用高压静电发生器的高压升压装置内藏在喷枪内部,不使用用高压电缆线的高压静电喷枪。②如果使用高压静电发生器和喷枪分离的设备,一定要注意高压电缆的漏电和接线部位的放电问题。③在手工喷涂时,在有负荷的情况下,手不能触摸喷枪端部放电电极;④在粉末喷涂结束后没有负荷时,为了防止高压静电触电,将喷枪端部及时接触接地导体,以便释放残留电荷,且所有设备都要接到。⑤为及时消除人体上的静电荷,人体与地面不能绝缘,不能穿绝缘鞋。⑥从人体健康考虑,使用电压不应超过90kV,喷枪电流应控制在0.7mA以下。

评分标准:答对①②各占10%,答对③~⑥占20%。

23. ①在聚乙烯防腐中,防腐层类型分为常温型和高温型两个类型。②常温型是指最高设计温度不超过60℃,③高温型是指最高设计温度不超过80℃。

评分标准:答对①占40%,答对②③各占30%。

24. ①底层为熔结环氧粉末层;②中间层为胶黏剂层;③外层为聚乙烯。

评分标准:答对①占30%,答对②占40%,答对③占30%。

25. ①钢管预热;②抛丸除锈达到Sa2½级;③表面除尘;④中频加热至钢管表面230~275℃;⑤静电喷涂环氧粉末作为底漆;⑥接着相继侧向缠绕刚从挤出机挤出的胶黏剂层和聚乙烯层;⑦立即用压辊将防腐层在熔融状态下压紧;⑧最后经水冷下生产线。

评分标准:答对①~⑤各占10%,答对⑥占20%,答对⑦~⑧各占15%。

26. ①先清除钢管表面的油污和污垢等附着物;②对钢管进行预热,预热温度为40~60℃;③预热后对钢管进行除锈清理;④将钢管表面附着的灰尘及磨料清扫干净。

评分标准:答对①~③各占30%,答对④占10%。

27. ①表干——手指轻触防腐层不黏手或虽发黏,但无漆黏在手指上;②实干——手指用力推防腐层不移动;③固化——手指甲用力刻防腐层不留痕迹。

评分标准:答对①②各占30%,答对③占40%。

28. 防腐层质量检验应包括:①外观;②厚度;③漏点;④黏结力。

评分标准:答对①②各占20%,答对③④各占30%。

29. ①除去损伤部位的污物,并将该处的聚乙烯层打毛;②然后将损伤部位的聚乙烯层修切成圆形,边缘应倒成钝角;③在孔内填满与补伤片配套的胶黏剂,然后加热贴上补伤片;④最后在修补处包敷一条热收缩带。

评分标准:答对①②各占20%,答对③④各占30%。

30. ①外观检查:热收缩带(套)表面应平整、无气泡、无褶皱、无烧焦炭化等现象。②漏点检验:使用电火花检漏仪,检漏电压为15kV,如有漏点,重新补口。③黏结力检验:为在(25±5)℃时剥离强度不小于50N/cm,每100个补口至少抽测1个口,如不合格,应加倍抽测;若加倍抽测全部不合格,则该段管线的补口应全部返工。

评分标准:答对①②各占30%,答对③占40%。

## 五、计算题

1. 解:根据公式 $Q = K \cdot Q'$,则 $Q = 1.5 \times 200 = 300 (\text{g/m}^2)$。

答:该防腐涂料在工件喷涂的遮盖力是 $300 \text{g/m}^2$。

评分标准:公式正确占40%,过程正确占40%,结果正确占20%,无公式、过程,只有结果不得分。

2. 解:根据公式 $Q = K \cdot Q'$,则遮盖力修正系数 $K = Q/Q' = 195 \div 150 = 1.3$。

答:涂料的遮盖力修正系数是1.3。

评分标准:公式正确占40%,过程正确占40%,结果正确占20%,无公式、过程,只有结果不得分。

3. 解:根据土壤电阻率公式为 $\rho = 2S\pi R$,把已知条件代入计算公式得 $\rho = 2\pi SR = 2 \times 3.14 \times 1.2 \times 5 = 37.68 (\Omega \cdot \text{m})$。

答:该测试点的土壤电阻率是 $37.68 \Omega \cdot \text{m}$。

评分标准:公式正确占40%,过程正确占40%,结果正确占20%,无公式、过程,只有结果不得分。

4. 解:根据计算公式:腐蚀速度 $W = (M_{前} - M_{后})/(S_{表面积} \times T_{时间})$。

其中,$M_{前} = 216\text{g}$,$M_{后} = 200\text{g}$,$S_{表面积} = 3 \times 3/10^4 = 0.0009 \text{m}^2$,$T_{时间} = 24 \times 10 = 240\text{h}$。

所以,$W = (216-200)/(0.0009 \times 240) = 74.07 [\text{g}/(\text{m}^2 \cdot \text{h})]$。

答:该试件的腐蚀速度是 $74.07 \text{g}/(\text{m}^2 \cdot \text{h})$。

评分标准:公式正确占40%,过程正确占40%,结果正确占20%,无公式、过程,只有结果不得分。

5. 解:根据计算公式:深度指标 $D=H/T$,得 $D=1.2/3=0.4(mm/a)$。

答:该管道腐蚀深度指标为 0.4mm/a。

评分标准:公式正确占 40%,过程正确占 40%,结果正确占 20%,无公式、过程,只有结果不得分。

6. 解:根据计算公式 $D=8.76W/\rho$,其中 $W=0.25g/(m^2·h)$,$\rho=7.8g/cm^3$。

得出 $D=8.76×0.25/7.8=0.28(mm/a)$。

答:该地区土壤腐蚀的深度指标为 0.28mm/a。

评分标准:公式正确占 40%,过程正确占 40%,结果正确占 20%,无公式、过程,只有结果不得分。

7. 解:根据质量指标计算公式:$W=M/(St)$,可知:$W=5.256/(1×365×24×3)=0.0002[g/(m^2·h)]$。

答:质量指标为 $0.0002g/(m^2·h)$。

评分标准:公式正确占 40%,过程正确占 40%,结果正确占 20%,无公式、过程,只有结果不得分。

8. 解:根据计算公式:$W=(M_前-M_后)/(St)$,得出:$W=(3.254-3.063)/(0.0054×30×24)=0.049[g/(m^2·h)]$。

答:试件在该地区的质量指标为 $0.049g/(m^2·h)$。

评分标准:公式正确占 40%,过程正确占 40%,结果正确占 20%,无公式、过程,只有结果不得分。

9. 解:根据计算公式:$\lambda=Q\eta/\pi Dv$,得出喷射密度 $\lambda=1000×0.85/3.14×0.159×6=284(kg/m^2)$。

答:该除锈工作的喷射密度是多少 $284kg/m^2$。

评分标准:公式正确占 40%,过程正确占 40%,结果正确占 20%,无公式、过程,只有结果不得分。

10. 解:因为软管直径约为喷嘴直径的 3~4 倍,所以输送磨料软管直径为 (3~4)×8mm,即在 24~32mm 之间。

答:输送磨料软管直径应在 24~32mm 之间。

评分标准:给出"软管直径约为喷嘴直径的 3~4 倍"占 50%,列式给出"24~32mm 之间"占 50%。

11. 解:根据计算公式:每平方米的涂料理论用量=(干膜厚度×涂料比重)/(固体含量×1000000),得出每平方米的涂料理论用量=(200×1500)/(1×1000000)=0.3($kg/m^2$)。

答:该储罐防腐工程中每平方米的涂料理论用量为 $0.3kg/m^2$。

评分标准:公式正确占 40%,过程正确占 40%,结果正确占 20%,无公式、过程,只有结果不得分。

12. 解:根据计算公式:干膜密度=重量固体分/体积固体分,得出干膜厚度=(5×40%)/(5×60%)=0.67(kg/L)。

答:该涂料的干膜密度为 0.67kg/L。

评分标准:公式正确占40%,过程正确占40%,结果正确占20%,无公式、过程,只有结果不得分。

13. 解:由底漆:固化剂 = 10:1,推导:底漆 = (总量/11)×10 = (1100/11)×10 = 1000(kg)。

同样地,固化剂 = (总量/11)×1 = (1100/11)×1 = 100(kg)。

答:底漆用量为1000kg,固化剂用量为100kg。

评分标准:两公式正确各占20%,过程正确各占20%,结果正确各占10%,无公式、过程,只有结果不得分。

14. 解:由面漆:固化剂 = 10:1,推导:面漆 = (总量/11)×10 = (2200/11)×10 = 2000(kg)。

同样地,固化剂 = (总量/11)×1 = (2200/11)×1 = 200(kg)。

答:底漆用量为2000kg,固化剂用量为200kg。

评分标准:两公式正确各占20%,过程正确各占20%,结果正确各占10%,无公式、过程,只有结果不得分。

15. 解:根据计算公式:固化度 $\alpha = \dfrac{\Delta H_0 - \Delta H_R}{\Delta H_0} \times 100\%$,得出 $\alpha = \dfrac{500-300}{500} \times 100\% = 40\%$。

答:此涂料的固化度是40%。

评分标准:公式正确占40%,过程正确占40%,结果正确占20%,无公式、过程,只有结果不得分。

16. 解:根据计算公式:$\alpha_t = \dfrac{\Delta H_t}{\Delta H_0} \times 100\%$,得出 $t$ 时刻的 $\alpha_t = \dfrac{300}{500} \times 100\% = 60\%$。

答:此涂料 $t$ 时刻的固化度是60%。

评分标准:公式正确占40%,过程正确占40%,结果正确占20%,无公式、过程,只有结果不得分。

17. 解:已知:$T = 12\text{m}, v = 2\text{m/min}$,则根据计算公式:$T_{防腐} = L/v$,得出喷涂所用时间 $T_{防腐} = 12/2 = 6(\text{min})$,又根据计算公式:$T = T_{防腐} + T_{除锈}$,得出总的需要时间 $T = 6+4 = 10(\text{min})$。

答:防腐一根管所需要的时间为10min。

评分标准:两公式正确各占20%,过程正确各占20%,结果正确各占10%,无公式、过程,只有结果不得分。

18. 解:已知:$T = 12\text{m}$,钢管行进 $v = 2\text{m/min}$(取上限值),则根据计算公式:$T_{除锈} = L/v$,得出除锈时间 $T = 12 \div 2.0 = 6(\text{min})$。

答:一根管除锈所需要的时间至少6min。

评分标准:公式正确占40%,过程正确占40%,结果正确占20%,无公式、过程,只有结果不得分。

19. 解:根据计算公式:涂料实际用量 = $(1+\alpha) \times$ 涂料理论涂布量 × 涂装面积,得出涂料实际用量 = $(1+0.2) \times 0.5 \times (0.168 \times 3.14 \times 120) = 37.98(\text{kg})$。

答:涂料的实际用量是37.98kg。

评分标准:公式正确占40%,过程正确占40%,结果正确占20%,无公式、过程,只有结果不得分。

20. 解：设需要喷枪数为 $X$，已知：$D=1000mm=1m$，$v=2m/min$，$C_{喷枪}=0.8kg/min$，$P_{消耗}=0.8kg/m^2$，则根据计算公式：$X=v\times 3.14\times D\times P_{消耗}/(C_{喷枪}\times 80\%)$，得出 $X=2\times 3.14\times 1\times 0.8\div(0.8\times 0.8)=8(支)$。

答：至少需要 8 支喷枪才能达到涂敷要求。

评分标准：公式正确占 40%，过程正确占 40%，结果正确占 20%，无公式、过程，只有结果不得分。

21. 解：设需要再购进异氰酸酯 $X$（桶），则根据题意列方程：$68:(20+X)=4:5$，得 $X=68\times 5/4-20=65$（桶）。

答：需再购进异氰酸酯 65 桶。

评分标准：方程正确占 40%，过程正确占 40%，结果正确占 20%，无公式、过程，只有结果不得分。

22. 解：设需要生产 $X$（km）$\phi89mm$ 泡沫夹克管，分别求得：
（1）35kg 硅油可配甲组料为：$35\div 3.5\%=1000$（kg）；
（2）每 1km$\phi89mm$ 泡沫夹克管需要甲组料为：$400\div 2=200$（kg）；
（3）可生产 $\phi89mm$ 泡沫夹克管为 $X=1000\div 200=5$（km）。

答：需要生产 5km$\phi89mm$ 泡沫夹克管才能将 35kg 硅油用完。

评分标准：三个公式正确各占 15%，每个过程及结果正确各占 15%，最后结果正确占 10%，无公式、过程，只有结果不得分。

23. 解：根据计算公式：$\eta=(W_1-W)/V$，得出吸水性 $\eta=(2.654-2)/25=0.026$（g/cm³）。

答：该试件体积吸水性为 $0.026g/cm^3$。

评分标准：公式正确占 40%，过程正确占 40%，结果正确占 20%，无公式、过程，只有结果不得分。

24. 解：设试件密度为 $d$，则计算公式：$d=G/V$，因为 $G=4.875g$，$V=L^3=125cm^3$，所以代入数值得出：$d=4.875/125=0.039$（g/cm³）。

答：试件密度为 $0.039g/cm^3$。

评分标准：公式正确占 40%，过程正确占 40%，结果正确占 20%，无公式、过程，只有结果不得分。

25. 解：设保护层厚度是 $X$（mm），根据周长计算公式：$L=\pi D$，列出方程：$668.82=\pi[159+(25+X)\times 2]$，解得：$X=2mm$。

答：保护层厚度是 2mm。

评分标准：公式正确占 40%，过程正确占 40%，结果正确占 20%，无公式、过程，只有结果不得分。

26. 解：设可生产 $X$（km）泡沫保温夹克管，则每班挤出可用做夹克的聚乙烯量为：$(100kg/h\times 8h)\times(1-0.1)=720kg$，那么每班生产管线为：$X=720\div 500=1.44$（km）。

答：每班生产泡沫保温夹克管 1.44km。

评分标准：二个公式正确各占 20%，过程正确各占 20%，结果正确各占 10%，无公式、过程，只有结果不得分。

27. 解:根据计算公式:检漏电压 $V$ = 检测电压×涂层厚度,得出: $V = 5V/\mu m \times 600\mu m = 3000V = 3kV$。

答:该批次防腐管的最小检漏电压为 3kV。

评分标准:公式正确占 40%,过程正确占 40%,结果正确占 20%,无公式、过程,只有结果不得分。

28. 解:根据计算公式:检漏电压 $V$ = 检测电压×涂层厚度,得出: $V = 5V/\mu m \times 400\mu m = 2000V = 2kV$。

答:该防腐管的最小检漏电压为 2kV。

评分标准:公式正确占 40%,过程正确占 40%,结果正确占 20%,无公式、过程,只有结果不得分。

29. 解:已知 $t_1 = 30min$, $t_2 = 8h = 480min$,则补口数 $n = t_2/t_1 = 480 \div 30 = 16$(道口)。

答:一天按 8h 计算,可补 16 道口。

评分标准:公式正确占 40%,过程正确占 40%,结果正确占 20%,无公式、过程,只有结果不得分。

30. 解:已知异氰酸酯和组合聚醚的质量比为 1:1.1,则补口保温层的体积为 $V = (6^2 - 3^2)\pi \times 30 = 2543.4(cm^3)$,那么根据计算公式异氰酸酯的质量 $m = \rho V \times \frac{1}{1+1.1}$,得出 $m = 0.05 \times 2543.4 \times \frac{1}{1+1.1} = 60.56(g)$。

答:补一道口需要异氰酸酯 60.56g。

评分标准:两公式正确各占 20%,过程正确各占 20%,结果正确各占 10%,无公式、过程,只有结果不得分。

# 技师理论知识练习题及答案

一、单项选择题(每题有四个选项,只有一个是正确的,将正确的选项号填入括号内)

1. AA001　触点虚连现象属于(　　)继电器的故障。
   A. 电磁式　　　　B. 时间　　　　C. 热　　　　D. 速度

2. AA001　电磁式继电器用于特别重要的电气控制回路,而控制回路必须用低电压控制时,以采用(　　)较优。
   A. 12V　　　　B. 24V　　　　C. 36V　　　　D. 48V

3. AA002　在选择液压介质时,除专用液压油外,首先是对介质(　　)的选择。
   A. 温度　　　　B. 压力　　　　C. 种类　　　　D. 型号

4. AA002　根据系统中所用液压泵的类型选用具有合适(　　)的介质。
   A. 油膜强度　　B. 抗燃性　　　C. 黏度　　　　D. 适应性

5. AA003　液压介质中的污染物总量等于系统中原有的污染物加上(　　)系统中的污染物减去消除掉的污染物。
   A. 控制　　　　B. 侵入　　　　C. 机械　　　　D. 液压

6. AA003　机械能转换为液压能的能量转换装置是(　　)。
   A. 液压泵　　　B. 液压马达　　C. 气缸　　　　D. 执行元件

7. AA004　为防止污染杂质混入液压油介质,液压机械应经常保持清洁,为防止灰尘杂物落入油液中,油箱应(　　)。
   A. 加装滤油机　B. 定期清洗　　C. 加盖密封　　D. 定期更换液压油

8. AA004　为防止液压油温过高,一般要求油面高度达到油箱高度的(　　),以满足油箱有足够的散热面积和油液有足够的循环冷却条件。
   A. 70%　　　　B. 80%　　　　C. 90%　　　　D. 100%

9. AA005　气动系统中属于控制元件的是(　　)。
   A. 水滤气器　　B. 油雾器　　　C. 消声器　　　D. 传感器

10. AA005　气动系统中属于辅助元件的是(　　)。
    A. 压力阀　　　B. 流量阀　　　C. 消声器　　　D. 传感器

11. AA006　气缸是将压缩空气的能量转换成直线往复运动(　　)的能量转换装置。
    A. 热能　　　　B. 机械能　　　C. 动能　　　　D. 电能

12. AA006　根据工作所需力的大小,考虑气缸载荷率,确定活塞杆上的推力和拉力,从而确定气缸(　　)。
    A. 体积　　　　B. 长度　　　　C. 内径　　　　D. 外径

13. AB001　阴极保护的电源设备应存放在气温(　　),相对湿度小于70%,清洁、干燥、通风,能避风雪、飞砂、灰尘的场所。

A. 5~50℃　　　B. 5~40℃　　　C. -5~50℃　　　D. -5~40℃

14. AB001 阳极保护中汇流点及辅助阳极必须严格按照设计要求连接牢固,不得虚接或脱焊。连接后,必须用与管道防腐层(　　)的防腐材料进行防腐绝缘处理。

A. 同类　　　B. 不容　　　C. 相容　　　D. 同样

15. AB002 阳极保护中检查片数量及埋设位置应符合设计规定,若设计未作规定时,则每组检查片以(　　)为宜。

A. 6片　　　B. 8片　　　C. 10片　　　D. 12片

16. AB002 阳极保护中调试的保护电位以(　　)后的保护电位为准,其极化时间不应小于3d。

A. 至钝电流密度　　　　　　B. 维钝电流密度
C. 维持稳定　　　　　　　　D. 极化稳定

17. AB003 牺牲阳极不能埋入土壤中,而要埋在(　　)的填包料中。

A. 腐蚀性较高　　　　　　　B. 电阻率较高
C. 绝缘性较好　　　　　　　D. 导电性较好

18. AB003 牺牲阳极填包料采用棉布袋和麻袋预包装,也可现场包封,其填包料厚度不应小于(　　)。

A. 80mm　　　B. 1m　　　C. 50mm　　　D. 30mm

19. AB004 对未装挡板、隔板、烟管等装置的立式圆筒形容器,通常采用放置在容器(　　)的阳极来保护。

A. 底部　　　B. 中部　　　C. 顶部　　　D. 任意位置

20. AB004 在有内部配件的形状不规则的复杂容器中应首选(　　),并将其安装在曲面形的侧面。

A. 棒状阳极　　　B. 带状阳极　　　C. 板式阳极　　　D. 筛网式阳极

21. AB005 油气管道与高压输电线路、交流电气化铁路平行或接近敷设时,平行或接近的管段就会产生(　　),称为交流干扰电压。

A. 感应电压　　　B. 感应电流　　　C. 干扰电压　　　D. 干扰电流

22. AB005 对于电压等于或大于110kV以上的高压输电线路,若采用铁塔或电杆接地形式,则管道与交流接地体的安全距离为不小于(　　)。

A. 5m　　　B. 10m　　　C. 15m　　　D. 20m

23. AB006 埋地钢质管道阴极保护应保持连续投运,应控制保护(　　)等控制指标。

A. 电极　　　B. 电流　　　C. 电压　　　D. 电位

24. AB006 当中性土壤中的管道任意点上管地交流电位持续高于(　　)时,管道应采取交流排流保护措施或其他防护措施。

A. 5V　　　B. 6V　　　C. 8V　　　D. 10V

25. AC001 埋地管道的腐蚀主要是土壤腐蚀,通常包括微电池腐蚀、宏电池腐蚀、(　　)和杂散电流腐蚀。

A. 细菌腐蚀　　　B. 化学腐蚀　　　C. 介质腐蚀　　　D. 物理腐蚀

26. AC001　管道内流动介质(　　)会增加介质的腐蚀性,而且降低机械性能,加速涂层老化。
　　A. 流速降低　　　B. 流速升高　　　C. 温度降低　　　D. 温度升高
27. AC002　非金属保护层一般包括防锈漆、(　　)、沥青及矿物性油脂等。
　　A. 内衬不锈钢　　B. 合金镀膜　　　C. 玻璃钢　　　　D. 玻璃丝布
28. AC002　为了控制电化学腐蚀的速率,外防腐涂层应有很好的(　　),以减少或阻断腐蚀电流。
　　A. 力学性能　　　B. 绝缘性能　　　C. 稳定性能　　　D. 抵抗生物破坏性能
29. AC003　化学平衡主要是研究(　　)的规律,如反应进行的程度以及各种条件对反应进行情况的影响等。
　　A. 正反应　　　　B. 逆反应　　　　C. 可逆反应　　　D. 化合反应
30. AC003　催化剂对化学平衡移动没有影响,但是使用了催化剂能改变反应达到平衡所需的(　　)。
　　A. 条件　　　　　B. 时间　　　　　C. 浓度　　　　　D. 温度
31. AC004　管道防腐施工中常用的(　　)多属于易燃易爆有危险的物质。
　　A. 玻璃丝布　　　B. 压缩气体　　　C. 磨料　　　　　D. 涂料
32. AC004　涂料和溶剂要储存在(　　),施工现场避免存量过多。
　　A. 仓库安全区域　B. 施工现场　　　C. 露天　　　　　D. 方便地点
33. AC005　涂料中(　　)成分大部分有毒。
　　A. 溶剂　　　　　B. 树脂　　　　　C. 颜料　　　　　D. 环氧粉末
34. AC005　为了防止中毒,首先必须严格控制有机物蒸气在空气中的(　　)。
　　A. 压力　　　　　B. 质量　　　　　C. 浓度　　　　　D. 温度
35. AC006　粉末涂料喷涂施工,主要采用高压静电喷涂法,高压静电也存在(　　)问题。
　　A. 安全　　　　　B. 质量　　　　　C. 压力　　　　　D. 环境卫生
36. AC006　粉末喷涂施工,在空气中粉末涂料浓度达到一定程度,遇到(　　)容易发生粉尘爆炸。
　　A. 压力　　　　　B. 火花　　　　　C. 水　　　　　　D. 溶剂
37. AD001　涂料的(　　)特点使它是一种最简单、最有效、最经济的防腐蚀措施。
　　A. 防腐蚀　　　　B. 品种多　　　　C. 施工方便　　　D. 费用低
38. AD001　富锌涂料在涂料的防腐蚀性能上主要表现出(　　)。
　　A. 隔离作用　　　　　　　　　　　B. 电化学保护作用
　　C. 缓蚀作用　　　　　　　　　　　D. 导电性作用
39. AD002　所谓涂料的(　　)是指其固化涂层对它所接触的腐蚀介质在物理性质和化学性质方面都是稳定的。
　　A. 耐化学酸碱性　　　　　　　　　B. 耐磨性
　　C. 耐机械冲击性　　　　　　　　　D. 耐腐蚀性
40. AD002　防腐涂料除具备一般的要求如干性、黏度、细度、冲击、附着力、柔韧性等外,还要具备防腐专业的特殊要求,即涂料涂层的屏蔽作用电阻效应、湿附着力、化学钝化及( )等。
A. 导电性作用　　B. 阴极保护作用　　C. 隔离作用　　D. 防护作用

41. AD003 双组分环氧涂料性质优异的方面是( )。
    A. 热塑性　　B. 热固性　　C. 稳定性　　D. 吸附性

42. AD003 环氧树脂涂料是目前油田地面工程上应用最广泛、品种最多的一种防腐涂料，它的特征在于极强的附着性、良好的韧性、优良的耐化学性和( )。
    A. 电气绝缘性能优良　　B. 耐候性优良
    C. 不易失光粉化　　D. 施工性差

43. AD004 重防腐蚀涂料中( )附着力良好。
    A. 环氧树脂　　B. 乙烯树脂　　C. 聚氧脂　　D. 环氧—焦油沥青

44. AD004 重防腐蚀涂料的最突出优点是( )。
    A. 耐高温　　B. 耐候性好　　C. 耐磨　　D. 机械伸展性好

45. AD005 对于某一纯净物来说，它的( )是固定不变的。
    A. 摩尔质量　　B. 质量　　C. 质量分数　　D. 浓度

46. AD005 质量摩尔浓度是指单位质量溶剂中所含溶质的( )，常用单位为mol/kg。
    A. 物质的浓度　　B. 物质的体积　　C. 物质的量　　D. 物质的质量

47. AD006 广义的浓度是指一定量溶液或溶剂中( )的量。
    A. 溶液　　B. 溶质　　C. 溶剂　　D. 稀释液

48. AD006 溶液稀释前后，溶质的质量( )。
    A. 变大　　B. 变小　　C. 不变　　D. 略有变化

49. BA001 钢管防腐涂敷建立在生产线稳定上，其中传动轮钢管( )、传动轮偏转角度和传动轮转速对涂敷防腐层的质量起着非常重要的作用。
    A. 壁厚　　B. 规格　　C. 外径　　D. 螺距

50. BA001 当防腐生产线钢管传动( )一定时，防腐材料挤出量(流量、喷涂量)越大，防腐层越厚，反之越薄。
    A. 速度　　B. 方向　　C. 角度　　D. 重力

51. BA002 机械除锈是一种利用( )以冲击和摩擦作用进行除锈的方法。
    A. 加压　　B. 机械动力　　C. 减压　　D. 泄压

52. BA002 机械法除锈可以有意制造钢材表面( )，增加随后涂、镀膜层的结合力。
    A. 平整度　　B. 光洁度　　C. 机械性能　　D. 粗糙度

53. BA003 在火焰除锈前，对厚的( )应铲除。
    A. 涂层　　B. 氧化皮锈层　　C. 油脂　　D. 灰尘

54. BA003 采用动力驱动的旋转式或冲击式除锈工具，如风动钢丝刷除锈是使用( )驱动钢丝轮转动来实现表面清理。
    A. 压缩空气　　B. 电源　　C. 液压油　　D. 气缸

55. BA004 喷丸(砂)除锈所需压缩空气的压力，根据磨料的不同，一般喷丸(砂)应不小于( )。
    A. 300kPa　　B. 400kPa　　C. 500kPa　　D. 600kPa

56. BA004　喷丸(砂)除锈所需压缩空气应经( )和净化处理。
   A. 加压　　　　　B. 稳压　　　　　C. 减压　　　　　D. 泄压
57. BA005　不能使用在钢管内表面除锈施工的装置是( )。
   A. 喷射除锈机　　B. 喷丸除锈机　　C. 喷砂除锈机　　D. 抛丸除锈机
58. BA005　钢管内喷丸除锈时钢丸是由( )混合高压气流连续喷出的。
   A. 供丸器　　　　B. 喷丸器　　　　C. 喷枪　　　　　D. 喷嘴
59. BA006　环保型喷砂除锈机利用( )对钢砂及除锈粉尘进行回收,从而减少了除锈粉尘对外界造成的不良影响。
   A. 排风吸尘原理　B. 真空负压原理　C. 水雾降尘原理　D. 真空正压原理
60. BA006　环保型喷砂除锈机整个工作过程是( ),劳动卫生条件好。
   A. 开放的　　　　B. 密闭的　　　　C. 半密闭的　　　D. 循环的
61. BB001　储罐内防腐的方法常采用涂料涂层与( )相结合技术。
   A. 热喷涂　　　　B. 阴极保护　　　C. 添加缓蚀剂　　D. 耐腐蚀材料内衬里
62. BB001　当罐钢材表面处在较苛刻的环境中,( )衬里是一种既易于增厚又可增加机械性能的良好覆盖衬里。
   A. 不锈钢　　　　B. 陶瓷　　　　　C. 玻璃钢　　　　D. 橡胶
63. BB002　橡胶衬里按施工后是否需要加热硫化分为( )大类。
   A. 4　　　　　　B. 3　　　　　　C. 2　　　　　　D. 1
64. BB002　橡胶衬里中,( )胶料可以进行复杂设备的衬里。
   A. 预硫化　　　　B. 未硫化　　　　C. 加热　　　　　D. 未加热
65. BB003　橡胶衬里中,含硫量大于40%的橡胶种类为( )胶。
   A. 软质　　　　　B. 半软质　　　　C. 半硬质　　　　D. 硬质
66. BB003　我国目前用于化工防腐衬里主要用性能优越的( )。
   A. 天然橡胶　　　B. 氟橡胶　　　　C. 氯丁橡胶　　　D. 丁基橡胶
67. BB004　对介质为腐蚀严重的气体,为了避免气体渗透作用,必须选用两层硬橡胶板,总厚度为( )。
   A. 1~2mm　　　　B. 2~4mm　　　　C. 4~6mm　　　　D. 6~8mm
68. BB004　橡胶衬里设备的允许使用温度为:硬橡胶板0~85℃,但在真空条件下使用时,最高使用温度为( )。
   A. 55℃　　　　　B. 65℃　　　　　C. 75℃　　　　　D. 85℃
69. BB005　玻璃钢是以合成树脂为胶黏剂,以( )为增强材料,经过一定成型工艺制成的复合材料。
   A. 钢丝及其制品　B. 聚乙烯塑料　　C. 聚酯无纺布　　D. 玻璃纤维及其制品
70. BB005　边铺衬玻璃布,边涂胶黏剂,直至要求的厚度,固化后即成玻璃钢制品是( )的基本方法。
   A. 手糊法　　　　B. 模压法　　　　C. 喷射法　　　　D. 缠绕法
71. BB006　环氧玻璃钢材料中,( )主要作用是降低环氧树脂的黏度,以延长使用时间。
   A. 稀释剂　　　　B. 固化剂　　　　C. 增韧剂　　　　D. 填料

72. BB006 特加强级环氧玻璃钢内衬层总厚度要求（　　）。
    A. ≥0.5mm　　　B. ≥0.7mm　　　C. ≥0.9mm　　　D. ≥1.1mm

73. BB007 在环氧玻璃钢内衬施工前,应按施工方案,选择与钢质储罐同材质、厚度大于（　　）的钢板作为试件进行现场适应性试验。
    A. 1mm　　　B. 2mm　　　C. 3mm　　　D. 4mm

74. BB007 环氧玻璃钢内衬层黏结力（　　）采用撬剥法进行测试,以拉不开玻璃钢层或拉开后不露出金属基体且玻璃布不与树脂脱层为合格。
    A. 剥离强度　　　B. 拉伸强度　　　C. 剪切强度　　　D. 压扁强度

75. BB008 环氧玻璃钢胶料配制过程中,要求中间胶料黏度（涂-4黏度计25℃±1℃）为（　　）。
    A. 20~40s　　　B. 50~70s　　　C. 110~130s　　　D. 150~170s

76. BB008 环氧玻璃钢内衬施工衬布时,间断铺贴法玻璃布的搭接宽度不应小于（　　），上下层的搭接缝应相互错开,其距离不得小于（　　）。
    A. 30mm　　　B. 40mm　　　C. 50mm　　　D. 60mm

77. BB009 玻璃钢内衬层施工中,在设备转角、接管处、法兰平面、人孔及其他受力并受介质冲刷的部位,均应增加1~2层（　　）。
    A. 玻璃布　　　B. 底胶　　　C. 中间胶　　　D. 面胶

78. BB009 玻璃钢衬里施工中,在无法进行玻璃钢衬里施工的部位,可采用（　　）环氧树脂。
    A. 模压法　　　B. 喷涂法　　　C. 手糊法　　　D. 缠绕法

79. BB010 储罐保温材料选用软质或半硬质制品时可采用（　　）施工。
    A. 嵌装层铺法　　　B. 捆扎法　　　C. 粘贴法　　　D. 喷涂法

80. BB010 储罐保温层采用（　　）施工可在保温界面上形成一个整体、无接缝的保温层。
    A. 粘贴法　　　B. 嵌装层铺法　　　C. 喷涂法　　　D. 捆扎法

81. BB011 钢制原油储罐液体环氧涂料内防腐层等级为加强级,采用环氧玻璃鳞片涂料时,罐壁（油水线以下）的干膜厚度为（　　）。
    A. ≥250μm　　　B. ≥300μm　　　C. ≥350μm　　　D. ≥400μm

82. BB011 钢制储罐进行液体环氧涂料内防腐层施工时,其内表面喷射除锈等级应达到Sa2½级,锚纹深度宜为（　　）。
    A. 40~80μm　　　B. 50~100μm　　　C. 20~80μm　　　D. 40~100μm

83. BB012 钢制储罐无溶剂聚氨酯内防腐层的附着力应不小于（　　）。
    A. 4MPa　　　B. 8MPa　　　C. 10MPa　　　D. 12MPa

84. BB012 钢制储罐无溶剂聚氨酯内防腐层厚度应不小于（　　）。
    A. 1500μm　　　B. 1000μm　　　C. 650μm　　　D. 500μm

85. BC001 非腐蚀性气体输送用内涂敷管涂料进行实验室钢板样喷涂时,环境温度应控制在（　　）。
    A. 45℃±3℃　　　B. 35℃±3℃　　　C. 25℃±3℃　　　D. 15℃±3℃

86. BC001 非腐蚀性气体输送用内涂敷管性能试验用玻璃板样的尺寸规格为（　　），并将一面打毛。
    A. 25mm×75mm    B. 20mm×75mm    C. 20mm×70mm    D. 25mm×65mm

87. BC002 非腐蚀性气体输送用内涂敷钢管的清洁工作应安排在涂层涂敷（　　）进行。
    A. 过程中    B. 之后    C. 之前    D. 完成后

88. BC002 非腐蚀性气体输送用内涂敷管用清洁剂进行湿清洁之后，应立即用（　　）冲洗，将所有清洁剂或脱垢剂的有害残余冲洗掉。
    A. 净水    B. 蒸汽    C. 自来水    D. 蒸馏水

89. BC003 非腐蚀性气体输送用内涂敷管除（　　）可采用手动喷枪和涂刷外，不应使用空气雾化喷涂设备。
    A. 二次涂敷    B. 重新涂敷    C. 局部修补    D. 大于1%的修补

90. BC003 非腐蚀性气体输送用内涂敷管在涂敷过程中钢管表面温度应保持在（　　）之间。
    A. 10~50℃    B. 10~56℃    C. 10~66℃    D. 10~60℃

91. BC004 非腐蚀性气体输送用内涂敷管，如果钢管需要返工时应在涂层修补或重新涂敷完成后重新进行（　　）。
    A. 标牌    B. 标识    C. 防腐号    D. 批号

92. BC004 非腐蚀性气体输送用内涂敷成品管需要存放时，堆放场地应有排水沟，管子离开地面（　　），场地不应有积水。
    A. 50mm    B. 100mm    C. 150mm    D. 200mm

93. BC005 液体环氧涂料内防腐管内防腐层分为（　　）等级。
    A. 1个    B. 2个    C. 3个    D. 4个

94. BC005 液体环氧涂料内防腐管普通级内防腐层的干膜最小厚度为（　　）。
    A. 100μm    B. 200μm    C. 300μm    D. 400μm

95. BC006 液体环氧涂料内防腐管道内防腐涂料因储存时间久或施工工艺要求，可加入少量（　　）。
    A. 添加剂    B. 固化剂    C. 分散剂    D. 稀释剂

96. BC006 液体环氧涂料内防腐管道内防腐涂料细度性能指标为不小于（　　）。
    A. 50μm    B. 80μm    C. 100μm    D. 120μm

97. BC007 液体环氧涂料内防腐管道内防腐层的附着力应不小于（　　）。
    A. 5MPa    B. 6MPa    C. 8MPa    D. 10MPa

98. BC007 液体环氧涂料内防腐管道内防腐层的耐冲击性能为不小于（　　）。
    A. 3J    B. 4J    C. 5J    D. 6J

99. BC008 当液体环氧涂料内防腐管施工环境相对湿度大于（　　）时，应对钢管除湿后方可作业。
    A. 85%    B. 80%    C. 75%    D. 70%

100. BC008 液体环氧涂料内防腐管施工现场的温度过低，溶剂挥发慢，涂敷施工时容易发生（　　）。
    A. 气泡    B. 发白    C. 橘皮    D. 流淌

101. BC009　液体环氧涂料内防腐管涂刷可焊性涂料干膜厚度应在( )。
　　A. 10~20μm　　B. 20~30μm　　C. 30~40μm　　D. 40~50μm

102. BC009　液体环氧涂料内防腐钢管内表面处理后,应在钢管两端( )范围内留有不涂区。
　　A. 50~100mm　　B. 70~120mm　　C. 90~130mm　　D. 100~150mm

103. BC010　液体环氧涂料内防腐管涂敷采用高压无气喷涂工艺时,喷枪应匀速行走,涂料送给应保证( )。
　　A. 漆膜光洁　　B. 喷涂均匀　　C. 雾化良好　　D. 流平均匀

104. BC010　液体环氧涂料内防腐管多层涂敷时,涂敷( )应满足涂敷前工艺试验确定的工艺要求。
　　A. 涂层结构　　B. 工艺流程　　C. 工艺参数　　D. 间隔时间

105. BC011　在3PE防腐管生产中,当任何一种原材料改变时,都要重新进行( )试验。
　　A. 剥离强度　　B. 耐环境应力开裂　　C. 阴极剥离　　D. 工艺评定

106. BC011　3PE防腐管工艺评定试验中,按确定的工艺参数涂敷聚乙烯层的耐环境应力开裂(F50)性能检测结果应不小于( )。
　　A. 800h　　B. 1000h　　C. 1200h　　D. 1500h

107. BC012　在3PE管防腐中,对公称直径大于500mm的钢管必须采用的施工方法为( )。
　　A. 热浇涂缠绕　　B. 冷涂敷　　C. 静电喷涂　　D. 挤出侧向缠绕

108. BC012　在3PE管防腐中,利用( ),先在炽热的钢管表面涂一层环氧树脂粉末熔结涂层。
　　A. 高压喷射法　　B. 静电喷涂法　　C. 风吹流化法　　D. 无气喷涂法

109. BC013　在3PE管防腐中,聚乙烯层包覆后,应用水将钢管冷却至温度不高于( )。
　　A. 40℃　　B. 50℃　　C. 60℃　　D. 100℃

110. BC013　在3PE管防腐中,当生产进入正常时,要对压紧辊不定时喷涂( ),保证防腐层的外观质量。
　　A. 热水　　B. 滑石粉　　C. 冷却水　　D. 脱膜剂

111. BC014　3PE管防腐作业线主要装备包括抛丸除锈装置、中频感应加热和粉末喷涂系统和( )。
　　A. 静电发生器　　B. 喷粉枪　　C. 塑料挤出机　　D. 发泡机

112. BC014　3PE管防腐作业中,在粉末喷涂系统供粉器中的( )送入喷枪后转化为旋风,使粉末出喷枪后均匀散开。
　　A. 一次风　　B. 二次风　　C. 三次风　　D. 流化风

113. BC015　在3PE管防腐层采用喷淋方式进行水冷定型过程中,由于喷淋水幕上均匀或落水产生二次飞溅,易产生( )缺陷。
　　A. 麻点　　B. 皱褶　　C. 鼓包　　D. 破裂

114. BC015　在3PE管防腐层出现鼓包缺陷主要因为防腐层冷却定型过程中( )造成的。
　　A. 水温不够　　B. 水温过高　　C. 水量不够　　D. 水量过多

115. BC016  在3PE管防腐聚乙烯和底胶原料上料过程中,应在入料口增加(　　),防止杂质拉毛机筒、损坏模口。
    A. 磁力架　　　　　B. 滤网　　　　　C. 换网器　　　　　D. 除尘器
116. BC016  在3PE管防腐中,硅橡胶压辊胶层硬度应为25°(邵D硬度)以下,硅橡胶压辊橡胶层厚度应为(　　)。
    A. 10~30mm　　　B. 20~40mm　　　C. 30~50mm　　　D. 40~60mm
117. BC017  在3PE防腐中,当钢管的公称直径为DN500mm时,防腐管的堆放层数应不大于(　　)。
    A. 6层　　　　　B. 5层　　　　　C. 4层　　　　　D. 3层
118. BC017  检验合格的3PE防腐管应在距离管端约(　　)处标有产品标志。
    A. 200mm　　　B. 300mm　　　C. 400mm　　　D. 500mm
119. BC018  水泥砂浆衬里钢管普通风送挤涂施工中不需要的步骤为(　　)。
    A. 硫化　　　　　B. 试压　　　　　C. 养护　　　　　D. 涂管
120. BC018  比较适合工厂的预制生产水泥砂浆衬里防腐管的方法为(　　)。
    A. 刮涂法　　　　B. 离心法　　　　C. 风送法　　　　D. 拖拉法
121. BC019  水泥砂浆配制应采用机械设备搅拌充分,配制好的水泥砂浆应在(　　)时间内使用。
    A. 终凝　　　　　B. 初凝　　　　　C. 拌和　　　　　D. 熟化
122. BC019  当水泥砂浆衬里防腐管公称直径小于DN1000mm时,水泥砂浆塌落度不应大于(　　)。
    A. 50mm　　　　B. 100mm　　　　C. 120mm　　　　D. 150mm
123. BC020  水泥砂浆衬里防腐管涂敷机衬里作业时,接续涂敷衬里层搭接长度不应小于(　　)。
    A. 150mm　　　B. 100mm　　　C. 50mm　　　D. 20mm
124. BC020  水泥砂浆衬里防腐管公称直径为700~1200mm时,在最小衬里设计厚度范围内,砂浆衬里涂敷机作业工作速度应在(　　)范围内。
    A. 3.0~4.0m/min　　B. 2.0~3.0m/min　　C. 1.5~2.5m/min　　D. 0.5~1.5m/min
125. BC021  水泥砂浆衬里钢管风送挤涂衬里时,挤涂器的行进速度不宜超过(　　)。
    A. 2m/s　　　　B. 3m/s　　　　C. 4m/s　　　　D. 5m/s
126. BC021  水泥砂浆衬里防腐管风送挤涂衬里宜采用(　　)式挤涂器。
    A. 多层叠片　　　B. 自旋转　　　C. 分流扶正　　　D. 高弹力
127. BC022  水泥砂浆衬里防腐管离心成型衬里停机时,布料管中的砂浆存留时间不应超过砂浆的(　　)时间。
    A. 拌合　　　　　B. 养护　　　　　C. 初凝　　　　　D. 终凝
128. BC022  采用水泥砂浆离心成型衬里的钢管直线度偏差不应大于(　　)。
    A. 3mm/m　　　B. 4mm/m　　　C. 5mm/m　　　D. 6mm/m
129. BC023  现场施工水泥砂浆衬里防腐管段的衬里宜采用(　　)养护法。
    A. 充水　　　　　B. 加压　　　　　C. 自然　　　　　D. 蒸汽

130. BC023 水泥砂浆衬里防腐管采用自然养护法时,应在衬里施工后( )内将管道两端封堵。

A. 5h B. 4h C. 3h D. 2h

131. BC024 《钢质管道熔结环氧粉末内防腐层技术标准》(SY/T 0442—2018)适用于工作温度不超过( ),输送各种油品、天然气、污水及给排水的防腐管道。

A. 70℃ B. 80℃ C. 90℃ D. 100℃

132. BC024 钢质管道熔结环氧粉末内防腐层为( )防腐结构。

A. 多次成膜 B. 二次成膜 C. 一次成膜 D. 多层一次成膜

133. BC025 实现单层熔结环氧粉末涂敷的核心装备是( )。

A. 传动轮组 B. 中频加热设备
C. 粉末静电喷涂设备 D. 喷丸除锈设备

134. BC025 在预热钢管表面的环氧粉末受热熔化并流动,进一步( )整个钢管表面,使涂层与钢管紧密结合。

A. 涂抹覆盖 B. 流平覆盖 C. 胶化覆盖 D. 流淌覆盖

135. BC026 熔结环氧粉末内防腐钢管正式生产前,涂敷厂应按照粉末涂料生产厂推荐的涂敷参数拟定( )。

A. 涂敷工艺 B. 涂料指标 C. 操作步骤 D. 涂层性能

136. BC026 熔结环氧粉末内防腐在钢管表面除锈后,应用压缩空气吹扫钢管内表面,表面灰尘度应达到现行国家标准规定的( )。

A. 1级 B. 2级 C. 3级 D. 4级

137. BC027 在熔结环氧粉末内防腐管涂敷时,钢管的预热温度必须涂料生产厂推荐的范围,但不应超过( )。

A. 195℃ B. 235℃ C. 275℃ D. 295℃

138. BC027 在熔结环氧粉末内防腐管涂敷时,在涂敷前应采用在钢管两端加隔离环或其他方法留出管端预留段,管端预留段的长度应根据设计要求选定,一般为( )。

A. 50~80mm B. 60~80mm C. 70~90mm D. 80~100mm

139. BC028 双层结构环氧粉末外涂层外层粉末防腐层为增塑性环氧粉末层,主要起到( )的作用。

A. 抗高温 B. 提高耐磨性 C. 提高防腐性 D. 抗机械损伤

140. BC028 普通级双层熔结环氧粉末外涂层防腐管底层最小厚度为( )。

A. 200μm B. 220μm C. 250μm D. 300μm

141. BC029 双层环氧粉末涂层性能指标中,要求环氧粉末磁性物含量为( )。

A. ≤0.002% B. ≤0.02% C. ≤0.2% D. ≤2%

142. BC029 双层环氧粉末涂层性能指标中,要求双层环氧粉末涂层电气强度为不小于( )。

A. 5MV/m B. 10MV/m C. 20MV/m D. 30MV/m

143. BC030 添加了塑性材料的环氧粉末在双层环氧粉末防腐管施工中作( )。

A. 面层 B. 底层
C. 内层和外层均可 D. 中间层

144. BC030 双层环氧粉末喷涂中,对未熔结到钢管上的环氧粉末可以进行回收,经( )检验后,可以再次利用。
    A. 粒径　　　　　B. 水分　　　　　C. 磁性物　　　　D. 密度

145. BC031 双层熔结环氧粉末外涂层(DPS)防腐管正式生产前,防腐厂宜采用相同规格钢管进行工艺性试验,以确定( )。
    A. 工艺参数　　　B. 防腐等级　　　C. 生产效率　　　D. 内、外层厚度

146. BC031 双层熔结环氧粉末外涂层防腐管外表面的涂敷温度,必须符合环氧粉末所要求的温度范围,但最高不得超过( )。
    A. 275℃　　　　B. 270℃　　　　C. 265℃　　　　D. 260℃

147. BC032 管道非开挖修复技术中,( )是将修复材料缩径后穿入原管道中,然后用热蒸汽或空气使其恢复到原来的直径,内衬管和原管道紧贴形成复合结构管。
    A. HDPE 管内穿插法　　　　　　B. 复合软管内翻衬修复法
    C. 不锈钢内穿插修复法　　　　　D. 涂敷内衬修复法

148. BC032 管道非开挖修复技术中,( )是通过水压或气压翻转修复材料,使其紧密贴衬到旧管道内壁,加热固化后形成修复层。
    A. HDPE 管内穿插法　　　　　　B. 复合软管内翻衬修复法
    C. 不锈钢内穿插修复法　　　　　D. 涂敷内衬修复法

149. BC033 HDPE 管内穿插修复法是将( )经过等径压缩装置暂时缩小 HDPE 管的外径,再穿入旧管道内。
    A. 外径比旧管道内径稍微小一些的 HDPE 管
    B. 外径与旧管道内径相同的 HDPE 管
    C. 外径比旧管道内径稍微大一些的 HDPE 管
    D. 内径比旧管道内径稍微大一些的 HDPE 管

150. BC033 HDPE 管内穿插修复中,塑料管的缩径量( )为宜。
    A. 约10%　　　　B. 约8%　　　　C. 约5%　　　　D. 约1%

151. BC034 软管内翻衬修复中,应根据施工现场胶黏剂( )的配比进行配料施工。
    A. 内翻衬周期　　B. 凝胶期　　　　C. 产品说明书　　D. 天气条件

152. BC034 软管内翻衬修复中,当翻衬长度达到被修复管段长度( )时,翻衬阻力达到最大值。
    A. 40%　　　　　B. 50%　　　　　C. 60%　　　　　D. 70%

153. BC035 目前"泡夹管"生产外防护层基本上采用的是( )。
    A. 高压聚乙烯　　B. 低压聚乙烯　　C. 低压高密度聚乙烯　　D. 中压聚乙烯

154. BC035 低压高密度聚乙烯的软化点是( )。
    A. 80℃　　　　　B. 90℃　　　　　C. 110℃　　　　D. 125℃

155. BC036 泡沫塑料防腐保温管的挤出机各段加热温度及挤出温度应根据聚乙烯熔融指数确定,挤出温度宜为( )左右。
    A. 205℃　　　　B. 100℃　　　　C. 300℃　　　　D. 50℃

156. BC036 泡沫塑料防腐保温管聚乙烯塑料的耐候性较差,并且在加工过程中易( ),

影响成品质量。

A. 还原分解　　B. 氧化分解　　C. 氧化聚合　　D. 氧化胶连

157. BC037　泡沫塑料防腐保温管采用"管中管"成型工艺生产前,应预先生产出(　　)。

A. 套管模具　　B. 防水帽　　C. 聚氨酯管瓦块　　D. 外防护管

158. BC037　泡沫塑料防腐保温管表面预处理后,应清除附着的灰尘,在(　　)内进行表面涂敷或包覆。

A. 4h　　B. 6h　　C. 8h　　D. 10h

159. BC038　泡沫塑料防腐保温管"一步法"成型时,泡沫一般控制在距定径套(　　)比较合适。

A. 0.1~0.5m　　B. 0.5~1.0m　　C. 1.0~1.5m　　D. 1.5~2.0m

160. BC038　泡沫塑料防腐保温管"一步法"成型时,泡沫塑料发泡前应将钢管外表面加热到(　　)。

A. (40±5)℃　　B. (30±5)℃　　C. (35±5)℃　　D. (45±5)℃

161. BC039　泡沫塑料防腐保温管"管中管"成型工艺中,固定外固套后封闭环形端面,钢管两端宜留出(　　)。

A. 300~440mm　　B. 250~440mm　　C. 150~330mm　　D. 150~220mm

162. BC039　硬质聚氨酯泡沫塑料在膜腔内成型的主要方法是(　　)。

A. 直接喷涂法　　　　　　　　B. 预制泡沫塑料法
C. 一次灌注成型法　　　　　　D. 一步法

163. BC040　泡沫塑料防腐保温管堆放时,堆放高度不得大于(　　)。

A. 2m　　B. 4m　　C. 1m　　D. 6m

164. BC040　防腐保温管吊装时应采用宽度为(　　)的尼龙带或胶皮带,严禁用钢丝绳吊装。

A. 50~80mm　　B. 80~120mm　　C. 120~150mm　　D. 150~200mm

165. BD001　埋地钢质管道外防腐层修复后漏点检测时,冷缠胶带防腐层检漏电压为(　　)。

A. 5V/μm　　B. 8kV　　C. 10kV　　D. 10V/μm

166. BD001　埋地钢质管道外防腐层修复后厚度检测时,在直径为(　　)的圆内至少读取三个数据的平均值。

A. 2cm　　B. 4cm　　C. 8cm　　D. 10cm

167. BD002　非腐蚀性气体输送用内防腐管在内涂层固化试验中,将固化后的涂层板样或试片试样在用来稀释涂层材料的溶剂中浸泡4h,然后在室温中放置后(　　)后观察,试样涂膜不应有软化、起皱、鼓泡等现象。

A. 30min　　B. 10min　　C. 45min　　D. 60min

168. BD002　非腐蚀性气体输送用内防腐管道使用样板和试片评价内涂层质量的试验有针孔和膜厚试验、固化和剥离试验、(　　)。

A. 细度和成膜试验　　　　　　B. 黏度和强度试验
C. 弯曲和黏结力试验　　　　　D. 硬度和压痕试验

169. BD003　液体环氧涂料内防腐管涂层固化后,应用无损检测仪在距管口(　　)位置测量沿圆周方向均匀分布的任意4点的厚度。
　　A. 大于100mm　　　　　　　　B. 小于100mm
　　C. 大于150mm　　　　　　　　D. 小于150mm

170. BD003　液体环氧涂料内防腐管涂敷过程中,每(　　)检测一次锚纹深度,锚纹深度应达到35~75μm。
　　A. 8h　　　　B. 6h　　　　C. 4h　　　　D. 2h

171. BD004　液体环氧涂料内防腐管出厂时,涂层厚度检验抽查率为(　　),且不得少于2根钢管。
　　A. 20%　　　B. 15%　　　C. 10%　　　D. 5%

172. BD004　液体环氧涂料内防腐管出厂时,每(　　)至少抽查1根钢管检测其涂层附着力。
　　A. 10km　　　B. 15km　　　C. 20km　　　D. 25km

173. BD005　3PE防腐管表面处理后的钢管应逐根进行表面除锈等级检验,锚纹深度检测可采用(　　)贴在管体上来实现的。
　　A. 胶带　　　B. 锚纹纸　　　C. 复印纸　　　D. 印刷纸

174. BD005　3PE防腐管对每批进厂的钢管应至少抽测2根钢管的表面盐含量,钢管表面的盐含量应不超过(　　)。
　　A. 5mg/m²　　B. 10mg/m²　　C. 15mg/m²　　D. 20mg/m²

175. BD006　3PE防腐管对黏结力检测,在正常生产时,要求每个生产班至少在(　　)温度点下各抽测1次。
　　A. 1个　　　B. 2个　　　C. 3个　　　D. 4个

176. BD006　普通级3PE防腐管检漏电压为(　　)。
　　A. 10kV　　　B. 12kV　　　C. 15kV　　　D. 25kV

177. BD007　对于公称直径大于或等于1000mm的现场施工水泥砂浆衬里防腐管段衬里,检验人员在每(　　)范围内抽检2个截面检测衬里厚度。
　　A. 300m　　　B. 200m　　　C. 100m　　　D. 50m

178. BD007　水泥砂浆衬里防腐管养护期满后衬里裂纹的宽度不应大于(　　)。
　　A. 1.6mm　　B. 1.8mm　　C. 2.0mm　　D. 2.2mm

179. BD008　熔结环氧粉末内防腐管连续生产时,应至少每(　　)检测两根钢管的内表面锚纹深度。
　　A. 2h　　　B. 4h　　　C. 6h　　　D. 8h

180. BD008　熔结环氧粉末内防腐管表面灰尘度应每班至少检测(　　),每次检测2根钢管。
　　A. 1次　　　B. 2次　　　C. 3次　　　D. 4次

181. BD009　熔结环氧粉末内防腐管涂层厚度检测时,需逐根测量沿管长方向任意分布的至少(　　)点的防腐层厚度。
　　A. 6个　　　B. 8个　　　C. 10个　　　D. 12个

182. BD009　进行熔结环氧粉末内防腐管形式检验时,将管段剖开后先进行外观、厚度和（　　）检验。

　　A. 漏点　　　　　　B. 附着力　　　　　C. 剥离强度　　　　D. 断裂标称应变

183. BD010　双层熔结环氧粉末外涂层防腐管生产过程的质量检验时,连续生产时应至少每（　　）管在管端涂层边缘测量各层厚度一次。

　　A. 10 根　　　　　 B. 20 根　　　　　　C. 30 根　　　　　 D. 50 根

184. BD010　每班生产的（　　）双层熔结环氧粉末外涂层防腐管,应在钢管端部涂层上任取 1 点测量内、外层厚度并记录。

　　A. 最后一根　　　　B. 第二十根　　　　C. 第十根　　　　　D. 第一根

185. BD011　内衬玻璃钢钢质储罐内表面处理的质量要求每班至少检查（　　）次,每次检测不少于（　　）个点。

　　A. 1,2　　　　　　B. 1,3　　　　　　 C. 2,3　　　　　　D. 2,4

186. BD011　玻璃钢内衬施工中,储罐内表面处理后灰尘度不应超过国家标准 GB/T 18570.3—2005 规定的（　　）。

　　A. 1 级　　　　　　B. 2 级　　　　　　C. 3 级　　　　　　D. 4 级

187. BD012　储罐特加强级环氧玻璃钢内衬层厚度检查时,应用磁性测厚仪检查,厚度应（　　）。

　　A. ≥0.3mm　　　　 B. ≥0.5mm　　　　 C. ≥0.7mm　　　　 D. ≥0.9mm

188. BD012　检查 3000m² 立式储罐环氧玻璃钢内衬层厚度时,抽查面积为储罐内壁总面积的（　　）。

　　A. 5%　　　　　　 B. 10%　　　　　　C. 20%　　　　　　D. 30%

189. BD013　储罐无溶剂聚氨酯内防腐层厚度检测时,每一单独读数不应低于设计厚度值的（　　）。

　　A. 60%　　　　　　B. 70%　　　　　　C. 80%　　　　　　D. 90%

190. BD013　储罐无溶剂聚氨酯内防腐层厚度检测时,每部分按每 100m² 面积至少取（　　）进行抽测。

　　A. 1 点　　　　　　B. 2 点　　　　　　C. 3 点　　　　　　D. 4 点

191. BD014　储罐液体环氧涂料内防腐层涂敷过程中,初期每喷涂（　　）面积应检测 1 次湿膜厚度,并及时对涂料黏度、喷涂压力、喷嘴直径、喷涂速度等工艺参数进行调整。

　　A. 10m²　　　　　　B. 20m²　　　　　　C. 30m²　　　　　　D. 40m²

192. BD014　储罐液体环氧涂料内防腐层漏点检测时,罐壁防腐层的漏点数平均每平方米不超过（　　）时,可进行修补。

　　A. 3 个　　　　　　B. 4 个　　　　　　C. 1 个　　　　　　D. 2 个

193. BE001　非腐蚀性气体输送用内防腐管修补面积超过钢管内涂层面积的（　　）时,此钢管应重涂。

　　A. 0.5%　　　　　　B. 1%　　　　　　　C. 2%　　　　　　　D. 3%

194. BE001　非腐蚀性气体输送用内防腐管在涂层未完全固化并达到一定（　　）前,不应进行涂层修补、管壁修补等任何操作。

    A. 粗糙度        B. 强度         C. 光泽度         D. 硬度

195. BE002 液体环氧涂料内防腐管修补时,修补涂层与原涂层搭接处应(　　)或其他适用方式处理。

    A. 打磨        B. 清除         C. 磨光         D. 擦洗干净

196. BE002 液体环氧涂料内防腐管出厂检验附着力不合格的防腐层必须进行(　　)。

    A. 补口        B. 重涂         C. 修补         D. 补伤

197. BE003 当管径≤400mm时,3PE防腐管补口用普通型热收缩带(套)基材的厚度应(　　)。

    A. 不小于1.8mm    B. 不小于1.5mm    C. 不小于1.2mm    D. 不小于1.0mm

198. BE003 3PE防腐管补口热收缩带(套)安装系统的抗冲击强度应不小于(　　)。

    A. 10J        B. 15J         C. 20J         D. 25J

199. BE004 3PE防腐管补口施工工艺规程(APS)应通过(　　)试验进行验证。

    A. 焊口无损    B. 剥离强度    C. 材料性能    D. 工艺评定

200. BE004 3PE防腐管补口工艺评定试验(PQT)应在涂敷管体防腐层的管道上至少(　　)试验口进行。

    A. 1个        B. 2个         C. 3个         D. 4个

201. BE005 大口径3PE防腐管补口时,应采用无污染的(　　)加热方式对钢管表面补口部位进行加热。

    A. 人工        B. 自然光      C. 机具        D. 火焰

202. BE005 3PE防腐管补口应按照产品使用说明书和补口施工工艺规程的要求调配底漆并均匀涂刷,底漆的湿膜厚度应不小于(　　)。

    A. 120μm      B. 150μm      C. 200μm      D. 250μm

203. BE006 3PE防腐管补口后热收缩带(套)的剥离强度都应不小于50N/cm并80%表面呈(　　)破坏。

    A. 粉碎        B. 穿透         C. 内聚         D. 界面

204. BE006 3PE防腐管补口后检测剥离强度超过(　　)时,可以呈界面破坏,剥离面的底漆应完整附着在钢管表面。

    A. 30N/cm     B. 50N/cm     C. 70N/cm     D. 100N/cm

205. BE007 对大于30mm 3PE防腐管的损伤,先贴上补伤片,最后在修补处包覆一条热收缩带,包覆宽度应比补伤片的两边至少各大(　　)。

    A. 10mm      B. 30mm      C. 40mm      D. 50mm

206. BE007 3PE防腐管补伤用补伤片的性能应达到对收缩带的规定,补伤片对聚乙烯的剥离强度应不低于(　　)。

    A. 30N/cm     B. 40N/cm     C. 50N/cm     D. 60N/cm

207. BE008 熔结环氧粉末内防腐管内防腐层的修补可采用环氧粉末涂料生产厂配套提供或指定的(　　)。

    A. 不饱和聚氨酯涂料         B. 双组分液体环氧涂料

C. 双组分聚氨酯涂料　　　　　　　　　D. 热塑性粉末涂料

208. BE008 熔结环氧粉末内防腐管修补防腐层与原防腐层搭接至少（　　）。
 A. 25mm　　　B. 20mm　　　C. 15mm　　　D. 10mm

209. BE009 双层熔结环氧粉末外涂层防腐管受损处保留涂层的厚度达到原涂层厚度的（　　），则可以不修补。
 A. 40%　　　B. 50%　　　C. 60%　　　D. 70%

210. BE009 双层熔结环氧粉末外涂层防腐管底层厚度达到要求，而面层厚度达不到要求应进行（　　）。
 A. 重涂　　　B. 复涂　　　C. 修补　　　D. 补伤

211. BE010 管道内涂层补口材料多采用（　　）涂料。
 A. 液态有溶剂　　　　　　　　　B. 热熔结粉末一次成膜
 C. 液体无溶剂一次成膜　　　　　D. 不锈钢

212. BE010 口径219mm的管道常用的内涂层补口选择（　　）的补口方法。
 A. 机械压接法　　　　　　　　　B. 补口车自动补口法
 C. 内衬短管法　　　　　　　　　D. 人工补口法

213. BE011 钢质储罐液体环氧涂料内涂层修补时应将漏点或损坏的防腐层清理干净，如已露基材，应除锈至（　　）。
 A. Sa½级　　　B. Sa2级　　　C. St3级　　　D. St2级

214. BE011 钢质容器液体环氧涂料内涂层局部复涂时，应以厚度不合格测点为中心，上、下、左、右各延伸（　　）作为复涂区域。
 A. 500mm　　　B. 300mm　　　C. 100mm　　　D. 50mm

215. BE012 钢质储罐环氧玻璃钢内衬层修补时应将漏点或损坏的防腐层清理干净，如已露基材，应除锈至（　　）。
 A. St2级　　　B. St3级　　　C. Sa2级　　　D. Sa½级

216. BE012 钢质储罐环氧玻璃钢内衬层漏点和破损处周边的玻璃钢层用锋利刀刃切成（　　）后，向外将玻璃钢层打毛。
 A. 45°斜坡面后　　B. 30°斜坡面后　　C. 斜坡面后　　D. 直立面后

217. BF001 现代企业技术管理就是依据（　　）工作规律，对企业的科学研究和全部技术活动进行的计划、协调、控制和激励等方面的管理工作。
 A. 生产经营　　　B. 发展战略　　　C. 法律法规　　　D. 科学技术

218. BF001 企业技术管理的任务主要是推动（　　），不断提高企业的劳动生产力和经济效益。
 A. 工人技术素质提高　　　　　　B. 科学技术进步
 C. 技术装备升级　　　　　　　　D. 质量责任制度落实

219. BF002 为了给工程交工后的使用、维修、改建、扩建等提供依据，建筑施工企业必须（　　）。
 A. 建立施工技术日志　　　　　　B. 建立与健全技术原始记录
 C. 建立工程技术档案资料　　　　D. 建立与健全技术责任制

220. BF002 建筑施工企业应做好( )工作,及时向有关部门和领导提供技术咨询和发展动态的信息。
   A. 技术情报、信息管理　　　　　　B. 技术档案管理
   C. 职工技术培训　　　　　　　　　D. 工程技术档案

221. BF003 全面质量管理要求把质量形成( )的各环节或有关因素控制起来,形成一个综合性的质量管理体系。
   A. 设计阶段　　B. 全过程　　C. 生产过程　　D. 销售服务

222. BF003 现代质量检验区别于传统质量检验之处在于( )。
   A. 把关作用　　B. 改进作用　　C. 报告作用　　D. 预防作用

223. BF004 "QC"小组活动的主要原因确定后,应开展( )活动,明确各项问题的具体措施。
   A. 分析遗留问题　　B. 制定巩固措施　　C. 制定措施　　D. 实施措施

224. BF004 "QC"小组活动中的找出主要原因时,可根据实际需要应用排列图、关联图、相关图、矩阵分析、( )等不同分析方法。
   A. 柱状图　　B. 分层法　　C. 调查表　　D. 饼分图

225. BF005 班组经济核算是利用( )或实物指标,将其劳动耗费与劳动占用与劳动成果进行比较,以取得良好经济效果的一种管理方法。
   A. 价值　　B. 技术　　C. 功能　　D. 性能

226. BF005 开展班组经济核算即是( )的重要途径,也是企业生产经营活动的重要组成部分。
   A. 保障安全　　B. 增加产量　　C. 降低成本　　D. 评比奖励

227. BF006 班组经济核算中的( )指标对原材料、燃料和动力核算的方法,主要是用实际耗费与计划限额进行对比。
   A. 劳动消耗　　B. 产量消耗　　C. 合格品率　　D. 物资消耗

228. BF006 用出勤率、工时利用率和劳动生产率进行考核是( )。
   A. 工时指标　　B. 消耗指标　　C. 工程量指标　　D. 产量指标

229. BF007 施工组织总设计一般在建设项目的初步设计或扩大初步设计批准之后,在总承包单位在( )领导下进行。
   A. 总经理　　B. 总工程师　　C. 项目负责人　　D. 技术负责人

230. BF007 对重点、难点分部工程和危险性较大工程的分部工程,施工前应编制( )。
   A. 施工组织总设计　　　　　　B. 单位工程施工组织设计
   C. 专项施工方案　　　　　　　D. 重大事故紧急响应预案

231. BF008 施工组织设计编制中的( )图是其最重要的组成部分之一。
   A. 项目总规划　　　　　　　　B. 临设规划
   C. 施工总平面布置　　　　　　D. 立面

232. BF008 施工条件发生变化时,施工组织设计须( ),以便继续执行。
   A. 重新编制　　　　　　　　　B. 及时修改和补充
   C. 立即停止　　　　　　　　　D. 组织专家论证

233. BF009 施工组织设计的编制应积极开发、使用( ),推广应用新材料和新设备。
 A. 现有技术装备能力　　　　　　　B. 成熟技术和工艺
 C. 新技术和新工艺　　　　　　　　D. 借鉴成功案例

234. BF009 施工组织设计的编制程序中,首先要收集和熟悉有关( ),进行项目特点和施工条件的调查研究。
 A. 资料和图纸　　B. 投资和造价　　C. 工艺和方法　　D. 机具和人员

235. BF010 防腐施工污染控制应广泛开展( )工作,实现化害为利、变废为宝。
 A. 工业"三废"综合利用　　　　　B. 物料节约倡导
 C. 材料利旧技术开发　　　　　　　D. 环境保护宣传

236. BF010 现场施工严禁采用( )溶化沥青方式进行管线防腐补口。
 A. 锅盖　　　　　B. 封头　　　　　C. 密闭　　　　　D. 敞口

237. BF011 在油气站库内施工,不得吸烟和携带火种,不允许穿( ),设备要有可靠接地。
 A. 防静电服装　　B. 钉子鞋　　　　C. 劳动保护用品　D. 防护用具

238. BF011 防腐人员接触有毒有害气体时,遇有恶心、呕吐、头晕等情况,要( ),严重者送到医院治疗。
 A. 立即到新鲜空气处休息　　　　　B. 戴上防毒面罩
 C. 停止全部防腐作业　　　　　　　D. 进行救治

239. BF012 防腐工作时,压风机要有专人保管,不准( ),工作完毕,应将储气罐内的余气放出。
 A. 超压使用　　　B. 带压运行　　　C. 间歇使用　　　D. 低压工作

240. BF012 内防腐作业安全操作要求,内防腐涂料先检查型号、合格证书、储存期限和试验情况,( )时应有专人负责。
 A. 喷涂　　　　　B. 清洗　　　　　C. 配漆　　　　　D. 储存

二、多项选择题(每题有四个选项,有两个或两个以上是正确的,将正确的选项号填入括号内)

1. AA001 直流电磁式时间继电器的故障形式具体有( )。
 A. 灭弧罩破裂　　　　　　　　　　B. 线圈通电后衔铁不能吸合
 C. 延时时间过长　　　　　　　　　D. 延时时间过短

2. AA002 液压介质应具有( )。
 A. 适宜的黏度　　　　　　　　　　B. 良好的流动性
 C. 良好的黏温性　　　　　　　　　D. 良好的绝缘性

3. AA003 使液压介质受污染的物质种类主要有( )。
 A. 切屑污染物　　　　　　　　　　B. 固体污染物
 C. 液体污染物　　　　　　　　　　D. 气体污染物

4. AA004 对液压系统的污染控制,有( )等方面。
 A. 防止污染物侵入系统　　　　　　B. 系统清洗
 C. 清除系统中污染物　　　　　　　D. 及时更换液压油

5. AA005　组成的气动回路是为了驱动用于各种不同目的的机械装置,其最重要的控制内容是(　　)。
   A. 力的大小　　　　B. 力的方向　　　　C. 运动速度　　　　D. 运动方向
6. AA006　在根据操作形式选定气缸类型时,应考虑气缸操作方式,具体有(　　)等操作方式。
   A. 双动弹簧压出式　　　　　　　　　B. 单动弹簧压出式
   C. 双动弹簧压入式　　　　　　　　　D. 单动弹簧压入式
7. AB001　强制电流阴极保护系统中,钢铁阳极相比石墨阳极(　　)。
   A. 使用寿命短　　　　　　　　　　　B. 使用寿命长
   C. 更换维修费用低　　　　　　　　　D. 更换维修费用高
8. AB002　阴极保护中测试桩可用于管道(　　)的测试,也可用于覆盖层检漏及交直流干扰的测试。
   A. 电位　　　　　　B. 电流　　　　　C. 绝缘性能　　　　D. 电压
9. AB003　管道牺牲阳极保护需要解决(　　)的主要问题。
   A. 埋设方式　　　　　　　　　　　　B. 埋设距离
   C. 埋设深度　　　　　　　　　　　　D. 每组阳极的埋设支数
10. AB004　近些年开发出的柔性阳极是一种新型辅助阳极,主要应用于(　　)。
    A. 架空管道　　　　B. 埋地管道　　　C. 储罐底部　　　　D. 储罐顶部
11. AB005　埋地管道是否受到直流杂散电流腐蚀可通过测量其(　　)来判断。
    A. 对地电位　　　　B. 对地电流　　　C. 电压大小　　　　D. 电位梯度
12. AB006　对于采用阴极保护的管道,在适当位置安装(　　),可减少保护电流的流失,避免对其他地下金属构筑物的干扰。
    A. 测试桩　　　　　B. 绝缘法兰　　　C. 绝缘接头　　　　D. 埋地型参比电极
13. AC001　金属管道腐蚀按照腐蚀环境分为(　　)和土壤腐蚀等。
    A. 化学介质腐蚀　　　　　　　　　　B. 大气腐蚀
    C. 海水腐蚀　　　　　　　　　　　　D. 电解质腐蚀
14. AC002　常用的管道腐蚀控制的技术有合理的设计、正确选用金属材料和(　　)。
    A. 改变腐蚀环境　　　　　　　　　　B. 采用耐腐蚀覆盖层
    C. 物理机械保护　　　　　　　　　　D. 电化学保护
15. AC003　酯化反应广泛应用于有机合成等领域,是(　　)的作用生成酯和水的反应。
    A. 碱　　　　　　　B. 酸　　　　　　C. 酯　　　　　　　D. 醇
16. AC004　管道防腐涂装防火安全措施包括(　　)。
    A. 排除火种　　　　B. 严禁明火　　　C. 消除静电　　　　D. 除尘排风
17. AC005　皮肤上沾污油漆时,不要用(　　)溶剂擦洗。
    A. 皂糊　　　　　　B. 苯类　　　　　C. 酮类　　　　　　D. 碳酸钾
18. AC006　粉末喷涂安全措施包括(　　)。
    A. 喷涂线所有设备都要接地　　　　　B. 保持喷涂室的良好通风与净化
    C. 准备必要的灭火器材　　　　　　　D. 高效回收装置

19. AD001 涂料形成涂膜以后才能发挥(　　)及其他特殊作用,比如,电气设备要求的电绝缘产品、夜间标识的夜光涂料等。
    A. 防护作用　　　　B. 保温作用　　　　C. 装饰作用　　　　D. 标志作用

20. AD002 防腐蚀涂料的基本要求是(　　)等方面。
    A. 有良好的附着力和物理机械性能　　　　B. 有良好的耐蚀性
    C. 有良好的抵抗介质渗透性　　　　　　　D. 有良好的施工性能

21. AD003 按环氧树脂的组成形态,环氧树脂涂料可分为(　　)和其他环氧树脂涂料等几大类。
    A. 无溶剂液态环氧涂料　　　　　　　　　B. 热固性环氧粉末
    C. 水性环氧树脂涂料　　　　　　　　　　D. 溶剂型液体环氧涂料

22. AD004 重防腐涂料是一种复合涂层体系,由(　　)构成。
    A. 底层　　　　　B. 中间层　　　　C. 面层　　　　D. 防护层

23. AD005 物质摩尔质量的单位为 g/mol,在数值上等于该物质的(　　)。
    A. 相对原子质量　　B. 相对质子质量　　C. 相对电子质量　　D. 相对分子质量

24. AD006 溶液质量分数的计算公式为:溶液的质量分数=溶质质量/溶液质量×100%,其中溶液的质量是(　　)之和。
    A. 稀释剂质量　　B. 溶质质量　　　C. 溶剂质量　　　D. 溶液质量

25. BA001 防腐作业线中(　　)等工艺参数中任何一项改变时,都需要重新调整作业线速度。
    A. 管径　　　　　　　　　　　　　　　B. 钢管壁厚
    C. 防腐层类型或厚度　　　　　　　　　D. 生产速度

26. BA002 钢材表面机械法除锈处理,可采用(　　)等方法。
    A. 酸洗除锈　　B. 工具除锈　　C. 喷射或抛射除锈　　D. 火焰除锈

27. BA003 手工工具除锈时,可用冲击性手动工具除掉钢材表面上(　　)。
    A. 油脂　　　　B. 分层锈　　　C. 焊接飞溅物　　　D. 旧涂层

28. BA004 涂装前表面粗糙度的控制主要靠调整磨料(　　)和喷射速度、作用时间等工艺参数。
    A. 粒度大小　　B. 形状　　　　C. 色泽　　　　　　D. 材料

29. BA005 钢管内除锈按使用喷射磨料类型,喷射除锈分为(　　)等工艺。
    A. 高压水射流　　B. 喷砂　　　　C. 喷粉煤灰　　　　D. 喷丸

30. BA006 环保型喷砂除锈对收回喷出的丸粒(或砂粒)及产生的锈尘经(　　)将锈尘和丸粒(或砂粒)循环利用。
    A. 储砂罐　　　　B. 真空泵　　　C. 分离器　　　　　D. 过滤器

31. BB001 防腐蚀衬里有聚氯乙烯塑料衬里、陶瓷、不锈钢衬里和(　　),具有耐受酸、碱、无机盐及多种有机物的腐蚀优点。
    A. 铅衬里　　　　B. 玻璃钢衬里　　C. 橡胶衬里　　　　D. 砖板衬里

32. BB002 橡胶衬里的缺点主要有(　　)。
    A. 耐热性较差　　B. 抗氧化性差　　C. 损坏不易修理　　D. 导热性差

33. BB003 橡胶衬里材料中,性能优异的氯丁橡胶可用于( )储罐槽的衬里,并用于制备防止设备受到机械磨损和二氧化硫等气体腐蚀的衬里。
    A. 强氧化性酸　　　B. 硫酸　　　C. 磷酸　　　D. 冰醋酸

34. BB004 橡胶衬里施工中,硫化实际操作中一般都是根据橡胶板的品种和( )来完成硫化过程。
    A. 蒸汽压力　　　B. 蒸汽流量　　　C. 硫化时间　　　D. 硫化温度

35. BB005 化工防腐蚀工程中的玻璃钢性能各具有不同的特点,在制造和使用前,根据( )来选择玻璃的类型。
    A. 几何形状　　　B. 受力情况　　　C. 耐腐蚀性能　　　D. 耐热性

36. BB006 环氧玻璃钢内衬层的等级与结构根据( )综合考虑,选用不同等级的内衬层。
    A. 储罐结构类型　　　　　　B. 储罐储存介质防腐性的强弱
    C. 储罐使用寿命　　　　　　D. 经济性

37. BB007 环氧玻璃钢内衬层现场适应性试验试件固化后,应按对其( )与黏结力等进行检验,检验结果应做好记录。
    A. 外观　　　B. 厚度　　　C. 硬度　　　D. 针孔

38. BB008 环氧玻璃钢施工中,胶料配制要求包括( )等。
    A. 底胶能盖住锚纹深度为宜　　　B. 中间胶以能浸透玻璃布为宜
    C. 面胶以能盖住发白毛刺为宜　　　D. 固化时间以不超过8h为宜

39. BB009 玻璃钢衬里施工中,玻璃布的帖衬顺序应是( )。
    A. 先立面后平面　　B. 先上后下　　C. 先里后外　　D. 先壁后底

40. BB010 卧式储罐保温的保护层施工应综合考虑( ),然后下料安装形成整体防水的外保护层。
    A. 保温层的厚度　　B. 搭接尺寸　　C. 适当裕量　　D. 设备上的障碍

41. BB011 钢制储罐液体环氧涂料内防腐层液体环氧涂料的涂敷可采用( )等施工方法,按自上而下的顺序进行涂敷。
    A. 无气喷涂　　B. 静电喷涂　　C. 刷涂　　D. 辊涂

42. BB012 钢制储罐无溶剂聚氨酯内防腐层涂料涂敷应( ),厚度达到设计要求。
    A. 发黏　　B. 脱皮　　C. 均匀　　D. 无漏点

43. BC001 非腐蚀性气体输送用内涂敷涂料实验室进行钢板样弯曲试验时,板样涂层应无( )等现象。
    A. 剥落　　B. 附着力下降　　C. 明显裂痕　　D. 开裂

44. BC002 非腐蚀性气体输送用内涂敷管所有疏松的轧制氧化皮、铁锈、( )、标记材料及所有其他能影响管子覆盖层质量的异物必须从表面上清除干净。
    A. 水迹　　B. 油污　　C. 石墨　　D. 油脂

45. BC003 非腐蚀性气体输送用内涂敷管内覆盖层工艺流程为管道预热、表面处理、( )以及检验、堆放。
    A. 除尘　　B. 端部贴胶带　　C. 无气喷涂　　D. 加热

46. BC004 非腐蚀性气体输送用内涂敷管进行标识时,可采用(　　),防止对内涂层的损伤。
    A. 机器喷涂　　　　　　　　　　B. 自动喷码机
    C. 其他标记方法　　　　　　　　D. 手工操作的模板

47. BC005 液体环氧涂料内防腐管内防腐层分为(　　)等级。
    A. 一般级　　B. 普通级　　C. 加强级　　D. 特加强级

48. BC006 液体环氧涂料中,溶剂含量直接影响着涂层的(　　),还关系到涂敷遍数、工效和人工机械费用等。
    A. 密实程度　　B. 黏结力强度　　C. 针孔数量　　D. 表面硬度

49. BC007 液体环氧涂料的(　　)应由同一生产商制造。
    A. 底漆　　B. 面漆　　C. 固化剂　　D. 稀释剂

50. BC008 液体环氧涂料内外防腐管道的施工工艺基本相同,仅是(　　)不同。
    A. 喷涂机　　　　　　　　　　　B. 表面处理方式
    C. 固化时间　　　　　　　　　　D. 喷嘴

51. BC009 液体环氧涂料内防腐钢管内表面经喷(抛)射处理后,应用(　　)的压缩空气将钢管内部的微尘清除干净。
    A. 高温　　B. 清洁　　C. 干燥　　D. 无油

52. BC010 遮盖力是涂膜遮盖被涂表面底色的能力,是颜料对光线产生(　　)的结果。
    A. 反射　　B. 散射　　C. 透射　　D. 吸收

53. BC011 3PE 防腐管生产中,当(　　)改变时,应重新进行工艺评定试验。
    A. 材料生产厂家　　B. 生产时间　　C. 材料牌(型)号　　D. 钢管规格

54. BC012 3PE 防腐管生产钢管表面预处理的工艺流程为钢管检验、(　　)等工序。
    A. 钢管清洗　　B. 钢管预热　　C. 钢管除锈　　D. 钢管表面除尘

55. BC013 3PE 防腐管涂敷过程中,环氧粉末涂层施工最重要的指标是(　　)。
    A. 胶化时间　　B. 喷涂时间　　C. 回收效率　　D. 固化时间

56. BC014 3PE 管防腐作业线粉末喷涂系统装置主要包括(　　)等。
    A. 静电发生器　　B. 供粉器　　C. 喷粉枪　　D. 发泡机

57. BC015 3PE 防腐管长期堆放过程和生产过程中产生的翘边缺陷,常见形式有(　　)等。
    A. 整体防腐层翘边,底层的环氧粉末与钢管接触面剥离
    B. 中间胶层与环氧粉末层脱黏,造成翘边
    C. 外层聚乙烯防腐层与中间胶层脱黏,造成表层防腐层翘起
    D. 钢管弯曲度过大

58. BC016 避免 3PE 防腐管管端出现翘边的措施有(　　)等。
    A. 适当增加聚乙烯层端部环氧粉末的预留长度
    B. 管端进行遮盖
    C. 在管端金属裸露处涂刷可焊防锈漆
    D. 严格控制管端预留处焊缝余高的修磨质量

59. BC017　3PE 防腐管产品合格证应包括：生产厂及厂址、产品名称、产品规格，以及（　　）、防腐层厚度及检验员编号等。
    A. 防腐层结构　　　B. 防腐层类型　　　C. 防腐层等级　　　D. 防腐层附着力

60. BC018　水泥砂浆衬里钢管现场施工主要指（　　）等。
    A. 风送挤涂法　　　B. 涂敷机涂敷法　　C. 机械喷涂法　　　D. 手工涂抹法

61. BC019　国内外水管线的内防腐普遍采用水泥砂浆衬里防腐技术，它具有（　　）等特点。
    A. 无公害　　　　　B. 无毒　　　　　　C. 易施工　　　　　D. 造价高

62. BC020　水泥砂浆衬里防腐管涂敷机衬里施工前，应先检查（　　）。
    A. 浆料的凝结时间　　　　　　　　　　B. 设备的润滑情况
    C. 各机构动作的可靠性　　　　　　　　D. 水泥砂浆的配比情况

63. BC021　水泥砂浆衬里防腐管风送挤涂衬里的施工工具有（　　）等。
    A. 清管器　　　　　B. 挤涂器　　　　　C. 旋转喷枪　　　　D. 压风机

64. BC022　水泥砂浆衬里防腐管离心成型衬里施工时，应根据（　　）设定布料机作业参数。
    A. 钢管的长度　　　B. 钢管的管径　　　C. 砂浆用量　　　　D. 衬里厚度

65. BC023　水泥砂浆衬里防腐管衬里养护可采用（　　）养护法。
    A. 浇水　　　　　　B. 自然　　　　　　C. 塑料薄膜　　　　D. 蒸汽

66. BC024　单层熔结环氧树脂防腐层（FBE）具有优异的（　　）等性能。
    A. 黏结力　　　　　B. 抗机械冲击　　　C. 耐腐蚀　　　　　D. 耐溶剂性

67. BC025　管道单层熔结环氧粉末涂敷工艺流程为管道预热、表面处理、除尘和（　　）、检验、堆放。
    A. 端部加隔离环　　B. 粉末静电喷涂　　C. 冷却　　　　　　D. 固化

68. BC026　管道内防腐环氧粉末涂料有色差或有不同程度的结块，表明粉末涂料（　　）。
    A. 受潮　　　　　　B. 受热　　　　　　C. 超过存储期　　　D. 存储温度过高

69. BC027　在熔结环氧粉末内防腐管涂敷时，钢管的保温和冷却应符合所用熔结环氧粉末涂料的（　　）要求。
    A. 熟化时间　　　　B. 冷却温度　　　　C. 固化时间　　　　D. 固化温度

70. BC028　管道双层熔结环氧粉末外涂层为复合涂层结构，由（　　）等组成。
    A. 可焊防锈型环氧粉末底层
    B. 防腐型环氧粉末底层
    C. 抗机械损伤型环氧粉末面层
    D. 防腐抗阴极剥离环氧粉末面层

71. BC029　双层环氧粉末涂层性能指标中，要求内层和外环氧粉末固化时间（230℃±3℃）分别为不大于（　　）。
    A. 2min　　　　　　B. 1.5min　　　　　C. 3.5min　　　　　D. 4min

72. BC030　双层环氧粉末喷涂系统主要包括的是（　　）和除尘器。
    A. 供粉泵　　　　　B. 喷枪　　　　　　C. 气路　　　　　　D. 传送装置

73. BC031　双层熔结环氧粉末外涂层防腐管涂敷外涂层时,(　　)应符合厂家提供的技术规定。
　　A. 胶化温度　　　B. 固化温度　　　C. 固化时间　　　D. 延迟时间

74. BC032　国内使用的管道非开挖修复技术主要有(　　)等。
　　A. HDPE 管内穿插修复法　　　　　B. 复合软管内翻衬修复法
　　C. 不锈钢内穿插修复法　　　　　　D. 涂敷内衬修复法

75. BC033　HDPE 管内穿插修复中旧管道开挖断开长度根据选用的 HDPE 管的(　　)和现场环境条件来确定。
　　A. 直径　　　　　B. 壁厚　　　　　C. 屈服强度　　　D. 焊接强度

76. BC034　软管内翻衬修复中,旧管道内清理质量检测包括(　　)。
　　A. 除锈质量检测　　　　　　　　　B. 通过性检测
　　C. 锚纹深度检测　　　　　　　　　D. 内表面外观质量检测

77. BC035　泡沫塑料防腐保温管的泡沫塑料由(　　)组成。
　　A. 聚苯乙烯　　　　　　　　　　　B. 多异氰酸酯
　　C. 组合聚醚　　　　　　　　　　　D. 聚氨基甲酸酯

78. BC036　泡沫塑料防腐保温管用(　　)作为泡夹管覆盖层,属于暂时性覆盖层。
　　A. 环氧煤沥青　　B. 油脂　　　　　C. 石蜡　　　　　D. 可剥性塑料膜

79. BC037　泡沫塑料防腐保温管生产前各类设备应根据管径大小和成型工艺来调整(　　)等工艺参数。
　　A. 乳白时间　　　B. 拔丝时间　　　C. 发泡时间　　　D. 固化时间

80. BC038　泡沫塑料防腐保温管"一步法"成型时,(　　)中心应根据钢管直径控制作业线,保持在同一水平线上。
　　A. 中频加热线圈　B. 钢管　　　　　C. 挤出机机头　　D. 纠偏环

81. BC039　泡沫塑料防腐保温管"管中管"成型采用高压发泡时,其注料方式可采用(　　)等。
　　A. 高压喷枪　　　B. 中央开孔　　　C. 端面开孔　　　D. 端面倾注

82. BC040　泡沫塑料防腐保温管露天存放过长时,应对性能重新测试,保温层应测的指标有(　　)等。
　　A. 吸水率　　　　B. 拉伸强度　　　C. 抗压强度　　　D. 导热系数

83. BD001　埋地钢质管道外防腐层修复的质量检验内容包括防腐层外观、厚度和(　　)等项。
　　A. 干性检查　　　B. 漏点检测　　　C. 黏结力测试　　D. 剥离强度

84. BD002　非腐蚀性气体输送用内防腐管涂膜应(　　),且不应有任何的不规则。
　　A. 光泽　　　　　B. 厚度均匀　　　C. 颜色均匀　　　D. 无褪色

85. BD003　液体环氧涂料内防腐管涂敷过程中,涂层外观检查应用(　　)逐根检查涂层外观质量。
　　A. 目测　　　　　B. 内窥镜　　　　C. 型式检验法　　D. 摄像机

86. BD004　关于液体环氧涂料内防腐管出厂时,采用刀挑法进行附着力检测的(　　)结果判断为合格。
   A. 所有涂层都被挑起，裸露出金属基体
   B. 不能从金属基体挑起涂层，只有刀痕划到的地方看到金属
   C. 超过50%的涂层被挑起
   D. 小部分涂层被挑起，但50%以上的涂层完好

87. BD005　3PE防腐管除锈后，宜采用（　）测量表面锚纹深度。
    A. 经纬度测量仪　　B. 粗糙度测量仪　　C. 锚纹深度测试纸　　D. 千分表深度测量仪

88. BD006　3PE防腐管涂敷过程中，每班至少应测量一次防腐管的环氧粉末层（　）。
    A. 附着力　　　　　B. 厚度　　　　　　C. 热特性　　　　　　D. 涂层黏结力

89. BD007　水泥砂浆衬里防腐管衬里外观检测可采用（　）等方法。
    A. 肉眼　　　　　　B. 内窥镜观察　　　C. 直尺测量　　　　　D. 敲击

90. BD008　熔结环氧粉末内防腐管内表面除锈前，应每2h测量并记录（　）。
    A. 露点温度　　　　B. 环境温度　　　　C. 环氧粉末温度　　　D. 钢管表面温度

91. BD009　熔结环氧粉末内防腐管涂层漏点检查，当（　）检测结果时，应进行重涂。
    A. 普通级防腐层平均每平方米漏点数量≥1个
    B. 加强级防腐层平均每平方米漏点数量≥0.6个
    C. 个别漏点的面积≥250cm²
    D. 个别漏点的面积≥350cm²

92. BD010　双层熔结环氧粉末防腐管外涂层厚度检测时，应使用多层测厚仪测量（　）并记录。
    A. 总厚度　　　　　B. 内层厚度　　　　C. 外层厚度　　　　　D. 固化度

93. BD011　采用（　）作防腐衬里的化学设备，其表面处理方法为喷射除锈。
    A. 橡胶　　　　　　B. 玻璃钢　　　　　C. 搪瓷　　　　　　　D. 软聚氯乙烯板

94. BD012　检查立式储罐环氧玻璃钢内衬层厚度时，应把储罐内壁划分成（　）有代表性的部分来检测。
    A. 罐顶　　　　　　B. 罐壁　　　　　　C. 罐壁下半部　　　　D. 罐底

95. BD013　储罐无溶剂聚氨酯内防腐层厚度检测时，应将储罐内壁分成（　）若干部分抽测。
    A. 罐顶　　　　　　B. 罐壁　　　　　　C. 罐底　　　　　　　D. 罐附件

96. BD014　液体环氧涂料内防腐储罐每涂敷完一道漆后，应检查涂层的（　），不得漏涂。
    A. 外观　　　　　　B. 干膜厚度　　　　C. 湿膜厚度　　　　　D. 针孔

97. BE001　涂敷厂应对非腐蚀性气体输送用内防腐管有（　）的涂层进行修补。
    A. 受损　　　　　　B. 缺陷　　　　　　C. 流淌　　　　　　　D. 暗泡

98. BE002　液体环氧涂料内防腐管防腐层有（　）等缺陷时应进行修补。
    A. 附着力不合格　　B. 漏点　　　　　　C. 型式检验不合格　　D. 漏涂

99. BE003　3PE防腐管的现场补口可采用（　）方式或设计选定的其他方式。
    A. 环氧底漆　　　　　　　　　　　　　B. 辐射交联聚乙烯热收缩带（套）
    C. 热塑性粉末　　　　　　　　　　　　D. 双组分聚氨酯

100. BE004　3PE 防腐管补口施工工艺规程(APS)应根据(　　)等进行编制。
　　　A. 设计要求　　　　　　　　　　　B. 热收缩带(套)使用说明书
　　　C. 标准规范要求　　　　　　　　　D. 补口施工经验
101. BE005　3PE 防腐管补口热收缩带(套)收缩后,(　　)之间的搭接宽度应不小于100mm。
　　　A. 环氧底漆层　　B. 热收缩带(套)　　C. 聚乙烯层　　D. 钢管裸露处
102. BE006　3PE 防腐管补口后热收缩带(套)对(　　)的剥离强度都应不小于50N/cm。
　　　A. 钢管　　　　B. 聚乙烯防腐层　　C. 补口带　　　D. 胶层
103. BE007　3PE 防腐管防腐层补伤范围包括防腐层(　　)及剥离强度测定时的切口等。
　　　A. 划伤　　　　B. 碰伤　　　　　　C. 空鼓　　　　D. 分层
104. BE008　熔结环氧粉末内防腐管所修补防腐层应进行(　　)的检验。
　　　A. 外观　　　　B. 附着力　　　　　C. 厚度　　　　D. 漏点
105. BE009　双层熔结环氧粉末外涂层防腐管对于直径小于或等于25mm 的缺陷部位,可用(　　)进行局部修补。
　　　A. 溶剂型环氧树脂涂料　　　　　　B. 双组分环氧树脂涂料
　　　C. 热熔修补棒　　　　　　　　　　D. 业主同意的同等物料
106. BE010　管道内涂层自动补口车的补口工艺流程为施工准备和(　　)、质量检验。
　　　A. 探测定位　　B. 内除锈　　　　　C. 内除尘　　　D. 内喷涂补口
107. BE011　钢质储罐液体环氧涂料内涂层修补处防腐层固化后,应进行修补防腐层(　　)检查。
　　　A. 厚度　　　　B. 漏点　　　　　　C. 除锈等级　　D. 外观
108. BE012　钢质储罐环氧玻璃钢内衬层的修补层完全固化后,应按规定对进行修补层进行(　　)检查。
　　　A. 搭接宽度　　B. 外观　　　　　　C. 厚度　　　　D. 针孔
109. BF001　企业技术管理的目的是有计划地、合理地利用企业(　　),把最新的科技成果尽快地转化为现实的生产力。
　　　A. 劳动力　　　B. 技术力量　　　　C. 资源　　　　D. 资产
110. BF002　建筑企业技术管理的基础工作内容之一是制订与贯彻执行(　　)。
　　　A. 技术标准　　B. 技术规程　　　　C. 国家工法　　D. 施工组织设计
111. BF003　施工企业开展全面质量管理,必须满足(　　)和多方法质量管理的基本要求。
　　　A. 全方位的质量管理　　　　　　　B. 全过程的质量管理
　　　C. 全员的质量管理　　　　　　　　D. 全企业的质量管理
112. BF004　"QC"小组的活动宗旨是(　　)。
　　　A. 提高职工素质、激发职工的积极性和创造性
　　　B. 改进质量、降低消耗、提高经济效益
　　　C. 做好施工工序工艺规范化和安全文明施工管理常态化
　　　D. 建立文明和心情舒畅的生产、服务和工作现场
113. BF005　搞好班组核算,必须建立相应的材料、工具的领、退、保管制度和考勤、劳动组

织制度以及（　　）等规章制度。
A. 设备管理和维修制度　　　　B. 质量检验制度
C. 成本控制制度　　　　　　　D. 评比奖励制度

114. BF006　班组经济核算应建立严格的（　　）制度。
A. 考核　　　B. 检查评比　　　C. 奖惩　　　D. 技能

115. BF007　施工组织设计按设计阶段和编制对象不同，分为（　　）等类型。
A. 施工组织总设计　　　　　　B. 单位工程施工组织设计
C. 施工方案　　　　　　　　　D. 工艺流程

116. BF008　施工组织设计编制一般包含工程概况和（　　）的基本内容。
A. 施工部署及施工方案　　　　B. 施工进度计划
C. 施工平面图　　　　　　　　D. 主要技术经济指标

117. BF009　施工组织设计的编制应与（　　）三个管理体系有效结合。
A. 班组　　　B. 质量　　　C. 环境　　　D. 职业健康安全

118. BF010　防腐施工中应对噪声源采取（　　）的措施，坚决杜绝野蛮施工，保证厂界噪声达标排放。
A. 减振　　　B. 隔音　　　C. 消声　　　D. 消除

119. BF011　防腐施工中，用于防腐的（　　）材料应分别存放，不应与其他材料混淆。
A. 铁质　　　B. 易燃　　　C. 易爆　　　D. 有毒

120. BF012　在抛丸除锈安全技术操作中，在（　　）情况之一禁止进行除锈作业。
A. 抛丸系统密封破坏　　　　　B. 供丸系统堵塞
C. 抛丸机转动不平衡　　　　　D. 通风除尘装置损坏

## 三、判断题（对的画"√"，错的画"×"）

（　）1. AA001　大多数继电器的执行机构都是触点系统，通过它的"通"与"断"，来完成一定的控制功能。触点系统的故障一般有触点过热、磨损、熔焊等。

（　）2. AA002　根据系统中所用液压泵的类型，决定选用矿油型液压油或抗燃型液压油。

（　）3. AA003　液压元件在制造、储存、运输、安装过程中带入的砂粒、磨料、铁屑、焊渣、锈片和灰尘，虽经清洗干净而残留下来造成污染物残留污染物。

（　）4. AA004　液压系统定期换油法是根据介质本身规定的使用寿命来进行的。

（　）5. AA005　气动技术与液压传动和控制方式相比，输出力以及工作速度的调节困难，只能近距离输送。

（　）6. AA006　气缸的速度即活塞的速度，主要根据气压发生装置的需要确定。

（　）7. AB001　辅助阳极表面应清除干净，严禁涂油漆、焦油和沥青。

（　）8. AB002　长输管道阴极保护测试系统中，在管道穿路套管处不设电位测试桩。

（　）9. AB003　在丘陵、山区，牺牲阳极可等距分布埋设。

（　）10. AB004　在容器内壁有覆盖层时，等于减少了钢的裸露面积，因此所需保护电流量应减少。

（　）11. AB005　直流杂散电流在管道中流动，电流流出管道处是管道的腐蚀部位。

(    )12. AB006　在易燃易爆区安装外加电流阴极保护系统,应设置防爆装置,各种接线点应置于密闭的接线箱中,其阳极接线头可直接与金属接线箱外壳接触。

(    )13. AC001　埋地管道介质腐蚀的影响因素包括金属材料、含水量、含氧量、含盐量、氧化还原电位、电阻率、杂散电流的影响、管地电位等多方面因素。

(    )14. AC002　管道防护层的作用是将管体金属基体与具有腐蚀性的土壤环境隔离,同时为附加阴极保护的实施提供必要的绝缘条件,使得长距离保护埋地管道成为可能。

(    )15. AC003　化学平衡状态就是指在一定条件下的可逆反应里,正反应和逆反应的时间不等,反应混合物中各组成成分的含量保持不变的状态。

(    )16. AC004　防腐蚀涂装施工现场严禁动火和吸烟,要配置二氧化碳灭火器、防火箱和石棉布等消防器材。

(    )17. AC005　涂料溶剂浓度高时,对人体神经有严重刺激和危害,易造成抽搐、头晕等症状。

(    )18. AC006　粉末喷涂室应避免与产生并散逸水蒸气酸雾以及其他具有黏附性腐蚀性易燃易爆等介质的生产装置布置在一起,应与产生以上介质的区域隔离布置。

(    )19. AD001　防腐蚀涂料的防护作用包括屏蔽作用、缓蚀作用和阳极保护作用。

(    )20. AD002　防腐蚀涂料涂层体系包括底漆、中间层、面漆,每层按需要分别涂刷一至数次。

(    )21. AD003　环氧树脂固化后,具有很好的电绝缘性,是一种很好的绝缘漆。

(    )22. AD004　厚膜化是重防腐涂料的重要标志,其干膜厚度在 $100\mu m$ 或 $150\mu m$ 以上,还有 $500\sim1000\mu m$,甚至高达 $2000\mu m$。

(    )23. AD005　以 1L 溶液里含有多少溶质摩尔数(溶质物质的量)来表示的溶液浓度,称为质量摩尔浓度。

(    )24. AD006　单位体积溶液中溶质的质量称为该组分的质量浓度,单位有 $g/mL$、$kg/m^3$。

(    )25. BA001　在防腐作业线速度调整时各段传动轮角度应必须相同。

(    )26. BA002　机械除锈喷砂法效率高,质量好,工件表面存在大量水分和油污时效率会更加明显。

(    )27. BA003　火焰除锈应包括在火焰加热作业后,以动力钢丝刷清理加热后附着在钢材表面的产物。

(    )28. BA004　钢铁表面粗糙度太小,不利于漆膜的附着力的提高;粗糙度太大,如漆膜用量一定时,则会造成漆膜厚度分布的不均匀,特别是在波峰处的漆膜厚度不足而低于设计要求,引起早期的锈蚀。

(    )29. BA005　钢管内喷丸除锈时空压机的供气量应小于喷砂机最大耗气量的 1 倍。

(    )30. BA006　与开放式喷砂除锈相比,环保型喷砂除锈机增加了一套真空回收装置,对钢砂及除锈粉尘进行回收,从而减少了除锈粉尘对外界造成的不良影响。

( )31. BB001 涂层与牺牲阳极联合保护可以有效保护涂层破损处,与单纯的阴极保护相比,节省牺牲阳极用量、电流分散效率好,是行之有效的保护办法。

( )32. BB002 预硫化橡胶衬里指将未硫化过的橡胶板用黏合剂粘接在受衬设备上,在自然条件下完成硫化过程形成的衬里。

( )33. BB003 对于有强烈振动的设备和内径过小的管道,也可采用橡胶衬里。

( )34. BB004 橡胶衬里中胶板下料搭接时,留出足够长搭边,开坡口60°~75°,对接时密合平。

( )35. BB005 玻璃钢的密度小、强度高、质地坚固,可以和钢铁相媲美,其比强度与高级合金钢相仿,甚至更高,因此得名玻璃钢。

( )36. BB006 环氧玻璃钢中环氧树脂的固化剂宜采用聚酰胺。

( )37. BB007 环氧玻璃钢内衬层现场适应性试验试件硬度检验应采用巴氏硬度计,应在60~90HBa。

( )38. BB008 环氧玻璃钢内衬层连续铺贴法是将一块玻璃布按纬向分成二等分,当铺完第一层布后,第二层布贴在第一层的1/2。

( )39. BB009 玻璃钢衬里连续铺贴玻璃布时,需进行认真检查并处理上层的毛刺、气泡及胶料流挂。

( )40. BB010 储罐保温结构的保护层有非金属保护层和金属保护层两种形式。

( )41. BB011 钢制储罐进行液体环氧涂料内防腐层施工时,下一道漆宜在上一道漆固化后涂敷。

( )42. BB012 储罐无溶剂聚氨酯涂料内防腐层宜采用一次多道喷涂达到规定厚度的结构。

( )43. BC001 非腐蚀性气体输送用内涂敷管内涂层性能试验用钢板样对涂敷表面进行喷砂处理。

( )44. BC002 非腐蚀性气体输送用内涂敷管体表面在涂敷后必须充分干燥。

( )45. BC003 非腐蚀性气体输送用内涂敷管内覆盖层在没有规定最小厚度的情况下,干膜的最小厚度应为80μm。

( )46. BC004 非腐蚀性气体输送用内涂敷管修补或重新涂敷完成后,原有标识应保留。

( )47. BC005 液体环氧涂料内防腐管加强级内防腐层的干膜厚度为≥300μm。

( )48. BC006 液体环氧涂料中溶剂含量应越少越好。

( )49. BC007 液体环氧涂料有效期应不小于2年。

( )50. BC008 液体环氧树脂涂料内防腐管道施工现场的温度过高,相对湿度过大,涂层易产生流淌。

( )51. BC009 液体环氧涂料内防腐管内表面处理后,应在6h内进行涂敷施工。

( )52. BC010 液体环氧涂料内防腐管件涂敷宜按照管道涂敷工艺的要求采用无气喷涂工艺涂敷,且涂层厚度应低于管体涂层厚度。

( )53. BC011 3PE防腐管适用性试验中,从防腐管或在同一工艺条件下涂敷的试验管段上截取试件对防腐层剥离强度(20±5)℃应不小于70N/cm。

( )54. BC012　在3PE防腐中,钢管传送线钢管转动时,纵向线速度 $v$ 与辊轮转速 $n$、辊轮外径 $D$ 和滚轮偏转角度 $\alpha$ 之间的关系为 $v=\pi Dn\tan\alpha$。

( )55. BC013　在3PE防腐中,胶黏剂涂敷必须在环氧粉末熔融胶化过程中进行,以确保胶黏剂与环氧涂料能相互渗透并起反应。

( )56. BC014　3PE管防腐作业线中,在粉末喷涂系统供粉器内,压缩空气被分为四个支路,即一次风、二次风、三次风和流化风。

( )57. BC015　在3PE防腐中,硅橡胶压辊胶层的厚度过厚,发生形变后,辊芯与防腐层直接接触,则在碾压成型过程中,会搓碾防腐层造成表面皱褶。

( )58. BC016　在3PE防腐中,粉末喷涂时应采用外置高压静电发生器粉末喷枪,可使绝大多数粉末被充电,提高了粉末在钢管表面的吸附能力。

( )59. BC017　3PE防腐管露天存放超过8个月以上时,应用不透明的遮盖物对防腐管加以保护。

( )60. BC018　一般说来,用风送挤涂法施工水泥砂浆衬里防腐管时,衬里层厚度均匀。

( )61. BC019　水泥砂浆衬里防腐管砂浆质量配比可在水泥:砂子＝1:1~1:2范围内选用。

( )62. BC020　水泥砂浆衬里防腐管涂敷机涂敷是采用专用机具涂敷水泥砂浆衬里的现场施工工艺方法。

( )63. BC021　水泥砂浆衬里钢管风送挤压衬里时,挤压装置应选用胶皮碗没有划痕的涂敷器。

( )64. BC022　水泥砂浆衬里防腐管离心成型衬里时,钢管靠摩擦力使钢管与主动轮同向旋转,在离心力作用下均匀分散在管壁形成衬里。

( )65. BC023　工厂预制的钢管和管件水泥砂浆衬里可采用蒸汽养护法和自然养护法。

( )66. BC024　熔结环氧粉末内防腐管防腐层厚度应根据介质的腐蚀性、运行温度等工程因素选择。

( )67. BC025　FBE防腐管道内涂敷工艺与外涂敷工艺类似,表面处理工艺基本一致,除锈采用内抛丸工艺。

( )68. BC026　熔结环氧粉末内防腐管工艺评定试验后,其生产工艺参数若改变也不必要再进行工艺评定试验。

( )69. BC027　熔结环氧粉末内防腐管在喷射除锈之前,应对钢管表面预热,钢管内表面的温度应为275℃。

( )70. BC028　双层环氧粉末涂层(DPS)结构由于外层采用了增塑环氧粉末,防腐层的抗冲击和抗划伤性能提高了。

( )71. BC029　双层环氧粉末涂层的内、外层环氧粉末涂料应使用同一生产商的配套产品,并色泽一致。

( )72. BC030　双层熔结环氧粉末外涂层防腐管预热后,先用第一组喷枪喷涂底层粉末,然后用第二组静电喷枪直接喷涂面层粉末。

( )73. BC031　管道用双层环氧粉末涂装时,回收的混合粉比例在15%以内。

(    )74. BC032　涂敷挤涂内衬法是通过一个快速旋转的喷涂头将内衬浆液喷涂到管道内壁,固化后形成修复内衬层。

(    )75. BC033　HDPE管内穿插修复法施工前,首先应沿着旧管线铺设路径进行现场勘察,确定合适的开挖地点和切断位置,做好工程设计和施工计划。

(    )76. BC034　软管内翻衬修复构成的钢塑复合管,原管道起维护防腐作用,衬里层起支撑作用。

(    )77. BC035　聚氨酯泡沫塑料具有导热系数小、密度小、吸水率小等优点。

(    )78. BC036　为防止泡沫塑料防腐保温管聚乙烯塑料层在露天存放发生性能变化,特加入紫外线吸收剂、光屏蔽剂、氧化剂等助剂。

(    )79. BC037　泡沫塑料防腐保温管采用"管中管"生产工艺时,应调整钢管、机头、送进机等生产设备同轴度和高度。

(    )80. BC038　泡沫塑料防腐保温管采用"一步法"生产工艺时,纠偏环应处于泡沫开始固化位置,位于泡沫液面后150~200mm。

(    )81. BC039　泡沫塑料防腐保温管"管中管"成型时,钢管外表面等距离放置定位架等,并将钢管穿入外护管中,外护管比钢管短300~500mm。

(    )82. BC040　防腐保温管不得长期受阳光照射及雨淋,露天存放不应超过6个月。

(    )83. BD001　埋地钢质管道外防腐层修复干性检查仅针对反应固化型液体涂料。

(    )84. BD002　非腐蚀性气体输送用内防腐管规定的任何生产试验不可以在已固化的涂层钢管上进行。

(    )85. BD003　液体环氧涂料内防腐管涂敷过程中,若管径太小,探头伸不到管内150mm以上时,可在钢管端头测量涂层厚度。

(    )86. BD004　液体环氧涂料内防腐管出厂检验涂层厚度时,若对质量有怀疑时,可采用在管中间断开抽查,用以判定涂层厚度是否符合标准。

(    )87. BD005　3PE防腐管除锈质量应达到GB/T 8923.1—2011中规定的Sa2级要求,锚纹深度达到20~70μm。

(    )88. BD006　3PE防腐管每连续生产50km进行一次阴极剥离试验。

(    )89. BD007　公称直径DN1000mm及以上的水泥砂浆衬里管道,应用裂缝检查仪或直尺检查两端水泥砂浆衬里裂纹。

(    )90. BD008　熔结环氧粉末内防腐管连续生产时,应逐根检测钢管表面除锈质量。

(    )91. BD009　熔结环氧粉末内防腐管涂层厚度检测时,测量点至少包括距管端500mm以上位置的4个点。

(    )92. BD010　应每班至少抽取1根熔结环氧粉末外涂层防腐管进行涂层固化度检验。

(    )93. BD011　衬里黏结强度取决于胶黏剂本身性能,与被黏物和胶黏剂界面的特性无关。

(    )94. BD012　对于储罐环氧玻璃钢内衬层修补后,黏结力仍不合格的防腐层应按规定进行修补。

(    )95. BD013　储罐无溶剂聚氨酯内防腐层附着力检验应在现场喷涂的试件上进行测试。

(    ) 96. BD014　储罐液体涂料内防腐层涂敷过程中,最后一道面漆实干后固化前应检查防腐层的厚度,厚度达不到设计要求时应增加涂敷遍数直至合格。

(    ) 97. BE001　非腐蚀性气体输送用内防腐管重涂前应对钢管进行彻底清除灰尘和各种沉积物。

(    ) 98. BE002　液体环氧涂料内防腐管防腐层修补所用涂料应与原有涂料一致。

(    ) 99. BE003　3PE 防腐管补口后热收缩带(套)安装系统的剥离强度(23℃)不小于 70N/cm。

(    ) 100. BE004　3PE 防腐管补口工艺评定试验(PQT)期间的热收缩带(套)安装时间应不大于预估的现场补口时间。

(    ) 101. BE005　3PE 防腐管补口处在进行表面喷砂除锈前,应使用无污染的热源将补口部位的钢管预热至露点以上至少 3℃ 的温度。

(    ) 102. BE006　3PE 防腐管补口后质量检测宜在补口安装 12h 后进行。

(    ) 103. BE007　3PE 防腐管修补时,应先除去损伤部位的污物,并将该处的聚乙烯层打毛,然后将损伤部位的聚乙烯层修切圆滑,边缘应形成钝角。

(    ) 104. BE008　熔结环氧粉末内防腐管修补时,应确保钢管表面温度至少高于露点以上 3℃。

(    ) 105. BE009　当双层熔结环氧粉末外涂层防腐管径大于或等于 219mm 时,平均每米管长漏点数超过 0.5 个,需重涂。

(    ) 106. BE010　目前,管道内涂层补口时涂料的雾化多采用空气喷涂。

(    ) 107. BE011　钢质储罐液体环氧涂料内涂层复涂,应将罐壁打毛,使罐体表面粗糙,按规定涂敷面漆,直至达到规定厚度。

(    ) 108. BE012　钢质储罐环氧玻璃钢内衬层修补时所使用的材料和结构等级与原主体内衬层相同。

(    ) 109. BF001　企业技术管理系统的建立,是根据技术管理的基本理论,以促进企业开发市场为目的。

(    ) 110. BF002　技术标准是在生产过程中指导工人正确的操作方法、机械设备和工具的合理使用、维修,以及技术安全等方面所作的统一规定。

(    ) 111. BF003　全面质量管理就是一个组织以质量为中心,以全员参与为基础,目的在于通过让顾客满意和本组织所有成员及社会受益而达到长期成功的管理途径。

(    ) 112. BF004　"QC"小组是企业中群众性质量管理活动的一种有效组织形式,是职工参加企业民主管理的经验同现代科学管理方法相结合的产物。

(    ) 113. BF005　车间是企业生产经营的最小细胞,也是最基本的生产单位。

(    ) 114. BF006　经济核算单位确定后,尽可能按人核算,然后再按班组汇总核算。

(    ) 115. BF007　通过施工组织设计的编制,明确工程的施工方案、施工顺序、劳动组织措施、施工进度计划及建设单位与施工单位。

(    ) 116. BF008　施工组织设计编制的繁简,一般要根据工程规模大小、结构特点、技术复杂程度和施工条件的不同而定,以满足不同的实际需要。

(　　) 117. BF009　施工组织设计的编制程序中,应计算所有工种工程的工程量和计算全部技术经济指标。

(　　) 118. BF010　所有新建、扩建、改建项目必须严格遵守国家建设项目环境保护管理条例,做到污染物排放达到国家规定的排放标准。

(　　) 119. BF011　防腐施工中,禁止一边进行防腐衬里,一边用湿膜测厚仪检查。

(　　) 120. BF012　防腐作业人员油罐进入时,应有人穿戴好劳动保护用品先进入油罐,测量罐内的气体浓度。

## 四、简答题

1. AA004　简述控制液压介质污染的具体方法和措施。
2. AA004　目前确定换油周期有哪几种方法?
3. AB005　简述牺牲阳极的安装程序。
4. AB005　简述杂散电流腐蚀干扰的分类。
5. AC004　简述涂装现场的危险等级以及其可能发生的现场情况。
6. AC004　简述防腐涂装过程的可燃物及火灾危险因素。
7. AD002　简述防腐涂料的基本要求。
8. AD002　重防腐蚀涂料如何配套使用?
9. BA003　简述手动和动力工具清理过的钢材表面处理等级及质量要求。
10. BA003　简述喷射清理过的钢材表面处理等级及质量要求。
11. BB008　简述储罐环氧玻璃钢内衬施工的工艺流程。
12. BB008　简述储罐橡胶衬里施工的工艺流程。
13. BB012　简述钢质储罐无溶剂聚氨酯内防腐层涂敷的要求。
14. BB012　简述双组分刷涂型涂料的配制操作内容。
15. BC013　简述 3PE 管防腐层与 2PE 管相比的性能优点。
16. BC013　简述 3PE 防腐层的施工工艺控制要点。
17. BC015　简述 3PE 管防腐层外表面出现皱褶缺陷的原因。
18. BC015　简述避免 3PE 管防腐层管端出现翘边缺陷的控制措施。
19. BC018　简述风送挤涂法水泥砂浆衬里的工艺过程。
20. BC018　为什么水泥砂浆衬里能长期使用?
21. BC028　简述双层环氧粉末外涂层的结构。
22. BC028　简述双层熔结环氧粉末防腐体系(DPS)的特点。
23. BC039　简述"一步法"保温管生产工艺流程。
24. BC039　简述"管中管"保温管生产工艺流程。
25. BD006　简述 3PE 防腐管生产过程中的质量检验内容。
26. BD006　简述 3PE 防腐管生产过程中防腐层漏点的质量检验要求。
27. BD008　简述试验室采用撬剥法评定环氧粉末涂层附着力等级的分级标准。
28. BD008　简述管道液体环氧涂料内防腐层附着力检查的操作方法。
29. BE005　简述 3PE 防腐管现场补口工艺过程。

30. BE005 简述3PE防腐管补伤的工艺要求。

## 五、计算题

1. AB002 牺牲阳极输出电流测试时,接入导线的总长度不大于1m,截面积不宜小于2.5mm²,标准电阻值是0.1Ω,牺牲阳极输出电流是60mA,则数字万用表置于DC200mV量程时,其读数是多少?

2. AB002 某管线设计选用镁阳极保护,经计算全线需要500支镁阳极。现选用配方一(硫酸镁:石膏粉:膨润土=3.5:1.5:5)配制填包料。如果每支镁阳极需要填包料50kg,问总共需要多少硫酸镁、石膏粉和膨润土?

3. AC001 把一块铁和一块铜放入电解质溶液中,用一根导线把它们连接,经测定流经导线的电流为20mA,那么一个月(30d)以后铁的腐蚀量为多少?提示:法拉第定律 $M = ZIt$,铁的电化当量比例常数 $Z = 0.6944 g/(A \cdot h)$。

4. AC001 进行埋地管道土壤腐蚀性调查中,已知两极间距离为2m,该测试点的土壤电阻率50.24Ω·m,求用电阻率测量仪测得该点土壤电阻是多少?

5. AD005 已知蔗糖的摩尔质量为342g/mol。如果684g蔗糖溶于2kg水溶液中,求该蔗糖溶液的质量摩尔浓度是多少?

6. AD005 将200g的蔗糖溶解到1800g的水中,求该溶液的质量分数为多少?

7. BA004 某一钢管喷砂除锈设备所配套的喷砂机压力为0.65MPa,喷砂胶管的压力损失为0.007MPa/m,喷砂胶管长20m,求该喷砂机的有效工作压力为多少?

8. BA004 在一项防腐工程中,需对钢管进行内除锈施工。已知喷丸除锈的磨料消耗为576.6kg/h,磨料的正常消耗率为5%,求工作8h需要消耗多少磨料?

9. BB006 已知玻璃钢制品的表面积为2m²,共手工糊制玻璃钢5层,玻璃纤维单位面积的质量150g/m²,则玻璃纤维的质量是多少?

10. BB006 已知玻璃钢制品的总质量为500g,玻璃纤维质量分数为35%,那么玻璃纤维质量是多少?

11. BB011 某200m³立式拱顶储罐需进行罐筒体内壁和罐底板液体环氧涂料内防腐施工。已知罐体外形尺寸为罐筒体内径为6.6m,高为6.6m,拱顶板面积近似为底板面积的1.1倍。求该储罐内防腐面积?

12. BB011 某200m³立式拱顶储罐采用无溶剂液体环氧涂料内防腐工程中,要求底漆、面漆涂膜干膜厚度各为100μm。已知所采用的底漆、面漆涂料密度均为1500kg/m³,高压无气喷涂时涂料损耗为15%,经计算该储罐的内防腐面积为200m²,求内防腐施工时的底漆、面漆涂料理论用量各为多少?

13. BC010 某有溶剂液体环氧涂料内防腐管道施工中,要求涂膜干膜厚度200μm。已知所采用涂料密度为1500kg/m³,涂料质量固体含量为80%,在不考虑油漆损耗的情况下,求每平方米的涂料理论用量为多少?

14. BC010 已知某液体环氧涂料内防腐管道施工中,液体环氧涂料的遮盖力是0.4kg/m²,施工损耗为10%,若防腐管内径为200mm,单根管长为12m,问单根钢管内防腐需多少环氧涂料原料?

15. BC013　3PE 防腐管外径为 529mm，所用聚乙烯防护层为低压高密度聚乙烯，密度在 0.95g/cm³，厚度为 2.5mm，防腐层端头预留 300mm，单根钢管的长度均为 12m，求该防腐管道单管的聚乙烯原料用量？

16. BC013　3PE 防腐管生产线钢管转动时，生产线的辊轮转速为 10r/min，辊轮外径为 200mm，滚轮偏转角度为 15°，求钢管的纵向线速度是多少？

17. BC019　管道水泥砂浆衬里防腐中，水灰比为 0.4∶1（质量比），现有水 400t，至少需要灰多少吨才能符合配比要求？

18. BC019　管道聚合物水泥砂浆衬里防腐中，水泥、石英砂、聚合物三者质量之比为 1∶1.2∶0.25，现需配制聚合物水泥砂浆原料 490t，求需要水泥、石英砂、聚合物分别是多少？

19. BC031　熔结环氧粉末内涂层防腐管内径为 100mm，若粉末用量为 0.5kg/m²，粉末损耗率为 10%，求生产 50km 该防腐管环氧粉末的用量是多少？

20. BC031　已知某双层熔结环氧粉末防腐管涂层涂料的遮盖力是 325g/m²，施工损耗为 15%，现有弯头工件 100 件，每件需防腐面积为 0.5m²，问将这些工件全部防腐需多少环氧粉末原料？

21. BC037　试求一根 12m 长，保温层厚度为 50mm，保护层厚度为 1.6mm 的 $\phi$219mm 泡夹管，所需聚乙烯原料为多少？已知保护层容重 0.95kg/dm³。

22. BC037　试求一根 12m 长，保温层厚度为 50mm，保护层厚度为 1.6mm 的 $\phi$219mm 泡夹管，所需泡沫料为多少？已知泡沫表观密度 55kg/m³。

23. BC038　在泡夹管生产中，505 聚醚与乙二胺以 2∶1 的比例配制，甲、乙组料以 1∶1.2 的比例挤出，求 1000kg 异氰酸需要多少乙二胺？

24. BC038　外防护层为玻璃钢的防腐保温管预制，现在玻璃钢管中间开工艺孔，使用聚氨酯高压发泡机，往玻璃钢管外防护层与管子空腔内高压喷射泡沫原料。已知泵流量为 0.8kg/s，玻璃钢管内径为 215mm，钢管外径为 114mm，玻璃钢管内环形空腔长度为 12m，泡沫密度 100kg/m³，求泡沫原料的喷注时间是多少？

25. BD010　熔结环氧粉末内涂层钢管进厂检验，经测量，用 1m 长直尺靠量在钢管的最大弯曲处，测其弦高为 2.5mm，求该钢管的局部弯曲度？若钢管长度为 8m，测得最大弦高为 30mm，求该钢管全长弯曲度。

26. BD010　某批次双层熔结环氧粉末防腐管为加强级外涂层结构，当对防腐层进行涂层电火花漏点检测时，根据标准要求，该批防腐管的最小检漏电压为多少？

27. BD014　已知钢管外 3PE 防腐层的厚度为 3mm，则此防腐管的检漏电压是多少？

28. BD014　某一钢质储罐液体环氧涂料内防腐层厚度为 250$\mu$m，在进行内防腐层最终质量检验漏点时，按标准中的规定，该储罐防腐层的检漏电压是多少？

29. BE005　3PE 防腐管线现场补口，管道为 $\phi$720mm，补口方式为采用热收缩带补口，补口处宽度为 500mm。若热收缩带材料热收缩均匀，收缩率为 20%。求该补口工程所用热收缩带的最小裁剪尺寸是多少？

30. BE005　在 3PE 防腐管补口过程中，现有 2000 个防腐管补口，按标准要求需抽测多少个口？

# 答 案

## 一、单项选择题

| | | | | | | | | | |
|---|---|---|---|---|---|---|---|---|---|
| 1. A | 2. D | 3. C | 4. C | 5. B | 6. A | 7. C | 8. B | 9. D | 10. C |
| 11. B | 12. C | 13. B | 14. C | 15. D | 16. D | 17. D | 18. C | 19. C | 20. A |
| 21. A | 22. A | 23. D | 24. C | 25. A | 26. D | 27. C | 28. B | 29. D | 30. B |
| 31. D | 32. A | 33. A | 34. C | 35. A | 36. B | 37. A | 38. B | 39. D | 40. B |
| 41. C | 42. A | 43. A | 44. B | 45. A | 46. C | 47. B | 48. C | 49. D | 50. A |
| 51. B | 52. D | 53. B | 54. A | 55. D | 56. B | 57. D | 58. B | 59. B | 60. B |
| 61. B | 62. C | 62. C | 64. B | 65. D | 66. A | 67. C | 68. B | 69. D | 70. A |
| 71. A | 72. C | 73. D | 74. A | 75. B | 76. C | 77. A | 78. B | 79. A | 80. C |
| 81. D | 82. A | 83. C | 84. D | 85. C | 86. A | 87. C | 88. A | 89. C | 90. C |
| 91. B | 92. B | 93. C | 94. B | 95. D | 96. C | 97. C | 98. D | 99. A | 100. D |
| 101. B | 102. A | 103. C | 104. D | 105. D | 106. B | 107. D | 108. B | 109. C | 110. D |
| 111. C | 112. C | 113. A | 114. C | 115. A | 116. C | 117. B | 118. C | 119. A | 120. B |
| 121. B | 122. C | 123. C | 124. B | 125. A | 126. C | 127. C | 128. A | 129. C | 130. D |
| 131. B | 132. C | 133. C | 134. B | 135. A | 136. B | 137. C | 138. A | 139. D | 140. C |
| 141. A | 142. B | 143. A | 144. C | 145. A | 146. A | 147. A | 148. B | 149. C | 150. A |
| 151. B | 152. B | 153. C | 154. D | 155. A | 156. B | 157. D | 158. A | 159. B | 160. B |
| 161. D | 162. C | 163. A | 164. D | 165. C | 166. B | 167. A | 168. D | 169. C | 170. A |
| 171. D | 172. A | 173. B | 174. D | 175. B | 176. D | 177. C | 178. D | 179. B | 180. B |
| 181. C | 182. A | 183. B | 184. D | 185. B | 186. C | 187. D | 188. C | 189. D | 190. C |
| 191. A | 192. C | 193. B | 194. B | 195. A | 196. B | 197. C | 198. B | 199. D | 200. C |
| 201. C | 202. B | 203. C | 204. D | 205. D | 206. C | 207. B | 208. A | 209. D | 210. B |
| 211. C | 212. B | 213. C | 214. A | 215. B | 216. C | 217. D | 218. B | 219. C | 220. A |
| 221. B | 222. D | 223. C | 224. B | 225. A | 226. C | 227. D | 228. A | 229. B | 230. C |
| 231. C | 232. B | 233. C | 234. A | 235. A | 236. D | 237. B | 238. A | 239. A | 240. C |

## 二、多项选择题

| | | | | | | |
|---|---|---|---|---|---|---|
| 1. BCD | 2. AC | 3. BCD | 4. AC | 5. ABC | 6. BCD | 7. AD |
| 8. ABC | 9. BD | 10. BC | 11. AD | 12. BC | 13. ABC | 14. ABD |
| 15. BD | 16. ABC | 17. BC | 18. ABC | 19. ACD | 20. ABCD | 21. ABCD |
| 22. ABC | 23. AD | 24. BC | 25. ABCD | 26. BCD | 27. BC | 28. ABD |
| 29. BD | 30. CD | 31. ABCD | 32. ABD | 33. BCD | 34. AC | 35. CD |

| | | | | | |
|---|---|---|---|---|---|
| 36. BCD | 37. ABCD | 38. ABC | 39. ABCD | 40. ABCD | 41. AC | 42. CD |
| 43. ABD | 44. ABCD | 45. ABCD | 46. CD | 47. BCD | 48. AC | 49. ABCD |
| 50. AD | 51. BCD | 52. BD | 53. ACD | 54. BCD | 55. AD | 56. ABC |
| 57. ABC | 58. ABCD | 59. ABC | 60. ABCD | 61. ABC | 62. BC | 63. ABD |
| 64. BD | 65. BD | 66. ACD | 67. ABC | 68. ABCD | 69. CD | 70. BC |
| 71. AB | 72. ABC | 73. BCD | 74. ABCD | 75. ABC | 76. BD | 77. BC |
| 78. BCD | 79. ABD | 80. BCD | 81. BD | 82. ACD | 83. ABC | 84. ABC |
| 85. AB | 86. BD | 87. BC | 88. BC | 89. ABCD | 90. AD | 91. ABC |
| 92. BC | 93. ABD | 94. ABD | 95. ABC | 96. AC | 97. AB | 98. BD |
| 99. AB | 100. ABCD | 101. BC | 102. AB | 103. AB | 104. CD | 105. BCD |
| 106. ABCD | 107. AB | 108. CD | 109. BC | 110. AB | 111. BCD | 112. ABD |
| 113. ABCD | 114. ABC | 115. ABC | 116. ABCD | 117. BCD | 118. ABC | 119. BCD |
| 120. ABCD | | | | | | |

三、判断题

1. √　2. ×　正确答案：根据液压系统对介质是否有抗燃性的要求，决定选用矿油型液压油或抗燃型液压油。　3. √　4. √　5. ×　正确答案：气动技术与液压传动和控制方式相比，输出力以及工作速度的调节非常容易，可远距离输送。　6. ×　正确答案：气缸的速度即活塞的速度，主要根据工作机构的需要确定。　7. √　8. ×　正确答案：长输管道阴极保护测试系统中，在管道穿路套管处应设电位测试桩。　9. ×　正确答案：在丘陵、山区，牺牲阳极不可等距分布埋设。　10. √　11. √　12. ×　正确答案：在易燃易爆区安装外加电流阴极保护系统，应设置防爆装置，各种接线点应置于密闭的接线箱中，其阳极接线头不得直接与金属接线箱外壳接触。　13. ×　正确答案：埋地管道土壤腐蚀的影响因素包括金属材料、含水量、含氧量、含盐量、氧化还原电位、电阻率、杂散电流的影响、管地电位等多方面因素。　14. ×　正确答案：管道防腐层的作用是将管体金属基体与具有腐蚀性的土壤环境隔离，同时为附加阴极保护的实施提供必要的绝缘条件，使得长距离保护埋地管道成为可能。　15. ×　正确答案：化学平衡状态就是指在一定条件下的可逆反应里，正反应和逆反应的速率相等，反应混合物中各组成成分的含量保持不变的状态。　16. √　17. √　18. √　19. ×　正确答案：防腐蚀涂料的防护作用包括屏蔽作用、缓蚀作用和阴极保护作用。　20. √　21. √　22. ×　正确答案：厚膜化是重防腐涂料的重要标志，其干膜厚度在200μm或300μm以上，还有500~1000μm，甚至高达2000μm。　23. ×　正确答案：单位质量溶剂中所含溶质的物质的量，称为质量摩尔浓度。　24. √　25. ×　正确答案：在防腐作业线速度调整时各段传动轮角度应有所不同。　26. ×　正确答案：机械除锈喷砂法效率高，质量好，工件表面存在大量水分和油污时效率会显著降低。　27. √　28. √　29. ×　正确答案：钢管内喷丸除锈时空压机的供气量应大于喷砂机最大耗气量的1.25倍。　30. √　31. √　32. ×　正确答案：自硫化橡胶衬里指将未硫化过的橡胶板用黏合剂粘接在受衬设备上，在自然条件下完成硫化过程形成的衬里。　33. ×　正确答案：对于有强烈振动的设备和内径过小的管道，不宜采用橡胶衬里。　34. ×　正确答案：橡胶衬里中胶板下料搭接时，留出足够长搭边，开坡口30°~

45°,对接时密合平。 35.√ 36.√ 37.× 正确答案:环氧玻璃钢内衬层现场适应性试验试件硬度检验应采用巴氏硬度计,应在30~60HBa。 38.× 正确答案:环氧玻璃钢内衬层连续铺贴法是将一块玻璃布按纬向分成三等分,当铺完第一层布后,第二层布贴在第一层的2/3,第三层布贴在第二层的2/3处。 39.× 正确答案:玻璃钢衬里间断铺贴玻璃布时,需进行认真检查并处理上层的毛刺、气泡及胶料流挂。 40.√ 41.× 正确答案:钢制储罐进行液体环氧涂料内防腐层施工时,下一道漆宜在上一道漆表干后涂敷,若上一道漆已经固化,应打毛后方可涂敷下一道漆。 42.√ 43.√ 44.× 正确答案:非腐蚀性气体输送用内涂敷管体表面在涂敷前必须充分干燥。 45.× 正确答案:非腐蚀性气体输送用内涂敷管内覆盖层在没有规定最小厚度的情况下,干膜的最小厚度应为38μm。 46.× 正确答案:非腐蚀性气体输送用内涂敷管修补或重新涂敷完成后,重新进行标识。 47.√ 48.√ 49.× 正确答案:液体环氧涂料有效期应不小于1年。 50.× 正确答案:液体环氧树脂涂料内防腐管道施工现场的温度过高,相对湿度过大,涂层易出现发白、橘皮等现象。 51.× 正确答案:液体环氧涂料内防腐管内表面处理后,应在4h内进行涂敷施工。 52.× 正确答案:液体环氧涂料内防腐管件涂敷宜按照管道涂敷工艺的要求采用无气喷涂工艺涂敷,且涂层厚度不应低于管体涂层厚度。 53.× 正确答案:3PE防腐管适用性试验中,从防腐管或在同一工艺条件下涂敷的试验管段上截取试件对防腐层剥离强度(20±5)℃应不小于100N/cm。 54.√ 55.√ 56.√ 57.× 正确答案:在3PE防腐中,硅橡胶压辊胶层的厚度过薄,发生形变后,辊芯与防腐层直接接触,则在碾压成型过程中,会搓碾防腐层造成表面皱褶。 58.× 正确答案:在3PE防腐中,粉末喷涂时应采用内置高压静电发生器粉末喷枪,可使绝大多数粉末被充电,提高了粉末在钢管表面的吸附能力。 59.× 正确答案:3PE防腐管露天存放超过6个月以上时,应用不透明的遮盖物对防腐管加以保护。 60.× 正确答案:一般说来,用风送挤涂法施工水泥砂浆衬里防腐管时,管道底部衬里较厚。 61.× 正确答案:水泥砂浆衬里防腐管砂浆质量配比可在水泥:砂子=1:1~1:2范围内选用。 62.√ 63.× 正确答案:水泥砂浆衬里钢管风送挤压衬里时,抹光装置应选用胶皮碗没有划痕的涂敷器。 64.× 正确答案:水泥砂浆衬里防腐管离心成型衬里时,钢管靠摩擦力使钢管与主动轮反向旋转,在离心力作用下均匀分散在管壁形成衬里。 65.√ 66.√ 67.× 正确答案:FBE防腐管道内涂敷工艺与外涂敷工艺类似,表面处理工艺基本一致,只是内抛丸工艺不能实现,一般采用内喷砂工艺。 68.× 正确答案:熔结环氧粉末内防腐管生产工艺参数改变时,应重新进行工艺评定试验。 69.× 正确答案:熔结环氧粉末内防腐管在喷射除锈之前,应对钢管表面预热,钢管内表面的温度应为40~60℃。 70.√ 71.× 正确答案:双层环氧粉末涂层的内、外层环氧粉末涂料应使用同一生产商的配套产品,并有明显色差。 72.√ 73.× 正确答案:管道用双层环氧粉末涂装时,回收的混合粉比例在10%以内。 74.× 正确答案:涂敷喷涂内衬法是通过一个快速旋转的喷涂头将内衬浆液喷涂到管道内壁,固化后形成修复内衬层。 75.√ 76.× 正确答案:软管内翻衬修复构成的钢塑复合管,原管道起维护支撑作用,衬里层起防腐作用。 77.√ 78.× 正确答案:为防止泡沫塑料防腐保温管聚乙烯塑料层在露天存放发生性能变化,特加入紫外线吸收剂、光屏蔽剂、抗氧剂等助剂。 79.× 正确答案:泡沫塑料防腐保温管采用"一步法"生产工艺时,应调整钢管、机头、送进机等生产设备同轴度和高度。 80.× 正确答案:泡沫塑料防腐保温管采用"一步法"生产工艺时,纠偏环应处于泡沫开始固化位置,位于泡沫液面后100~150mm。　81.√　82.√　83.√　84.×　正确答案:非腐蚀性气体输送用内防腐管规定的任何生产试验都可以在已固化的涂层钢管上进行。　85.√　86.√　87.×　正确答案:3PE防腐管除锈质量应达到GB/T 8923.1—2011中规定的Sa2½级要求,锚纹深度达到50~90μm。　88.×　正确答案:3PE防腐管每连续生产的第10km、20km、30km的防腐管均应进行一次48h的阴极剥离试验,之后每50km进行一次阴极剥离试验。　89.×　正确答案:公称直径DN1000mm及以上的水泥砂浆衬里管道,检验人员可进入管道内,用裂缝专用工具或直尺检查全部水泥砂浆衬里裂纹。　90.√　91.×　正确答案:熔结环氧粉末内防腐管涂层厚度检测时,测量点至少包括距管端1m以上位置的4个点。　92.√　93.×　正确答案:衬里黏结强度既取决于胶黏剂本身性能,又与被黏物和胶黏剂界面的特性有关。　94.×　正确答案:对于储罐环氧玻璃钢内衬层修补后,黏结力仍不合格的防腐层不允许修补,必须返工。　95.×　正确答案:储罐无溶剂聚氨酯内防腐层附着力检验可在现场喷涂的试件上进行,也可在罐体或者附件选点测试。　96.√　97.√　98.√　99.×　正确答案:3PE防腐管补口后热收缩带(套)安装系统的剥离强度(23℃)不小于50N/cm。　100.×　正确答案:3PE防腐管补口工艺评定试验(PQT)期间的热收缩带(套)安装时间应与预估的现场补口时间相当。　101.×　正确答案:3PE防腐管补口处在进行表面喷砂除锈前,应使用无污染的热源将补口部位的钢管预热至露点以上至少5℃的温度。　102.×　正确答案:3PE防腐管补口后质量检测宜在补口安装24h后进行。　103.√　104.√　105.×　正确答案:当双层熔结环氧粉末外涂层防腐管径大于或等于325mm时,平均每米管长漏点数超过0.3个,需重涂。　106.×　正确答案:目前,管道内涂层补口时涂料的雾化多采用离心喷涂。　107.×　正确答案:钢质储罐液体环氧涂料内涂层复涂,应将原有涂层打毛,使涂层表面粗糙,按规定涂敷面漆,直至达到规定厚度。　108.√　109.×　正确答案:企业技术管理系统的建立,是根据技术管理的基本理论,以促进企业技术进步为目的。　110.×　正确答案:技术规程是在生产过程中指导工人正确的操作方法、机械设备和工具的合理使用、维修,以及技术安全等方面所作的统一规定。　111.√　112.√　113.×　正确答案:班组是企业生产经营的最小细胞,也是最基本的生产单位。　114.√　115.×　正确答案:通过施工组织设计的编制,明确工程的施工方案、施工顺序、劳动组织措施、施工进度计划及资源需用量与供应计划。　116.√　117.×　正确答案:施工组织设计的编制程序中,应计算主要工种工程的工程量和计算主要技术经济指标。　118.√　119.×　正确答案:防腐施工中,禁止一边进行防腐衬里,一边用电火花检漏仪检查。　120.×　正确答案:防腐作业人员油罐进入时,应有人佩戴供氧呼吸装置先进入油罐,测量罐内的气体浓度。

**四、简答题**

1.①防止污染杂质混入液压油;②防止空气进入液压系统;③防止水分混入液压系统;④防止油温过高;⑤防止液压系统泄漏。

评分标准:答对①~⑤各占20%。

2.①经验换油法;②定期换油法;③试验换油法。

评分标准:答对①②各占30%,答对③占40%。

3. ①检查货物合格证、装箱单是否齐全;②检查阳极引线是否完整、阳极在填料袋中是否居中;③按设计要求开挖阳极坑,将阳极放置在阳极坑中;④将管道涂层开口、清理、焊接引线、密封,将电缆线引导测试桩;⑤用清水浸泡阳极,然后回填。

评分标准:答对①~⑤各占20%。

4. ①直流杂散电流干扰;②交流杂散电流干扰;③地磁杂散电流干扰。

评分标准:答对①②各占30%,答对③占40%。

5. 涂装现场的危险等级分为三级:①1~0级爆炸危险场所:对在狭小的空间或空间的角落进行连续的喷涂,又无良好的机械通风设施,这种极易发生爆炸事故。②1~1级爆炸危险场所:在高大的厂房内进行连续喷涂,若无良好的通风设施,可能局部聚积形成爆炸。③1~2级爆炸危险场所:如果涂装作业限制在半密闭或密闭的操作室即喷涂室内,有良好的机械通风设施,只有短时间积聚气体的可能。

评分标准:答对①②各占30%,答对③占40%。

6. ①稀释剂:涂料中的有机溶剂在常温下的挥发性强,其闪点和燃点均较低,在一定温度下易发生自燃,挥发的溶剂与空气以一定比例混合后,易发生火灾,甚至爆炸。②涂料:为高分子化合物,属于易燃品。③漆垢:是涂装车间里主要可燃物。④泡沫、塑料等附属物:燃烧产生大量黑烟,释放有毒气体。⑤静电喷涂:与金属物体接触时产生火花,如果点燃漆雾将会发生爆炸,危险性极大。

评分标准:答对①~⑤各占20%。

7. ①有良好的附着力和物理机械性能;②有良好的耐蚀性;③有良好的抵抗介质渗透性;④有良好的施工性能。

评分标准:答对①②各占30%,答对③④各占20%。

8. 重防腐蚀涂料应①选用能使金属钝化或具有阴极保护性能的防锈填料制成的底漆;②选用附着力强的中间层漆;③选用耐候性、装饰性好的面漆。

评分标准:答对①占40%,答对②③各占30%。

9. ①St2 彻底的手工和动力工具清理:在不放大的情况下观察时,表面应无可见的油、脂和污物,并且没有附着不牢的氧化皮、铁锈、涂层和外来杂质。②St3 非常彻底的手工和动力工具清理:同 St2,但表面处理应彻底得多,表面应具有金属底材的光泽。

评分标准:答对①~②各占50%。

10. ①Sa1 轻度的喷射清理:在不放大的情况下观察时,表面应无可见的油、脂和污物,并且没有附着不牢的氧化皮、铁锈、涂层和外来杂质(清扫级)。②Sa2 彻底的喷射清理:在不放大的情况下观察时,表面应无可见的油、脂和污物,并且几乎没有氧化皮、铁锈、涂层和外来杂质,任何残留污染物应附着牢固(工业级)。③Sa2½ 非常彻底的喷射清理:在不放大的情况下观察时,表面应无可见的油、脂和污物,并且没有氧化皮、铁锈、涂层和外来杂质,任何污染物的残留痕迹应仅呈现为点状或条纹状的轻微色斑(近白级)。④Sa3 使钢材表观洁净的喷射清理:在不放大的情况下观察时,表面应无可见的油、脂和污物,并且应无氧化皮、铁锈、涂层和外来杂质,该表面应具有均匀的金属色泽(白级)。

评分标准:答对①②各占30%,答对③④各占20%。

11. ①原材料检查→②储罐内表面预处理→③喷射除锈→④清理罐内砂尘→⑤胶料配

比(根据设计定)→⑥涂敷底胶→⑦刮腻子→⑧内衬贴布施工至设计文件所规定的层数→⑨修整缺陷→⑩涂敷面胶→⑪内衬层固化、养护→⑫内衬层检查验收。

评分标准：答对①~⑦、⑨~⑫各占8%，答对⑧占12%。

12. ①胶板下料→②设备表面处理→③胶板贴合、硫化→④质量检验。

评分标准：答对①②④各占20%，答对③占40%。

13. ①按照确定的涂敷工艺规程进行防腐层的涂敷作业。②涂敷时，环境温度与基材表面温度应满足涂料制造厂家推荐的涂敷温度范围。③可依照涂料制造厂家的要求对无溶剂聚氨酯涂料进行加热。④宜采用双组分高压无气热喷涂设备，并应按涂料制造厂家的要求进行涂敷作业。⑤喷涂设备难以达到的部位可使用刷涂型涂料进行涂敷。

评分标准：答对①~⑤各占20%。

14. ①对于双组分涂料，首先将基料搅拌均匀，②然后将规定的固化剂缓慢地加入基料中(注意：在混合时绝不能将基料倒入固化剂中，以免引起凝胶)，③必须边加边搅拌。④加入后使之熟化一定时间后再使用。

评分标准：答对①占10%，答对②~④各占30%。

15. ①3PE防腐层综合了环氧涂层和挤压聚乙烯两种防腐层的优良性质，②将环氧涂层的界特性和耐化学特性，③与挤压聚乙烯层的机械保护特性等优点结合起来，从而显著改善了各自的性能。

评分标准：答对①占40%，答对②③各占30%。

16. ①底涂层要保证中间胶黏剂层涂敷时环氧粉末仍未完全胶化，使胶黏剂与环氧粉末涂料进行反应；②底涂层必须保证环氧粉末在防腐层完全冷却之前得到固化，使防腐层间结合紧密；③环氧粉末涂料要注意保质期和环氧含量；④挤出胶黏剂的工艺参数要与胶粘剂原料的流动速度相匹配；⑤在生产时先做调试，确定温度、出料速度及底、中、面层等各项工艺参数后，方可连续生产。

评分标准：答对①~⑤各占20%。

17. ①硅橡胶压辊硬度过高，压辊胶面与防腐层接触后胶面形变；②硅橡胶压辊与防腐层接触压力过大；③硅橡胶压辊胶层的厚度过薄，发生形变后，辊芯与防腐层直接接触。

评分标准：答对①②各占30%，答对③占40%。

18. ①在不影响管口焊接的情况下，应适当增加聚乙烯层端部环氧粉末的预留长度；②防腐管露天堆放时间较长时，应在管端进行遮盖，防止雨水侵蚀；③若管道现场施工周期较长，可以在管端金属裸露处涂刷可焊防锈漆；④严格控制管端预留处焊缝余高的修磨质量；⑤预留段环氧粉末涂层须保护完整，才能起到延缓管端因腐蚀引起的翘边。

评分标准：答对①~⑤各占20%。

19. 工艺过程如下：①施工准备→②管段清管→③内表面除锈→④管段冲洗润湿→⑤水泥砂浆第一遍挤涂(或多遍挤涂)→⑥水泥砂浆第二遍挤涂抹光(或最后挤涂抹光)→⑦补口→⑧养护→⑨检验。

评分标准：答对①~④和⑦~⑨各占10%，答对⑤和⑥占15%。

20. ①水泥砂浆衬里能长期使用的原因是它具备自愈性。②在运输和安装及涂衬过程中，可能使管道衬里产生许多细小的裂缝，③这些细小的裂缝在管道开始输送水或含水原油以后,④由于衬里的二次水化作用会自动愈合复原,⑤从而保护了水泥砂浆衬里的整体性,使衬里能长期使用。

评分标准:答对①~⑤各占20%。

21. ①双层环氧粉末外涂层为复合涂层结构,②由防腐型环氧粉末底层和③抗机械损伤型环氧粉末面层④一次喷涂成膜完成。

评分标准:答对①占40%,答对②~④各占20%。

22. ①与基材黏接强度大;②抗阴极剥离性能好;③吸水率小;④使用温度范围大;⑤耐划伤性优异;⑥覆盖层表面光滑;⑦可避免阴极屏蔽问题;⑧造价较高。

评分标准:答对①~⑥各占10%,答对⑦⑧各占20%。

23. ①上管→②除锈→③涂刷防腐涂料或缠绕聚乙烯胶带→④保护层原料配制→⑤保温层原料配制→⑥挤出包覆、水冷却→⑦切接头转管→⑧质量检查→⑨佩戴防水帽→⑩合格品转运及储存。

评分标准:答对①~⑩各占10%。

24. ①上管→②除锈→③涂敷防腐涂料→④牵引穿管→⑤装定位块→⑥保温层原料配料→⑦高压喷注泡沫→⑧端头处理→⑨质量检查→⑩合格品转运及储存。

评分标准:答对①~⑩各占10%。

25. ①表面处理质量检验;②表面灰尘度检测;③钢管的表面盐分抽测;④防腐层外观逐根目测检查;⑤防腐层的漏点检查;⑥防腐层厚度检测;⑦防腐层的黏结力检验;⑧每连续生产的第10km、20km、30km的防腐管均应进行一次48h的阴极剥离试验;⑨每连续生产50km防腐管应截取聚乙烯层样品,检验其拉伸强度和断裂标称应变。

评分标准:答对①~⑧各占10%,答对⑨占20%。

26. ①防腐层的漏点应采用在线电火花检漏仪进行连续检查,②检漏电压为25kV,无漏点为合格。③单管有两个或两个以下漏点时,可按规定进行修补;④单管有两个以上漏点或单个漏点沿轴向尺寸大于300mm时,该管为不合格。

评分标准:答对①②各占20%,答对③④占30%。

27. ①1级——涂层明显的不能撬剥;②2级——被撬剥的涂层小于或等于50%;③3级——被撬剥的涂层大于50%,但涂层对水平力表现出明显的抗撬剥性;④4级——涂层很容易被撬剥成条状或大块碎屑;⑤5级——涂层成一整片被剥离下来。

评分标准:答对①~⑤各占20%。

28. ①采用刀刃锋利的刀尖在涂层管体长度方向上平行切割出两道切痕,②间距3mm,每道长约2~3mm。③切割时应使刀尖和涂层垂直,并且应平稳无晃动。④切痕应穿透涂层达金属基底。⑤用刀尖从切痕部位挑起涂层,检查切痕周围的涂层与金属的附着力。

评分标准:答对①~⑤各占20%。

29. ①对补口部位进行表面预处理;②打磨补口搭接部位的聚乙烯层;③预热;④调配底漆并均匀涂刷;⑤安装热收缩带(套);⑥补口质量检验。

评分标准:答对①~④各占20%,答对⑤⑥各占10%。

30. ①对小于或等于30mm的损伤,可采用辐射交联聚乙烯补伤片修补;②对大于30mm的损伤,可贴补伤片后,在修补处包覆一条热收缩带;③对于直径不超过10mm的漏点或损伤深度不超过管体防腐层厚度的50%的损伤,在预制厂内可用与管体防腐层配套的聚乙烯粉末或热熔修补棒修补,施工现场宜用热熔修补棒修补。

评分标准:答对①②各占30%,答对③占40%。

## 五、计算题

1. 解:根据计算公式:$\Delta V = IR$,其中$I = 60mA$,$R = 0.1\Omega$,则$\Delta V = 60 \times 0.1 = 6(mV)$。

答:数字万用表置于DC200mV量程时,其读数为6mV。

评分标准:公式正确占40%,过程正确占40%,结果正确占20%,无公式、过程,只有结果不得分。

2. 解:根据配方一已知条件,分别求得硫酸镁、石膏粉、膨润土质量分数:

硫酸镁百分比 = 3.5/(3.5+1.5+5)×100% = 35%;石膏粉百分比 = 1.5/(3.5+1.5+5)×100% = 15%;膨润土百分比 = 5/(3.5+1.5+5)×100% = 50%。

则通过计算公式:用量 = 总数量×每支用量×百分比,可分别求得用量为:

硫酸镁用量 = 500×50×0.35 = 8750(kg);石膏粉用量 = 500×50×0.15 = 3750(kg);膨润土用量 = 500×50×0.5 = 12500(kg)。

答:总共需要硫酸镁875kg;石膏粉3750kg;膨润土12500kg。

评分标准:公式正确占10%,百分比和用量计算过程正确各占10%,计算结果正确各占5%,无公式、过程,只有结果不得分。

3. 解:根据所学知识,已知法拉第定律$M = ZIt$,把已知条件代入计算公式得:

$M = 0.6944 \times 0.02 \times 24 \times 30 = 10.0(g)$。

答:30d后铁的腐蚀量为10.0g。

评分标准:公式正确占40%,过程正确占40%,结果正确占20%,无公式、过程,只有结果不得分。

4. 解:根据土壤电阻率计算公式为$\rho = 2\pi AR$,得出:

$R = \rho/2\pi A = 50.24 \div 2 \div 3.14 = 4(\Omega)$。

答:土壤电阻为4Ω。

评分标准:公式正确占40%,过程正确占40%,结果正确占20%,无公式、过程,只有结果不得分。

5. 解:质量摩尔浓度的计算公式:质量摩尔浓度 = 溶质物质的量/溶剂质量。其中,本题中蔗糖物质的量 = 684/342 = 2(mol)。根据质量摩尔浓度计算公式,得出蔗糖质量摩尔浓度 = 2/2 = 1(mol/kg)。

答:该蔗糖溶液的质量摩尔浓度为1mol/kg。

评分标准:公式正确占40%,过程正确占40%,结果正确占20%,无公式、过程,只有结果不得分。

6. 解:溶液质量分数的计算公式为:溶液的质量分数 = 溶质质量/溶液质量×100%,其中,溶质质量+溶剂质量 = 溶液质量。根据溶液的质量分数计算公式,得出:

质量分数 = 200/(200+1800)×100% = 10%。

答:该溶液的质量分数为10%。

评分标准:公式正确占40%,过程正确占40%,结果正确占20%,无公式、过程,只有结果不得分。

7. 解:根据计算公式:有效工作压力=喷砂机压力-喷砂胶管系统压力损失,得出有效工作压力=0.65-(0.007×20)=0.49(MPa)。

答:该喷砂机的有效工作压力为0.49MPa。

评分标准:公式正确占40%,过程正确占40%,结果正确占20%,无公式、过程,只有结果不得分。

8. 解:已知:$v$=576.6kg/h,$t$=8h,$\beta$=0.05,根据计算公式:$G=vt\beta$,得出需要消耗的磨料质量$G$=576.6×8×0.05=230.6(kg)。

答:工作8h需要消耗230.6kg磨料。

评分标准:公式正确占40%,过程正确占40%,结果正确占20%,无公式、过程,只有结果不得分。

9. 解:根据计算公式:玻璃纤维质量=制品表面积×玻璃纤维层数×玻璃纤维单位面积质量,得出玻璃纤维质量=2×5×150=1500(g)。

答:玻璃纤维的质量是1500g。

评分标准:公式正确占40%,过程正确占40%,结果正确占20%,无公式、过程,只有结果不得分。

10. 解:根据计算公式:玻璃纤维质量=制品质量×玻璃纤维质量分数,得出玻璃纤维质量=500×0.35=175(g)。

答:玻璃纤维的质量是175g。

评分标准:公式正确占40%,过程正确占40%,结果正确占20%,无公式、过程,只有结果不得分。

11. 解:筒体的防腐面积=6.6×3.14×6.6=136.8(m²);

底板的防腐面积=(6.6÷2)²×3.14=34.2(m²);

拱顶板的防腐面积=34.2×1.1=37.6(m²);

则内衬玻璃钢防腐面积=136.8+34.2+37.6=208.6(m²)。

答:该储罐内衬玻璃钢防腐面积为171m²。

评分标准:四个计算过程正确各占20%,四个计算结果正确各占5%,无计算过程,只有结果不得分。

12. 解:根据计算公式:底漆涂料理论用量=(防腐面积×干膜厚度×涂料比重)÷(1-15%),得出:

底漆涂料理论用量=(200×0.0001×1500)÷(1-0.15)=35.3(kg)。

根据计算公式:面漆涂料理论用量=(防腐面积×干膜厚度×涂料比重)÷(1-15%),得出:

面漆涂料理论用量=(200×0.0001×1500)÷(1-0.15)=35.3(kg)。

答:内防腐施工时底漆、面漆涂料理论用量各为35.3kg。

评分标准:两个公式正确各占20%,过程正确各占20%,结果正确各占10%,无公式、过程,只有结果不得分。

13. 解:根据计算公式:每平方米的涂料理论用量=(干膜厚度×涂料密度)/固体含量,得出:

每平方米的涂料理论用量=(0.0002×1500)/0.8=0.375(kg/m²)。

答:每平方米的涂料理论用量为0.375kg/m²。

评分标准:公式正确占40%,过程正确占40%,结果正确占20%,无公式、过程,只有结果不得分。

14. 解:根据计算公式:涂料用量=面积×遮盖力+损耗量,得出:

单管需要的涂料=(0.2×3.14×12×0.4)÷(1-10%)=3.35(kg)。

答:单根钢管内防腐需3.35kg环氧涂料。

评分标准:公式正确占40%,过程正确占40%,结果正确占20%,无公式、过程,只有结果不得分。

15. 解:单管防腐面积=0.529×3.14×(12-0.3×2)=18.936(m²),单管防护层体积=18.936×0.0025=0.04734(m³),且0.95g/cm³=950kg/m³,则单管聚乙烯用量=0.04734×950=45(kg)。

答:该防腐管道单管的聚乙烯原料用量为45kg。

评分标准:三个计算过程正确各占20%,三个计算结果正确占10%,密度单位换算正确占10%,无过程,只有结果不得分。

16. 解:纵向线速度$v$与辊轮转速$n$、辊轮外径$D$和滚轮偏转角度$\alpha$之间的关系为$v=\pi Dn\tan\alpha$,其中$D=200$mm,$n=10$r/min,$\alpha=15°$,代入公式得$v=3.14×0.2×10×\tan15°=1.68$(m/min)。

答:钢管的纵向线速度是1.68m/min。

评分标准:公式正确占40%,过程正确占40%,结果正确占20%,无公式、过程,只有结果不得分。

17. 解:因为水与灰的配比为0.4:1,列出公式为:水:灰=0.4:1,所以400t水需要灰为400÷0.4=1000(t)。

答:至少需要灰1000t。

评分标准:公式正确占40%,过程正确占40%,结果正确占20%,无公式、过程,只有结果不得分。

18. 解:设水泥$x$、石英砂$y$、聚合物$z$,因为水泥、石英砂、聚合物三者质量之比为1:1.2:0.25,则$x=[490/(1+1.2+0.25)]×1=200$(t),$y=[490/(1+1.2+0.5)]×1.2=240$(t),$z=[490/(1+1.2+0.5)]×0.25=50$(t)。

答:需要水泥200t、石英砂240t、聚合物50t。

评分标准:列出比例公式占10%,三个计算过程正确各占20%,计算结果正确各占10%,无公式、过程,只有结果不得分。

19. 解:内防腐面积=0.1×3.14×50000=15700(m²),环氧粉末用量=(15700×0.5)÷(1-0.1)=8722(kg)。

答:该防腐管环氧粉末的用量是8722kg。

评分标准:两个计算过程正确各占40%,计算结果正确各占10%,无计算过程,只有结果不得分。

20. 解:设需要 $X$ kg,每个工件需要的涂料为 $325×0.5×(1+15\%)=186.9(g)$,全部工件需要的涂料 $X=(186.9×100)/1000=18.7(kg)$。

答:需 18.7kg 环氧粉末原料。

评分标准:两个计算过程正确各占 40%,计算结果正确各占 10%,无计算过程,只有结果不得分。

21. 解:聚乙烯料保护层理论体积为:$(2×50+219)π×12000×1.6=19231872(mm^3)=19.2(dm^3)$,则所需聚乙烯料为:$19.2×0.95=18.3(kg)$。

答:所需聚乙烯料 18.3kg。

评分标准:两个计算过程正确各占 40%,结果正确各占 10%,无计算过程,只有结果不得分。

22. 解:泡沫保温层理论体积为:$[(319/2)^2-(219/2)^2]π×12=506796(mm^3)=0.51(m^3)$,则所需泡沫料为:$0.51×55=27.9(kg)$。

答:所需泡沫料 27.9kg。

评分标准:两个计算过程正确各占 40%,结果正确各占 10%,无计算过程,只有结果不得分。

23. 解:按甲、乙组料比例即异氰酸酯和组合聚醚的比例,求出组合聚醚为 $1000×1.2=1200(kg)$,按 505 聚醚与乙二胺比例求出乙二胺为 $(1200/3)×1=400(kg)$。

答:1000kg 异氰酸需要 400kg 乙二胺。

评分标准:两个计算过程正确各占 40%,结果正确各占 10%,无计算过程,只有结果不得分。

24. 解:按下式计算:

$$t=\frac{V\rho}{Q}=\frac{\frac{1}{4}\pi(D^2-d^2)L\rho}{Q}$$

式中  $Q$——泵流量,kg/s;
    $t$——注射时间,s;
    $D$——玻璃钢管内径,m;
    $d$——钢管外径,m;
    $L$——玻璃钢管长度,m;
    $\rho$——泡沫容重,kg/m$^3$;
    $V$——玻璃钢管与钢管环形空间的容积,m$^3$。

将已知条件代入计算公式中,得:

$$t=\frac{V\rho}{Q}=\frac{\frac{1}{4}\pi(0.215^2-0.114^2)×12×100}{0.8}=39(s)$$

答:泡沫原料的喷注时间是 39s。

评分标准:公式正确占 40%,过程正确占 40%,结果正确占 20%,无公式、过程,只有结果不得分。

25. 解:局部弯曲度:(0.0025÷1)×100%＝0.25%,全长弯曲度为(0.03÷8)×100%＝0.375%。

答:该钢管的局部弯曲度为0.25%,该钢管全长弯曲度为0.375%。

评分标准:两个计算过程正确各占40%,结果正确各占10%,无计算过程,只有结果不得分。

26. 解:根据标准,加强级双层熔结环氧涂层总厚度为≥800μm,检测电压为5V/μm,则:

最小检漏电压＝5V/μm×800μm＝4000V＝4kV。

答:该防腐管的最小检漏电压为4kV。

评分标准:答对标准规定数值各占50%,计算过程正确占40%,结果正确占10%,无计算过程,只有结果不得分。

27. 解: $$V=M\sqrt{T_C}$$

式中 $V$——检漏电压,V;

$M$——系数,7843;

$T$——防腐层厚度,mm。

则检漏电压 $V=7843×\sqrt{3}=13584(V)≈14(kV)$。

答:此防腐管的检漏电压是14kV。

评分标准:答对标准规定公式占50%,计算过程正确占30%,结果正确占20%,无公式、过程,只有结果不得分。

28. 解: $$V=M\sqrt{T}$$

式中 $V$——检漏电压,V;

$M$——系数,3294;

$T$——防腐层厚度,mm。

则检漏电压 $V=3294×\sqrt{0.25}=1647(V)$,取整后 $V=1700(V)$。

答:该储罐防腐层的检漏电压是1700V。

评分标准:答对标准规定公式占50%,计算过程正确占30%,结果正确占20%,无公式、过程,只有结果不得分。

29. 解:3PE防腐管线补口,收缩后要求热收缩带与防腐管聚乙烯层搭接宽度应不小于100mm,周向搭接宽度应不小于80mm。

则宽度＝(500+2×100)÷(1-0.2)＝875(mm),周向长度＝(720×3.14+80)÷(1-0.2)＝2926(mm)。

答:该热收缩带的最小裁剪尺寸是宽度为875mm,周向长度为2926mm。

评分标准:答对搭接数值各占20%,两个计算过程正确各占20%,结果正确各占10%,无搭接计算数值、过程,只有结果不得分。

30. 解:按标准要求每100个补口至少抽测一个口,则2000÷100＝20(个)。

答:需抽测20个口。

评分标准:答对标准要求抽测的补口数占50%,计算过程正确占30%,结果正确占20%,无补口数值、过程,只有结果不得分。

# 附 录

# 附录1  职业技能等级标准

## 1. 工种概况

### 1.1  工种名称

防腐绝缘工。

### 1.2  工种定义

使用专用设备、机具、材料,对管线、罐类及各种设备进行防腐绝缘、保温作业的人员。

### 1.3  工种等级

本工种共设四个等级,分别为:初级(国家职业资格五级)、中级(国家职业资格四级)、高级(国家职业资格三级)、技师(国家职业资格二级)。

### 1.4  工种环境

室内、外及高空作业,施工过程所接触的物料大多有毒有害、易燃易爆。作业中会产生一定的高温、潮湿、环境噪声、烟尘、污染等物(不同施工工种环境有所区别)。

### 1.5  工种能力特征

具有一定的学习理解能力和语言表达能力,观察、判断能力,有初等数学的计算能力,听觉、视觉(矫正视力≥1.0)正常,有空间感,具有能分辨不同气味的嗅觉能力,手指、手臂灵活,动作协调,能够应变现场情况。

### 1.6  基本文化程度

初中毕业(或同等学力)。

### 1.7  培训要求

1.7.1  培训期限

全日制职业学校教育,根据其培养目标和教学计划确定。晋级培训期限:初级不少于280标准学时(包括观摩操作、实习);中级不少于210标准学时;高级不少于200标准学时;技师不少于280标准学时。

1.7.2  培训教师

培训初、中、高级的教师应具有本职业高级以上职业资格证书或中级以上专业技术职务任职资格；培训技师的教师应具有本职业相应专业高级专业技术职务任职资格。

#### 1.7.3 培训场地设备

理论培训应具有可容纳 30 名以上学员的教室，具备必要的教学设施、教具。操作技能培训应有相应的设备、工具、安全设施等较为完善的实习场地。

### 1.8 鉴定要求

#### 1.8.1 适用对象

(1)新入职的操作技能人员；

(2)在操作技能岗位工作的人员；

(3)其他需要鉴定的人员。

#### 1.8.2 申报条件

具备以下条件之一者可申报初级工：

(1)新入职完成本职业(工种)培训内容，经考核合格人员。

(2)从事本工种工作 1 年及以上的人员。

具备以下条件之一者可申报中级工：

(1)从事本工种工作 5 年以上，并取得本职业(工种)初级工职业技能等级证书。

(2)各类职业、高等院校大专及以上毕业生从事本工种工作 3 年及以上，并取得本职业(工种)初级工职业技能等级证书。

具备以下条件之一者可申报高级工：

(1)从事本工种工作 14 年以上，并取得本职业(工种)中级工职业技能等级证书的人员。

(2)各类职业、高等院校大专及以上毕业生从事本工种工作 5 年及以上，并取得本职业(工种)中级工职业技能等级证书的人员。

技师需取得本职业(工种)高级工职业技能等级证书 3 年以上，工作业绩经企业考核合格的人员。

#### 1.8.3 鉴定方式

分理论知识考试和操作技能考核。理论知识考试采用闭卷笔试方式为主，推广无纸化考试形式；操作技能考核采用现场操作、模拟操作、实际操作笔试等方式。理论知识考试和操作技能考核均实行百分制，成绩皆达 60 分以上(含 60 分)者为合格。技师还需进行综合评审，综合评审包括技术答辩和业绩考核。综合评审成绩是技术答辩和业绩考核两部分的平均分。

#### 1.8.4 鉴定时间

理论知识考试 90 分钟；操作技能考核不少于 60 分钟；综合评审的技术答辩时间 40 分钟(论文宣读 20 分钟，答辩 20 分钟)。

## 2. 基本要求

### 2.1 职业道德

(1) 爱岗敬业,自觉履行职责;
(2) 忠于职守,严于律己;
(3) 吃苦耐劳,工作认真负责;
(4) 勤奋好学,刻苦钻研业务技术;
(5) 谦虚谨慎,团结协作;
(6) 安全生产,严格执行生产操作规程;
(7) 文明作业,质量环保意识强;
(8) 遵规守纪,遵守法律。

### 2.2 基础知识

#### 2.2.1 电工基础知识
(1) 电学基础知识;
(2) 电动机常识;
(3) 绝缘材料简介;
(4) 安全用电常识;
(5) 常用电器常识;
(6) 常用电器故障分析。

#### 2.2.2 钳工、管工和常用量具基础知识
(1) 钳工基础知识;
(2) 管工基础知识;
(3) 常用量具基础知识。

#### 2.2.3 液压和气压传动基础知识
(1) 液压介质选用及污染控制;
(2) 气压传动系统和气缸。

#### 2.2.4 化学基础知识
(1) 化学基本概念;
(2) 常见无机化学物质;
(3) 有机化学基础知识;
(4) 常用浓度。

#### 2.2.5 机械制图基础知识
(1) 投影的方法及规律;
(2) 剖面图、轴测图;
(3) 装配图、管道施工图。

### 2.2.6　金属腐蚀与电化学保护基础知识

(1)金属腐蚀基础知识；

(2)电化学保护基础知识。

### 2.2.7　电镀基础知识

(1)电镀前处理及电镀的原理、分类；

(2)电镀液、电镀设备；

(3)电刷镀、化学镀简介及电镀的缺陷原因。

### 2.2.8　缓蚀剂及金属热喷涂基础知识

(1)缓蚀剂基础知识；

(2)金属热喷涂基础知识。

### 2.2.9　防腐材料基础知识

(1)涂料的基础知识；

(2)防腐蚀涂料作用、要求和生产质量；

(3)常用防腐蚀涂料。

### 2.2.10　涂装前钢材表面预处理基础知识

(1)表面预处理的作用、内容及方法选用；

(2)金属表面预处理除油、除锈工艺。

### 2.2.11　管道腐蚀及防腐层基础知识

(1)管道腐蚀及控制措施；

(2)管道外防腐层的要求、种类；

(3)沥青类、涂料类、塑料类管道防腐层；

(4)管道内防腐层及架空、地沟、水下管道防腐层的要求。

### 2.2.12　防腐涂装的安全技术基础知识

(1)涂装防火安全技术；

(2)涂装防毒安全技术；

(3)粉末涂装安全技术。

## 3. 工作要求

本标准对初级、中级、高级、技师的要求依次递进,高级别包含低级别的要求。

### 3.1 初级

| 职业功能 | 工作内容 | 技能要求 | 相关知识 |
| --- | --- | --- | --- |
| 一、施工准备与表面处理 | (一)施工准备 | 1. 能使用黄油枪润滑轴承；<br>2. 能使用游标卡尺测量管件的尺寸；<br>3. 能检查中碱玻璃布的质量 | 1. 黄油枪的使用要求；<br>2. 润滑的方法、润滑材料及其选用；<br>3. 设备保养的内容及要求；<br>4. 钢管、玻璃布等材料的质量要求；<br>5. 施工准备工作的分类 |

续表

| 职业功能 | 工作内容 | 技能要求 | 相关知识 |
|---|---|---|---|
| 一、施工准备与表面处理 | (二)表面处理 | 1. 能用手动工具除锈;<br>2. 能用直杆式杠杆除锈机除锈;<br>3. 能判断钢管除锈等级 | 1. 金属表面除锈的含义、方法;<br>2. 手工、动力工具除锈的工具及操作;<br>3. 起重机的分类及机构组成;<br>4. 钢管防腐作业线的传动过程;<br>5. 钢材表面锈蚀等级的判定;<br>6. 钢材表面除锈清理等级的判定 |
| 二、涂敷 | (一)储罐、容器涂敷 | 1. 能配制双组分无溶剂涂料;<br>2. 能采用刷涂方法涂刷涂料 | 1. 涂料的储存、使用和选用、配制以及常见问题处理方法等相关知识;<br>2. 容器结构及储罐防腐涂料选用;<br>3. 涂料手工涂刷的种类、方式及其工具、使用方法、操作要领、特点等 |
| 二、涂敷 | (二)管道涂敷 | 1. 能配制石油沥青底漆;<br>2. 能熬制石油沥青;<br>3. 能浇涂石油沥青;<br>4. 能缠绕中碱玻璃布;<br>5. 能缠绕聚氯乙烯工业膜;<br>6. 能制作煤焦油瓷漆外防腐层;<br>7. 能手工糊制钢管玻璃钢防腐层 | 1. 管道外防腐层的特征、防腐材料类别及特性;<br>2. 石油沥青材料的含义、划分;<br>3. 埋地钢质管道石油沥青防腐层的结构、材料、涂敷、储运等各项技术要求;<br>4. 埋地钢质管道煤焦油瓷漆外防腐层的结构、材料、涂敷等各项技术要求;<br>5. 手糊玻璃钢成型工艺及环境要求;<br>6. 3PE防腐层、环氧粉末防腐层的结构、特点 |
| 三、检测与补口、补伤 | (一)检测 | 1. 能检测石油沥青防腐管防腐层的外观和厚度;<br>2. 能检测石油沥青防腐管防腐层的漏点;<br>3. 能检测煤焦油瓷漆防腐管防腐层的质量 | 1. 埋地钢质管道石油沥青防腐层质量检验的要求;<br>2. 磁性测厚仪、电火花检漏仪等防腐层检测工具的使用要求;<br>3. 埋地钢质管道煤焦油瓷漆外防腐层质量检验的要求 |
| 三、检测与补口、补伤 | (二)补口、补伤 | 1. 能对石油沥青防腐管补口;<br>2. 能对煤焦油瓷漆防腐管用热烤缠带补口 | 1. 防腐管补口、补伤的概念;<br>2. 石油沥青防腐管补口、补伤的技术要求;<br>3. 煤焦油瓷漆防腐管补口、补伤的技术要求;<br>4. 埋地钢质管道外防腐层保温层修复一般要求及修补材料性能要求 |

## 3.2 中级

| 职业功能 | 工作内容 | 技能要求 | 相关知识 |
|---|---|---|---|
| 一、施工准备与表面处理 | (一)施工准备 | 1. 能检查钢管基体表面;<br>2. 能验收进厂钢管质量;<br>3. 能测量钢管全长弯曲度 | 1. 钢管的常用标准、分类及缺陷检查方法;<br>2. 进厂钢管的弯曲度等方面质量验收的要求;<br>3. 防腐施工环境及涂装生产中的安全措施;<br>4. 施工技术准备的工作内容 |
| 一、施工准备与表面处理 | (二)表面处理 | 能使用喷射设备除锈 | 1. 管道除锈的概念、分类;<br>2. 磨料的种类及选用;<br>3. 表面粗糙度、除锈处理等级的选用;<br>4. 喷丸除锈设备的技术要求;<br>5. 压入式干喷砂机的技术要求 |

续表

| 职业功能 | 工作内容 | 技能要求 | 相关知识 |
| --- | --- | --- | --- |
| 二、涂敷 | (一)储罐、容器涂敷 | 1. 能使用空气喷涂设备防腐；<br>2. 能使用高压无气喷涂设备防腐 | 1. 储罐的防腐蚀工程的技术要求；<br>2. 油罐清洗的方式及其工艺过程；<br>3. 空气压缩机的操作要求；<br>4. 空气喷涂机的结构、操作、保养及故障处理等技术要求；<br>5. 玻璃钢涂敷施工技术要求；<br>6. 高压无气喷涂机的性能及操作要点 |
| | (二)管道涂敷 | 1. 能制作钢管无溶剂聚氨酯涂料外防腐层；<br>2. 能制作钢管聚乙烯胶黏带外防腐层；<br>3. 能配制聚氨酯泡沫原料；<br>4. 能调整保温生产线的纠偏机；<br>5. 能切割泡沫夹克接头；<br>6. 能给泡夹管戴防水帽；<br>7. 能调整聚乙烯挤出机 | 1. 管道无溶剂聚氨酯涂料内外防腐层的技术要求；<br>2. 环氧等液体涂料防腐体系结构、涂敷施工等方面的技术要求；<br>3. 管道内涂敷设备的工艺过程；<br>4. 聚脲喷涂设备的组成、操作和维护；<br>5. 管道聚乙烯胶黏带防腐层的技术要求；<br>6. 清管器的功能、原理；<br>7. 钢质管道液体涂料风送挤涂内涂层的技术要求；<br>8. 防腐保温管的结构及作业线的组成；<br>9. 聚乙烯挤出机的组成、功能；<br>10. 环氧粉末涂料的特点、性能 |
| 三、检测与补口、补伤 | (一)检测 | 1. 能检查石油沥青防腐层的黏接力并补伤；<br>2. 能检查无溶剂聚氨酯涂料外防腐管质量；<br>3. 能测量保温管保护层、保温层的厚度；<br>4. 能检查聚乙烯胶黏带防腐管质量 | 1. 石油沥青常用性能指标的测定方法；<br>2. 金属表面清理等级的测量方法；<br>3. 常用环境条件测量仪器的使用方法；<br>4. 无溶剂聚氨酯涂料内外防腐管的质量检验要求；<br>5. 聚氨酯塑料保温管保温层、防护层的厚度要求；<br>6. 聚乙烯胶黏带防腐管的质量检验要求；<br>7. 涂层附着力的检验方法 |
| | (二)补口、补伤 | 1. 能对聚氨酯泡沫聚乙烯塑料保温管保温层补伤；<br>2. 能对保温管保温层聚氨酯发泡补口；<br>3. 能对聚乙烯胶黏带防腐管补口 | 1. 聚氨酯泡沫防腐保温管补口、补伤及现场质量检验的要求；<br>2. 聚乙烯胶黏带防腐管补口、补伤的要求；<br>3. 无溶剂聚氨酯涂料内外防腐管补口、补伤的要求；<br>4. 埋地钢质管道外防腐层保温层修复技术的要求 |

## 3.3 高级

| 职业功能 | 工作内容 | 技能要求 | 相关知识 |
| --- | --- | --- | --- |
| 一、施工准备与表面处理 | 表面处理 | 1. 能检查抛丸除锈机抛丸器并更换损坏部件；<br>2. 能用抛丸除锈机对钢管进行除锈；<br>3. 能使用机械除锈机除锈 | 1. 抛丸除锈机的组成、工作原理和操作要点；<br>2. 喷砂(丸)机除锈操作的要求；<br>3. 抛丸喷砂(丸)的除锈工艺及其工艺参数关系、效率影响因素及劳动保护的要求 |
| 二、涂敷 | (一)储罐、容器涂敷 | 能用静电喷涂机对容器外壁喷涂 | 1. 储罐除锈与涂装的方法、缺陷防治方法；<br>2. 储罐清洗、防腐材料的性能要求；<br>3. 储罐外防腐层材料、结构及施工技术要求；<br>4. 液体涂料喷涂设备的特点及故障排除措施；<br>5. 静电涂装原理及设备；<br>6. 静电喷涂设备的使用维护方法 |

续表

| 职业功能 | 工作内容 | 技能要求 | 相关知识 |
|---|---|---|---|
| 二、涂敷 | (二)管道涂敷 | 1. 能制作环氧煤沥青防腐层；<br>2. 能拆装粉末回收装置中的滤袋；<br>3. 能制作钢管熔结环氧粉末外防腐层；<br>4. 能制作钢管挤压聚乙烯防腐层；<br>5. 能对挤压聚乙烯防腐管端磨头；<br>6. 能用聚氨酯泡沫层取样；<br>7. 能用聚氨酯泡沫混料机混料；<br>8. 能用聚乙烯挤出机防腐 | 1. 埋地管道环氧煤沥青防腐层的结构、材料、涂敷施工技术要求及储存、运输的要求；<br>2. 钢管单层熔结环氧粉末外涂层的结构、材料性能、涂敷的要求和涂装施工工艺；<br>3. 钢管熔结环氧粉末外涂层的标准适用范围及防腐管、环氧粉末涂料储运的要求；<br>4. 静电喷涂系统的结构组成及其工作原理和操作要求；<br>5. 挤压聚乙烯防腐层的结构、材料和涂敷施工的技术要求；<br>6. 聚氨酯泡沫塑料保温管聚氨酯泡沫组分性能、预制方法和工艺参数选用 |
| 三、检测与补口、补伤 | (一)检测 | 1. 能检查钢管环氧煤沥青防腐层的质量；<br>2. 能检查钢管熔结环氧粉末外涂层的质量；<br>3. 能检查钢管挤压聚乙烯 2PE 防腐层的质量；<br>4. 能测量"泡夹管"保温层聚氨酯泡沫塑料的表观密度 | 1. 埋地管道环氧煤沥青防腐层质量检验的要求；<br>2. 熔结环氧粉末外涂层实验室涂敷试件、生产过程中涂装钢管和涂层形式质量检验的要求；<br>3. 挤压聚乙烯防腐层质量检验的要求；<br>4. 聚氨酯保温管质量检验的要求；<br>5. 钢制储罐外防腐层质量检查的要求 |
| | (二)补口、补伤 | 1. 能进行钢管环氧煤沥青防腐层补口；<br>2. 能修补钢管熔结环氧粉末外涂层缺陷；<br>3. 能进行热收缩带补口；<br>4. 能对聚氨酯泡沫聚乙烯夹克管补伤 | 1. 环氧煤沥青防腐管现场补口、补伤的施工工艺和质量检查的技术要求；<br>2. 环氧粉末涂层修补、重涂、补口的施工工艺和质量检查的技术要求；<br>3. 聚乙烯防腐管补口、补伤的施工工艺和质量检查的技术要求；<br>4. 聚氨酯泡沫夹克管补口结构形式及补伤的技术要求；<br>5. 储罐外防腐层修补复涂重涂的技术要求 |

## 3.4 技师

| 职业功能 | 工作内容 | 技能要求 | 相关知识 |
|---|---|---|---|
| 一、施工准备与表面处理 | 表面处理 | 1. 能进行防腐作业线速度的调整；<br>2. 能进行钢管内壁喷砂(丸)除锈；<br>3. 能用环保型喷砂除锈机对罐体内壁除锈 | 1. 管道防腐作业线工艺参数的相互关系；<br>2. 机械法工艺除锈的概念；<br>3. 工具及火焰、喷射或抛射除锈和环保型喷射除锈的工艺方法；<br>4. 钢管内除锈工艺的操作规程 |
| 二、涂敷 | (一)储罐、容器涂敷 | 能制作储罐液体环氧涂料内防腐层 | 1. 储罐内防腐的方法；<br>2. 橡胶衬里概念、材质选择及工艺要求；<br>3. 储罐环氧玻璃钢内衬层的结构、材料、工艺试验及内衬施工的技术要求；<br>4. 储罐保温层保护层施工的方法；<br>5. 钢制储罐液体环氧、无溶剂聚氨酯涂料内防腐层的技术要求 |
| | (二)管道涂敷 | 1. 能喷涂钢管内壁液体环氧涂料防腐层；<br>2. 能制作钢管三层 PE 外防腐层；<br>3. 能制作钢管水泥砂浆衬里防腐层；<br>4. 能制作钢管熔结环氧粉末内防腐层；<br>5. 能喷涂钢管双层环氧粉末外涂层；<br>6. 能"管中管"法制作钢管聚氨酯泡沫保温层 | 1. 非腐蚀性气体输送内防腐管内涂敷工艺的技术要求；<br>2. 液体环氧涂料内防腐管内防腐层涂敷工艺的技术要求；<br>3. 熔结环氧粉末内涂敷工艺的技术要求；<br>4. 3PE 防腐层涂敷工艺的技术要求；<br>5. 水泥砂浆衬里的施工工艺的技术要求；<br>6. 双层环氧粉末涂层涂敷工艺的技术要求；<br>7. 聚氨酯泡沫塑料保温管涂层成型工艺及储运的要求 |

续表

| 职业功能 | 工作内容 | 技能要求 | 相关知识 |
|---|---|---|---|
| 三、检测与补口、补伤 | (一)检测 | 1. 能检验钢管液体环氧涂料内防腐层的质量;<br>2. 能检验管道 3PE 防腐层的质量;<br>3. 能进行钢管双层环氧粉末外涂层生产过程的质量检验;<br>4. 能用撬剥法检查储罐环氧玻璃钢内衬层的黏结力并补伤;<br>5. 能进行钢管三层 PE 防腐层补口及质量检验 | 1. 埋地钢质管道外防腐层修复质量检验的要求;<br>2. 非腐蚀性气体输送用内防腐管内覆盖层、液体环氧涂料内防腐管质量检验的要求;<br>3. 3PE 防腐管、水泥砂浆衬里防腐管、熔结环氧粉末内涂层和双层熔结环氧粉末外涂层等防腐管道的质量检查要求;<br>4. 储罐环氧玻璃钢衬里和液体环氧、无溶剂聚氨酯涂料内防腐层质量检验的要求 |
| | (二)补口、补伤 | 1. 能操作钢管三层 PE 防腐层补伤;<br>2. 能修补钢管熔结环氧粉末内防腐层;<br>3. 能判定并修补储罐液体环氧涂料内防腐层 | 1. 3PE 防腐管补口、补伤的施工和技术质量要求;<br>2. 环氧粉末内涂层、双层环氧粉末外涂层和液体环氧涂料内涂层补口、修补的要求;<br>3. 储罐内涂层补伤、修补的施工要求 |
| 四、质量管理与施工组织设计 | (一)质量管理 | 能编写三层 PE 防腐管防腐质量的控制措施 | 1. 技术管理的任务和基础工作内容;<br>2. 全面质量管理的基本要求和"QC"小组活动的活动程序;<br>3. 经济核算的作用和要求 |
| | (二)编制施工组织设计 | 能编制液体环氧涂料内防腐管施工方案 | 1. 施工组织设计的类型、基本内容和编制方法;<br>2. 防腐施工污染控制和安全管理要求、安全操作规程 |

# 4. 比重表

## 4.1 理论知识

| | 项目 | | 初级(%) | 中级(%) | 高级(%) | 技师(%) |
|---|---|---|---|---|---|---|
| 基本要求 | 基础知识 | | 35 | 30 | 30 | 20 |
| 相关知识 | 施工准备与表面处理 | 施工准备 | 5 | 5 | 0 | 0 |
| | | 表面处理 | 7 | 7 | 5 | 5 |
| | 涂敷 | 储罐、容器涂敷 | 12 | 12 | 10 | 10 |
| | | 管道涂敷 | 28 | 28 | 33 | 33 |
| | 检测与补口、补伤 | 检测 | 7 | 11 | 12 | 12 |
| | | 补口、补伤 | 6 | 7 | 10 | 10 |
| | 质量管理与施工组织设计 | 质量管理 | — | — | — | 3 |
| | | 编制施工组织设计 | — | — | — | 7 |
| 合计 | | | 100 | 100 | 100 | 100 |

## 4.2 操作技能

| | 项目 | | 初级(%) | 中级(%) | 高级(%) | 技师(%) |
|---|---|---|---|---|---|---|
| 技能要求 | 施工准备与表面处理 | 施工准备 | 10 | 10 | 10 | 10 |
| | | 表面处理 | 20 | 15 | 10 | 10 |
| | 涂敷 | 储罐、容器涂敷 | 10 | 10 | 10 | 5 |
| | | 管道涂敷 | 30 | 30 | 30 | 30 |
| | 检测与补口、补伤 | 检测 | 10 | 15 | 20 | 20 |
| | | 补口、补伤 | 20 | 20 | 20 | 15 |
| | 质量管理与施工组织设计 | 质量管理 | — | — | — | 5 |
| | | 编制施工组织设计 | — | — | — | 5 |
| 合计 | | | 100 | 100 | 100 | 100 |

# 附录2　初级工理论知识鉴定要素细目表

行业：石油天然气　　　工种：防腐绝缘工　　　级别：初级工　　　鉴定方式：理论知识

| 行为领域 | 代码 | 鉴定范围（重要程度比例） | 鉴定比重 | 代码 | 鉴定点 | 重要程度 | 备注 |
|---|---|---|---|---|---|---|---|
| 基础知识 A 35% | A | 电工基础知识（23∶02∶01） | 13% | 001 | 电学的基本符号 | X | 上岗要求 |
| | | | | 002 | 电学的基本单位 | Y | 上岗要求 |
| | | | | 003 | 电压、电流、电阻的关系 | X | 上岗要求 |
| | | | | 004 | 电功的计算 | X | 上岗要求 |
| | | | | 005 | 电压的含义 | X | 上岗要求 |
| | | | | 006 | 电流的含义 | X | 上岗要求 |
| | | | | 007 | 电阻的大小 | X | 上岗要求 |
| | | | | 008 | 物质导电能力的判定 | X | |
| | | | | 009 | 电路的组成 | X | |
| | | | | 010 | 串联电路的特点 | X | |
| | | | | 011 | 并联电路的特点 | X | |
| | | | | 012 | 低压验电器的特点 | Z | |
| | | | | 013 | 电工仪表的分类 | X | 上岗要求 |
| | | | | 014 | 万用表的使用方法 | Y | 上岗要求 |
| | | | | 015 | 交流电的特性 | X | |
| | | | | 016 | 三相异步电动机的基本结构 | X | |
| | | | | 017 | 电动机的维护 | X | 上岗要求 |
| | | | | 018 | 交流电动机故障的判断方法 | X | 上岗要求 |
| | | | | 019 | 交流电动机故障的排除方法 | X | 上岗要求 |
| | | | | 020 | 绝缘材料的定义 | X | |
| | | | | 021 | 影响绝缘材料性能的主要指标 | X | |
| | | | | 022 | 常用低压电器的分类 | X | 上岗要求 |
| | | | | 023 | 电流对人体的伤害形式 | X | 上岗要求 |
| | | | | 024 | 常见触电方式 | X | 上岗要求 |
| | | | | 025 | 安全用电的措施 | X | 上岗要求 |
| | | | | 026 | 触电救护的方法 | X | 上岗要求 |
| | B | 钳工、管工基础知识（12∶03∶01） | 8% | 001 | 钳工工作的主要内容 | X | 上岗要求 |
| | | | | 002 | 钳工工作场地内常用的设备 | X | 上岗要求 |
| | | | | 003 | 螺丝刀的使用方法 | X | 上岗要求 |
| | | | | 004 | 手锯的使用方法 | X | 上岗要求 |

续表

| 行为领域 | 代码 | 鉴定范围<br>(重要程度比例) | 鉴定比重 | 代码 | 鉴定点 | 重要程度 | 备注 |
|---|---|---|---|---|---|---|---|
| 基础知识<br>A<br>35% | B | 钳工、管工<br>基础知识<br>(12∶03∶01) | 8% | 005 | 扳手的种类 | X | 上岗要求 |
| | | | | 006 | 锉刀的种类 | Y | |
| | | | | 007 | 锉刀的选择 | X | 上岗要求 |
| | | | | 008 | 管子调直的方法 | X | 上岗要求 |
| | | | | 009 | 管子切割的方法 | X | 上岗要求 |
| | | | | 010 | 管子组对前的要求 | X | 上岗要求 |
| | | | | 011 | 管线连接的方法 | Y | 上岗要求 |
| | | | | 012 | 对管器的使用 | Y | |
| | | | | 013 | 千斤顶的使用 | X | |
| | | | | 014 | 管钳的使用 | X | |
| | | | | 015 | 砂轮机的使用 | Z | |
| | | | | 016 | 弯管机的使用 | X | |
| | C | 常用量具<br>基础知识<br>(08∶01∶01) | 5% | 001 | 钢卷尺的使用要求 | X | 上岗要求 |
| | | | | 002 | 钢板尺的使用要求 | X | 上岗要求 |
| | | | | 003 | 水平仪的结构 | Y | |
| | | | | 004 | 水平仪的工作原理 | X | |
| | | | | 005 | 划规的用途 | X | 上岗要求 |
| | | | | 006 | 划规的使用方法 | X | 上岗要求 |
| | | | | 007 | 游标卡尺的使用方法 | X | 上岗要求 |
| | | | | 008 | 千分尺的使用要求 | X | 上岗要求 |
| | | | | 009 | 百分表的使用要求 | Z | 上岗要求 |
| | | | | 010 | 量具的使用与保养 | X | 上岗要求 |
| | D | 化学基础知识<br>(12∶04∶02) | 9% | 001 | 原子的基本概念 | X | 上岗要求 |
| | | | | 002 | 分子的性质 | X | 上岗要求 |
| | | | | 003 | 元素周期表的结构 | Y | |
| | | | | 004 | 物质的变化形式 | Y | |
| | | | | 005 | 化合物的特性 | X | 上岗要求 |
| | | | | 006 | 化学反应的特征 | Y | |
| | | | | 007 | 化学反应的类型 | X | |
| | | | | 008 | 铁的性质 | X | |
| | | | | 009 | 酸性化合物 | X | |
| | | | | 010 | 碱性化合物 | X | |
| | | | | 011 | 盐的特性 | X | 上岗要求 |
| | | | | 012 | 电解质溶液的特性 | X | 上岗要求 |
| | | | | 013 | 溶液的概念 | X | 上岗要求 |

续表

| 行为领域 | 代码 | 鉴定范围（重要程度比例） | 鉴定比重 | 代码 | 鉴定点 | 重要程度 | 备注 |
|---|---|---|---|---|---|---|---|
| 基础知识 A 35% | D | 化学基础知识（12：04：02） | 9% | 014 | 胶体的特性 | X | |
| | | | | 015 | 有机化学反应的类型 | Z | |
| | | | | 016 | 有机化合物的特点 | X | |
| | | | | 017 | 有机化合物的分类 | Z | |
| | | | | 018 | 脂肪烃的特性 | Y | |
| 专业知识 B 65% | A | 施工准备（08：02：00） | 5% | 001 | 润滑的方法 | X | 上岗要求 |
| | | | | 002 | 润滑材料的分类 | Y | |
| | | | | 003 | 润滑油脂选择的基本原则 | X | |
| | | | | 004 | 设备润滑"五定"的内容 | Y | |
| | | | | 005 | 设备保养的要求 | X | 上岗要求 |
| | | | | 006 | 黄油枪的使用注意事项 | X | 上岗要求 |
| | | | | 007 | 钢管验收的相关规定 | X | 上岗要求 |
| | | | | 008 | 防腐蚀工程用玻璃布的含义 | X | |
| | | | | 009 | 玻璃布材料准备的一般要求 | X | 上岗要求 |
| | | | | 010 | 施工准备工作的分类 | X | |
| | B | 表面处理（12：02：00） | 7% | 001 | 钢铁表面主要污物的危害 | X | |
| | | | | 002 | 金属表面除锈的作用和要求 | X | 上岗要求 |
| | | | | 003 | 金属表面除锈的常用方法 | X | 上岗要求 |
| | | | | 004 | 手工工具除锈工具 | X | 上岗要求 |
| | | | | 005 | 手工工具除锈的方法 | X | 上岗要求 |
| | | | | 006 | 动力工具除锈工具 | X | 上岗要求 |
| | | | | 007 | 除旧漆膜的方法 | X | |
| | | | | 008 | 起重机的分类 | Y | |
| | | | | 009 | 钢管防腐作业线的传动基本形式 | X | 上岗要求 |
| | | | | 010 | 钢管防腐作业线的传动机构 | X | |
| | | | | 011 | 动力工具除锈的操作 | X | 上岗要求 |
| | | | | 012 | 钢材表面锈蚀等级的判定 | X | 上岗要求 |
| | | | | 013 | 工具除锈清理等级的判定 | X | 上岗要求 |
| | | | | 014 | 喷射除锈清理等级的判定 | X | 上岗要求 |
| | C | 储罐、容器涂敷（18：05：01） | 12% | 001 | 涂料的储存与保管的内容 | X | |
| | | | | 002 | 涂料使用前的检查内容 | X | 上岗要求 |
| | | | | 003 | 涂料常见问题产生的原因 | X | |
| | | | | 004 | 涂料常见问题的处理方法 | X | |
| | | | | 005 | 涂料选择的原则 | X | |
| | | | | 006 | 涂料配制的要求 | X | 上岗要求 |

续表

| 行为领域 | 代码 | 鉴定范围（重要程度比例） | 鉴定比重 | 代码 | 鉴定点 | 重要程度 | 备注 |
|---|---|---|---|---|---|---|---|
| 专业知识 B 65% | C | 储罐、容器涂敷（18∶05∶01） | 12% | 007 | 容器的结构组成 | Y | |
| | | | | 008 | 储罐防腐导静电涂料的选择方法 | Z | |
| | | | | 009 | 手糊玻璃钢成型工艺的特点 | X | |
| | | | | 010 | 手糊玻璃钢的操作要点 | X | 上岗要求 |
| | | | | 011 | 手糊玻璃钢含胶量的要求 | Y | |
| | | | | 012 | 手糊玻璃钢储罐的施工特点 | Y | |
| | | | | 013 | 漆刷的种类 | X | 上岗要求 |
| | | | | 014 | 漆刷的选用方法 | X | 上岗要求 |
| | | | | 015 | 扁形刷的使用方法 | X | 上岗要求 |
| | | | | 016 | 扁形刷的维护保养方法 | X | 上岗要求 |
| | | | | 017 | 刷涂的操作要点 | X | 上岗要求 |
| | | | | 018 | 刮涂工具的特点 | X | 上岗要求 |
| | | | | 019 | 刮涂工具的使用方法 | X | 上岗要求 |
| | | | | 020 | 刮涂的操作要领 | X | 上岗要求 |
| | | | | 021 | 手工辊涂工具的特点 | X | 上岗要求 |
| | | | | 022 | 手工辊涂工具的使用方法 | X | 上岗要求 |
| | | | | 023 | 浸涂涂装的特点 | Y | |
| | | | | 024 | 淋涂涂装的特点 | Y | |
| | D | 管道涂敷（44∶09∶03） | 28% | 001 | 管道外防腐层的特征 | Y | |
| | | | | 002 | 常用的管道外防腐层材料的类别 | X | 上岗要求 |
| | | | | 003 | 常用的管道外防腐层材料的特性 | X | |
| | | | | 004 | 石油沥青的来源和组分 | Y | |
| | | | | 005 | 石油沥青的划分 | Y | |
| | | | | 006 | 管道石油沥青防腐层的施工工艺 | X | 上岗要求 |
| | | | | 007 | 石油沥青底漆材料的要求 | X | 上岗要求 |
| | | | | 008 | 石油沥青底漆配制的要求 | X | 上岗要求 |
| | | | | 009 | 石油沥青防腐管涂敷前表面预处理的要求 | X | 上岗要求 |
| | | | | 010 | 涂刷石油沥青底漆的要求 | X | 上岗要求 |
| | | | | 011 | 石油沥青防腐层石油沥青材料的要求 | X | 上岗要求 |
| | | | | 012 | 石油沥青针入度的含义 | X | |
| | | | | 013 | 石油沥青软化点的含义 | X | |
| | | | | 014 | 石油沥青延度的含义 | X | |
| | | | | 015 | 熬制前破碎石油沥青的要求 | X | 上岗要求 |
| | | | | 016 | 熬制石油沥青在温度方面的要求 | X | 上岗要求 |
| | | | | 017 | 熬制石油沥青在时间方面的要求 | X | 上岗要求 |

续表

| 行为领域 | 代码 | 鉴定范围<br>(重要程度比例) | 鉴定比重 | 代码 | 鉴定点 | 重要程度 | 备注 |
|---|---|---|---|---|---|---|---|
| 专业知识 B 65% | D | 管道涂敷<br>(44∶09∶03) | 28% | 018 | 导热油间接熔化沥青的方法 | Y | |
| | | | | 019 | 熬制石油沥青的安全要求 | Y | |
| | | | | 020 | 石油沥青防腐作业线 | X | 上岗要求 |
| | | | | 021 | 石油沥青防腐作业线设备 | X | 上岗要求 |
| | | | | 022 | 浇涂石油沥青的要求 | X | 上岗要求 |
| | | | | 023 | 石油沥青防腐层等级 | X | 上岗要求 |
| | | | | 024 | 石油沥青防腐层厚度 | X | 上岗要求 |
| | | | | 025 | 石油沥青防腐层中碱玻璃布规格 | X | 上岗要求 |
| | | | | 026 | 不同气温条件下使用的石油沥青防腐层玻璃布规格 | Z | |
| | | | | 027 | 不同管径对石油沥青防腐层玻璃布宽度的要求 | X | 上岗要求 |
| | | | | 028 | 石油沥青防腐管缠绕玻璃布的要求 | X | 上岗要求 |
| | | | | 029 | 石油沥青防腐层工业膜材料的要求 | X | 上岗要求 |
| | | | | 030 | 石油沥青防腐管缠绕工业膜的要求 | X | 上岗要求 |
| | | | | 031 | 石油沥青防腐层施工环境的要求 | Y | |
| | | | | 032 | 石油沥青防腐管储运的要求 | Z | |
| | | | | 033 | 管道煤焦油瓷漆防腐层的施工工艺 | X | 上岗要求 |
| | | | | 034 | 煤焦油瓷漆防腐层等级 | X | 上岗要求 |
| | | | | 035 | 煤焦油瓷漆防腐层厚度 | X | 上岗要求 |
| | | | | 036 | 煤焦油瓷漆防腐层底漆技术条件 | X | 上岗要求 |
| | | | | 037 | 煤焦油瓷漆防腐层煤焦油瓷漆技术条件 | X | 上岗要求 |
| | | | | 038 | 煤焦油瓷漆防腐层内缠带技术条件 | X | 上岗要求 |
| | | | | 039 | 煤焦油瓷漆防腐层外缠带技术条件 | X | 上岗要求 |
| | | | | 040 | 煤焦油瓷漆防腐层热烤缠带技术条件 | X | 上岗要求 |
| | | | | 041 | 煤焦油瓷漆防腐材料储存的要求 | Y | |
| | | | | 042 | 煤焦油瓷漆防腐熔化瓷漆的方法 | X | |
| | | | | 043 | 煤焦油瓷漆防腐钢管表面预处理的要求 | X | |
| | | | | 044 | 煤焦油瓷漆防腐涂底漆的要求 | X | 上岗要求 |
| | | | | 045 | 煤焦油瓷漆防腐涂敷煤焦油瓷漆的要求 | X | 上岗要求 |
| | | | | 046 | 煤焦油瓷漆防腐缠绕缠带的要求 | X | 上岗要求 |
| | | | | 047 | 煤焦油瓷漆管端防腐层处理 | X | 上岗要求 |
| | | | | 048 | 手糊玻璃钢成型工艺的一般要求 | X | 上岗要求 |
| | | | | 049 | 手糊玻璃钢车间的要求 | Z | |
| | | | | 050 | 手糊玻璃钢常见缺陷的原因 | Y | |

续表

| 行为领域 | 代码 | 鉴定范围（重要程度比例） | 鉴定比重 | 代码 | 鉴定点 | 重要程度 | 备注 |
|---|---|---|---|---|---|---|---|
| 专业知识 B 65% | D | 管道涂敷（44∶09∶03） | 28% | 051 | 手糊玻璃钢常见缺陷的处理方法 | Y | |
| | | | | 052 | 管道3PE防腐层的结构 | X | 上岗要求 |
| | | | | 053 | 管道3PE防腐层的作用 | X | 上岗要求 |
| | | | | 054 | 管道3PE防腐层的特点 | X | 上岗要求 |
| | | | | 055 | 熔结环氧粉末涂层的特点 | X | 上岗要求 |
| | | | | 056 | 环氧粉末静电喷涂设备的组成 | X | |
| | E | 检测（11∶03∶00） | 7% | 001 | 石油沥青防腐管生产过程质量检验的要求 | X | 上岗要求 |
| | | | | 002 | 石油沥青防腐管质量检验频次的要求 | Y | |
| | | | | 003 | 石油沥青防腐管出厂检验的要求 | X | 上岗要求 |
| | | | | 004 | 磁性测厚仪的工作原理 | X | |
| | | | | 005 | 影响磁性测厚仪测量精度的因素 | X | |
| | | | | 006 | 磁性测厚仪的使用要点 | X | |
| | | | | 007 | 湿膜厚度规的使用方法 | X | 上岗要求 |
| | | | | 008 | 电火花检漏仪的工作原理 | Y | |
| | | | | 009 | 电火花检漏仪的组成 | Y | |
| | | | | 010 | 电火花检漏仪的使用方法 | X | 上岗要求 |
| | | | | 011 | 电火花检漏仪的使用注意事项 | X | 上岗要求 |
| | | | | 012 | 煤焦油瓷漆防腐管生产过程质量检验的要求 | X | 上岗要求 |
| | | | | 013 | 煤焦油瓷漆防腐管出厂检验的要求 | X | 上岗要求 |
| | | | | 014 | 煤焦油瓷漆防腐管黏结力检查的要求 | X | |
| | F | 补口、补伤（10∶01∶01） | 6% | 001 | 补口补伤的概念 | X | 上岗要求 |
| | | | | 002 | 石油沥青防腐管补口的要求 | X | 上岗要求 |
| | | | | 003 | 石油沥青防腐管补伤的要求 | X | 上岗要求 |
| | | | | 004 | 热烤沥青缠带补口技术措施 | X | 上岗要求 |
| | | | | 005 | 石油沥青防腐管补口的操作要求 | X | 上岗要求 |
| | | | | 006 | 煤焦油瓷漆防腐管补口的要求 | X | 上岗要求 |
| | | | | 007 | 煤焦油瓷漆防腐管补口防腐层检验的要求 | X | 上岗要求 |
| | | | | 008 | 煤焦油瓷漆防腐管小面积补伤的要求 | X | |
| | | | | 009 | 煤焦油瓷漆防腐管大面积补伤的要求 | X | |
| | | | | 010 | 埋地钢质管道外防腐层保温层修复的一般要求 | Z | |
| | | | | 011 | 外防腐层修补材料黏弹体的性能要求 | X | |
| | | | | 012 | 外防腐层修补材料聚乙烯补伤片的性能要求 | Y | |

X—核心要素,掌握；Y——一般要素,熟悉；Z—辅助要素,了解。

# 附录3　初级工操作技能鉴定要素细目表

行业:石油天然气　　　　工种:防腐绝缘工　　　　级别:初级工　　　　鉴定方式:技能操作

| 行为领域 | 代码 | 鉴定范围 | 鉴定比重 | 代码 | 鉴定点 | 重要程度 | 备注 |
|---|---|---|---|---|---|---|---|
| 操作技能A 100% | A | 施工准备与表面处理（04:01:01） | 30% | 001 | 使用黄油枪润滑轴承 | Y | |
| | | | | 002 | 使用游标卡尺测量管件的尺寸 | X | |
| | | | | 003 | 检查中碱玻璃布的质量 | Z | |
| | | | | 004 | 手工工具除锈 | X | |
| | | | | 005 | 直杆式杠杆除锈机除锈 | X | |
| | | | | 006 | 判断钢管除锈等级 | X | |
| | B | 涂敷（08:01:00） | 40% | 001 | 配制双组分无溶剂涂料 | X | |
| | | | | 002 | 采用刷涂方法制作储罐防腐层 | X | |
| | | | | 003 | 配制石油沥青底漆 | X | |
| | | | | 004 | 蒸制石油沥青 | Y | |
| | | | | 005 | 浇涂石油沥青 | X | |
| | | | | 006 | 缠绕中碱玻璃布 | X | |
| | | | | 007 | 缠绕聚氯乙烯工业膜 | X | |
| | | | | 008 | 制作煤焦油瓷漆外防腐层 | X | |
| | | | | 009 | 手工糊制钢管玻璃钢防腐层 | X | |
| | C | 检测与补口、补伤（04:01:00） | 30% | 001 | 检测石油沥青防腐管防腐层的外观和厚度 | X | |
| | | | | 002 | 检测石油沥青防腐管防腐层的漏点 | X | |
| | | | | 003 | 检测煤焦油瓷漆防腐管防腐层(普通级)的质量 | Y | |
| | | | | 004 | 石油沥青防腐管补口 | X | |
| | | | | 005 | 煤焦油瓷漆防腐管用热烤缠带补口 | X | |

X—核心要素,掌握;Y—一般要素,熟悉;Z—辅助要素,了解。

# 附录4  中级工理论知识鉴定要素细目表

行业:石油天然气　　　工种:防腐绝缘工　　　级别:中级工　　　鉴定方式:理论知识

| 行为领域 | 代码 | 鉴定范围<br>(重要程度比例) | 鉴定比重 | 代码 | 鉴定点 | 重要程度 | 备注 |
|---|---|---|---|---|---|---|---|
| 基础知识<br>A<br>30% | A | 金属腐蚀<br>基础知识<br>(17:02:01) | 10% | 001 | 腐蚀的定义 | X | |
| | | | | 002 | 按腐蚀原理金属腐蚀的分类 | X | |
| | | | | 003 | 按腐蚀环境金属腐蚀的分类 | Y | |
| | | | | 004 | 按照破坏形式金属腐蚀的分类 | X | |
| | | | | 005 | 全面腐蚀的含义 | X | |
| | | | | 006 | 局部腐蚀的特征 | X | |
| | | | | 007 | 小孔腐蚀的定义 | X | |
| | | | | 008 | 应力腐蚀破裂的含义 | X | |
| | | | | 009 | 电化学腐蚀的定义 | X | |
| | | | | 010 | 金属电化学腐蚀的趋势 | X | |
| | | | | 011 | 金属电化学腐蚀的热力学过程 | X | |
| | | | | 012 | 金属电化学腐蚀的动力学作用 | Z | |
| | | | | 013 | 金属均匀腐蚀速度的表示方法 | X | |
| | | | | 014 | 氢腐蚀的分类 | Y | |
| | | | | 015 | 大气腐蚀的特点 | X | |
| | | | | 016 | 海水腐蚀的特点 | X | |
| | | | | 017 | 土壤腐蚀的特点 | X | |
| | | | | 018 | 微生物腐蚀的特点 | X | |
| | | | | 019 | 金属在干燥气体中的腐蚀特点 | X | |
| | | | | 020 | 石油天然气采输加工中的特殊腐蚀 | X | |
| | B | 缓蚀剂及金属<br>热喷涂知识<br>(11:03:02) | 8% | 001 | 缓蚀剂的定义 | X | |
| | | | | 002 | 缓蚀剂的组分 | X | |
| | | | | 003 | 缓蚀剂按化学成分的分类 | X | |
| | | | | 004 | 缓蚀剂按作用的分类 | X | |
| | | | | 005 | 缓蚀剂按保护膜的分类 | X | |
| | | | | 006 | 气相缓蚀剂的作用机理 | Y | |
| | | | | 007 | 油溶性缓蚀剂的作用机理 | Y | |
| | | | | 008 | 气相缓蚀剂的特点 | Z | |
| | | | | 009 | 气相缓蚀剂发挥作用的两个过程 | Y | |
| | | | | 010 | 缓蚀剂的选择 | X | |

续表

| 行为领域 | 代码 | 鉴定范围（重要程度比例） | 鉴定比重 | 代码 | 鉴定点 | 重要程度 | 备注 |
|---|---|---|---|---|---|---|---|
| 基础知识 A 30% | B | 缓蚀剂及金属热喷涂知识（11：03：02） | 8% | 011 | 金属热喷涂的概念 | X | |
| | | | | 012 | 金属热喷涂的特点 | X | |
| | | | | 013 | 金属热喷涂的分类方法 | X | |
| | | | | 014 | 火焰类喷涂的方法 | X | |
| | | | | 015 | 电弧喷涂的方法 | X | |
| | | | | 016 | 等离子喷涂的方法 | Z | |
| | C | 防腐材料基础知识（19：04：01） | 12% | 001 | 涂料的含义 | X | |
| | | | | 002 | 涂料的组成 | X | |
| | | | | 003 | 涂料成膜物质的类型 | X | |
| | | | | 004 | 涂料成膜物质的组成 | X | |
| | | | | 005 | 涂料颜料的含义 | X | |
| | | | | 006 | 涂料颜料的分类 | X | |
| | | | | 007 | 涂料溶剂的含义 | X | |
| | | | | 008 | 涂料常用溶剂的应用范围 | X | |
| | | | | 009 | 涂料催干剂的含义 | X | |
| | | | | 010 | 涂料增韧剂的含义 | X | |
| | | | | 011 | 涂料防潮剂的含义 | X | |
| | | | | 012 | 涂料的分类 | X | |
| | | | | 013 | 涂料的代号 | Y | |
| | | | | 014 | 涂料的命名原则 | Z | |
| | | | | 015 | 涂料产品的型号 | Y | |
| | | | | 016 | 涂料基本名称编号 | Y | |
| | | | | 017 | 油脂漆的性能 | X | |
| | | | | 018 | 天然树脂涂料的性能 | X | |
| | | | | 019 | 聚氨酯涂料的特性 | X | |
| | | | | 020 | 不饱和聚酯树脂的特性 | X | |
| | | | | 021 | 高密度聚乙烯材料的特性 | X | |
| | | | | 022 | 聚丙烯材料的特性 | Y | |
| | | | | 023 | 防腐蚀涂料生产质量导致涂膜缺陷的产生原因 | X | |
| | | | | 024 | 防腐蚀涂料生产质量导致涂膜缺陷的防治方法 | X | |
| 专业知识 B 70% | A | 施工准备（08：01：01） | 5% | 001 | 钢管的分类 | Y | |
| | | | | 002 | 钢管基体表面缺陷的检查方法 | X | |
| | | | | 003 | 钢管常用相关标准的类别 | Z | |
| | | | | 004 | 钢管进厂验收的内容 | X | |
| | | | | 005 | 钢管尺寸的检查方法 | X | |

续表

| 行为领域 | 代码 | 鉴定范围（重要程度比例） | 鉴定比重 | 代码 | 鉴定点 | 重要程度 | 备注 |
|---|---|---|---|---|---|---|---|
| 专业知识 B 70% | A | 施工准备（08:01:01） | 5% | 006 | 施工技术准备工作内容 | X | |
| | | | | 007 | 防腐施工环境的一般要求 | X | |
| | | | | 008 | 防腐涂敷前表面处理的安全措施 | X | |
| | | | | 009 | 涂敷设备的安全措施 | X | |
| | | | | 010 | 钢管弯曲度的测量方法 | X | |
| | B | 表面处理（10:01:01） | 7% | 001 | 喷射除锈的概念 | X | |
| | | | | 002 | 喷射除锈的分类 | X | |
| | | | | 003 | 磨料的种类 | Y | |
| | | | | 004 | 磨料的选择条件 | X | |
| | | | | 005 | 表面粗糙度的含义 | Z | |
| | | | | 006 | 表面粗糙度的选择 | X | |
| | | | | 007 | 喷射除锈处理等级的选择原则 | X | |
| | | | | 008 | 喷丸除锈设备的组成 | X | |
| | | | | 009 | 喷丸器的作用 | X | |
| | | | | 010 | 喷丸除锈设备的操作要求 | X | |
| | | | | 011 | 喷砂机的分类 | X | |
| | | | | 012 | 压入式干喷砂机的组成 | X | |
| | | | | 013 | 压入式喷砂机的操作要求 | X | |
| | | | | 014 | 提高喷砂(丸)除锈效果的方法 | X | |
| | C | 储罐、容器涂敷（19:04:01） | 12% | 001 | 储罐防腐蚀方案的一般规定 | X | |
| | | | | 002 | 储罐涂料涂层防腐蚀方案的规定 | Y | |
| | | | | 003 | 储罐表面处理施工的要求 | X | |
| | | | | 004 | 储罐涂料涂层施工的要求 | X | |
| | | | | 005 | 玻璃钢储罐的复合层结构 | Z | |
| | | | | 006 | 油清洗方式的工艺过程 | Y | |
| | | | | 007 | 水清洗方式的工艺过程 | Y | |
| | | | | 008 | 储油罐机械清洗的过程 | X | |
| | | | | 009 | 空气压缩机的种类 | Y | |
| | | | | 010 | 空气压缩机的操作要求 | X | |
| | | | | 011 | 空气喷涂的特点 | X | |
| | | | | 012 | 空气喷涂的喷枪种类 | X | |
| | | | | 013 | 空气喷涂喷枪的操作要点 | X | |
| | | | | 014 | 空气喷涂喷枪的操作方法 | X | |
| | | | | 015 | 空气喷涂喷枪的维护保养 | X | |
| | | | | 016 | 空气喷涂喷枪故障的产生原因 | X | |

续表

| 行为领域 | 代码 | 鉴定范围（重要程度比例） | 鉴定比重 | 代码 | 鉴定点 | 重要程度 | 备注 |
|---|---|---|---|---|---|---|---|
| 专业知识B 70% | C | 储罐、容器涂敷（19：04：01） | 12% | 017 | 空气喷涂喷枪故障的防治方法 | X | |
| | | | | 018 | 空气喷涂供漆装置的类型 | X | |
| | | | | 019 | 玻璃钢分层间断铺贴法的施工要求 | X | |
| | | | | 020 | 玻璃钢多层连续铺贴法的施工要求 | X | |
| | | | | 021 | 高压无气喷涂的特点 | X | |
| | | | | 022 | 高压无气喷涂设备各部件的功能要求 | X | |
| | | | | 023 | 气动式高压无气喷涂机的操作要点 | X | |
| | | | | 024 | 电动式高压无气喷涂机的操作要点 | X | |
| | D | 管道涂敷（44：09：03） | 28% | 001 | 无溶剂聚氨酯涂料防腐层标准适用范围 | Z | |
| | | | | 002 | 无溶剂聚氨酯涂料防腐层厚度 | X | |
| | | | | 003 | 无溶剂聚氨酯涂料的含义 | X | |
| | | | | 004 | 无溶剂聚氨酯涂料性能的要求 | Y | |
| | | | | 005 | 管道无溶剂聚氨酯防腐层施工流程 | X | |
| | | | | 006 | 无溶剂聚氨酯防腐管表面处理的要求 | X | |
| | | | | 007 | 管道无溶剂聚氨酯防腐层的涂敷方法 | X | |
| | | | | 008 | 管道内外防腐液体涂料种类 | Y | |
| | | | | 009 | 液体环氧涂料的含义 | X | |
| | | | | 010 | 液体涂料防腐层底层漆的含义 | X | |
| | | | | 011 | 液体涂料防腐层中层漆的含义 | X | |
| | | | | 012 | 液体涂料防腐层面层漆的含义 | X | |
| | | | | 013 | 液体环氧涂料手工涂刷工艺过程 | X | |
| | | | | 014 | 液体环氧涂料手控机械喷涂工艺过程 | X | |
| | | | | 015 | 液体环氧涂料机械化工厂预制工艺过程 | Y | |
| | | | | 016 | 液体环氧涂料防腐层施工工艺比选 | X | |
| | | | | 017 | 钢管内壁防腐工艺过程 | X | |
| | | | | 018 | 管道内防离心式无气喷涂设备的工作原理 | X | |
| | | | | 019 | 管道内防高压无气喷涂设备的工作原理 | X | |
| | | | | 020 | 管道内防有气喷涂设备的工作原理 | X | |
| | | | | 021 | 聚脲的特点 | X | |
| | | | | 022 | 聚脲设备的结构组成 | Z | |
| | | | | 023 | 聚脲喷涂设备的操作 | Y | |
| | | | | 024 | 聚脲喷涂设备的维护 | Y | |
| | | | | 025 | 聚乙烯胶黏带防腐层结构 | X | |
| | | | | 026 | 聚乙烯胶黏带防腐层等级 | X | |
| | | | | 027 | 聚乙烯胶黏带防腐层厚度 | X | |

续表

| 行为领域 | 代码 | 鉴定范围（重要程度比例） | 鉴定比重 | 代码 | 鉴定点 | 重要程度 | 备注 |
|---|---|---|---|---|---|---|---|
| 专业知识 B 70% | D | 管道涂敷（44：09：03） | 28% | 028 | 聚烯烃胶黏带防腐层术语 | Y | |
| | | | | 029 | 聚乙烯胶黏带的性能要求 | X | |
| | | | | 030 | 聚乙烯胶黏带防腐层底漆的性能要求 | X | |
| | | | | 031 | 聚乙烯胶黏带防腐层的性能要求 | X | |
| | | | | 032 | 聚乙烯胶黏带防腐钢管表面处理的要求 | X | |
| | | | | 033 | 聚乙烯胶黏带防腐钢管底漆涂敷的要求 | X | |
| | | | | 034 | 聚乙烯胶黏带防腐钢管胶黏带缠绕的要求 | X | |
| | | | | 035 | 清管器的主要功能 | X | |
| | | | | 036 | 清管器的工作原理 | X | |
| | | | | 037 | 管道内壁挤涂技术原理 | X | |
| | | | | 038 | 长距离管线挤涂内涂层的等级厚度 | Y | |
| | | | | 039 | 挤涂内涂层管道内壁表面的处理方式 | Y | |
| | | | | 040 | 管道内涂层风送挤涂涂敷的工作原理 | Y | |
| | | | | 041 | 管道内涂层风送挤涂涂敷的施工过程 | X | |
| | | | | 042 | 钢质管道防腐保温层的结构 | X | |
| | | | | 043 | 钢质管道防腐保温层材料的厚度 | X | |
| | | | | 044 | 配制聚氨酯泡沫原料的要求 | X | |
| | | | | 045 | 纠偏机的操作要领 | X | |
| | | | | 046 | "一步法"作业线的组成 | X | |
| | | | | 047 | 泡沫夹克管管端头切割的要求 | X | |
| | | | | 048 | "管中管"作业线的组成 | X | |
| | | | | 049 | 戴防水帽的施工要求 | X | |
| | | | | 050 | 聚乙烯挤出机的结构组成 | Z | |
| | | | | 051 | 聚乙烯挤出机各部件的功能 | X | |
| | | | | 052 | 挤出机机头的拆装 | Y | |
| | | | | 053 | 3PE 防腐层的厚度 | X | |
| | | | | 054 | 3PE 防腐作业线的操作工序 | X | |
| | | | | 055 | 环氧粉末涂料的特点 | X | |
| | | | | 056 | 环氧粉末涂料的性能试验内容 | X | |
| | E | 检测（17：04：01） | 11% | 001 | 石油沥青防腐层黏结力检查的要求 | X | |
| | | | | 002 | 沥青针入度的测定方法 | X | |
| | | | | 003 | 沥青软化点的测定方法 | Y | |
| | | | | 004 | 沥青延度的测定方法 | Y | |
| | | | | 005 | 金属表面锚纹深度的测量方法 | X | |
| | | | | 006 | 金属表面灰尘度的评定方法 | X | |

续表

| 行为领域 | 代码 | 鉴定范围<br>(重要程度比例) | 鉴定比重 | 代码 | 鉴定点 | 重要程度 | 备注 |
|---|---|---|---|---|---|---|---|
| 专业知识<br>B<br>70% | E | 检测<br>(17∶04∶01) | 11% | 007 | 湿度计的使用方法 | X | |
| | | | | 008 | 红外测温仪的使用方法 | X | |
| | | | | 009 | 管道无溶剂聚氨酯防腐层涂敷过程质量检验的内容 | X | |
| | | | | 010 | 管道无溶剂聚氨酯防腐层质量检验的要求 | X | |
| | | | | 011 | 玻璃钢储罐制造过程的检验要求 | Z | |
| | | | | 012 | 玻璃钢储罐质量控制检验要求 | Y | |
| | | | | 013 | 介质100℃以下保温管保温层偏心距的要求 | X | |
| | | | | 014 | 介质100℃以下保温管防护层最小厚度的要求 | X | |
| | | | | 015 | 介质100~120℃保温管防护层壁厚偏差的要求 | X | |
| | | | | 016 | 聚乙烯胶黏带防腐管质量检验的要求 | X | |
| | | | | 017 | 聚乙烯胶黏带防腐管剥离强度的检验方法 | X | |
| | | | | 018 | 液体涂料风送挤涂内涂层质量检验的要求 | Y | |
| | | | | 019 | 涂层附着力的含义 | X | |
| | | | | 020 | 涂层附着力划×法的检测方法 | X | |
| | | | | 021 | 涂层附着力划格法的检测方法 | X | |
| | | | | 022 | 涂层附着力拉拔法的检测方法 | X | |
| | F | 补口、补伤<br>(11∶02∶01) | 7% | 001 | 聚氨酯泡沫防腐保温管保温层补伤的要求 | X | |
| | | | | 002 | 聚氨酯泡沫防腐保温管防腐层补口的要求 | X | |
| | | | | 003 | 聚氨酯泡沫防腐保温管保温层补口的要求 | X | |
| | | | | 004 | 聚氨酯泡沫防腐保温管防护层补口的要求 | X | |
| | | | | 005 | 聚氨酯泡沫防腐保温管现场补口质量检验的要求 | X | |
| | | | | 006 | 聚乙烯胶黏带防腐管补伤的要求 | X | |
| | | | | 007 | 聚乙烯胶黏带防腐管补口的要求 | X | |
| | | | | 008 | 管道现场补口无溶剂聚氨酯防腐层的要求 | X | |
| | | | | 009 | 管道补口无溶剂聚氨酯防腐层质量检验的要求 | X | |
| | | | | 010 | 液体涂料风送挤涂内涂层补涂重涂的要求 | X | |
| | | | | 011 | 埋地钢质管道外防腐层保温层修复材料的选择 | Y | |
| | | | | 012 | 埋地钢质管道常用防腐保温层修复材料结构 | Y | |
| | | | | 013 | 埋地钢质管道外防腐层修复施工的要求 | X | |
| | | | | 014 | 埋地钢质管道保温层修复施工的要求 | Z | |

X—核心要素,掌握;Y——一般要素,熟悉;Z—辅助要素,了解。

# 附录5 中级工操作技能鉴定要素细目表

行业：石油天然气　　　　工种：防腐绝缘工　　　　级别：中级工　　　　鉴定方式：技能操作

| 行为领域 | 代码 | 鉴定范围 | 鉴定比重 | 代码 | 鉴定点 | 重要程度 | 备注 |
|---|---|---|---|---|---|---|---|
| 操作技能 A 100% | A | 施工准备与表面处理（02:01:01） | 25 | 001 | 检查钢管基体表面 | Z | |
| | | | | 002 | 验收进厂钢管质量 | X | |
| | | | | 003 | 测量钢管全长弯曲度 | Y | |
| | | | | 004 | 使用喷射设备除锈 | X | |
| | B | 涂敷（08:01:00） | 40 | 001 | 使用空气喷涂设备防腐 | X | |
| | | | | 002 | 使用高压无气喷涂设备防腐 | X | |
| | | | | 003 | 制作钢管无溶剂聚氨酯涂料外防腐层 | X | |
| | | | | 004 | 制作钢管聚乙烯胶黏带外防腐层 | X | |
| | | | | 005 | 配制聚氨酯泡沫原料 | X | |
| | | | | 006 | 调整保温生产线的纠偏机 | X | |
| | | | | 007 | 切割泡沫夹克接头 | Y | |
| | | | | 008 | 泡夹管戴防水帽 | X | |
| | | | | 009 | 调整聚乙烯挤出机 | X | |
| | C | 检测与补口、补伤（06:01:00） | 35 | 001 | 检查石油沥青防腐层的黏结力并补伤 | X | |
| | | | | 002 | 检查管道无溶剂聚氨酯外防腐层质量 | X | |
| | | | | 003 | 测量保温管保护层、保温层的厚度 | Y | |
| | | | | 004 | 检查聚乙烯胶黏带防腐管质量 | X | |
| | | | | 005 | 聚氨酯泡沫聚乙烯塑料保温管保温层补伤 | X | |
| | | | | 006 | 保温管保温层聚氨酯发泡补口 | X | |
| | | | | 007 | 聚乙烯胶黏带防腐管补口 | X | |

X—核心要素，掌握；Y——一般要素，熟悉；Z—辅助要素，了解。

# 附录6  高级工理论知识鉴定要素细目表

行业:石油天然气　　　　工种:防腐绝缘工　　　　级别:高级工　　　　鉴定方式:理论知识

| 行为领域 | 代码 | 鉴定范围<br>(重要程度比例) | 鉴定比重 | 代码 | 鉴定点 | 重要程度 | 备注 |
|---|---|---|---|---|---|---|---|
| 基础知识 A 30% | A | 机械制图<br>基础知识<br>(06:01:01) | 5% | 001 | 正投影的概念 | X | |
| | | | | 002 | 三视图的投影规律 | X | JD |
| | | | | 003 | 点线面的投影规律 | X | |
| | | | | 004 | 剖面图的概念 | X | |
| | | | | 005 | 正等轴测图的性质 | Y | |
| | | | | 006 | 斜二轴测图的性质 | Z | |
| | | | | 007 | 装配图的一般表示方法 | X | |
| | | | | 008 | 管道施工图的表示方法 | X | |
| | B | 常用电器<br>基础知识<br>(06:02:00) | 5% | 001 | 熔断器的选用方法 | X | |
| | | | | 002 | 刀开关的选用方法 | X | |
| | | | | 003 | 断路器的选用方法 | X | |
| | | | | 004 | 接触器的选用方法 | X | |
| | | | | 005 | 控制继电器的特点种类 | Y | |
| | | | | 006 | 控制继电器的选用方法 | X | |
| | | | | 007 | 断路器的故障分析 | Y | |
| | | | | 008 | 接触器的故障分析 | X | JD |
| | C | 电镀基础知识<br>(05:02:01) | 5% | 001 | 电镀前处理 | Z | |
| | | | | 002 | 电镀的原理 | X | |
| | | | | 003 | 电镀的分类 | X | |
| | | | | 004 | 电镀液的成分组成 | Y | |
| | | | | 005 | 电镀设备的基本构成 | X | |
| | | | | 006 | 电刷镀的概念 | X | |
| | | | | 007 | 化学镀的概念 | Y | |
| | | | | 008 | 金属电镀常见的缺陷原因 | X | |
| | D | 涂装前钢材表面<br>预处理基础知识<br>(07:01:00) | 5% | 001 | 涂装前表面预处理的作用 | X | |
| | | | | 002 | 涂装前表面预处理的内容 | X | JD |
| | | | | 003 | 涂装前表面预处理方法的选用 | X | |
| | | | | 004 | 金属表面除油的方法 | X | |
| | | | | 005 | 金属表面除油清洗剂的选用 | X | |
| | | | | 006 | 化学法除锈的工艺方法 | X | |
| | | | | 007 | 金属表面磷化处理技术方案 | Y | |
| | | | | 008 | 有色金属表面处理工艺方法 | X | |

续表

| 行为领域 | 代码 | 鉴定范围（重要程度比例） | 鉴定比重 | 代码 | 鉴定点 | 重要程度 | 备注 |
|---|---|---|---|---|---|---|---|
| 基础知识 A 30% | E | 管道腐蚀及防腐层基础知识（07：00：01） | 5% | 001 | 管道外防腐绝缘层的基本要求 | X | |
| | | | | 002 | 管道外防腐绝缘层的种类 | X | |
| | | | | 003 | 埋地钢质管道腐蚀机理 | X | JD |
| | | | | 004 | 沥青类管道防腐层的特性 | X | |
| | | | | 005 | 涂料类管道防腐层的特性 | X | |
| | | | | 006 | 塑料类管道防腐层的特性 | X | |
| | | | | 007 | 管道内防腐层的要求 | X | JS |
| | | | | 008 | 架空、地沟、水下管道防腐层的要求 | Z | |
| | F | 电化学保护知识（07：01：00） | 5% | 001 | 电化学保护的含义 | X | JD |
| | | | | 002 | 电化学保护的原理 | X | JS |
| | | | | 003 | 电化学保护系统的主要组成部分 | X | |
| | | | | 004 | 阴极保护的方法 | X | |
| | | | | 005 | 阴极保护的基本要求 | X | |
| | | | | 006 | 常用牺牲阳极材料的类型选用 | Y | |
| | | | | 007 | 腐蚀深度指标的计算方法 | X | JS |
| | | | | 008 | 腐蚀质量指标的计算方法 | X | JS |
| 专业知识 B 70% | A | 表面处理（06：01：01） | 5% | 001 | 抛丸除锈机的组成 | X | |
| | | | | 002 | 抛丸除锈机的工作原理 | X | JD |
| | | | | 003 | 喷（抛）射除锈工艺参数的相互关系 | X | |
| | | | | 004 | 抛丸除锈机操作的要点 | X | |
| | | | | 005 | 喷砂（丸）机除锈操作的要求 | X | |
| | | | | 006 | 抛丸喷砂（丸）的除锈工艺 | X | JS |
| | | | | 007 | 影响喷砂（丸）除锈效率的因素 | Y | |
| | | | | 008 | 喷砂（丸）除锈操作人员劳动保护的要求 | Z | |
| | B | 储罐、容器涂敷（12：03：01） | 10% | 001 | 储罐除锈处理的方法 | X | |
| | | | | 002 | 储罐防腐层的涂装方法 | X | JD |
| | | | | 003 | 无气喷涂设备故障排除措施 | X | |
| | | | | 004 | 双组分无气喷涂设备的特点 | X | |
| | | | | 005 | 空气辅助无气喷涂设备的特点 | X | |
| | | | | 006 | 静电喷涂的原理 | X | |
| | | | | 007 | 静电涂装设备的类型 | X | |
| | | | | 008 | 储罐防腐材料性能要求 | X | |
| | | | | 009 | 储罐涂装缺陷的防治方法 | X | |
| | | | | 010 | 储罐清洗常用溶剂性能 | Z | |
| | | | | 011 | 储罐外防腐层材料的要求 | Y | |

续表

| 行为领域 | 代码 | 鉴定范围<br>(重要程度比例) | 鉴定比重 | 代码 | 鉴定点 | 重要程度 | 备注 |
|---|---|---|---|---|---|---|---|
| 专业知识<br>B<br>70% | B | 储罐、容器涂敷<br>(12：03：01) | 10% | 012 | 无保温层储罐外防腐层结构 | X | |
| | | | | 013 | 有保温层洞穴储罐外防腐层结构 | X | |
| | | | | 014 | 钢制储罐外防腐层施工技术要求 | X | JS |
| | | | | 015 | 手提式静电喷涂设备的使用维护方法 | Y | |
| | | | | 016 | 旋杯式(旋盘式)静电喷枪的使用维护方法 | Y | |
| | C | 管道涂敷<br>(43：08：02) | 33% | 001 | 环氧煤沥青防腐层的类别等级 | X | |
| | | | | 002 | 环氧煤沥青防腐层材料的组成 | X | |
| | | | | 003 | 环氧煤沥青防腐层材料的要求 | X | |
| | | | | 004 | 环氧煤沥青防腐层材料的验收标准 | X | |
| | | | | 005 | 环氧煤沥青防腐层标准的适用范围 | Z | |
| | | | | 006 | 环氧煤沥青防腐层施工准备工作细则 | X | |
| | | | | 007 | 环氧煤沥青施工环境的要求 | X | |
| | | | | 008 | 环氧煤沥青施工技术的一般要求 | X | |
| | | | | 009 | 环氧煤沥青涂料的配制要求 | X | JD |
| | | | | 010 | 环氧煤沥青防腐层涂刷底漆操作要点 | X | JS |
| | | | | 011 | 环氧煤沥青防腐层打腻子操作要点 | X | |
| | | | | 012 | 环氧煤沥青防腐层涂刷面漆缠玻璃布操作要点 | X | |
| | | | | 013 | 环氧煤沥青防腐管的储存运输方法 | Y | |
| | | | | 014 | 钢管熔结环氧粉末外涂层标准的适用范围 | Z | |
| | | | | 015 | 钢管单层熔结环氧粉末外涂层的结构特性 | X | JD |
| | | | | 016 | 单层环氧粉末涂料性能的要求 | X | JS |
| | | | | 017 | 环氧粉末涂料储运的要求 | Y | |
| | | | | 018 | 钢管单层熔结环氧粉末外涂层涂装的施工工艺 | X | |
| | | | | 019 | 喷涂环氧粉末前钢管表面预处理的要求 | X | |
| | | | | 020 | 钢管单层环氧粉末外涂敷的要求 | X | |
| | | | | 021 | 环氧粉末涂层施工控制要点 | X | |
| | | | | 022 | 环氧粉末成品管的标志、装运、储存的要求 | Y | |
| | | | | 023 | 环氧粉末回收系统的组成 | X | |
| | | | | 024 | 环氧粉末旋风式除尘器的工作原理 | Y | |
| | | | | 025 | 环氧粉末布袋式除尘器的工作原理 | Y | |
| | | | | 026 | 环氧粉末中频加热系统结构特性 | X | |
| | | | | 027 | 静电喷涂系统的工作原理 | X | |
| | | | | 028 | 环氧粉末外涂层防腐管喷涂系统的结构 | X | |
| | | | | 029 | 环氧粉末外涂层防腐管喷涂系统的各部功能 | X | |
| | | | | 030 | 环氧粉末外涂层防腐管喷涂系统的操作要领 | X | JS |

续表

| 行为领域 | 代码 | 鉴定范围<br>(重要程度比例) | 鉴定比重 | 代码 | 鉴定点 | 重要程度 | 备注 |
|---|---|---|---|---|---|---|---|
| 专业知识 B 70% | C | 管道涂敷<br>(43:08:02) | 33% | 031 | 环氧粉末外涂层防腐管喷枪位置的合理布置 | X | |
| | | | | 032 | 调整环氧粉末外涂层防腐管作业线的操作要领 | X | JD |
| | | | | 033 | 环氧粉末外涂层防腐管涂装中故障及质量问题的解决 | X | |
| | | | | 034 | 静电粉末涂装中应注意的安全问题 | X | JD |
| | | | | 035 | 挤压聚乙烯防腐层的结构种类 | X | |
| | | | | 036 | 挤压聚乙烯防腐层的特点 | X | JD |
| | | | | 037 | 挤压聚乙烯防腐层等级厚度的要求 | X | |
| | | | | 038 | 挤压聚乙烯防腐对钢管的要求 | X | |
| | | | | 039 | 挤压聚乙烯防腐对环氧粉末材料的要求 | X | |
| | | | | 040 | 挤压聚乙烯防腐对胶黏剂材料的要求 | Y | |
| | | | | 041 | 挤压聚乙烯防腐对聚乙烯专用材料的要求 | Y | |
| | | | | 042 | 挤压聚乙烯防腐的施工工艺 | X | JD |
| | | | | 043 | 挤压聚乙烯防腐钢管对表面处理的要求 | X | |
| | | | | 044 | 聚乙烯挤出机的操作规程 | X | |
| | | | | 045 | 挤压聚乙烯防腐钢管加热的要求 | X | |
| | | | | 046 | 挤压聚乙烯防腐钢管环氧粉末、胶黏剂涂敷的要求 | X | |
| | | | | 047 | 挤压聚乙烯防腐聚乙烯层的涂敷要求 | X | |
| | | | | 048 | 挤压聚乙烯防腐管端预留段的要求 | X | |
| | | | | 049 | "泡夹管"聚氨酯泡沫分类 | Y | |
| | | | | 050 | "泡夹管"聚氨酯泡沫组分性能 | X | JS |
| | | | | 051 | 常用发泡剂的作用 | X | |
| | | | | 052 | "泡夹管"聚氨酯泡沫预制方法 | X | JS |
| | | | | 053 | "泡夹管"聚氨酯泡沫预制工艺参数选用 | X | JS |
| | D | 检测<br>(15:03:01) | 12% | 001 | 环氧煤沥青防腐层材料的验收要求 | X | |
| | | | | 002 | 环氧煤沥青防腐层固化度的检查方法 | X | JD |
| | | | | 003 | 环氧煤沥青防腐层外观的检查要求 | X | |
| | | | | 004 | 环氧煤沥青防腐层厚度的检查要求 | X | |
| | | | | 005 | 环氧煤沥青防腐层漏点的检查要求 | X | |
| | | | | 006 | 环氧煤沥青防腐层黏结力的检测方法 | X | |
| | | | | 007 | 熔结环氧粉末涂层实验室涂敷试件的涂层质量要求 | Y | |
| | | | | 008 | 环氧粉末防腐管生产过程中涂装钢管的质量要求 | X | |
| | | | | 009 | 环氧粉末外涂层防腐管的出厂检验要求 | X | JS |

续表

| 行为领域 | 代码 | 鉴定范围（重要程度比例） | 鉴定比重 | 代码 | 鉴定点 | 重要程度 | 备注 |
|---|---|---|---|---|---|---|---|
| 专业知识 B 70% | D | 检测（15∶03∶01） | 12% | 010 | 环氧粉末外涂层型式检验的要求 | Z | |
| | | | | 011 | 聚乙烯防腐管表面处理后的质量检验要求 | X | |
| | | | | 012 | 聚乙烯防腐层的外观要求 | X | |
| | | | | 013 | 聚乙烯防腐层漏点检查的要领 | X | |
| | | | | 014 | 聚乙烯防腐层厚度检查的要求 | X | |
| | | | | 015 | 聚乙烯防腐层黏接力检查的要求 | X | |
| | | | | 016 | 聚乙烯防腐层整体性能检验的要求 | Y | |
| | | | | 017 | "泡夹管"生产过程质量检验的要求 | X | |
| | | | | 018 | "泡夹管"产品出厂质量检验的要求 | Y | |
| | | | | 019 | 钢制储罐外防腐层质量检查的一般规定 | X | |
| | E | 补口、补伤（12∶03∶01） | 10% | 001 | 环氧煤沥青防腐管现场补口的施工工艺方案 | X | |
| | | | | 002 | 环氧煤沥青防腐层补伤施工要求 | X | |
| | | | | 003 | 环氧煤沥青防腐层补口补伤的质量检查要求 | Y | |
| | | | | 004 | 环氧粉末涂层修补的施工要求 | X | |
| | | | | 005 | 环氧粉末涂层的重涂施工要求 | X | |
| | | | | 006 | 环氧粉末防腐管现场补口的施工工艺方案 | X | |
| | | | | 007 | 环氧粉末防腐管现场补口质量检验要求 | X | |
| | | | | 008 | 聚乙烯防腐管的局部补伤要求 | X | |
| | | | | 009 | 聚乙烯防腐管补伤的质量要求 | Y | |
| | | | | 010 | 聚乙烯防腐管现场补口材料要求 | Y | |
| | | | | 011 | 热收缩补口带性能指标的要求 | Z | |
| | | | | 012 | 聚乙烯防腐管现场补口施工工艺 | X | |
| | | | | 013 | 聚乙烯防腐管补口的质量要求 | X | JD |
| | | | | 014 | 防腐保温管道补口结构形式 | X | JS |
| | | | | 015 | 聚氨酯泡沫夹克管补伤要求 | X | |
| | | | | 016 | 钢制储罐外防腐层修补复涂重涂要求 | X | |

X——核心要素,掌握;Y——一般要素,熟悉;Z——辅助要素,了解。

# 附录 7　高级工操作技能鉴定要素细目表

行业:石油天然气　　　　工种:防腐绝缘工　　　　级别:高级工　　　　鉴定方式:技能操作

| 行为领域 | 代码 | 鉴定范围 | 鉴定比重 | 代码 | 鉴定点 | 重要程度 | 备注 |
|---|---|---|---|---|---|---|---|
| 操作技能 A 100% | A | 施工准备与表面处理 (03:00:00) | 20% | 001 | 检查抛丸除锈机抛丸器并更换损坏部件 | X | |
| | | | | 002 | 用抛丸除锈机对钢管进行除锈 | X | |
| | | | | 003 | 使用机械除锈机除锈 | X | |
| | B | 涂敷 (06:02:01) | 40% | 001 | 静电喷涂机对容器外壁喷涂 | Z | |
| | | | | 002 | 制作环氧煤沥青防腐层 | X | |
| | | | | 003 | 拆装粉末回收装置中的滤袋 | Y | |
| | | | | 004 | 制作钢管熔结环氧粉末外防腐层 | X | |
| | | | | 005 | 制作钢管挤压聚乙烯防腐层 | X | |
| | | | | 006 | 挤压聚乙烯防腐管端磨头 | X | |
| | | | | 007 | 聚氨酯泡沫层取样 | Y | |
| | | | | 008 | 聚氨酯泡沫混料机混料 | X | |
| | | | | 009 | 聚乙烯挤出机防腐 | X | |
| | C | 检测与补口、补伤 (07:01:00) | 40% | 001 | 检查钢管环氧煤沥青防腐层的质量 | X | |
| | | | | 002 | 检查钢管熔结环氧粉末外涂层的质量 | X | |
| | | | | 003 | 检查钢管挤压聚乙烯 2PE 防腐层的质量 | X | |
| | | | | 004 | 测量"泡夹管"保温层聚氨酯泡沫塑料的表观密度 | Y | |
| | | | | 005 | 钢管环氧煤沥青防腐层补口 | X | |
| | | | | 006 | 修补钢管熔结环氧粉末外涂层缺陷 | X | |
| | | | | 007 | 热收缩带补口 | X | |
| | | | | 008 | 聚氨酯泡沫聚乙烯夹克管补伤 | X | |

X—核心要素,掌握;Y——一般要素,熟悉;Z—辅助要素,了解。

# 附录8 技师理论知识鉴定要素细目表

行业：石油天然气　　　工种：防腐绝缘工　　　级别：技师　　　鉴定方式：理论知识

| 行为领域 | 代码 | 鉴定范围<br>(重要程度比例) | 鉴定比重 | 代码 | 鉴定点 | 重要程度 | 备注 |
|---|---|---|---|---|---|---|---|
| 基础知识<br>A<br>20% | A | 常用电器、液压及气压传动基础知识<br>(05:01:00) | 5% | 001 | 控制继电器的故障分析 | Y | |
| | | | | 002 | 液压介质的选用方法 | X | |
| | | | | 003 | 液压介质污染的原因 | X | |
| | | | | 004 | 液压介质污染的控制措施 | X | JD |
| | | | | 005 | 气压传动系统的组成 | X | |
| | | | | 006 | 气缸的选用方法 | X | |
| | B | 电化学保护知识<br>(04:01:01) | 5% | 001 | 阴极保护施工的要求 | X | |
| | | | | 002 | 阴极保护调试安装的要点 | X | JS |
| | | | | 003 | 牺牲阳极安装的要求 | X | |
| | | | | 004 | 容器内部阳极的布置安装要求 | Y | |
| | | | | 005 | 杂散电流干扰的保护措施 | X | JD |
| | | | | 006 | 阴极保护系统的运行管理 | Z | |
| | C | 管道腐蚀及防腐涂装的安全技术基础知识<br>(05:01:00) | 5% | 001 | 管道腐蚀的特性 | X | JS |
| | | | | 002 | 管道腐蚀的控制措施 | X | |
| | | | | 003 | 管道防腐涂装的化学反应形式 | Y | |
| | | | | 004 | 涂装防火安全技术措施 | X | JD |
| | | | | 005 | 涂装防毒安全技术措施 | X | |
| | | | | 006 | 粉末喷涂安全技术措施 | X | |
| | D | 防腐材料及化学基础知识<br>(05:01:00) | 5% | 001 | 防腐蚀涂料的作用 | X | |
| | | | | 002 | 防腐蚀涂料的基本要求 | X | JD |
| | | | | 003 | 环氧树脂防腐涂料的特性 | X | |
| | | | | 004 | 重防腐涂料的特性 | X | |
| | | | | 005 | 摩尔浓度的计算 | Y | JS |
| | | | | 006 | 质量浓度的计算 | X | |
| 专业知识<br>B<br>80% | A | 表面处理<br>(05:00:01) | 5% | 001 | 管道防腐作业线工艺参数的相互关系 | X | |
| | | | | 002 | 机械法除锈工艺的概念 | X | |
| | | | | 003 | 工具及火焰除锈的工艺方法 | X | JD |
| | | | | 004 | 喷射或抛射除锈的工艺方法 | X | JS |
| | | | | 005 | 钢管内除锈工艺的操作规程 | X | |
| | | | | 006 | 环保型喷射除锈的工艺方法 | Z | |

续表

| 行为领域 | 代码 | 鉴定范围（重要程度比例） | 鉴定比重 | 代码 | 鉴定点 | 重要程度 | 备注 |
|---|---|---|---|---|---|---|---|
| 专业知识B 80% | B | 储罐、容器涂敷（09：02：01） | 10% | 001 | 储罐内防腐的方法 | X | |
| | | | | 002 | 橡胶衬里的概念 | X | |
| | | | | 003 | 橡胶衬里的材质选择 | Y | |
| | | | | 004 | 橡胶衬里的工艺要求 | Z | |
| | | | | 005 | 玻璃钢的定义范围 | X | |
| | | | | 006 | 环氧玻璃钢内衬层的结构材料 | X | JS |
| | | | | 007 | 环氧玻璃钢内衬现场适应性试验的技术规定 | X | |
| | | | | 008 | 环氧玻璃钢内衬施工的工艺过程 | X | JD |
| | | | | 009 | 玻璃钢内衬施工的技术要求 | Y | |
| | | | | 010 | 储罐保温层保护层施工的方法 | X | |
| | | | | 011 | 钢制储罐液体环氧涂料内防腐层的技术要求 | X | JS |
| | | | | 012 | 钢制储罐无溶剂聚氨酯内防腐层的技术要求 | X | JD |
| | C | 管道涂敷（32：06：02） | 33% | 001 | 非腐蚀性气体输送内防腐管内涂层实验室板样的性能试验要求 | Y | |
| | | | | 002 | 非腐蚀性气体输送内防腐管内涂钢管的清洁方法 | X | |
| | | | | 003 | 非腐蚀性气体输送内防腐管内涂敷工艺 | X | |
| | | | | 004 | 非腐蚀性气体输送内防腐管内涂层的标记和存放要求 | Y | |
| | | | | 005 | 液体环氧涂料内防腐管内防腐层结构等级 | X | |
| | | | | 006 | 液体环氧涂料内防腐管对防腐涂料性能的要求 | X | |
| | | | | 007 | 液体环氧涂料内防腐管对防腐涂料验收储存的要求 | X | |
| | | | | 008 | 液体环氧涂料内防腐管涂敷施工的一般要求 | X | |
| | | | | 009 | 液体环氧涂料内防腐钢管预处理的基本要求 | X | |
| | | | | 010 | 液体环氧涂料内防腐管的涂敷工艺过程 | X | JS |
| | | | | 011 | 3PE防腐管防腐层工艺评定试验的要求 | Y | |
| | | | | 012 | 3PE防腐管工艺特点 | X | |
| | | | | 013 | 3PE防腐管涂敷施工控制要点 | X | JD、JS |
| | | | | 014 | 3PE防腐管的涂装装备要求 | X | |
| | | | | 015 | 3PE防腐管防腐层常见缺陷分析 | X | JD |
| | | | | 016 | 3PE防腐管防腐层缺陷的控制措施 | X | |
| | | | | 017 | 3PE防腐成品管标志储存装运的要求 | Y | |
| | | | | 018 | 水泥砂浆衬里防腐管的施工方法 | X | JD |
| | | | | 019 | 水泥砂浆衬里防腐管水泥砂浆配制的要求 | X | JS |
| | | | | 020 | 水泥砂浆衬里防腐管涂敷机衬里施工的控制措施 | X | |

续表

| 行为领域 | 代码 | 鉴定范围（重要程度比例） | 鉴定比重 | 代码 | 鉴定点 | 重要程度 | 备注 |
|---|---|---|---|---|---|---|---|
| 专业知识 B 80% | C | 管道涂敷（32：06：02） | 33% | 021 | 水泥砂浆衬里防腐管风送挤涂衬里施工的控制措施 | X | |
| | | | | 022 | 水泥砂浆衬里防腐管离心成型衬里施工的控制措施 | X | |
| | | | | 023 | 水泥砂浆衬里防腐管衬里养护的方法 | Z | |
| | | | | 024 | 熔结环氧粉末内防腐管防腐层的结构性能 | X | |
| | | | | 025 | FBE 涂装施工工艺 | X | |
| | | | | 026 | 熔结环氧粉末内防腐管内涂敷前准备的要求 | X | |
| | | | | 027 | 熔结环氧粉末内防腐管内涂敷作业施工要点 | X | |
| | | | | 028 | 双层熔结环氧粉末外涂层防腐管防腐层的结构等级 | X | JD |
| | | | | 029 | 双层环氧粉末材料要求 | X | |
| | | | | 030 | DPS 涂装施工工艺 | X | |
| | | | | 031 | 双层熔结环氧粉末外涂层防腐管涂敷施工的要求 | X | JS |
| | | | | 032 | 埋地管道长距离非开挖修复技术的含义 | Z | |
| | | | | 033 | HDPE 管内穿插修复法的工艺过程 | X | |
| | | | | 034 | 复合软管内翻衬修复法的工艺过程 | X | |
| | | | | 035 | 泡沫塑料防腐保温管材料的性能要求 | Y | |
| | | | | 036 | 泡沫塑料防腐保温管防护层的选用要求 | X | |
| | | | | 037 | 泡沫塑料防腐保温管预制的生产准备要求 | X | JS |
| | | | | 038 | 泡沫塑料防腐保温管"一步法"成型工艺的要求 | X | JS |
| | | | | 039 | 泡沫塑料防腐保温管"管中管"成型工艺的要求 | X | JD |
| | | | | 040 | 泡沫塑料防腐保温管标识储存运输的方法 | Y | |
| | D | 检测（11：02：01） | 12% | 001 | 埋地钢质管道外防腐层修复质量检验的要求 | Y | |
| | | | | 002 | 非腐蚀性气体输送用内防腐管内覆盖层质量控制要求 | X | |
| | | | | 003 | 液体环氧涂料内防腐管涂敷过程的质量检验要求 | X | |
| | | | | 004 | 液体环氧涂料内防腐管出厂的质量检验要求 | X | |
| | | | | 005 | 3PE 防腐管表面预处理检验要求 | X | |
| | | | | 006 | 3PE 防腐管涂敷质量检验要求 | X | JD |
| | | | | 007 | 水泥砂浆衬里防腐管的质量要求 | Y | |
| | | | | 008 | 熔结环氧粉末内防腐钢管表面处理质量检查的要求 | X | JD |
| | | | | 009 | 熔结环氧粉末内防腐管涂层质量检查的要求 | X | |
| | | | | 010 | 双层熔结环氧粉末外涂层防腐管质量检验的要求 | X | JS |

续表

| 行为领域 | 代码 | 鉴定范围<br>(重要程度比例) | 鉴定比重 | 代码 | 鉴定点 | 重要程度 | 备注 |
|---|---|---|---|---|---|---|---|
| 专业知识 B 80% | D | 检测<br>(11:02:01) | 12% | 011 | 储罐环氧玻璃钢衬里施工过程质量检验的要求 | X | |
| | | | | 012 | 储罐环氧玻璃钢衬里最终质量检验的要求 | X | |
| | | | | 013 | 储罐无溶剂聚氨酯内防腐层质量检验的要求 | Z | |
| | | | | 014 | 储罐液体环氧涂料内防腐层质量检验的要求 | X | JS |
| | E | 补口、补伤<br>(10:02:00) | 10% | 001 | 非腐蚀性气体输送用内防腐管内涂层的修补方法 | X | |
| | | | | 002 | 液体环氧涂料内防腐管涂层修补重涂的要求 | X | |
| | | | | 003 | 3PE 防腐管补口材料的要求 | X | |
| | | | | 004 | 3PE 防腐管补口施工准备的要求 | X | |
| | | | | 005 | 3PE 防腐管补口施工的操作要点 | X | JD、JS |
| | | | | 006 | 3PE 防腐管补口的质量要求 | X | |
| | | | | 007 | 3PE 防腐管补伤的技术质量要求 | X | |
| | | | | 008 | 熔结环氧粉末内防腐管内防腐层修补重涂的要求 | X | |
| | | | | 009 | 双层熔结环氧粉末外涂层防腐管涂层补伤复涂重涂的要求 | X | |
| | | | | 010 | 管道内涂层补口常用的方法 | Y | |
| | | | | 011 | 储罐液体环氧涂料内涂层补伤施工的要求 | X | |
| | | | | 012 | 储罐环氧玻璃钢衬里层修补的要求 | Y | |
| | F | 质量管理与施工组织设计<br>(10:02:00) | 10% | 001 | 企业技术管理的任务 | X | |
| | | | | 002 | 建筑企业技术管理的基础工作内容 | X | |
| | | | | 003 | 全面质量管理的基本要求 | X | |
| | | | | 004 | "QC"小组活动的活动程序 | X | |
| | | | | 005 | 班组经济核算的作用 | X | |
| | | | | 006 | 班组经济核算的要求 | Y | |
| | | | | 007 | 施工组织设计的类型 | X | |
| | | | | 008 | 施工组织设计编制的基本内容 | X | |
| | | | | 009 | 施工组织设计的编制方法 | X | |
| | | | | 010 | 防腐施工污染控制的要求 | Y | |
| | | | | 011 | 防腐绝缘工安全管理的要求 | X | |
| | | | | 012 | 防腐作业安全操作规程 | X | |

X—核心要素,掌握;Y—一般要素,熟悉;Z—辅助要素,了解。

# 附录9　技师操作技能鉴定要素细目表

行业：石油天然气　　　　工种：防腐绝缘工　　　　等级：技师　　　　鉴定方式：技能操作

| 行为领域 | 代码 | 鉴定范围 | 鉴定比重 | 代码 | 鉴定点 | 重要程度 | 备注 |
|---|---|---|---|---|---|---|---|
| 操作技能 A 100% | A | 施工准备与表面处理（03∶00∶00） | 20% | 001 | 防腐作业线速度的调整 | X | |
| | | | | 002 | 钢管内壁喷砂(丸)除锈 | X | |
| | | | | 003 | 用环保型喷砂除锈机对罐体内壁除锈 | X | |
| | B | 涂敷（05∶01∶01） | 35% | 001 | 制作储罐液体环氧涂料内防腐层 | X | |
| | | | | 002 | 喷涂钢管内壁液体环氧涂料防腐层 | X | |
| | | | | 003 | 制作钢管三层PE外防腐层 | X | |
| | | | | 004 | 制作钢管水泥砂浆衬里防腐层 | Z | |
| | | | | 005 | 制作钢管熔结环氧粉末内防腐层 | X | |
| | | | | 006 | 喷涂钢管双层环氧粉末外涂层 | Y | |
| | | | | 007 | "管中管"法制作钢管聚氨酯泡沫保温层 | X | |
| | C | 检测与补口、补伤（07∶01∶00） | 35% | 001 | 检验钢管液体环氧涂料内防腐层的质量 | X | |
| | | | | 002 | 检验管道3PE防腐层的质量 | X | |
| | | | | 003 | 钢管双层环氧粉末外涂层生产过程的质量检验 | X | |
| | | | | 004 | 用撬剥法检查储罐环氧玻璃钢内衬层的黏结力并补伤 | Y | |
| | | | | 005 | 钢管三层PE防腐层补口及质量检验 | X | |
| | | | | 006 | 钢管三层PE防腐层补伤 | X | |
| | | | | 007 | 修补钢管熔结环氧粉末内防腐层 | X | |
| | | | | 008 | 判定并修补储罐液体环氧涂料内防腐层 | X | |
| | D | 质量管理与施工组织设计（01∶01∶00） | 10% | 001 | 编写三层PE防腐管防腐质量的控制措施 | Y | |
| | | | | 002 | 编制液体环氧涂料内防腐管施工方案 | X | |

X—核心要素，掌握；Y——一般要素，熟悉；Z—辅助要素，了解。

# 附录10 考试内容层次结构表

| 级别 | 操作技能 | | | | 合计 |
|---|---|---|---|---|---|
| | 施工准备与表面处理 | 涂敷 | 检测与补口、补伤 | 质量管理与施工组织设计 | |
| 初级 | 30分<br>6~10min | 40分<br>6~10min | 30分<br>6~10min | | 100分<br>18~30min |
| 中级 | 25分<br>8~12min | 40分<br>8~15min | 35分<br>8~15min | | 100分<br>24~42min |
| 高级 | 20分<br>10~15min | 40分<br>10~15min | 40分<br>10~15min | | 100分<br>30~45min |
| 技师 | 20分<br>15min | 35分<br>15min | 35分<br>10~15min | 10分<br>15min | 100分<br>55~60min |

# 参 考 文 献

[1] 中国石油天然气集团公司人事服务中心.防腐绝缘工(上册).北京:石油工业出版社,2005.
[2] 中国石油天然气集团公司人事服务中心.防腐绝缘工(下册).北京:石油工业出版社,2005.
[3] 中国石油天然气集团公司职业技能鉴定指导中心.防腐绝缘工.北京:石油工业出版社,2011.
[4] 中国石油天然气集团公司职业技能鉴定指导中心.涂装工.北京:石油工业出版社,2009.
[5] 中国石化员工培训教材编审指导委员会.防腐绝缘工.北京:中国石化出版社,2013.
[6] 张烁,冯洪臣.管道工程保护技术.北京:化工工业出版社,2014.
[7] 徐晓刚,贾如磊.油气储运设施腐蚀与防护技术.北京:化学工业出版社,2013.
[8] 赵麦群,雷阿丽.金属的腐蚀与防护.北京:国防工业出版社,2011.
[9] 庄光山,李丽,王海庆,等.金属表面涂装技术.北京:化学工业出版社,2010.
[10] 胡传炘,白韶军,安跃生,等.表面处理手册.北京:北京工业大学出版社,2005.
[11] 翁永基.材料腐蚀通论.北京:石油工业出版社,2006.
[12] 南仁植.粉末涂料与涂装实用技术问答.北京:化学工业出版社,2004.
[13] 机械工业职业技能鉴定指导中心.涂装工技术.北京:机械工业出版社,2002.
[14] 杨启明,李琴,李又绿,等.石油化工设备腐蚀与防护.北京:石油工业出版社,2010.
[15] 张松生,汪光远.钳工.北京:化学工业出版社,2010.
[16] 郑怡.电工基础.北京:石油工业出版社,2008.
[17] 陈季涛,苑喜军.金工实习.北京:石油工业出版社,2008.
[18] 王禹阶.玻璃钢技术问答.北京:中国玻璃钢工业协会,1997.